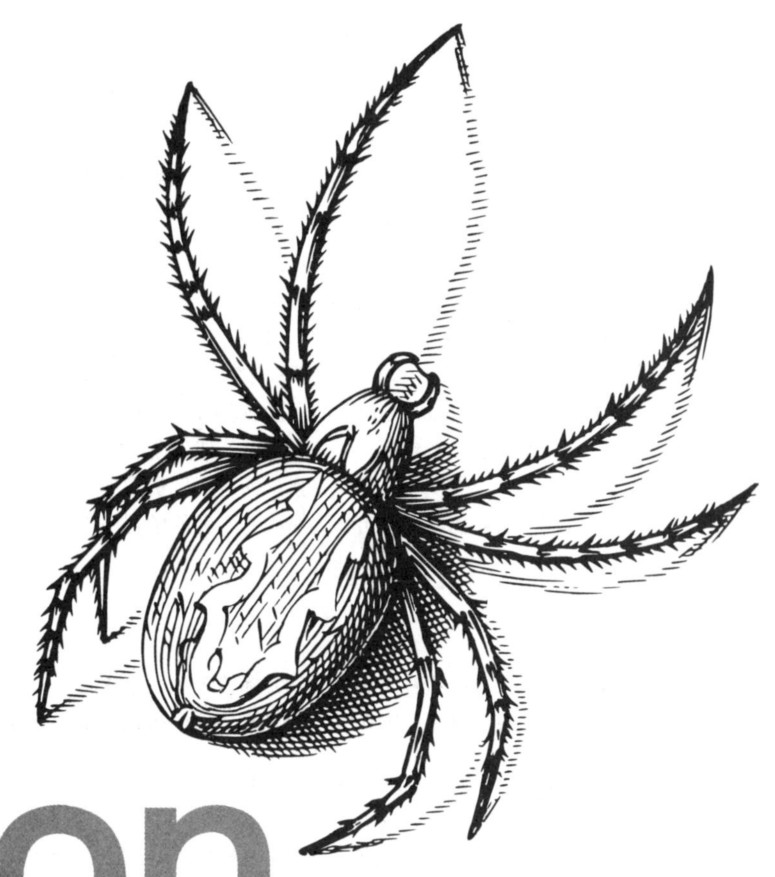

Python Web开发

从入门到精通

明日科技　编著

清华大学出版社
北　京

内容简介

本书从初学者角度出发，通过通俗易懂的语言、丰富多彩的实例，详细介绍了使用Python进行Web程序开发应该掌握的各项技术。全书共分15章，包括HTML和CSS基础、JavaScript基础、网络编程基础、MySQL数据库基础、Web框架基础、Flask框架基础、Flask框架进阶、Django框架基础、Django框架进阶、Tornado框架基础、FastAPI框架基础、Flask框架开发好记星博客系统、Django框架开发智慧星学生管理系统、Tornado框架开发BBS社区系统和FastAPI框架开发看图猜成语微信小程序等内容。所有知识都结合具体实例进行介绍，涉及的程序代码给出了详细的注释，读者可轻松领会Python Web程序开发的精髓，快速提高开发技能。

本书列举了大量的小型实例、综合实例以及部分项目案例，所附资源包内包含实例源程序及项目源码等。本书的服务网站提供了模块库、案例库、题库、素材库等开发资源库以及答疑服务。

本书内容翔实，实例丰富，可作为编程初学者的学习用书，也可供Python开发人员作为查阅参考资料使用。

图书在版编目（CIP）数据

Python Web开发从入门到精通 / 明日科技编著. —北京：清华大学出版社，2021.6（2025.1重印）
ISBN 978-7-302-56652-6

Ⅰ. ①P… Ⅱ. ①明… Ⅲ. ①软件工具—程序设计 Ⅳ. ①TP311.561

中国版本图书馆CIP数据核字（2020）第201952号

责任编辑：贾小红
封面设计：飞鸟互娱
版式设计：文森时代
责任校对：马军令
责任印制：杨 艳

出版发行：清华大学出版社
网 址：https://www.tup.com.cn，https://www.wqxuetang.com
地 址：北京清华大学学研大厦A座 邮 编：100084
社 总 机：010-83470000 邮 购：010-62786544
投稿与读者服务：010-62776969，c-service@tup.tsinghua.edu.cn
质量反馈：010-62772015，zhiliang@tup.tsinghua.edu.cn
印 装 者：小森印刷霸州有限公司
经 销：全国新华书店
开 本：203mm×260mm 印 张：26.75 字 数：729千字
版 次：2021年6月第1版 印 次：2025年 1月第7次印刷
定 价：99.80元

产品编号：090250-01

前　言

Preface

随着大数据、人工智能技术的发展，Python 成了当下最热门、应用最广泛的编程语言之一。在人工智能、Web 开发、爬虫、数据分析、游戏、自动化运维等各类开发方面，到处可见其身影。Python 语言易于使用和阅读，便于部署和发布，并且拥有众多独具特色的 Web 框架，所以越来越多的公司和个人选择使用 Python 作为 Web 开发语言。

本书内容

本书提供了 Python Web 开发从入门到编程高手所必需的各类 Python 知识，共分 3 篇，大体结构如下图所示。

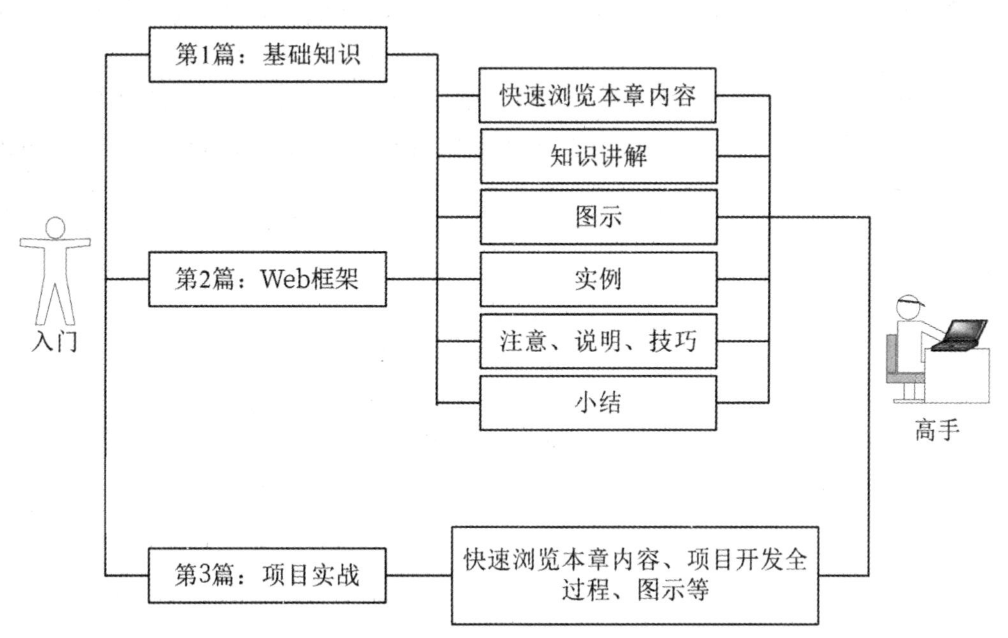

第 1 篇：基础知识。本篇主要包括 HTML 和 CSS 基础、JavaScript 基础、网络编程基础、MySQL 数据库基础、Web 框架基础等知识。通过大量的图示、举例等，读者可快速掌握 Web 开发的必备知识，为后续编程奠定坚实的基础。

第 2 篇：Web 框架。本篇介绍四大框架的基础知识，包括 Flask 框架、Django 框架、Tornado 框架和 FastAPI 框架。针对这 4 个框架，重点介绍 Flask 和 Django 的使用。学习完这一部分，读者能够了解这 4 个框架的特点，掌握这 4 个框架的基本使用方法，并能针对不同的应用场景选择相应的框架。

第 3 篇：项目实战。本篇主要介绍了 4 个完整的实战项目：Flask 框架开发好记星博客系统、Django 框架开发智慧星学生管理系统、Tornado 框架开发 BBS 社区系统和 FastAPI 框架开发看图猜成语微信小程序。书中按照“需求分析→系统设计→数据库设计→各模块实现”的开发流程进行介绍，带领读者一步步亲身体验项目开发的全过程。通过 4 个实战项目，读者可快速掌握四大框架的使用方法，了解软件工程的设计思想，并领悟如何进行软件项目的实践开发。

本书特点

☑ **由浅入深，循序渐进。**本书以初、中级程序员为对象，采用图文结合、循序渐进的编排方式，从 Web 开发基础到 Web 框架技术应用，最后通过 4 个完整的实战项目对学习到的 Python 知识进行综合应用。

☑ **实例典型，轻松易学。**通过例子学习是最好的学习方式，本书通过“一个知识点、一个例子、一个结果、一段评析”的模式，透彻详尽地讲述了实际开发中所需的各类知识。另外，为了便于读者阅读程序代码，快速学习编程技能，书中几乎每行代码都提供了注释。

☑ **项目实战，经验累积。**本书通过 4 个完整的企业实战项目，讲解实际项目开发的完整过程，帮助读者快速掌握 Python Web 开发技术，全面提升开发经验，积累项目经验。

☑ **精彩栏目，贴心提醒。**本书根据需要在各章使用了很多“注意”“说明”“技巧”等小栏目，有利于读者在学习过程中更轻松地理解相关知识点及概念，并轻松地掌握个别技术的应用技巧。

读者对象

☑ 初学编程的自学者
☑ 编程爱好者
☑ 大中专院校的老师和学生
☑ 相关培训机构的老师和学员
☑ 制作毕业设计的学生
☑ 初、中级程序开发人员
☑ 程序测试及维护人员
☑ 参加实习的“菜鸟”程序员

读者服务

本书附赠的各类学习资源，读者可登录清华大学出版社网站（www.tup.com.cn），在对应图书页面下获取其下载方式，也可扫描本书封底的“文泉云盘”二维码，获取其下载方式。

致读者

本书由明日科技 Python 程序开发团队组织编写。明日科技是一家专业从事软件开发、教育培训以及软件开发教育资源整合的高科技公司，其编写的教材注重选取软件开发中必需、常用的内容，同时

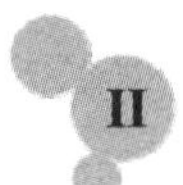

也很注重内容的易学性、方便性以及相关知识的拓展性，深受读者喜爱。其教材多次荣获“全行业优秀畅销品种”“全国高校出版社优秀畅销书”等奖项，多个品种长期位居同类图书销售排行榜的前列。

在编写本书的过程中，我们以科学、严谨的态度，力求精益求精，但疏漏之处在所难免，敬请广大读者批评指正。

感谢您购买本书，希望本书能成为您编程路上的领航者。

“零门槛”编程，一切皆有可能。祝读书快乐！

编　者

2021 年 4 月

目 录

Contents

第1篇 基础知识

第 2 篇 Web 框架

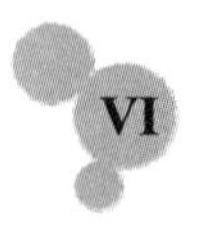

第 3 篇 项目实战

第 1 篇　基础知识

本篇主要包括 HTML 和 CSS 基础、JavaScript 基础、网络编程基础、MySQL 数据库基础、Web 框架基础等知识。通过大量的图示、举例等，读者可快速掌握 Web 开发的必备知识，为深入学习 Web 开发奠定坚实的基础。

第1章

HTML和CSS基础

1990年圣诞节，伯纳斯·李制作了第一个网页浏览器WorldWideWeb。短短几十年间，Web技术突飞猛进，深刻地改变着我们的生活。

本章将介绍什么是Web、Web的工作原理以及发展历史等内容。此外，由于Web开发分为前端开发和后端开发，两者密不可分，因此在展开介绍Python后端开发前，会着重介绍一些Web前端开发的基础知识，包括HTML、CSS和JavaScript。

1.1 Web简介

1.1.1 什么是Web

Web，全称为World Wide Web，亦作WWW，中文译为万维网。万维网是一个通过互联网访问的、由许多互相链接的超文本组成的庞大文档系统。英国科学家伯纳斯·李于1989年提出了万维网的设想，1990年他在瑞士CERN工作期间编写了第一个网页浏览器，并于1991年8月在互联网上向公众开放。

万维网是信息时代的核心代表，也是数十亿人在互联网上进行交互的主要工具。网页主要由格式化文本文件和超文本标记语言（HTML）组成。除了格式化文字外，网页还可能包含图片、影片、声音和软件等组件，这些组件会在用户的网页浏览器中呈现为多媒体内容的连贯页面。

说明

互联网（internet）和万维网（www）这两个词通常没有多少区别，但本质上两者并不相同。互联网是一个全球互相连接的计算机网络系统，相比之下，万维网只是通过超链接和统一资源标识符连接的全球收集的文件和其他资源系统。万维网资源通常使用HTTP协议访问，该协议是互联网通信协议中非常关键的一环。

1.1.2 Web应用程序的工作原理

需要访问万维网上的某个网页或者网络资源时，通常需要在浏览器上输入待访问网页的统一资源定位符（URL），或者通过超链接方式链接到那个网页或网络资源。这之后的工作大致如下：首先，URL

的服务器名部分，被名为“域名系统”、分布于全球的因特网数据库所解析，并根据解析结果决定进入哪一个 IP 地址（IP Address）；接下来向该 IP 地址所在的服务器发送一个 HTTP 请求。在通常情况下，HTML 文本、图片和构成该网页的其他文件很快会被逐一请求并发送回用户。最后，网络浏览器把 HTML（超文本标记语言）、CSS（层叠样式表）和其他接收到的文件所描述的内容，加上图像、链接和其他必需的资源，显示给用户。这些就构成了我们所看到的“网页”，流程如图 1.1 所示。

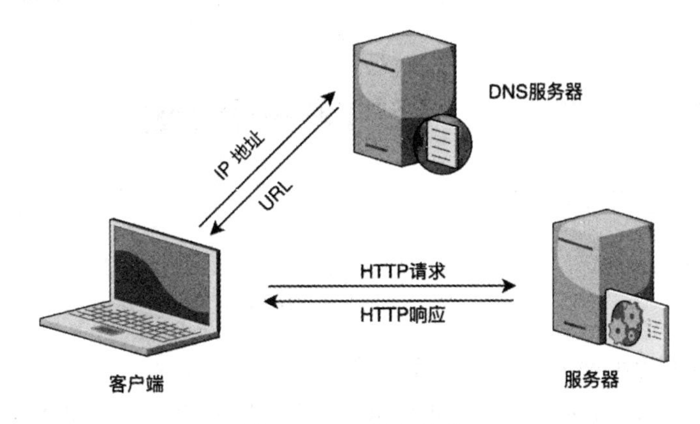

图 1.1　Web 访问流程

大多数网页都包含有超链接，可指向其他相关网页，可能还有下载源文献和其他网络资源。像这样通过超链接，把相关的有用资源组织在一起的集合，就形成了一个所谓的信息的“网”。这个网在因特网上被广泛使用，这就是伯纳斯·李所设想的万维网。

1.2　HTML 基础

Web 开发通常分为前端（Front End）开发和后端（Back End）开发。“前端”是指与用户直接交互的部分，包括 Web 页面的结构、Web 的外观视觉表现以及 Web 层面的交互实现；“后端”更多的是指与数据库进行交互并处理相应的业务逻辑，需要考虑的是如何实现业务功能、数据存取、平台的稳定性与性能等。后端开发用到的编程语言包括 Python、Java、PHP、ASP.NET 等，而前端开发用到的编程语言主要包括 HTML、CSS 和 JavaScript。

1.2.1　HTML 简介

HTML 是用来描述网页的一种语言。HTML 是指超文本标记语言（Hyper Text Markup Language），它不是一种编程语言，而是一种标记语言。标记语言是一套标记标签，这种标记标签通常被称为 HTML 标签。Web 浏览器的作用是读取 HTML 文档，并以网页的形式显示它们。浏览器不会显示 HTML 标签，而是使用标签来解释页面的内容，如图 1.2 所示。

在图 1.2 中，左侧是 HTML 代码，右侧是显示的页面内容。HTML 代码中，第 1 行的<!DOCTYPE

html>表示使用的是 HTML5（HTML 最新版本），后续的标签基本都是成对出现。右侧的页面中只显示标签里的内容，不显示标签。

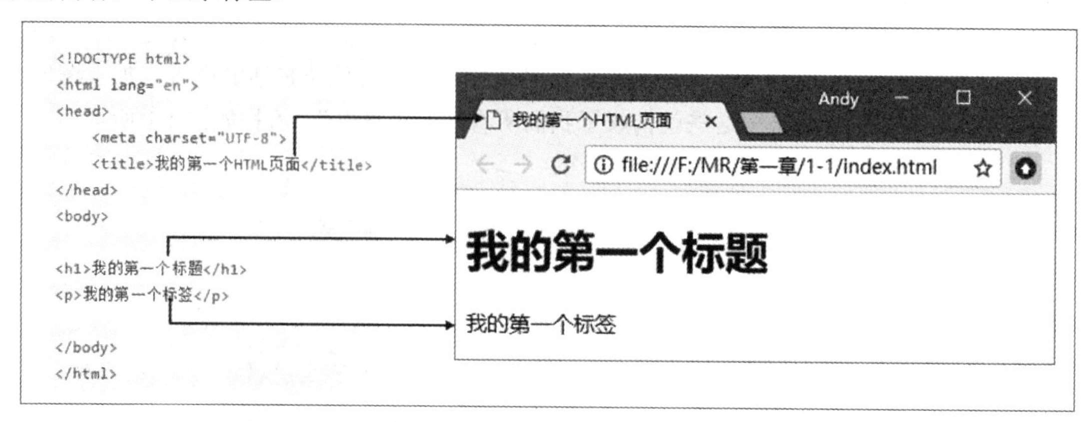

图 1.2　显示页面内容

下面将介绍如何使用 PyCharm 开发工具创建第一个 HTML 页面。

【例 1.1】　使用 PyCharm 创建一个 index.html 文件。使用<h1>标签和<p>标签展示明日学院的基本信息。（**实例位置：资源包\Code\01\01**）

具体实现步骤如下。

（1）打开 PyCharm，创建“01”文件夹。选中该文件，单击鼠标右键，在弹出的快捷菜单中选择 NEW→HTML File 命令，此时弹出 New HTML File 对话框，在 Name 栏中填写文件名称“index.html”，最后单击 OK 按钮。

（2）创建完成后，PyCharm 即生成一个基本的 HTML5 代码结构。在<body>和</body>标签内编写 HTML 代码，具体代码如下：

```
01  <!DOCTYPE html>
02  <html lang="en">
03  <head>
04      <meta charset="UTF-8">
05      <title>明日学院简介</title>
06  </head>
07  <body>
08      <h1> 明日学院 </h1>
09      <p>
10          明日学院，是吉林省明日科技有限公司倾力打造的在线实用技能学习平台，该平台于 2016 年正式
11          上线，主要为学习者提供海量、优质的课程，课程结构严谨，用户可以根据自身的学习程度，自主安
12          排学习进度。我们的宗旨是，为编程学习者提供一站式服务，培养用户的编程思维。
13      </p>
14  </body>
15  </html>
```

（3）使用谷歌浏览器打开 index.html 文件，运行结果如图 1.3 所示。

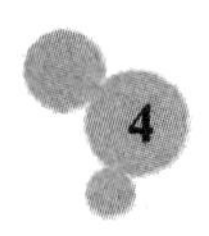

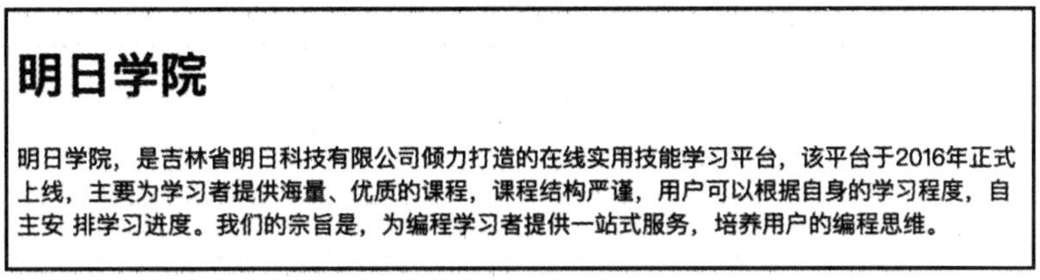

图 1.3　页面运行结果

上面 HTML 代码的含义如下。

☑ <!DOCTYPE html> 声明为 HTML5 文档。
☑ <html>元素是 HTML 页面的根元素。
☑ <head>元素包含了文档的元（meta）数据。例如，<meta charset="utf-8">定义网页编码格式为 utf-8。
☑ <title>元素描述了文档的标题。
☑ <body>元素包含了可见的页面内容。
☑ <h1>元素定义了一个最大标题。
☑ <p>元素定义了一个段落。

说明

在浏览器的页面上使用键盘上的 F12 键开启调试模式，就可以看到 HTML 标签的组成情况。

1.2.2　HTML 标签和元素

1. HTML 标签

HTML 标记标签通常被称为 HTML 标签（HTML tag），它的特点如下。

☑ HTML 标签是由尖括号包围的关键词，如<html>。
☑ HTML 标签通常是成对出现的，如<p>和</p>。
☑ 标签对中的第一个标签是开始标签，第二个标签是结束标签。

标签的形式如下：

```
<标签>内容</标签>
```

HTML 常用标签如表 1.1 所示。

表 1.1　HTML 常用标签

标　签	描　述
<!--...-->	定义注释
<!DOCTYPE>	定义文档类型
<a>	定义超文本链接

续表

标　签	描　述
<article>	定义一个文章区域
<audio>	定义音频内容
<b>	定义文本粗体
<body>	定义文档的主体
 	定义换行
<button>	定义一个单击按钮
<canvas>	定义图形，如图表和其他图像。标签只是图形容器，必须使用脚本来绘制图形
<caption>	定义表格标题
<div>	定义文档中的分区或节，主要用作大的框架布局，无任何语义
<em>	定义强调文本
<footer>	定义 section 或 document 的页脚
<form>	定义了 HTML 文档的表单
<frame>	定义框架集的窗口或框架
<frameset>	定义框架集
<h1> to <h6>	定义 HTML 标题
<head>	定义关于文档的信息
<header>	定义文档的头部区域
<hr>	定义水平线
<html>	定义 HTML 文档
<i>	定义斜体字
<iframe>	定义内联框架
<img>	定义图像
<input>	定义输入控件
<label>	定义 input 元素的标注
<link>	定义文档与外部资源的关系
<meta>	定义关于 HTML 文档的元信息
<option>	定义选择列表中的选项
<p>	定义段落
<script>	定义客户端脚本
<section>	定义文档中的内容区块（section、区段），如章节、页眉、页脚或文档中的其他部分
<select>	定义选择列表（下拉列表）
<span>	组合文档中的行内元素
<strong>	定义强调文本
<style>	定义文档的样式信息
<textarea>	定义多行的文本输入控件
<title>	定义文档的标题
<video>	定义视频，如电影片段或其他视频流

2. HTML 元素

HTML 元素以开始标签起始，以结束标签终止。元素的内容是开始标签与结束标签之间的内容。例如，下面代码就包含了一个<body>元素和一个<p>元素。

```
01    <body>
02    <p>吉林省明日科技股份有限公司</p>
03    </body>
```

说明

不要忘记结束标签。虽然漏掉结束标签大多数情况下浏览器也会正确地显示，但不要依赖这种做法，有时会产生不可预料的结果或错误。

3. HTML 属性

HTML 属性具备以下特点。

☑ HTML 元素可以设置属性。
☑ 属性可以在元素中添加附加信息。
☑ 属性一般描述于开始标签。
☑ 属性总是以名称/值对的形式出现，如“name="value"”。

例如，为一个<a>标签添加 href 属性，示例如下：

```
<a href="http://www.baidu.com">去百度</a>
```

大多数 HTML 元素都支持的属性如表 1.2 所示。

表 1.2　大多数 HTML 元素都支持的属性

属　　性	描　　述
class	为 html 元素定义一个或多个类名（classname）（类名从样式文件引入）
id	定义元素的唯一 id
style	规定元素的行内样式（inline style）
title	描述元素的额外信息（作为工具条使用）

1.2.3　HTML 表格

表格由<table>标签来定义。每个表格均有若干行（由<tr>标签定义），每行被分割为若干单元格（由<td>标签定义）。字母 td 指表格数据（table data），即数据单元格的内容。数据单元格可以包含文本、图片、列表、段落、表单、水平线、表格等。

创建一个简单的 2 行 2 列表格，代码如下：

```
01    <!DOCTYPE html>
02    <html lang="en">
03    <head>
```

```
04          <meta charset="UTF-8">
05          <title>Title</title>
06      </head>
07      <body>
08      <table border="1">
09          <tr>
10              <td>row 1, cell 1</td>
11              <td>row 1, cell 2</td>
12          </tr>
13          <tr>
14              <td>row 2, cell 1</td>
15              <td>row 2, cell 2</td>
16          </tr>
17      </table>
18      </body>
19      </html>
```

运行结果如图 1.4 所示。

row 1, cell 1	row 1, cell 2
row 2, cell 1	row 2, cell 2

图 1.4　2 行 2 列的表格效果

常用的表格标签如表 1.3 所示。

表 1.3　常用的表格标签

标　签	描　述	标　签	描　述
<table>	定义表格	<colgroup>	定义表格列的组
<th>	定义表格的表头	<col>	定义用于表格列的属性
<tr>	定义表格的行	<thead>	定义表格的页眉
<td>	定义表格单元	<tbody>	定义表格的主体
<caption>	定义表格标题	<tfoot>	定义表格的页脚

下面通过一个实例学习如何创建 HTML 表格。

【例 1.2】　使用 HTML 表格的常用标签创建一个小学生的课程表，包括星期一到星期五的上课时间以及课程内容。（**实例位置：资源包\Code\01\02**）

```
01      <!DOCTYPE html>
02      <html lang="en">
03      <head>
04          <meta charset="UTF-8">
05          <title>Title</title>
06      </head>
07      <body>
08      <h4 style="text-align:center">课程表</h4>
09      <table border="1" cellpadding="10" width="100%">
10          <tr>
```

```
11            <th colspan="2">时间\日期</th>
12            <th>一</th>
13            <th>二</th>
14            <th>三</th>
15            <th>四</th>
16            <th>五</th>
17        </tr>
18
19        <tr>
20            <th rowspan="2">上午</th>
21            <th>9:30-10:15</th>
22            <th>数学</th>
23            <th>英语</th>
24            <th>音乐</th>
25            <th>体育</th>
26            <th>语文</th>
27        </tr>
28
29        <tr>
30            <th>10:25-11:10</th>
31            <th>语文</th>
32            <th>数学</th>
33            <th>英语</th>
34            <th>音乐</th>
35            <th>体育</th>
36        </tr>
37
38        <tr>
39        <th colspan="7"></th>
40        </tr>
41
42        <tr>
43            <th rowspan="2">下午</th>
44            <th>14:30-15:15</th>
45            <th>英语</th>
46            <th>音乐</th>
47            <th>体育</th>
48            <th>语文</th>
49            <th>数学</th>
50        </tr>
51
52        <tr>
53            <th>15:25-16:10</th>
54            <th>语文</th>
55            <th>英语</th>
56            <th>音乐</th>
57            <th>体育</th>
58            <th>语文</th>
59        </tr>
60    </table>
```

```
61    </body>
62    </html>
```

运行结果如图 1.5 所示。

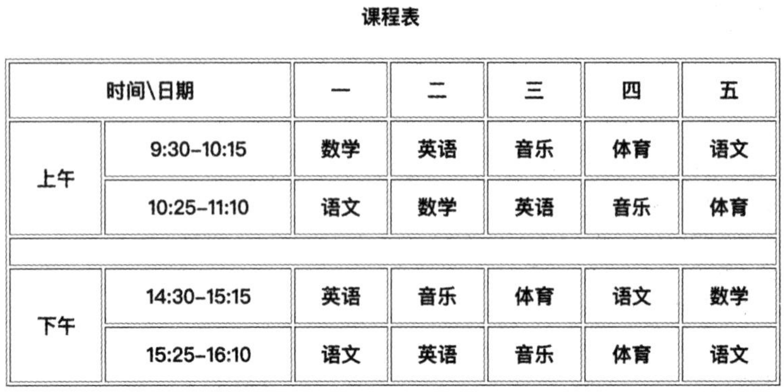

课程表

时间\日期		一	二	三	四	五
上午	9:30-10:15	数学	英语	音乐	体育	语文
	10:25-11:10	语文	数学	英语	音乐	体育
下午	14:30-15:15	英语	音乐	体育	语文	数学
	15:25-16:10	语文	英语	音乐	体育	语文

图 1.5　使用表格创建课程表

1.2.4　HTML 列表

HTML 支持有序列表、无序列表和自定义列表，其中有序列表与无序列表的区别如图 1.6 所示。

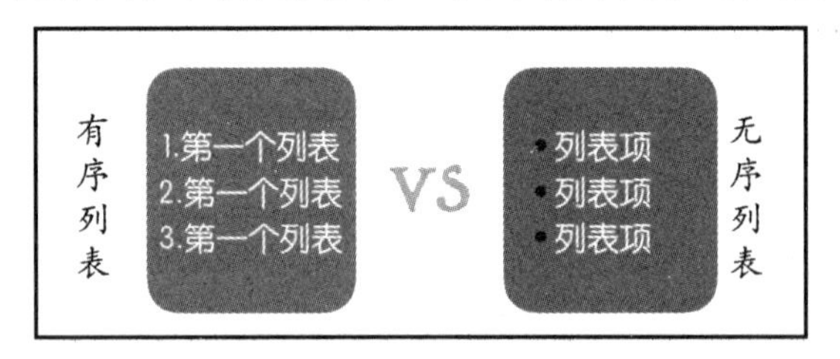

图 1.6　有序列表和无序列表的区别

HTML 列表常用的标签如表 1.4 所示。

表 1.4　常用的列表标签

标　签	描　述	标　签	描　述
<ol>	定义有序列表	<dl>	自定义列表
<ul>	定义无序列表	<dt>	自定义列表项
<li>	定义<ol>、<ul>下的列表项	<dd>	自定义列表项的描述

1. 有序列表

下面通过一个实例学习如何创建 HTML 有序列表。

【例 1.3】　使用 HTML 列表的<ol>和<li>标签，创建 3 个有序列表，分别使用数字、英文字母以及罗马数字作为序号。（**实例位置：资源包\Code\01\03**）

```
01    <!DOCTYPE html>
02    <html>
```

```
03  <head>
04  <meta charset="utf-8">
05  <title>有序列表</title>
06  </head>
07  <body>
08  <h4>编号列表：</h4>
09  <ol>
10    <li>Apples</li>
11    <li>Bananas</li>
12    <li>Lemons</li>
13    <li>Oranges</li>
14  </ol>
15
16  <h4>大写字母列表：</h4>
17  <ol type="A">
18    <li>Apples</li>
19    <li>Bananas</li>
20    <li>Lemons</li>
21    <li>Oranges</li>
22  </ol>
23
24  <h4>罗马数字列表：</h4>
25  <ol type="I">
26    <li>Apples</li>
27    <li>Bananas</li>
28    <li>Lemons</li>
29    <li>Oranges</li>
30  </ol>
31
32  </body>
33  </html>
```

用浏览器打开该文件，运行结果如图 1.7 所示。

2．无序列表

下面通过一个实例学习如何创建 HTML 无序列表。

【例 1.4】 使用 HTML 列表的<ul>和<li>标签，创建无序列表，并通过嵌套展示不同型号的手机。（**实例位置：资源包\Code\01\04**）

```
01  <!DOCTYPE html>
02  <html>
03  <head>
04  <meta charset="utf-8">
05  <title>菜鸟教程(runoob.com)</title>
06  </head>
07  <body>
08  <h4>手机品牌分类：</h4>
09  <ul>
10     <li>小米手机</li>
```

```
11      <li>华为手机
12        <ul>
13          <li>华为 P30</li>
14          <li>华为 P40
15            <ul>
16              <li>8GB+128GB</li>
17              <li>8GB+256GB</li>
18            </ul>
19          </li>
20        </ul>
21      </li>
22      <li>苹果手机</li>
23    </ul>
24    </body>
25    </html>
```

运行结果如图 1.8 所示。

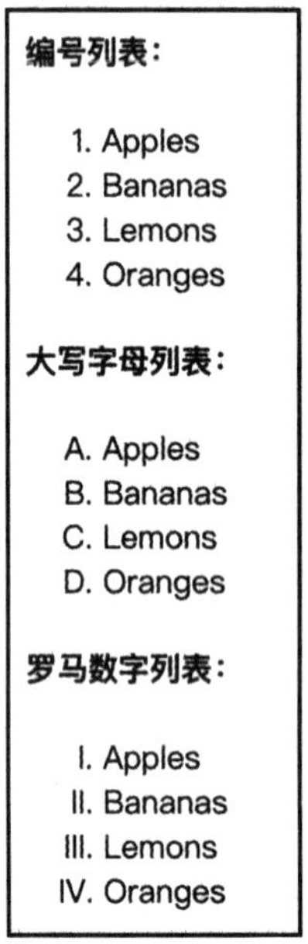

编号列表：

1. Apples
2. Bananas
3. Lemons
4. Oranges

大写字母列表：

A. Apples
B. Bananas
C. Lemons
D. Oranges

罗马数字列表：

I. Apples
II. Bananas
III. Lemons
IV. Oranges

图 1.7　有序列表

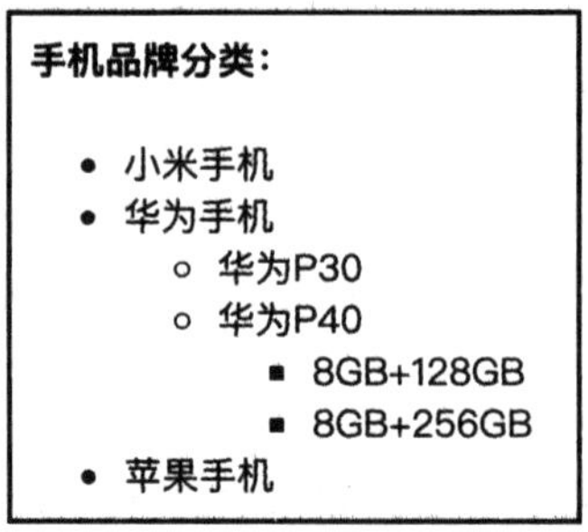

手机品牌分类：

- 小米手机
- 华为手机
  - 华为P30
  - 华为P40
    - 8GB+128GB
    - 8GB+256GB
- 苹果手机

图 1.8　无序列表效果

3. 自定义列表

下面通过一个实例学习如何创建 HTML 自定义列表。

【例 1.5】　使用 HTML 列表的<dl>、<dt>和<dd>标签，创建自定义列表，展示不同类型的汽车。（**实例位置：资源包\Code\01\05**）

```
01    <!DOCTYPE html>
02    <html>
03    <head>
04    <meta charset="utf-8">
05    <title>自定义列表</title>
```

```
06    </head>
07    <body>
08    <h4>汽车分类：</h4>
09    <dl>
10       <dt>国产汽车</dt>
11       <dd>->长城 H6</dd>
12       <dd>->红旗 H9</dd>
13       <dt>进口汽车</dt>
14       <dd>->特斯拉 Model3</dd>
15       <dd>->丰田卡罗拉</dd>
16    </dl>
17    </body>
18    </html>
```

运行结果如图 1.9 所示。

汽车分类：

国产汽车
　　->长城H6
　　->红旗H9
进口汽车
　　->特斯拉Model3
　　->丰田卡罗拉

图 1.9　自定义列表

1.2.5　HTML 区块

大多数 HTML 元素被定义为块级元素或内联元素。

块级元素在浏览器显示时，通常会以新行来开始和结束。常见的块级元素如下：

```
<h1>, <p>, <ul>, <table>
```

内联元素在显示时通常不会以新行开始，常见的内联元素如下：

```
<b>, <td>, <a>, <img>
```

1．<div>元素

<div>元素是块级元素，它是可用于组合其他 HTML 元素的容器。

<div>元素没有特定的含义。除此之外，由于它属于块级元素，浏览器会在其前后显示折行。如果与 CSS 一同使用，<div>元素可用于对大的内容块设置样式属性。

<div>元素的另一个常见用途是文档布局。它取代了使用表格定义布局的老式方法。使用<table>元素进行文档布局不是表格的正确用法。<table>元素的作用是显示表格化的数据。

2．<span>元素

<span>元素是内联元素，可用作文本的容器。

<span>元素也没有特定的含义。当与 CSS 一同使用时，<span>元素可用于为部分文本设置样式属性。

1.2.6 HTML 表单

为了实现浏览器和服务器的互动，可以使用 HTML 表单搜集不同类型的用户输入，然后将输入内容从客户端浏览器传送到服务器端，经过服务器上的 Python 程序处理后，再将用户所需要的信息传递回客户端的浏览器上，从而获得用户信息，实现交互效果。HTML 表单形式很多，如用户注册、登录、个人中心设置等页面。

1．Form 标签属性

在 HTML 中，使用<form>元素，即可创建一个表单。表单结构如下：

```
01    <form name="form_name"   method="method" action="url"   enctype="value"
02              target="target_win">
03    ...    //省略插入的表单元素
04    </form >
```

<form>标签的属性如表 1.5 所示。

表 1.5 <form>标签的属性

属　性	说　明
name	表单的名称
method	设置表单的提交方式，GET 或者 POST 方法
action	指向处理该表单页面的 URL（相对位置或者绝对位置）
enctype	设置表单内容的编码方式
target	设置返回信息的显示方式，属性值包括_blank、_parent、_self、top

说明

GET 方法是将表单内容附加在 URL 地址后面发送；POST 方法是将表单中的信息作为一个数据块发送到服务器上的处理程序中，在浏览器的地址栏中不显示提交的信息。method 属性默认方法为 GET 方法。

2．HTML 表单元素

表单（form）由表单元素组成。常用的表单元素包括输入域标记<input>、选择域标记<select>、<option>和文字域标记<textarea>等。

（1）输入域标记<input>

输入域标记<input>是表单中最常用的标记之一。常用的文本框、按钮、单选按钮、复选框等构成了一个完整的表单。语法格式如下：

```
01    <form>
02    <input name="file_name"   type="type_name">
03    </form>
```

参数 name 是指输入域的名称，参数 type 是指输入域的类型。在<input type="">标记中一共提供了 10 种类型的输入区域，用户所选择使用的类型由 type 属性决定。type 属性的取值及举例如表 1.6 所示。

表 1.6　type 属性值及举例

值	举　例	说　明	运行结果
text	<input name="user" type="text" value="纯净水" size="12" maxlength="1000">	文本框，name 为文本框的名称，value 为文本框的默认值，size 为文本框的宽度（以字符为单位），maxlength 为文本框的最大输入字符数	添加一个文本框 纯净水
password	<input name="pwd" type="password" value="666666" size="12" maxlength="20">	密码域，用户在该文本框中输入的字符将被替换显示为“*”，以起到保密作用	添加一个密码域 ******
file	<input name="file" type="file" enctype="multipart/form-data" size="16" maxlength="200">	文件域，当文件上传时，可用来打开一个模式窗口以供选择文件。然后将文件通过表单上传到服务器，如上传 Word 文件等。必须注意的是，上传文件时需要指明表单的属性（enctype="multipart/form-data"）才可以实现上传功能	添加一个文件域 浏览...
image	<input name="imageField" type="image" src="images/banner.gif" width="120" height="24" border="0">	图像域，可以用在提交按钮位置上的图片，这幅图片具有按钮的功能	添加一个图像域
radio	<input name="sex" type="radio" value= "1" checked>男 <input name="sex" type="radio" value="0">女	单选按钮，用于设置一组选择项，用户只能选择一项。checked 属性用来设置该单选按钮默认被选中	添加一组单选按钮 男　女
checkbox	<input name="checkbox" type="checkbox" value="1" checked> 封面 <input name="checkbox" type="checkbox" value="1" checked> 正文内容 <input name="checkbox" type="checkbox" value="0">价 格	复选框，允许用户选择多个选择项。checked 属性用来设置该复选框默认被选中。例如，收集个人信息时，要求在个人爱好的选项中进行多项选择等	添加一组复选框 封面 正文内容 价 格
submit	<input name="Submit" type="submit" value="提交">	将表单的内容提交到服务器端	添加一个提交按钮 提交
reset	<input type="reset" name="reset" value="重置">	清除与重置表单内容，用于清除表单中所有文本框的内容，并使选择菜单项恢复到初始值	添加一个重置按钮 重置
button	<input type="button" name="Submit" value="按钮">	按钮可以激发提交表单的动作，可以在用户需要修改表单时，将表单恢复到初始的状态，还可以依照程序的需要发挥其他作用。普通按钮一般是配合 JavaScript 脚本进行表单处理的	添加一个普通按钮 按钮

续表

值	举　　例	说　　明	运行结果
hidden	<input type="hidden" name="bookid">	隐藏域，用于在表单中以隐含方式提交变量值。隐藏域在页面中对于用户是不可见的，添加隐藏域的目的在于通过隐藏的方式收集或者发送信息。浏览者单击“发送”按钮发送表单时，隐藏域的信息也被一起发送到 action 指定的处理页	添加一个隐藏域

（2）选择域标记<select>和<option>

通过选择域标记<select>和<option>可以建立一个列表或者菜单。菜单的使用是为了节省空间，正常状态下只能看到一个选项，单击右侧的下三角按钮打开菜单后才能看到全部的选项。列表可以显示一定数量的选项，如果超出了这个数量，会自动出现滚动条，浏览者可以通过拖动滚动条来查看各选项。

语法格式如下：

```
01    <select name="name" size="value" multiple>
02    <option value="value" selected>选项 1</option>
03    <option value="value">选项 2</option>
04    <option value="value">选项 3</option>
05    …
06    </select>
```

参数 name 表示选择域的名称；size 表示列表的行数；value 表示菜单选项值；multiple 表示以菜单方式显示数据，省略则以列表方式显示数据。

选择域标记<select>和<option>的显示方式及举例如表 1.7 所示。

表 1.7　选择域标记<select>和<option>的显示方式及举例

显示方式	举　　例	说　　明	运行结果
列表方式	<select name="spec" id="spec"> <option value="0" selected>网络编程</option> <option value="1">办公自动化</option> <option value="2">网页设计</option> <option value="3">网页美工</option> </select>	下拉列表框，通过选择域标记<select>和<option>建立一个列表，列表可以显示一定数量的选项，如果超出了这个数量，会自动出现滚动条，浏览者可以通过拖动滚动条来查看各选项。selected 属性用来设置该菜单项默认被选中	网络编程 网络编程 办公自动化 网页设计 网页美工
菜单方式	<select name="spec" id="spec" multiple > <option value="0" selected>网络编程</option> <option value="1">办公自动化</option> <option value="2">网页设计</option> <option value="3">网页美工</option> </select>	multiple 属性用于下拉列表<select>标记中，指定该选项用户可以使用 Shift 和 Ctrl 键进行多选	网络编程 办公自动化 网页设计 网页美工

说明

在上面的表格中给出了静态菜单项的添加方法，而在 Web 程序开发过程中，也可以通过循环语句动态添加菜单项。

（3）文字域标记<textarea>

文字域标记<textarea>用来制作多行的文字域，可以在其中输入更多的文本。

语法格式如下：

```
01    <textarea name="name" rows=value cols=value value="value" warp="value">
02          …文本内容
03    </textarea>
```

参数 name 表示文字域的名称；rows 表示文字域的行数；cols 表示文字域的列数（这里的 rows 和 cols 以字符为单位）；value 表示文字域的默认值；warp 用于设定显示和送出时的换行方式，值为 off 表示不自动换行，值为 hard 表示自动硬回车换行（换行标记一同被发送到服务器，输出时也会换行），值为 soft 表示自动软回车换行（换行标记不会被发送到服务器，输出时仍然为一列）。

例如，使用文字域实现发表建议的多行文本框可以使用下面的代码。

```
01    <textarea name="remark" cols="20" rows= "4" id="remark">  请输入您的建议!
02    </textarea>
```

运行上面的代码将显示如图 1.10 所示的结果。

下面通过一个实例学习如何创建 HTML 表单。

【例 1.6】　使用 HTML 列表的<dl>、<dt>和<dd>标签，创建用户信息表单。（**实例位置：资源包\Code\01\06**）

```
01    <!DOCTYPE html>
02    <html>
03    <head>
04    <meta charset="utf-8">
05    <title>自定义列表</title>
06    </head>
07    <body>
08    <h4>请填写用户信息</h4>
09    <form action="" method="post" >
10          <div>
11                <label for="username">用户名:</label>
12                <input type="text" name="username" id="username">
13          </div>
14          <div>
15                <label for="password">密   码:</label>
16                <input type="password" name="password" id="password">
17          </div>
18          <div>
19                <label>性   别:</label>
```

```
20                <input type="radio" name="gender" value="male" style="display: inline">男
21                <input type="radio" name="gender" value="female" style="display: inline">女
22          </div>
23          <div>
24                <label for="hobby">爱   好:</label>
25                <select name="hobby" id="hobby">
26                      <option value="篮球">篮球</option>
27                      <option value="足球">足球</option>
28                      <option value="乒乓球">乒乓球</option>
29                </select>
30          </div>
31          <div>
32                <label>上传头像:</label>
33                <input type="file" name="avatar">
34          </div>
35          <div>
36                <label for="intro">自我介绍:</label>
37                <div>
38                      <textarea name="intro" id="intro" cols="20" rows= "4" id="remark"> </textarea>
39                </div>
40          </div>
41          <div>
42                <input type="submit"name="Submit"value= "提交">
43                <input type="reset" name="Submit" value= "重置">
44          </div>
45    </form>
46
47    </body>
48    </html>
```

运行结果如图 1.11 所示。

图 1.10　文字域显示效果

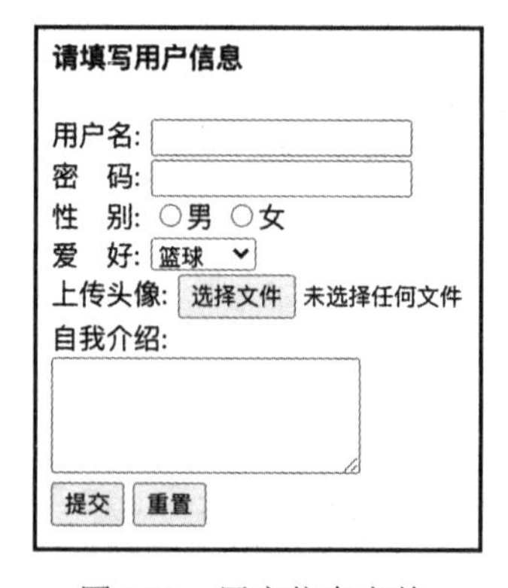

图 1.11　用户信息表单

说明

更多 HTML 知识，请查阅相关教程。作为 Python Web 初学者，只要求掌握基本的 HTML 知识。

1.3　CSS 基础

CSS 是 Cascading Style Sheet（层叠样式表）的缩写。CSS 是一种标记语言，用于为 HTML 文档定义布局。例如，CSS 涉及字体、颜色、边距、高度、宽度、背景图像、高级定位等方面。运用 CSS 样式可以让页面变得更美观，如图 1.12 所示。

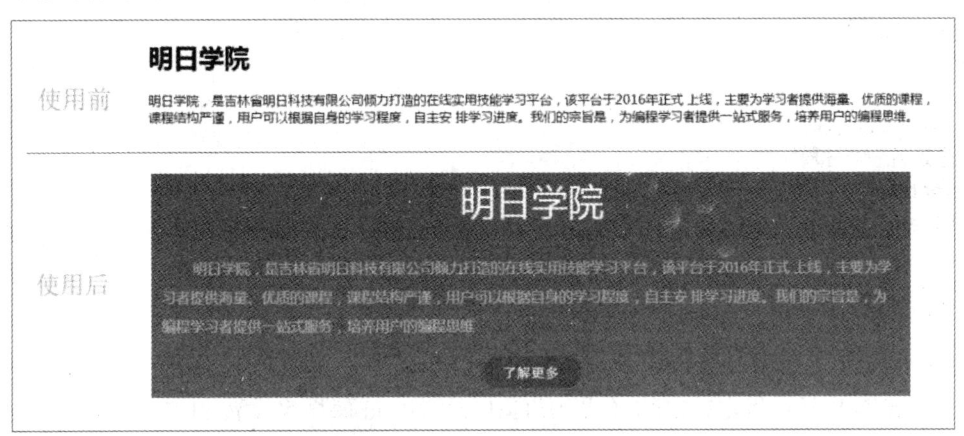

图 1.12　使用 CSS 前后效果对比

1.3.1　CSS 基础知识

1. 语法结构

CSS 规则由两个主要的部分构成：选择器以及一条或多条声明，如图 1.13 所示。

图 1.13　CSS 语法结构

CSS 的组成部分说明如下。

☑　选择器通常是需要改变样式的 HTML 元素。

☑　每条声明由一个属性和一个值组成。

☑　属性（property）是希望设置的样式属性（style attribute）。

☑　每个属性有一个值，属性和值被冒号分开。

CSS 声明总是以分号（;）结束，并用大括号（{}）括起来。

```
p {color:red;text-align:center;}
```

为了让 CSS 可读性更强，可以每行只描述一个属性，例如：

```
01  p{
02  color:red;
03  text-align:center;
04  }
```

注释是用来解释的代码，并且可以随意编辑它，浏览器会忽略它。

CSS 注释以“/*”开始，以“*/”结束，下面来看一个实例。

```
01  /*这是个注释*/
02  p
03  {
04  text-align:center;
05  /*这是另一个注释*/
06  color:black;
07  font-family:arial;
08  }
```

2. ID 和 Class 选择器

如果要在 HTML 元素中设置 CSS 样式，则需要在元素中设置 id 和 class 选择器。id 选择器可以为标有特定 id 的 HTML 元素指定特定的样式。HTML 元素以 id 属性来设置 id 选择器，CSS 中 id 选择器以“#”来定义。

以下的样式规则应用于元素属性 id="para1"：

```
#para1 { text-align:center; color:red; }
```

class 选择器用于描述一组元素的样式，class 选择器有别于 id 选择器，class 可以在多个元素中使用。

class 选择器在 HTML 中以 class 属性表示，在 CSS 中，类选择器以一个点“.”号显示。

在以下的例子中，所有拥有 center 类的 HTML 元素均为居中，例如：

```
.center {text-align:center;}
```

也可以指定特定的 HTML 元素使用 class。

在以下实例中，所有的 p 元素使用 class="center"让该元素的文本居中，例如：

```
p.center {text-align:center;}
```

3. CSS 盒子模型

所有 HTML 元素都可以看作盒子，在 CSS 中，盒子模型（Box Model）主要在设计和布局时使用。

CSS 盒子模型本质上是一个盒子，可以封装周围的 HTML 元素，它包括边距、边框、填充和实际内容，如图 1.14 所示。

盒子模型允许我们在其他元素和周围元素边框之间的空间放置元素。

不同部分的说明如下。

☑ Margin（外边距）：清除边框外的区域，外边距是透明的。

☑ Border（边框）：围绕在内边距和内容外的边框。

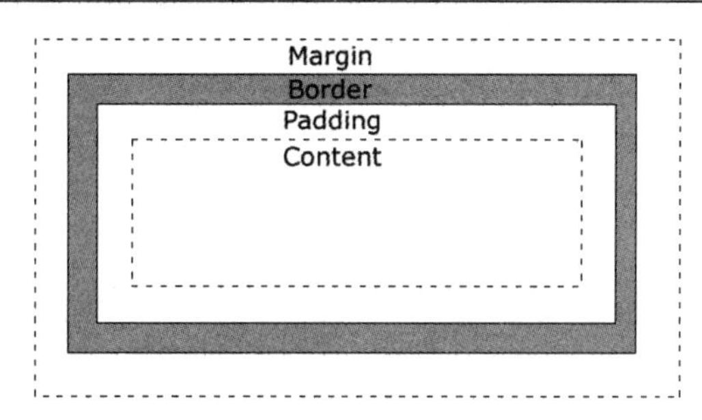

图 1.14　盒子模型

☑　Padding（内边距）：清除内容周围的区域，内边距是透明的。

☑　Content（内容）：盒子的内容，显示文本和图像。

1.3.2　嵌入 CSS 样式的 3 种方式

在 HTML 文件中嵌入 CSS 样式有 3 种方式：内联样式表、内部样式表和外部样式表。

1．内联样式表

内联样式表就是使用 HTML 属性 style，在 style 属性内添加 CSS 样式。内联样式是仅影响一个元素的 CSS 声明，也就是被 style 属性包括着的元素。下面通过一个实例来学习一下内联样式表。

【例 1.7】　为例 1.1 中 index.html 文件的<h1>标签和<p>标签添加 CSS 样式。（**实例位置：资源包\Code\01\07**）

```
01  <!DOCTYPE html>
02  <html lang="en">
03  <head>
04      <meta charset="UTF-8">
05      <title>明日学院简介</title>
06  </head>
07  <body>
08      <h1 style="text-align:center;color:blue"> 明日学院 </h1>
09      <p style="padding:20px;background:yellow">
10          … 省略部分内容
11      </p>
12  </body>
13  </html>
```

运行结果如图 1.15 所示。

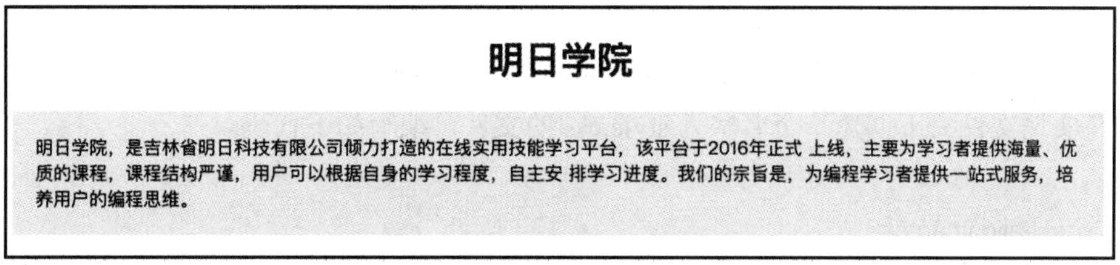

明日学院

明日学院，是吉林省明日科技有限公司倾力打造的在线实用技能学习平台，该平台于2016年正式 上线，主要为学习者提供海量、优质的课程，课程结构严谨，用户可以根据自身的学习程度，自主安 排学习进度。我们的宗旨是，为编程学习者提供一站式服务，培养用户的编程思维。

图 1.15　使用内联样式表运行结果

2. 内部样式表

内部样式表即在 HTML 文件内使用<style>标签，在文档头部<head>标签内定义内部样式表。下面通过一个实例学习一下内联样式表。

```
01  <!DOCTYPE html>
02  <html lang="en">
03  <head>
04      <meta charset="UTF-8">
05      <title>明日学院简介</title>
06      <style>
07          h1 {
08              text-align:center;
09              color:blue
10          }
11          p {
12              padding:20px;
13              background:yellow
14          }
15      </style>
16  </head>
17  <body>
18      <h1>  明日学院 </h1>
19      <p>
20          …省略部分内容
21      </p>
22  </body>
23  </html>
```

运行结果与实例 1.2 相同。

3. 外部样式表

外部样式表就是一个扩展名为 css 的文本文件。与其他文件一样，可以把样式表文件放在 Web 服务器上或者本地硬盘上，然后在需要使用该样式的 HTML 文件中创建一个指向外部样式表文件的链接（link）。语法格式如下：

```
<link rel="stylesheet" type="text/css" href="style/default.css" />
```

下面通过一个实例来学习一下外部样式表的应用。

【例 1.8】 使用外部样式表修改 index.html 文件中的<h1>标签和<p>标签。（**实例位置：资源包\Code\01\08**）

首先创建一个 CSS 文件，然后引入 index.html 文件中。具体步骤如下。

（1）在实例文件夹下创建一个名字为 style.css 的文件，编写如下代码。

```
01  h1 {
02      text-align:center;
03      color:blue
04  }
```

```
05  p {
06      padding:20px;
07      background:yellow
08  }
```

（2）在 index.html 文件中引入 style.css 文件，代码如下：

```
01  <!DOCTYPE html>
02  <html lang="en">
03  <head>
04      <meta charset="UTF-8">
05      <title>明日学院简介</title>
06      <link rel="stylesheet" type="text/css" href="style.css">
07  </head>
08  <body>
09      <h1>  明日学院  </h1>
10      <p>
11          … 省略部分内容
12      </p>
13  </body>
14  </html>
```

运行结果与实例 1.7 相同。

说明

更多 CSS 知识，请查阅相关教程。作为 Python Web 初学者，只要求掌握基本的 CSS 知识。

1.4　小　　结

本章首先介绍了什么是 Web，然后介绍了 Web 的工作原理。由于本书重点是介绍 Python 的 Web 开发，但是作为一名 Web 开发人员，必须要掌握基本的 Web 前端技术。所以，接下来又介绍了前端的基础知识，包括 HTML 和 CSS 的基础知识，并使用多个实例以不同的方式实现相同的页面效果，以加深读者的理解。

第2章

JavaScript 基础与网页交互

JavaScript 是一种跨平台、面向对象的脚本语言，它能使网页产生交互行为，例如拥有复杂的动画、可点击的按钮、通俗的菜单等。另外还有高级的服务端 Javascript 版本，例如 Node.js，它可以让你在网页上添加更多功能，例如在多台计算机之间更好地协同合作。

在宿主环境（如 Web 浏览器）中，JavaScript 能够通过其所连接环境提供的编程接口控制交互行为。

2.1　JavaScript 基础

通常，大家所说的前端技术就是指 HTML、CSS 和 JavaScript 这 3 项技术。

☑　HTML：定义网页的内容。

☑　CSS：描述网页的样式。

☑　JavaScript：描述网页的行为。

JavaScript 是一种可以嵌入 HTML 代码中由客户端浏览器运行的脚本语言。在网页中使用 JavaScript 代码，不仅可以实现网页特效，还可以响应用户请求，实现动态交互的功能。例如，在用户注册页面中，需要对用户输入信息的合法性进行验证，包括是否填写了“邮箱”和“手机号”，填写的“邮箱”和“手机号”的格式是否正确等。

2.1.1　<script>标签

如果在 HTML 页面中插入 JavaScript，需要使用<script>标签。<script>和</script>会告诉 JavaScript 在何处开始和结束。<script>和</script>之间的代码行包含了 JavaScript 代码。示例代码如下：

```
01    <script>
02        alert("第一个 JavaScript 程序");
03    </script>
```

说明

在 HTML4 及更早期的版本中，<script>标签中需要使用“type="text/javascript"”语句声明。现在已经不必这样做了，因为 JavaScript 是所有现代浏览器以及 HTML5 中默认的脚本语言。

JavaScript 语句会在页面加载时执行。可以在 HTML 文档中放入不限数量的脚本，脚本可位于

<body>部分中或<head>部分中，也可同时存在于两个部分中。通常的做法是把函数放入<head>部分中，或者放在页面底部。这样就可以把它们安置到同一处位置，不会干扰页面的内容。

2.1.2　JavaScript 字面量和变量

1．JavaScript 字面量

在编程语言中，一般固定的值被称为字面量，如 3.14。

数字（Number）字面量可以是整数或者小数，也可以是采用科学计数法（e）表示的数值。例如：

```
3.14
1001
123e5
```

字符串（String）字面量是使用单引号或双引号括起来的一串字符，例如：

```
"John Doe"
'John Doe'
```

表达式字面量用于计算，例如：

```
5 + 6
5 * 10
```

数组（Array）字面量用于定义一个数组，例如：

```
[40, 100, 1, 5, 25, 10]
```

对象（Object）字面量用于定义一个对象，例如：

```
{firstName:"John", lastName:"Doe", age:50, eyeColor:"blue"}
```

函数（Function）字面量用于定义一个函数，例如：

```
function myFunction(a, b) { return a * b;}
```

2．JavaScript 变量

在编程语言中，变量用于存储数据值。

JavaScript 使用关键字 var 来定义变量，使用等号来为变量赋值。例如：

```
var x, length
x = 5
length = 6
```

变量可以通过变量名访问。变量通常是可变的，而字面量是一个恒定的值。

JavaScript 变量命名规则如下。

☑ 变量必须以字母开头。
☑ 变量也能以$和_符号开头（不过不推荐这么做）。
☑ 变量名称对大小写敏感（y 和 Y 是不同的变量）。

2.1.3 JavaScript 数据类型

JavaScript 数据类型可以分为两类：值类型和引用数据类型。

值类型（基本类型）包括字符串（string）、数字（number）、布尔（boolean）、空（null）、未定义（undefined）和唯一标识符（symbol）。

引用数据类型包括数组（array）、对象（object）和函数（Function）。

1．字符串类型

字符串是存储字符的变量。

字符串可以是引号（单引号或双引号）中的任意文本，例如：

```
01    var name = "Andy";
02    var name = 'Andy';
```

在字符串中也可以使用引号，只要不匹配包围字符串的引号即可，例如：

```
var answer="It's a book";
var answer="He is called 'Andy' ";
var answer='He is called "Andy" ';
```

2．数字类型

JavaScript 只有一种数字类型。数字可以带小数点，也可以不带，例如：

```
01    var x1=3.14;                    //包含小数点
02    var x2=314;                     //不包含小数点
```

极大或极小的数字可以通过科学（指数）计数法来表示，例如：

```
01    var y=123e5;                    //12300000
02    var z=123e-5;                   //0.00123
```

3．布尔类型

布尔（逻辑）类型只能有 True 或 False 两个值。

```
01    var x=True;
02    var y=False;
```

4．undefined 和 null

undefined 这个值表示变量不含有值。

可以通过将变量的值设置为 null 来清空变量，例如：

```
01    cars=null;
02    person=null;
```

5．数组类型

创建一个名为 hobby 的数组可以有 3 种方式。

```
01    var hobby=new Array();
02    hobby[0]="篮球";
03    hobby[1]="足球";
04    hobby[2]="乒乓球";
```

或者：

```
01    var hobby=new Array("篮球","足球","乒乓球");
```

或者：

```
01    var hobby =["篮球","足球","乒乓球"];
```

数组下标是基于 0 的，所以第一个元素是 hobby[0]，第二个元素是 hobby[1]，以此类推。

6．JavaScript 对象

对象由花括号分隔。在括号内部，对象的属性以名称和值对的形式（name:value）来定义。多个属性之间由逗号分隔，例如：

```
01    var person={firstname:"John", lastname:"Doe", id:5566};
```

上面例子中的对象（person）有 3 个属性：firstname、lastname 和 id。

空格和折行无关紧要。声明可横跨多行：

```
01    var person={
02        firstname: "John",
03        lastname: "Doe",
04        id: 5566
05    };
```

对象属性有两种寻址方式，例如：

```
01    name=person.lastname;
02    name=person["lastname"];
```

7．声明变量类型

当声明新变量时，可以使用关键词 new 来声明其类型，例如：

```
01    var carname = new String;
02    var x = new Number;
03    var y = new Boolean;
```

```
04  var cars =   new Array;
05  var person = new Object;
```

说明

JavaScript 的变量均为对象。当声明一个变量时，就创建了一个新的对象。

2.1.4 JavaScript 运算符

JavaScript 语言有多种类型的运算符，包括算术运算符、赋值运算符、比较运算符、位运算符、条件运算符、逻辑运算符等。下面重点介绍一下前 3 种运算符。

1. 算术运算符

JavaScript 使用算术运算符来实现计算，例如：

```
(5 + 6) * 10
```

JavaScript 中常用的算术运算符如表 2.1 所示。

表 2.1 常用的算术运算符

运 算 符	描 述	示例（设 y=5）	x 运算结果	y 运算结果
+	加法	x=y+2	7	5
-	减法	x=y-2	3	5
*	乘法	x=y*2	10	5
/	除法	x=y/2	2.5	5
%	取模（余数）	x=y%2	1	5
++（变量左侧）	自增	x=++y	6	6
++（变量右侧）	自增	x=y++	5	6
--（变量左侧）	自减	x=--y	4	4
--（变量右侧）	自减	x=y--	5	4

说明

“+”运算符还可以用于把文本值或字符串变量连接起来。例如，'hi' + ' '+'Andy'输出结果为“hi Andy”。

2. 赋值运算符

JavaScript 使用赋值运算符给变量赋值，例如：

```
x = 5
y = 6
z = (x + y) * 10
```

JavaScript 中常用的赋值运算符如表 2.2 所示。

表 2.2　常用的赋值运算符

运　算　符	示例（设 x=10，y=5）	等　同　于	运 算 结 果
=	x=y		x=5
+=	x+=y	x=x+y	x=15
-=	x-=y	x=x-y	x=5
*=	x*=y	x=x*y	x=50
/=	x/=y	x=x/y	x=2
%=	x%=y	x=x%y	x=0

3．比较运算符

比较运算符在逻辑语句中使用，以判定变量或值是否相等。JavaScript 中常用的赋值运算符如表 2.3 所示。

表 2.3　常用的比较运算符

运　算　符	描　　述	示例（设 x=5）	返　回　值
==	等于	x==8	False
		x==5	True
===	绝对等于（值和类型均相等）	x==="5"	False
		x===5	True
!=	不等于	x!=8	True
!==	不绝对等于（值和类型有一个不相等，或两个都不相等）	x!=="5"	True
		x!==5	False
>	大于	x>8	False
<	小于	x<8	True
>=	大于或等于	x>=8	False
<=	小于或等于	x<=8	True

2.1.5　if 条件语句

if 条件语句用于基于不同的条件来执行不同的动作。

通常在完成某项任务时，总是需要为不同的决定来执行不同的动作。此时，可以在代码中使用条件语句来完成该任务。

在 JavaScript 中，可使用 3 种类型的条件语句。

☑　if 语句：只有当指定条件为 True 时，才执行对应代码。

☑　if...else 语句：当条件为 True 时执行代码，当条件为 False 时执行其他代码。

☑　if...else if....else 语句：选择多个代码块之一来执行。

1．if 语句

if 语句中，只有当指定条件为 True 时，才会执行对应的代码块。

语法格式如下：

```
if (condition)
{
    当条件为 True 时执行的代码块
}
```

示例代码如下：

```
01  <script>
02      var score = 50
03      if (score < 60){
04          message = '不及格'
05      }
06  </script>
```

message 的结果为“不及格”。

说明

在浏览器中，只有等到 score 赋值小于 60，才会为 message 赋值。

2. if…else 语句

if....else 语句中，条件为 True 时执行代码块，条件为 False 时执行其他代码块。
语法格式如下：

```
if (condition)
{
    当条件为 True 时执行的代码块
}
else
{
    当条件为 False 时执行的代码块
}
```

示例代码如下：

```
01  <script>
02      var score = 50
03      if (score < 60){
04          message = '不及格'
05      } else {
06          message = '及格'
07      }
08  </script>
```

message 的结果为“不及格”。

3．if...else if...else 语句

使用 if....else if...else 语句，可选择多个代码块之一来执行。

语法格式如下：

```
01  if (condition1)
02  {
03      当条件 1 为 True 时执行的代码块
04  }
05  else if (condition2)
06  {
07      当条件 2 为 True 时执行的代码块
08  }
09  else
10  {
11      当条件 1 和条件 2 为 False 时执行的代码块
12  }
```

【例 2.1】　输出某校学生的考试成绩等级，成绩等级标准如下。

- ☑ 优秀：分数大于等于 90 分。
- ☑ 良好：分数大于等于 80 分且小于 90 分。
- ☑ 及格：分数大于等于 60 分且小于 80 分。
- ☑ 不及格：分数小于 60 分。

使用 if 条件语句实现该功能。（**实例位置：资源包\Code\02\01**）

```
01  <!DOCTYPE html>
02  <html lang="en">
03  <head>
04      <meta charset="UTF-8">
05      <title>if 条件语句</title>
06  </head>
07  <body>
08  <script>
09      var score = 78
10      if (score>=90)
11      {
12          document.write("<b>成绩优秀</b>");
13      }
14      else if (score>=80 && score<90)
15      {
16          document.write("<b>成绩良好</b>");
17      }
18      else if (score>=60 && score<80)
19      {
20          document.write("<b>成绩及格</b>");
21      }
22      else
```

```
23        {
24            document.write("<b>成绩不及格</b>");
25        }
26    </script>
27    </body>
28    </html>
```

运行结果如下：

```
成绩及格
```

2.1.6 switch 分支语句

请使用 switch 语句来选择要执行的多个代码块之一。

语法格式如下：

```
switch(n)
{
    case 1:
        执行代码块 1
        break;
    case 2:
        执行代码块 2
        break;
    default:
        与 case 1 和 case 2 不同时执行的代码块
}
```

工作原理：首先设置表达式 n（通常是一个变量），随后表达式的值会与结构中每个 case 的值做比较，如果存在匹配，则与该 case 关联的代码块会被执行。使用 break 可阻止代码自动地向下一个 case 运行。

【例 2.2】 显示今天的星期名称。请注意，Sunday=0，Monday=1，Tuesday=2。（**实例位置：资源包\Code\02\02**）

```
01    <!DOCTYPE html>
02    <html lang="en">
03    <head>
04        <meta charset="UTF-8">
05        <title>switch 语句</title>
06    </head>
07    <body>
08    <script>
09        var d=new Date().getDay();
10        switch (d)
11        {
12          case 0:
13            x="今天是星期日";
```

```
14              break;
15            case 1:
16              x="今天是星期一";
17              break;
18            case 2:
19              x="今天是星期二";
20              break;
21            case 3:
22              x="今天是星期三";
23              break;
24            case 4:
25              x="今天是星期四";
26              break;
27            case 5:
28              x="今天是星期五";
29              break;
30            case 6:
31              x="今天是星期六";
32              break;
33        }
34        document.write(x);
35    </script>
36    </body>
37    </html>
```

运行结果如下：

```
今天是星期五
```

此外，还可以使用 default 关键词来规定匹配不存在时做的事情。例如，今天不是星期六或星期日，则输出默认的消息“期待周末”，示例代码如下：

```
01    <script>
02    var d=new Date().getDay();
03    switch (d)
04    {
05        case 6:x="今天是星期六";
06        break;
07        case 0:x="今天是星期日";
08        break;
09        default:
10        x="期待周末";
11    }
12    document.write(x);
13    </script>
```

输出结果如下：

```
期待周末
```

2.1.7 for 循环语句

循环可以将代码块执行指定的次数。如果一遍又一遍地运行相同的代码，那么使用循环是很方便的。例如，输出一个班级的学生姓名，代码如下：

```
01	<script>
02	//普通方式
03	var students = ["张三","李四","王五","赵六"]
04	document.write(students[0] + "<br>");
05	document.write(students[1] + "<br>");
06	document.write(students[2] + "<br>");
07	document.write(students[3] + "<br>");
08	</script>
```

使用数组的方式可实现相同的功能，代码如下：

```
01	<script>
02	//for 循环方式
03	var students = ["张三","李四","王五","赵六"]
04	for (var i=0;i<students.length;i++)
05	{
06		document.write(students[i] + "<br>");
07	}
08	</script>
```

上述代码中，当班级的学生人数较多时，就会充分体现出 for 循环的优势。

1．for 语句

for 循环是创建循环时常会用到的工具。

下面是 for 循环的语法：

```
for (语句 1;语句 2;语句 3){
    被执行的代码块
}
```

说明如下。

☑ 语句 1：代码块开始前执行。

☑ 语句 2：定义运行循环（代码块）的条件。

☑ 语句 3：在循环（代码块）已被执行之后执行。

示例代码如下：

```
01	<script>
02	for (var i=0; i<5; i++)
03	{
04			var x = ''
05			x = x + "该数字为 " + i + "<br>";
```

```
06            document.write(x);
07    }
08    </script>
```

上述代码中，for 循环的语句说明如下。

☑　语句 1：在循环开始之前设置变量（var i=0）。

☑　语句 2：定义循环运行的条件（i 必须小于 5）。

☑　语句 3：在每次代码块已被执行后增加一个值（i++）。

2．for…in 语句

for…in 语句可以循环遍历对象的属性。下面通过一个实例介绍如何使用 for…in 语句。

【例 2.3】　使用 for…in 语句遍历某学生的考试成绩信息。（**实例位置：资源包\Code\02\03**）

```
01    <!DOCTYPE html>
02    <html lang="en">
03    <head>
04        <meta charset="UTF-8">
05        <title>for...in 语句</title>
06    </head>
07    <body>
08    <script>
09        //学生成绩信息
10        var person={name:"andy",age:18,score:{chinese:100,english:90}};
11        var txt = ''
12        for (x in person)                                    //x 为属性名
13        {
14            if (x == 'score') {                              //分数内容是对象，需要再次遍历
15                for (y in person['score']){
16                    txt = y+':'+ person['score'][y] + '<br>';
17                    document.write(txt);
18                }
19            }else{                                           //其他信息直接输出
20                txt = x+':'+ person[x] + '<br>';
21                document.write(txt);
22            }
23        }
24    </script>
25    </body>
26    </html>
```

运行结果如下：

```
name:andy
age:18
chinese:100
english:90
```

2.1.8 while 循环语句

只要指定条件为 True，循环就可以一直执行代码块。

1．while 语句

while 循环中，只要指定条件为 True，就可以一直执行代码块。
语法格式如下：

```
while (条件){
    需要执行的代码块
}
```

示例代码如下：

```
01  <script>
02  var i = 0;
03  var x = '';
04  while (i<5){
05      x=x + "The number is " + i + "<br>";
06      i++;
07  }
08  document.write(x);
09  </script>
```

运行结果如下：

```
The number is 0
The number is 1
The number is 2
The number is 3
The number is 4
```

2．do…while 语句

do/while 循环是 while 循环的变体。该循环先执行一次代码块，然后再判断条件是否为 True。如果条件为 True 的话，就会重复这个循环。

语法格式如下：

```
do{
    需要执行的代码块
}while (条件);
```

该循环至少会执行一次。即使条件为 False，它也会执行一次，因为代码块会在条件被测试前执行。示例代码如下：

```
01  <script>
02  var i = 0;
```

```
03  var x = '';
04  do{
05      x=x + "The number is " + i + "<br>";
06      i++;
07  }while (i<5);
08  document.write(x);
09  </script>
```

别忘记增加条件中所用变量的值，否则循环永远不会结束！

说明

while 语句和 for 语句都可以实现循环的功能，但是它们的应用场景并不相同。对于循环次数确定的场景，通常使用 for 循环；对于达到某种条件前一直需要循环执行的场景，通常使用 while 循环。例如，只有当用户按下 Esc 键才退出循环的场景，就需要使用 while 循环来实现。

2.1.9 break 和 continue 语句

break 语句用于跳出当前循环，continue 语句用于跳过循环中的一次迭代。

1．beak 语句

break 语句可用于跳出 switch()语句，也可用于跳出当前循环。

示例代码如下：

```
01  <script>
02  var i = 0;
03  var x = '';
04  for (i=0;i<10;i++)
05  {
06      if (i==3){
07          break;
08      }
09      x=x + "The number is " + i + "<br>";
10  }
11  document.write(x);
12  </script>
```

运行结果如下：

```
The number is 0
The number is 1
The number is 2
```

说明

由于这个 if 语句只有一行代码，所以可以省略花括号，写作“if (i==3) break;”。

2. continue 语句

continue 语句用于中断当前循环中的迭代，满足指定条件的情况下，继续循环中的下一次迭代。示例代码如下：

```
01  <script>
02  var i = 0;
03  var x = '';
04  for (i=0;i<=10;i++)
05  {
06      if (i==3) continue;
07      x=x + "The number is " + i + "<br>";
08  }
09  document.write(x);
10  </script>
```

运行结果如下：

```
The number is 0
The number is 1
The number is 2
The number is 4
The number is 5
The number is 6
The number is 7
The number is 8
The number is 9
The number is 10
```

2.1.10 函数

函数是由事件驱动的，被调用时才执行的可重复使用的代码块。函数通常包裹在花括号中，前面使用关键词 function 表示，语法格式如下：

```
function functionname(){
    //执行代码
}
```

当调用该函数时，会执行函数内的代码。

可以在某事件发生时直接调用函数（如当用户单击按钮时），也可由 JavaScript 在任何位置进行调用。示例代码如下：

```
01  <!DOCTYPE html>
02  <html>
03  <head>
04  <meta charset="utf-8">
05  <title>测试实例</title>
06  <script>
```

```
07	function myFunction()
08	{
09		alert("Hello World!");
10	}
11	</script>
12	</head>
13
14	<body>
15	<button onclick="myFunction()">点我</button>
16	</body>
17	</html>
```

运行结果如图 2.1 所示。

图 2.1　函数执行结果

注意

JavaScript 对大小写敏感。关键词 function 必须是小写的，并且必须以与函数名称相同的大小写来调用函数。

1．带参数的函数

调用函数时，可以向其传递值。这些值被称为参数，可以在函数中使用。如果有多个参数，使用逗号（,）分隔，语法格式如下：

```
function myFunction(var1,var2)
{
    //代码
}
```

声明函数时，需要把参数作为变量进行声明。

变量和参数必须以一致的顺序出现。第一个变量就是第一个被传递的参数的给定值，以此类推。

【例 2.4】　定义一个函数，接收两个参数：name 和 website。再定义一个单击事件，当单击按钮时，使用 alert 弹出消息内容。（**实例位置：资源包\Code\02\04**）

```
01	<!DOCTYPE html>
02	<html lang="en">
03	<head>
04		<meta charset="UTF-8">
```

```
05        <title>函数参数</title>
06    </head>
07    <body>
08    <p>单击这个按钮，调用带参数的函数。</p>
09    <button onclick="myFunction('Andy','明日学院')">点击这里</button>
10    <script>
11    function myFunction(name,website){
12        alert("Hi " + name + ",欢迎来到" + website);
13    }
14    </script>
15    </body>
16    </html>
```

运行结果如图 2.2 所示。

图 2.2　调用带参数的函数

2．带有返回值的函数

如果希望函数将值返回调用它的地方，就需要使用 return 语句来实现。运行到 return 语句时，函数会停止执行，并返回指定的值。例如：

```
function myFunction()
{
    var x=5;
    return x;
}
```

上面的函数会返回值 5。

注意

JavaScript 并不会停止执行，仅仅是函数停止执行。JavaScript 将从调用函数的地方继续执行代码。

函数调用的返回值可以直接赋值给变量。例如：

```
var myVar=myFunction();
```

myVar 变量的值是 5，也就是函数 myFunction()所返回的值。除此以外，也可以使用返回值。例如：

```
document.getElementById("demo").innerHTML=myFunction();
```

demo 元素的 innerHTML 将成为 5，也就是函数 myFunction()所返回的值。

还可以通过传递到函数中的参数返回特定的值，示例代码如下：

```
01  <!DOCTYPE html>
02  <html lang="en">
03  <head>
04      <meta charset="UTF-8">
05      <title>函数参数</title>
06  </head>
07  <body>
08  <div id="demo"></div>
09  <script>
10  function myFunction(a,b){
11      return a*b;
12  }
13  document.getElementById("demo").innerHTML=myFunction(4,3);
14  </script>
15  </script>
16  </body>
17  </html>
```

运行结果为 12。

2.1.11　JavaScript 事件

HTML 事件通常是指发生在 HTML 元素上的一些行为，可以是浏览器行为，也可以是用户行为。当在 HTML 页面中使用 JavaScript 时，满足条件即可触发这些事件。

下面介绍一些常见的 HTML 事件。

☑　HTML 页面完成加载。

☑　HTML input 字段发生改变。

☑　HTML 按钮被单击。

通常，在事件触发时，JavaScript 可以执行一些响应的逻辑代码。

HTML 元素中可以添加事件属性，使用 JavaScript 代码来添加 HTML 元素。例如：

```
<button onclick="getElementById('demo').innerHTML=Date()">现在的时间是?</button>
<p id="demo"></p>
```

以上示例代码中，JavaScript 代码将修改 id="demo" 元素的内容。下面的示例代码中，将修改自身元素的内容（使用 this.innerHTML），代码如下：

```
<button onclick="this.innerHTML=Date()">现在的时间是?</button>
```

如果实现事件中代码内容较多，通常使用函数的方式来定义事件执行的逻辑。

【例 2.5】　定义一个单击事件，当用户单击按钮时，执行该单击事件的函数。（**实例位置：资源包\Code\02\05**）

```
01  <!DOCTYPE html>
02  <html>
03  <head>
04  <meta charset="utf-8">
05  <title>事件执行函数</title>
06  </head>
07  <body>
08
09  <p>单击按钮执行 <em>displayDate()</em> 函数.</p>
10  <button onclick="displayDate()">点这里</button>
11  <script>
12  function displayDate(){
13       var d = new Date();                        //实例化日期
14       var now = d.toLocaleString()               //转换为本地日期和时间格式
15       //将日期写到 id 为"demo"的元素内
16     document.getElementById("demo").innerHTML = now;
17  }
18  </script>
19  <p id="demo"></p>
20
21  </body>
22  </html>
```

运行结果如图 2.3 所示。

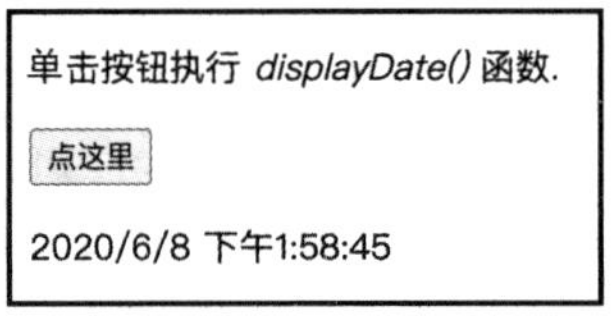

单击按钮执行 *displayDate()* 函数.

点这里

2020/6/8 下午1:58:45

图 2.3　执行单击事件

2.1.12　引入 JavaScript 的两种方式

1. HTML 页面嵌入 JavaScript

JavaScript 作为一种脚本语言，可以使用<script>标记嵌入 HTML 文件中。语法格式如下：

```
<script >
…
</script>
```

【例 2.6】 使用 JavaScript 的 alert()函数弹出对话框“人生苦短，我用 Python”。（**实例位置：资源包\Code\02\06**）

在 HTML 文件中嵌入 JavaScript 脚本。这里直接在<script>和</script>标记中间写入 JavaScript 代码，用于弹出一个提示对话框。代码如下：

```
01  <!DOCTYPE html>
02  <html lang="en">
```

```
03  <head>
04      <meta charset="UTF-8">
05      <title>明日学院简介</title>
06  </head>
07  <body>
08      <h1> 明日学院 </h1>
09      <p>
10          … 省略部分内容
11      </p>
12      <button onclick="displayAlert()">点我呀</button>
13  <script>
14      function displayAlert(){
15          alert('人生苦短，我用 Python')
16      }
17  </script>
18  </body>
19  </html>
```

在上面的代码中，<script>与</script>标记之间自定义了一个函数 displayAlert()，作用是在客户端浏览器中弹出提示框。当单击“点我呀”按钮时，弹出该提示框，运行结果如图 2.4 所示。

图 2.4　弹出提示框

2. 引用外部 JavaScript 文件

与引入外部 CSS 文件类似，可以创建一个 JavaScript 文件，在需要使用的文件中创建一个指向外部 JavaScript 文件的链接（src）。语法格式如下：

```
<script src=url ></script>
```

其中，url 是 JavaScript 文件的路径。使用外部 JavaScript 文件的优点如下：

☑ 使用 JavaScript 文件可以将 JavaScript 脚本代码从网页中独立出来，便于代码的阅读。

☑ 一个外部 JavaScript 文件可以同时被多个页面调用。当共用的 JavaScript 脚本代码需要修改时，只需要修改 JavaScript 文件中的代码即可，便于代码的维护。

☑ 通过<script>标记中的 src 属性，不但可以调用同一个服务器上的 JavaScript 文件，还可以通过指定路径来调用其他服务器上的 JavaScript 文件。

【例 2.7】　使用外部 JavaScript 文件方式修改实例 06。（**实例位置：资源包\Code\02\07**）

首先创建一个 JavaScript 文件，然后将它引入 index.html 文件中，具体步骤如下。

（1）在实例文件夹下创建一个名字为 main.js 的文件，编写如下代码。

```
01  function displayAleart(){
02      alert('人生苦短，我用 Python')
03  }
```

（2）在 index.html 文件中引入 main.js 文件。代码如下：

```
01  <!DOCTYPE html>
02  <html lang="en">
03  <head>
04      <meta charset="UTF-8">
05      <title>明日学院简介</title>
06      <script src="main.js"></script>
07  </head>
08  <body>
09      <h1> 明日学院 </h1>
10      <p>
11          … 省略部分内容
12      </p>
13      <button onclick="displayAleart()">点我呀</button>
14  </body>
15  </html>
```

运行结果与实例 06 相同。

说明

更多 JavaScript 知识，请查阅相关教程。作为 Python Web 初学者，只要求掌握基本的 JavaScript 知识。

2.2 jQuery 基础

jQuery 是一个轻量级的，写得少、做得多的 JavaScript 函数库。

jQuery 库包含以下功能。

☑ HTML 元素选取。
☑ HTML 元素操作。
☑ CSS 操作。
☑ HTML 事件函数。
☑ JavaScript 特效和动画。
☑ HTML DOM 遍历和修改。
☑ AJAX。
☑ Utilities。

说明

除此之外，jQuery 还提供了大量的插件。

2.2.1　引入 jQuery

在 HTML 页面中有两种方式可以引入 jQuery：从官方下载 jQuery 库和使用 CDN 载入 jQuery 库。

1．下载 jQuery 库

jQuery 官方下载网址为 https://jquery.com/download。在下载页面中，有两个版本的 jQuery 可供下载。

☑　Production version：用于实际网站中，已被精简和压缩。

☑　Development version：用于测试和开发（未压缩，是可读的代码）。

jQuery 库是一个 JavaScript 文件，可以使用 HTML 的<script>标签引用它，示例代码如下：

```
<head> <script src="jquery-3.5.1.min.js"></script> </head>
```

2．CDN 载入 jQuery 库

如果不希望下载并存放 jQuery，也可以通过 CDN（内容分发网络）载入方式引用它。推荐两个国内的免费 CDN：Staticfile CDN 和 BootCDN。

Staticfile CDN 如下：

```
https://cdn.staticfile.org/jquery/3.5.1/jquery.js
https://cdn.staticfile.org/jquery/3.5.1/jquery.min.js
```

Boot CDN 如下：

```
https://cdn.bootcdn.net/ajax/libs/jquery/3.5.1/jquery.js
https://cdn.bootcdn.net/ajax/libs/jquery/3.5.1/jquery.min.js
```

2.2.2　jQuery 的基本语法

通过 jQuery 可以查询（query）HTML 元素，并对它们执行对应“操作”（actions）。

基本语法格式如下：

```
$(selector).action()
```

其中，$用于定义 jQuery，“(selector)”选择符用于指明待“查询”和“查找”的 HTML 元素，action() 函数用于执行对元素的操作。

下面来看几个示例。

☑　$(this).hide()：隐藏当前元素。

☑　$("p").hide()：隐藏所有<p>元素。

☑　$("p.test").hide()：隐藏所有 class="test"的<p>元素。

☑　$("#test").hide()：隐藏 id="test"的元素。

大多数情况下，jQuery 函数位于一个 document ready 函数中。

```
$(document).ready(function(){
    //开始写 jQuery 代码...
 });
```

这是为了防止文档在完全加载（就绪）之前运行 jQuery 代码。也就是说，必须在 DOM 加载完成后才可以对 DOM 进行操作。

如果在文档没有完全加载之前就运行函数，操作可能失败。例如：

☑ 试图隐藏一个不存在的元素。

☑ 获得未完全加载的图像的大小。

说明

document ready 函数还有如下简写的方式：

```
$(function(){
    //开始写 jQuery 代码...
});
```

2.2.3 jQuery 选择器

jQuery 选择器允许对 HTML 元素组或单个元素进行操作。

jQuery 选择器基于元素的 id、类、类型、属性、属性值等查找（或选择）HTML 元素。它基于已经存在的 CSS 选择器，除此之外，它还有一些自定义的选择器。

jQuery 中所有选择器都以美元符号$()开头。

1. 元素选择器

jQuery 元素选择器基于元素名选取元素。

例如，在页面中选取所有<p>元素，代码如下：

```
$("p")
```

【例 2.8】 使用 jQuery 元素选择器选择所有<p>元素，当用户单击按钮时，所有<p>元素都被隐藏。（**实例位置：资源包\Code\02\08**）

```
01  <!DOCTYPE html>
02  <html>
03  <head>
04  <meta charset="utf-8">
05  <title>jQuery 选择器</title>
06  <script src="https://cdn.staticfile.org/jquery/3.5.1/jquery.js"></script>
07  <body>
08  <p>明日科技</p>
09  <p>明日学院</p>
10  <button>点我</button>
11  <script>
12  $(document).ready(function(){
13     $("button").click(function(){
14         $("p").hide();
```

```
15        });
16    });
17    </script>
18    </body>
19    </html>
```

单击前后页面效果如图 2.5 所示。

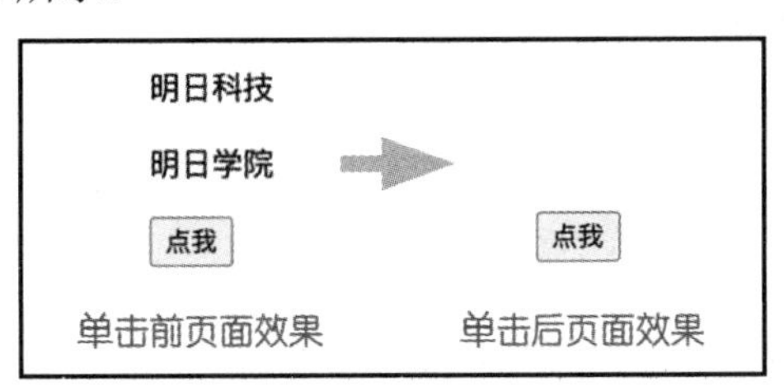

图 2.5　单击前后页面效果对比

2. #id 选择器

jQuery #id 选择器通过 HTML 元素的 id 属性选取指定的元素。

页面中元素的 id 应该是唯一的，所以在页面中选取唯一的元素需要通过#id 选择器。

通过#id 选取元素的语法格式如下：

```
$("#test")
```

示例代码如下：

```
01    <!DOCTYPE html>
02    <html>
03    <head>
04    <meta charset="utf-8">
05    <title>jQuery 选择器</title>
06    <script src="https://cdn.staticfile.org/jquery/3.5.1/jquery.js"></script>
07    <body>
08    <p>明日科技</p>
09    <p>明日学院</p>
10    <p id="web">网址：www.mingrisoft.com</p>
11    <button>点我</button>
12    <script>
13    $(document).ready(function(){
14        $("button").click(function(){
15            $("#web").hide();
16        });
17    });
18    </script>
19    </body>
20    </html>
```

3. .class 选择器

jQuery 类选择器可以通过指定的 class 查找元素。

语法格式如下：

```
$(".test")
```

例如，用户单击按钮后所有带有 class="test"属性的元素都隐藏。示例代码如下：

```
01  $(document).ready(function(){
02      $("button").click(function(){
03          $(".test").hide();
04      });
05  });
```

4．更多选择器方式

jQuery 还支持很多许多其他形式的选择器，如表 2.4 所示。

表 2.4　jQuery 常用的选择器

语　法	描　述
$("*")	选取所有元素
$(this)	选取当前 HTML 元素
$("p.intro")	选取 class 为 intro 的<p>元素
$("p:first")	选取第一个<p>元素
$("ul li:first")	选取每个<ul>元素的第一个<li>元素
$("ul li:first-child")	选取每个<ul>元素的第一个<li>元素
$("[href]")	选取带有 href 属性的元素
$("a[target='_blank']")	选取所有 target 属性值等于'_blank'的<a>元素
$("a[target!='_blank']")	选取所有 target 属性值不等于'_blank'的<a>元素
$(":button")	选取所有 type="button"的<input>元素和<button>元素
$("tr:even")	选取偶数位置的<tr>元素
$("tr:odd")	选取奇数位置的<tr>元素

2.2.4　jQuery 事件

页面对不同访问者的响应叫作事件。事件处理程序指的是当 HTML 中发生某些事件时所调用的方法。jQuery 事件与 JavaScript 事件类似。

在事件中经常使用术语“触发”（或“激发”），例如“当您按下按键时触发 keypress 事件”。

常见的 DOM 事件如表 2.5 所示。

表 2.5　常见的 DOM 事件

鼠标事件	键盘事件	表单事件	文档/窗口事件
click	keypress	submit	load
dblclick	keydown	change	resize
mouseenter	keyup	focus	scroll
mouseleave		blur	unload
hover			

在 jQuery 中，大多数 DOM 事件都有一个等效的 jQuery 方法。

例如，在页面中指定一个单击事件，示例代码如下：

```
$("p").click();
```

再例如，在页面中指定一个模拟光标悬停事件，当鼠标移动到元素上时，会触发指定的第一个函数（mouseenter）；当鼠标移出这个元素时，会触发指定的第二个函数（mouseleave），示例代码如下：

```
01  $(document).ready(function(){
02      $("#p1").hover(
03          function(){
04              alert("鼠标已悬停在 p1 元素位置!");
05          },
06          function(){
07              alert("鼠标已经离开了 p1 元素位置!");
08          }
09      )
10  });
```

2.2.5　获取内容和属性

jQuery 中非常重要的功能就是操作 DOM。jQuery 提供了一系列与 DOM 相关的方法，这使得访问和操作元素及其属性变得很容易。

1．获得内容

可通过 3 个简单实用的 jQuery 方法操作 DOM，获得内容。

- ☑ text()：设置或返回所选元素的文本内容。
- ☑ html()：设置或返回所选元素的内容（包括 HTML 标记）。
- ☑ val()：设置或返回表单字段的值。

下面的示例代码演示了如何通过 text()和 html()两种方法来获得内容。

```
01  <body>
02  <p id="test">这是段落中的 <b>粗体</b> 文本。</p>
03  <button id="btn1">显示文本</button>
04  <button id="btn2">显示 HTML</button>
05  <script>
06  //text()方法获取内容
07  $("#btn1").click(function(){
08    alert("Text: " + $("#test").text());
09  });
10  //html()方法获取内容
11  $("#btn2").click(function(){
12    alert("HTML: " + $("#test").html());
13  });
14  </script>
15  </body>
```

单击“显示文本”按钮，弹出弹窗，显示结果如下：

```
Text: 这是段落中的 粗体 文本。
```

单击“显示 HTML”按钮，弹出弹窗，显示结果如下：

```
HTML: 这是段落中的 <b>粗体</b> 文本。
```

下面通过一个实例介绍如何使用 val()获取表单数据。

【例 2.9】 检测用户填写的用户名和密码是否符合要求。（**实例位置：资源包\Code\02\09**）

使用 val()方法分别获取用户填写的用户名和密码，检测用户名长度是否不小于 2 个字符，检测密码长度是否不小于 6 个字符。代码如下：

```
01  <!DOCTYPE html>
02  <html>
03  <head>
04  <meta charset="utf-8">
05  <title>验证用户名和密码长度</title>
06  <script src="https://cdn.staticfile.org/jquery/3.5.1/jquery.js"></script>
07  <body>
08  <h4>请填写用户信息</h4>
09  <form action="" method="post" >
10      <div>
11          <label for="username">用户名:</label>
12          <input type="text" name="username" id="username">
13      </div>
14      <div>
15          <label for="password">密   码:</label>
16          <input type="password" name="password" id="password">
17      </div>
18      <div>
19          <button id="btn" type="submit" name="submit">提交</button>
20      </div>
21  </form>
22  <script>
23  // val()方法获取内容
24  $("#btn").click(function(){
25    var username = $("#username").val()
26    var password = $("#password").val()
27    if (username.length < 2){
28      alert('用户名不能少于 2 个字符')
29      return False;
30    }
31    if (password.length < 6){
32      alert('密码不能少于 6 个字符')
33      return False;
34    }
35  });
36  </script>
```

```
37    </body>
38    </html>
```

运行结果如图 2.6 所示。

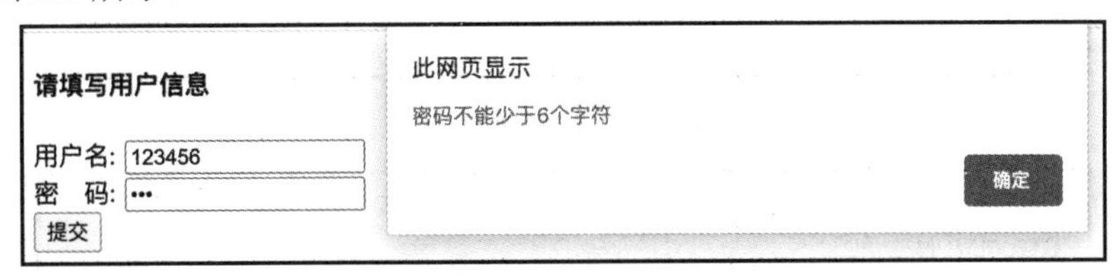

图 2.6　检测用户名和密码长度

2．获得属性

jQuery 的 attr()方法可用于获取和设置属性值。语法格式如下：

```
attr("属性名")                  //获取属性值
attr("属性名","属性值")          //设置属性值
```

下面通过一个示例来演示如何获取和设置链接中 href 属性的值，代码如下：

```
01    <!DOCTYPE html>
02    <html>
03    <head>
04    <meta charset="utf-8">
05    <title>jQuery 选择器</title>
06    <script src="https://cdn.staticfile.org/jquery/3.5.1/jquery.js"></script>
07    <body>
08    <div>
09        <a id="test"   href="http://www.mingrisoft.com">明日学院</a>
10    </div>
11    <button id="btn1">获取 URL</button>
12    <button id="btn2">修改 URL</button>
13    <script>
14    //获取 URL
15    $("#btn1").click(function(){
16       var url = $("#test").attr("href");
17       alert(url)
18    });
19
20    //更改 URL
21    $("#btn2").click(function(){
22       var url = $("#test").attr("href","http://www.baidu.com");
23       $("#test").html("百度");
24    });
25    </script>
26    </body>
27    </html>
```

单击“获取 URL”按钮，将显示明日学院的 URL，运行结果如图 2.7 所示。单击“修改 URL”按钮，然后单击“获取 URL”按钮，会显示百度的 URL，运行结果如图 2.8 所示。

图 2.7　获取属性值

图 2.8　修改并再次获取属性值

更多 jQuery 知识请查阅相关教程。作为 Python Web 初学者，只要求掌握基本的 jQuery 知识。

2.3　Bootstrap 框架

Bootstrap 是全球最受欢迎的前端组件库，用于开发响应式布局、移动设备优先的 Web 项目。Bootstrap 4 目前是 Bootstrap 的最新版本，是一套用于 HTML、CSS 和 JavaScript 开发的开源工具集。利用 Sass 变量、大量 mixin、响应式栅格系统、可扩展的预制组件以及基于 jQuery 的强大的插件系统，能够快速开发出应用原型或者构建整个 APP。

Bootstrap 4 放弃了对 IE8 以及 iOS 6 的支持，仅支持 IE 9 及 iOS 7 以上版本的浏览器。如果 Web 开发中需要用到低版本的浏览器，建议使用 Bootstrap 3。

2.3.1　Bootstrap 4 的安装

可以通过以下两种方式来安装 Bootstrap 4。

☑　使用 Bootstrap 4 CDN。

☑　从官网（https://getbootstrap.com）下载 Bootstrap 4。

1．使用 Bootstrap 4 CDN

复制下面的<link>样式表，粘贴到网页的<head>里面，并放在其他 CSS 文件之前。例如：

```
<link rel="stylesheet" href="https://stackpath.bootstrapcdn.com/bootstrap/4.3.1/css/bootstrap.min.css">
```

全局组件运行在 jQuery 组件上，其中包括 Popper.js 和系统内置 JavaScript 插件。建议将<script>的结束标记放在页面的</body>之前，以符合新 Web 开发规范，并遵循下面代码的先后顺序。

```
<script src="https://code.jquery.com/jquery-3.3.1.slim.min.js"></script>
<script src="https://cdnjs.cloudflare.com/ajax/libs/popper.js/1.14.7/umd/popper.min.js"></script>
<script src="https://stackpath.bootstrapcdn.com/bootstrap/4.3.1/js/bootstrap.min.js"></script>
```

说明

这里列出了需要的 JQuery、Bootstrap.js 和 Popper.js 组件清单。如果不熟悉组件，需要查看对应文档。

2．下载 Bootstrap 4

访问 Bootstrap 官网（https://getbootstrap.com），进入下载页面，单击 Download 按钮，下载 Bootstrap 4，如图 2.9 所示。

下载完成后解压文件，并将解压后的文件复制到项目目录，目录结构如图 2.10 所示。最后在 HTML 文件中引入即可。

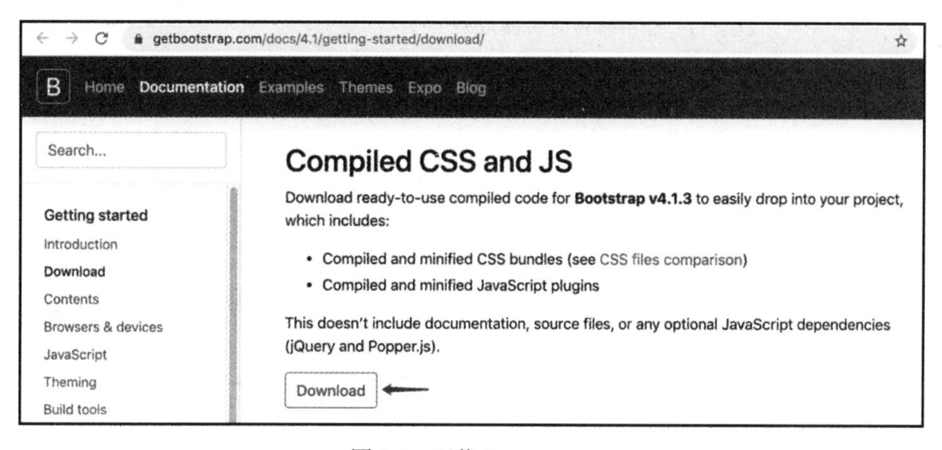

图 2.9　下载 Bootstrap 4

图 2.10　目录结构

目录结构中 js 文件夹下还包含 jquery.js 和 popper.js 两个文件，需要单独下载。

【例 2.10】　使用 Bootstrap 创建一个全屏幕宣传页面。（**实例位置：资源包\Code\02\10**）

在图 2.10 所示目录结构中的 index.html 文件中，引入相应的 CSS 和 JavaScript 文件，代码如下：

```
01  <!DOCTYPE html>
02  <html lang="en">
03  <head>
04      <meta charset="UTF-8">
05      <link rel="stylesheet" href="css/bootstrap.css">
06      <script src="js/jquery.js"></script>
07      <script src="js/popper.js"></script>
08      <script src="js/bootstrap.js"></script>
09  </head>
10  <body>
```

```
11          <div class="jumbotron">
12              <h1 style="text-align:center">明日学院</h1>
13              <p>明日学院，是吉林省明日科技有限公司倾力打造的在线实用技能学习平台，该平台于 2016 年正式
上线，主要为学习者提供海量、优质的课程，
14                  课程结构严谨，用户可以根据自身的学习程度，自主安排学习进度。我们的宗旨是，为编程学习
者提供一站式服务，培养用户的编程思维。
15              </p>
16          </div>
17      </body>
18      </html>
```

运行效果如图 2.11 所示。

明日学院

明日学院，是吉林省明日科技有限公司倾力打造的在线实用技能学习平台，该平台于2016年正式上线，主要为学习者提供海量、优质的课程，课程结构严谨，用户可以根据自身的学习程度，自主安排学习进度。我们的宗旨是，为编程学习者提供一站式服务，培养用户的编程思维。

图 2.11　全屏幕宣传页面效果

2.3.2　Bootstrap 4 的基本应用

Bootstrap 提供了非常多的组件，包括巨幕、信息提示框、按钮、表单、导航栏等。在使用某个具体的组件时，只需要进入 Bootstrap 网站查找对应的组件内容，就会找到对应的组件示例，再根据个人需求简单地修改，就可以快速实现页面效果。

【例 2.11】　使用 BootStrap 为明日学院创建一个导航栏菜单。（**实例位置：资源包\Code\02\11**）

要实现一个导航栏菜单，首先到 BootStrap 官网中查找导航栏菜单组件效果，如图 2.12 所示。

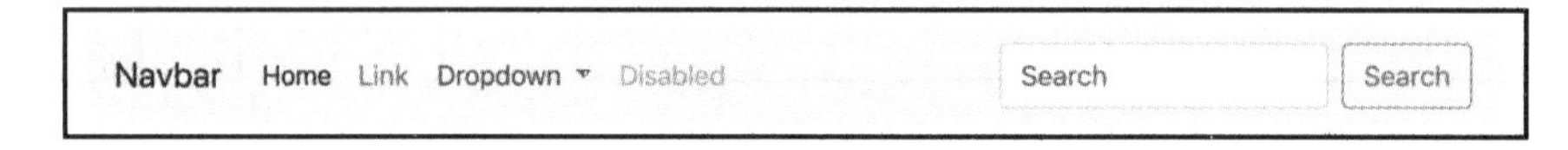

图 2.12　BootStrap 提供导航栏效果

然后复制该导航栏效果的示例代码，并修改菜单名称，为导航栏添加背景色。代码如下：

```
01  <!DOCTYPE html>
02  <html lang="en">
03  <head>
04      <meta charset="UTF-8">
05      <link rel="stylesheet" href="css/bootstrap.css">
06      <script src="js/jquery.js"></script>
07      <script src="js/popper.js"></script>
08      <script src="js/bootstrap.js"></script>
09  </head>
10  <body>
11  <nav class="navbar navbar-expand-sm bg-primary navbar-dark">
```

```
12        <ul class="navbar-nav">
13            <li class="nav-item active">
14                <a class="nav-link" href="#">首页</a>
15            </li>
16            <li class="nav-item">
17                <a class="nav-link" href="#">明日学员</a>
18            </li>
19            <li class="nav-item">
20                <a class="nav-link" href="#">明日图书</a>
21            </li>
22            <!-- Dropdown -->
23            <li class="nav-item dropdown">
24                <a class="nav-link dropdown-toggle" href="#"
25                        id="navbardrop" data-toggle="dropdown">
26                    关于我们
27                </a>
28                <div class="dropdown-menu">
29                    <a class="dropdown-item" href="#">公司简介</a>
30                    <a class="dropdown-item" href="#">企业文化</a>
31                    <a class="dropdown-item" href="#">联系我们</a>
32                </div>
33            </li>
34        </ul>
35    </nav>
36    </body>
37    </html>
```

运行效果如图 2.13 所示。

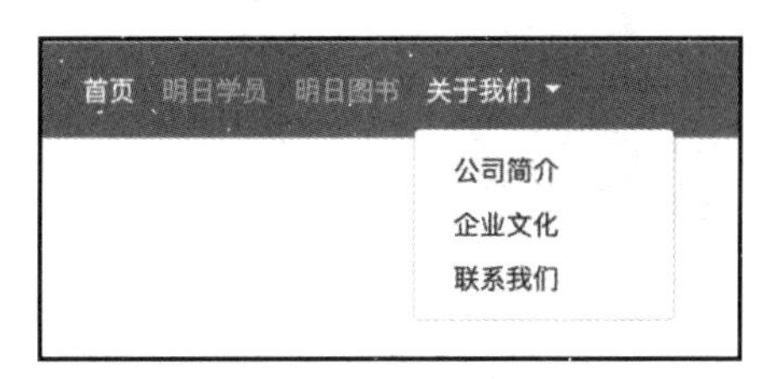

图 2.13　明日学院导航栏菜单

2.4　小　　结

本章首先介绍了 JavaScript 的基础知识，包括 JavaScript 的基本语法、控制语句、函数和 JavaScript 事件等内容。接下来介绍了一个非常流行的 JavaScript 库——jQuery，包括 jQuery 的引入方式、基本语法、选择器和事件等知识。最后介绍了一个最受欢迎的前端组件库——BootStrap。通过本章的学习，读者将学会使用 JavaScript 制作动态页面效果。

第 3 章

网络编程基础

当今的时代是一个网络时代，网络无处不在。我们前面学习编写的程序都是单机的，不能和其他计算机上的程序进行通信。为了实现不同计算机之间的通信，就需要使用网络编程技术。

3.1　TCP/IP 协议

3.1.1　为什么要使用通信协议

计算机为了联网，就必须约定通信协议。早期的计算机网络，都是由各厂商自己规定一套协议，IBM、Apple 和 Microsoft 都有各自的网络协议，互不兼容。这就好比一群人，有的说英语，有的说中文，有的说德语，说同一种语言的人可以交流，不同的语言之间就不行了，如图 3.1 所示。

图 3.1　语言不通，无法交流

为了把全世界不同类型的计算机都连接起来，实现互联网这个目标，就必须规定一套全球通用的协议，互联网协议簇（Internet Protocol Suite），也就是通用协议标准出现了。Internet 是由 inter 和 net 两个单词组合起来的，原意就是连接网络的网络。有了 Internet，任何私有网络只要支持这个协议，就可以连入互联网。

3.1.2　TCP/IP 简介

互联网协议包含上百种协议标准，最重要的两个是 TCP 协议和 IP 协议，所以习惯上把互联网的协议简称 TCP/IP 协议。TCP/IP 协议包含 4 个概念层，分别是应用层、传输层、网络层和链路层。

☑　应用层：为用户提供所需要的各种服务。该层主要协议有 FTP（文件传输协议）、Telnet（远程登录协议）、DNS（域名系统协议）、SMTP（电子邮件传输的协议）等。

☑　传输层：为应用层实体提供端到端的通信功能，保证了数据包的顺序传送及数据的完整性。

传输层中最常见的两个协议分别是传输控制协议（TCP）和用户数据报协议（UDP）。

☑ 网络层：主要解决主机到主机的通信问题。该层有 3 个主要协议：网际协议（IP）、互联网组管理协议（IGMP）和互联网控制报文协议（ICMP）。

☑ 链路层：负责监视数据在主机和网络之间的交换。事实上，TCP/IP 本身并未定义该层的协议，而由参与互连的各网络使用自己的物理层和数据链路层协议，然后与 TCP/IP 的网络接入层进行连接。

TCP/IP 的 4 层协议如图 3.2 所示。

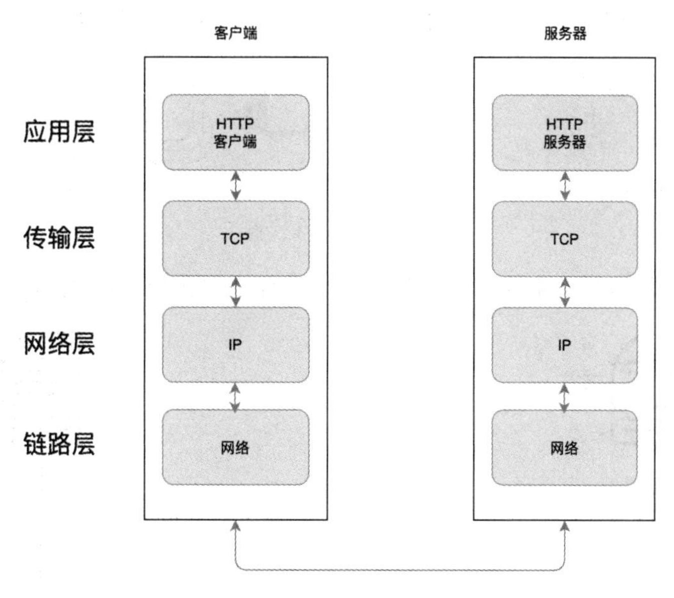

图 3.2　TCP/IP 的 4 层协议

1. IP 协议

在通信时，通信双方必须知道对方的标识，好比发送快递必须知道对方的地址。互联网上每个计算机的唯一标识就是 IP 地址。IP 地址实际上是一个 32 位整数（称为 IPv4），以字符串表示。例如，IP 地址 172.16.254.1，实际上是把 32 位整数按 8 位分组后的数字表示，目的是便于阅读，如图 3.3 所示。

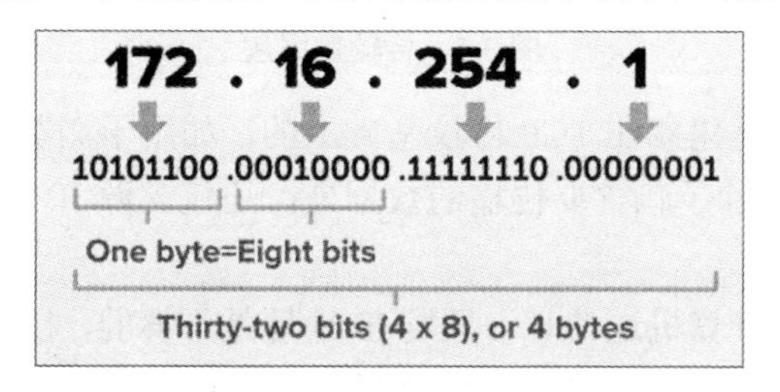

图 3.3　IPv4 示例

IP 协议负责把数据从一台计算机通过网络发送到另一台计算机。数据被分割成一小块一小块，类似于将一个大包裹拆分成几个小包裹，然后通过 IP 包发送出去。由于互联网链路复杂，两台计算机之间经常有多条线路，因此，路由器就负责决定如何把一个 IP 包转发出去。IP 包的特点是按块发送，途经多个路由，但不保证都能到达，也不保证顺序到达。

2. TCP 协议

TCP 协议则是建立在 IP 协议基础之上的。TCP 协议负责在两台计算机之间建立可靠连接，保证数据包按顺序到达。TCP 协议会通过 3 次握手建立可靠连接，如图 3.4 所示。

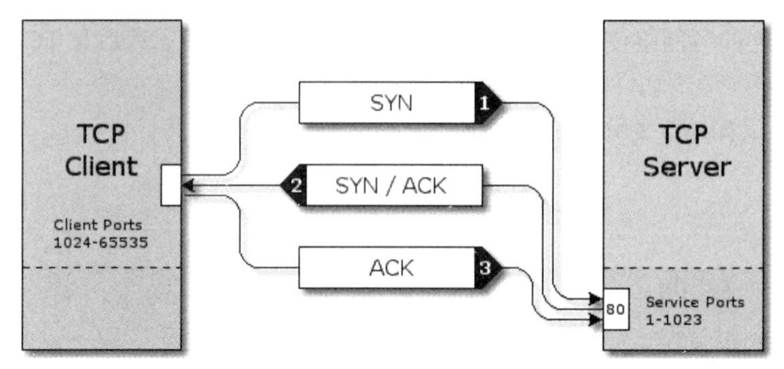

图 3.4 TCP 的 3 次握手

TCP 协议对每个 IP 包编号，确保对方按顺序收到，如果包丢掉了，就自动重发，如图 3.5 所示。

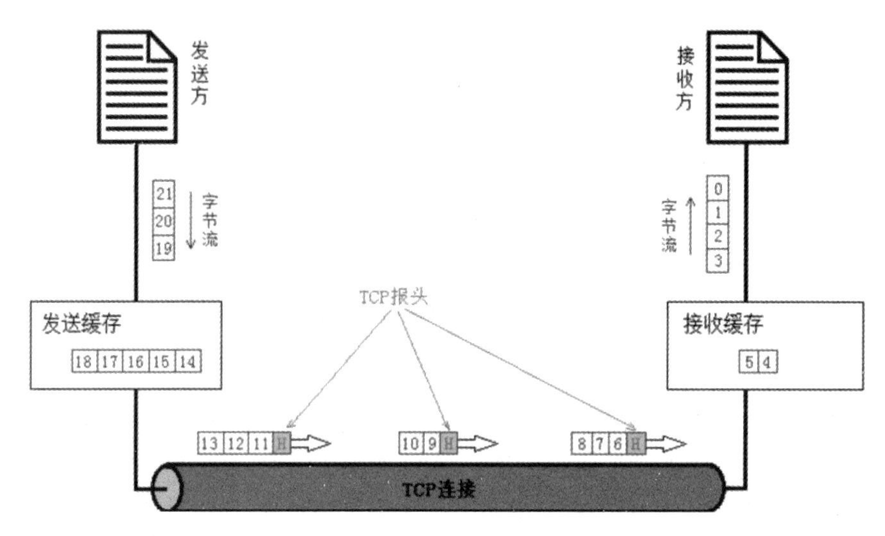

图 3.5 传输数据包

许多常用的更高级协议都是建立在 TCP 协议基础上的，如用于浏览器的 HTTP 协议、发送邮件的 SMTP 协议等。一个 TCP 报文除了包含要传输的数据外，还包含源 IP 地址和目标 IP 地址，源端口和目标端口。

端口有什么作用？在两台计算机通信时，只发 IP 地址是不够的，因为同一台计算机上跑着多个网络程序。一个 TCP 报文来了之后，到底是交给浏览器还是 QQ，就需要靠端口号来区分。每个网络程序都向操作系统申请唯一的端口号，这样，两个进程在两台计算机之间建立网络连接就需要各自的 IP 地址和各自的端口号。

一个进程也可能同时与多个计算机建立链接，因此它会申请很多端口。端口号不是随意使用的，而是按照一定的规定进行分配。例如，80 端口分配给 HTTP 服务，21 端口分配给 FTP 服务。

3.1.3　UDP 简介

不同于 TCP 协议，UDP 协议是面向无连接的协议。使用 UDP 协议时，不需要建立链接，只需要知道对方的 IP 地址和端口号，就可以直接发数据包。但是，数据无法保证一定到达。虽然用 UDP 传输数据不可靠，但它的优点是比 TCP 协议速度快。对于不要求可靠到达的数据，就可以使用 UDP 协议。TCP 协议和 UDP 协议的区别如图 3.6 所示。

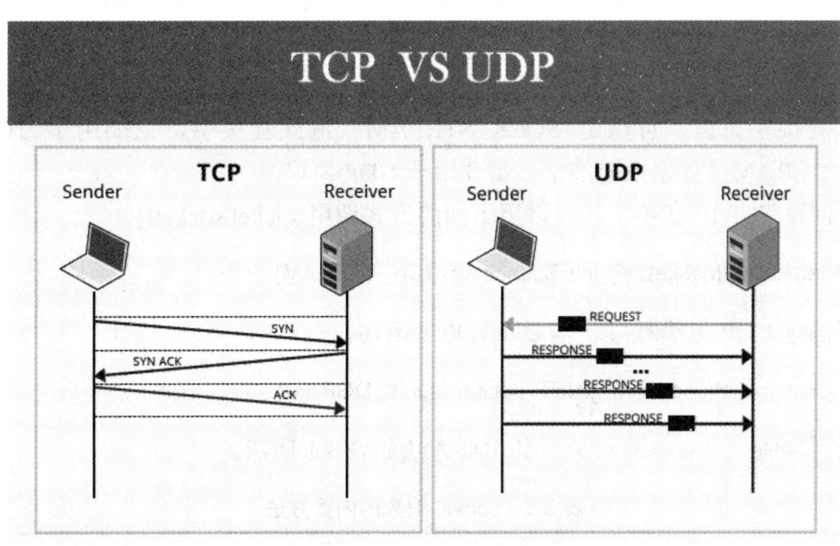

图 3.6　TCP 协议和 UDP 协议的区别

3.1.4　Socket 简介

为了让两个程序通过网络进行通信，二者均必须使用 Socket 套接字。Socket 的英文原义是“孔”或“插座”，通常也称作“套接字”，用于描述 IP 地址和端口，是一个通信链的句柄，可以用来实现不同虚拟机或不同计算机之间的通信，如图 3.7 所示。在 Internet 的主机上一般运行了多个服务软件，同时提供几种服务。每种服务都打开一个 Socket，并绑定到一个端口上，不同的端口对应于不同的服务。

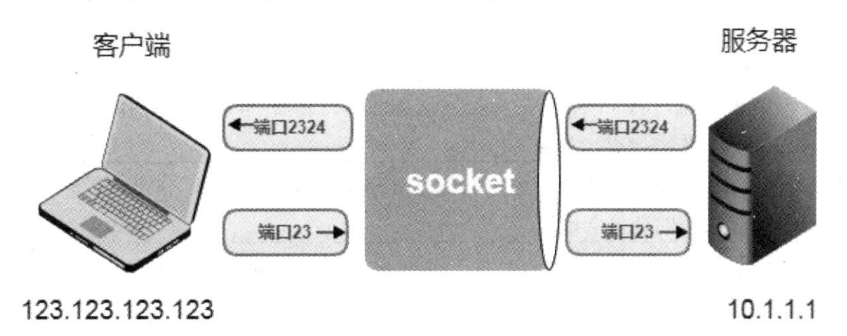

图 3.7　使用 Socket 实现通信

Socket 正如其英文原意那样，像一个多孔插座。一台主机犹如布满各种插座的房间，每个插座有一个编号，有的提供 220 伏交流电，有的提供 110 伏交流电，有的则提供有线电视节目。客户软件将插头插到不同编号的插座，就可以得到不同的服务。

在 Python 中使用 socket 模块的 socket 函数就可以完成，语法格式如下：

```
s = socket.socket(AddressFamily, Type)
```

函数 socket.socket 创建一个 socket，返回该 socket 的描述符。该函数带有两个参数。

- ☑ Address Family：可以选择 AF_INET（用于 Internet 进程间通信）或者 AF_UNIX（用于同一台机器进程间通信），实际工作中常用 AF_INET。
- ☑ Type：套接字类型，可以是 SOCK_STREAM（流式套接字，主要用于 TCP 协议）或者 SOCK_DGRAM（数据报套接字，主要用于 UDP 协议）。

例如，为了创建 TCP/IP 套接字，可以用下面的方式调用 socket.socket()。

```
tcpSock = socket.socket(socket.AF_INET, socket.SOCK_STREAM)
```

同样，为了创建 UDP/IP 套接字，需要执行以下语句。

```
udpSock = socket.socket(socket.AF_INET, socket.SOCK_DGRAM)
```

创建完成后，生成一个 socket 对象，其主要方法如表 3.1 所示。

表 3.1　socket 对象的内置方法

方　法	描　述
s.bind()	绑定地址（host,port）到套接字，在 AF_INET 下以元组（host,port）的形式表示地址
s.listen()	开始 TCP 监听。backlog 指定在拒绝连接之前，操作系统可以挂起的最大连接数量。该值至少为 1，大部分应用程序设为 5 即可
s.accept()	被动接受 TCP 客户端连接，（阻塞式）等待连接的到来
s.connect()	主动初始化 TCP 服务器连接，一般 address 的格式为元组（hostname,port），如果连接出错，返回 socket.error 错误
s.recv()	接收 TCP 数据，以字符串形式返回。bufsize 指定要接收的最大数据量；flag 提供有关消息的其他信息，通常可以忽略
s.send()	发送 TCP 数据，将 string 中的数据发送到连接的套接字。返回值是要发送的字节数量，该数量可能小于 string 的字节大小
s.sendall()	完整发送 TCP 数据。将 string 中的数据发送到连接的套接字，但在返回之前会尝试发送所有数据。成功则返回 None，失败则抛出异常
s.recvfrom()	接收 UDP 数据。与 recv()类似，但返回值是(data,address)元组。其中 data 是包含接收数据的字符串，address 是发送数据的套接字地址
s.sendto()	发送 UDP 数据，将数据发送到套接字。address 是形式为(ipaddr,port)的元组，指定远程地址。返回值是发送的字节数
s.close()	关闭套接字

3.2　TCP 编程

由于 TCP 连接具有安全可靠的特性，所以 TCP 应用更为广泛。创建 TCP 连接时，主动发起连接的叫作客户端，被动响应连接的叫作服务器。例如，访问明日学院网站时，用户自己的计算机就是客户端，浏览器会主动向明日学院的服务器发起连接。如果一切顺利，明日学院的服务器接受了用户的连接，一个 TCP 连接就建立起来了，后面的通信就是发送网页内容了。

3.2.1　创建 TCP 服务器

创建 TCP 服务器的过程，类似于生活中接听电话的过程。如果要接听别人的来电，首先需要购买一部手机，然后安装手机卡。接下来，设置手机为接听状态，最后静等对方来电。

如同上面的接听电话过程一样，在程序中，如果想要完成一个 TCP 服务器的功能，需要的流程如下。

☑　使用 socket 创建一个套接字。

☑　使用 bind 绑定 IP 和端口。

☑　使用 listen 使套接字变为可以被动连接。

☑　使用 accept 等待客户端的连接。

☑　使用 recv/send 接收发送数据。

【例 3.1】　服务器向浏览器发送“Hello World”。（**实例位置：资源包\Code\03\01**）

使用 socket 模块，通过客户端浏览器向本地服务器（IP 地址为 127.0.0.1）发起请求。服务器接到请求，向浏览器发送“Hello World”。创建一个 server.py 文件，具体代码如下：

```
01  import socket                                              #导入 socket 模块
02  host = '127.0.0.1'                                         #主机 IP
03  port = 8080                                                #端口号
04  web = socket.socket()                                      #创建 socket 对象
05  web.bind((host,port))                                      #绑定端口
06  web.listen(5)                                              #设置最多连接数
07  print ('服务器等待客户端连接...')
08  #开启死循环
09  while True:
10      conn,addr = web.accept()                               #建立客户端连接
11      data = conn.recv(1024)                                 #获取客户端请求数据
12      print(data)                                            #打印接收到的数据
13      conn.sendall(b'HTTP/1.1 200 OK\r\n\r\nHello World')   #向客户端发送数据
14      conn.close()                                           #关闭连接
```

运行结果如图 3.8 所示。然后打开谷歌浏览器，输入网址 127.0.0.1:8080（服务器的 IP 地址是 127.0.0.1，端口号是 8080），成功连接服务器以后，浏览器显示 Hello World，运行结果如图 3.9 所示。

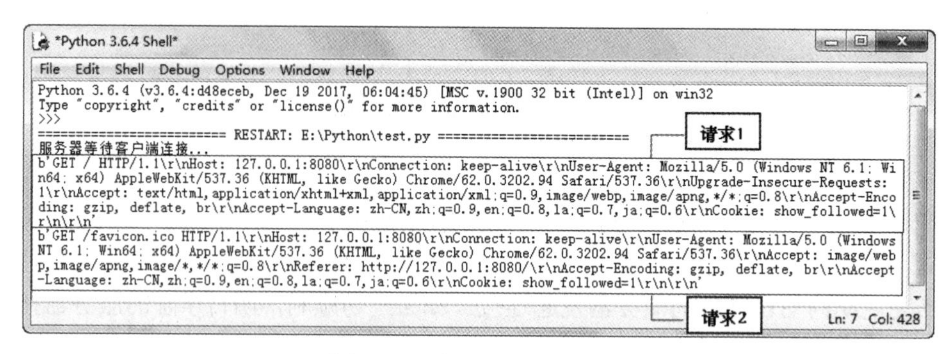

图 3.8　服务器接收到的请求

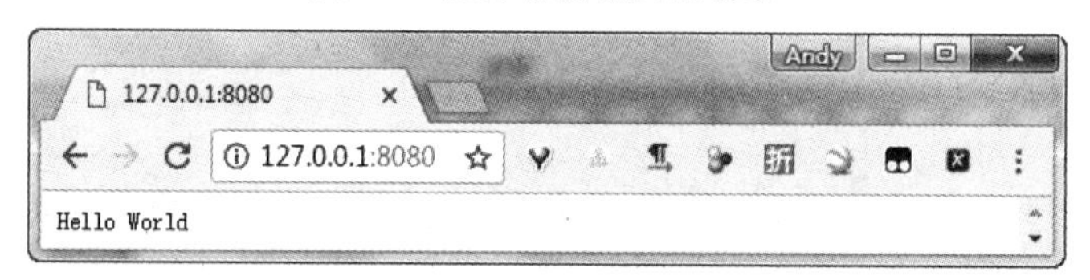

图 3.9　客户端接到的响应

3.2.2　创建 TCP 客户端

TCP 的客户端要比服务器简单很多，如果说服务器是需要自己买手机、插手机卡、设置铃声、等待别人打电话流程的话，那么客户端就只需要找一个电话亭，拿起电话拨打即可，流程要少很多。

在实例 3.1 中，使用浏览器作为客户端接收数据，下面创建一个 TCP 客户端，通过该客户端向服务器发送和接收消息。

【例 3.2】　客户端和服务器通信。(**实例位置：资源包\Code\03\02**)

创建一个 client.py 文件，具体代码如下：

```
01  import socket                                     #导入 socket 模块
02  s= socket.socket()                                #创建 TCP/IP 套接字
03  host = '127.0.0.1'                                #获取主机地址
04  port = 8080                                       #设置端口号
05  s.connect((host,port))                            #主动初始化 TCP 服务器连接
06  send_data = input("请输入要发送的数据：")          #提示用户输入数据
07  s.send(send_data.encode())                        #发送 TCP 数据
08  #接收对方发送过来的数据，最大接收 1024 个字节
09  recvData = s.recv(1024).decode()
10  print('接收到的数据为:',recvData)
11  #关闭套接字
12  s.close()
```

打开两个 cmd 命令行窗口，第 1 个 cmd 窗口运行实例 3.1 中的 server.py 文件，第 2 个 cmd 窗口运行 client.py 文件。接着，在 client.py 窗口输入 hi，此时 server.py 窗口会接收到消息，并且发送 Hello World，运行结果如图 3.10 所示。

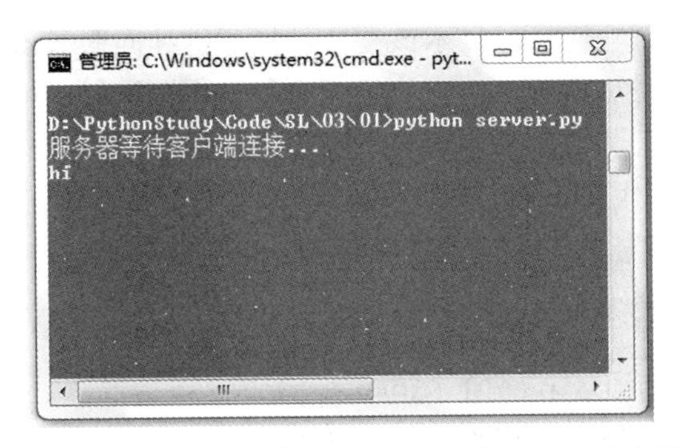

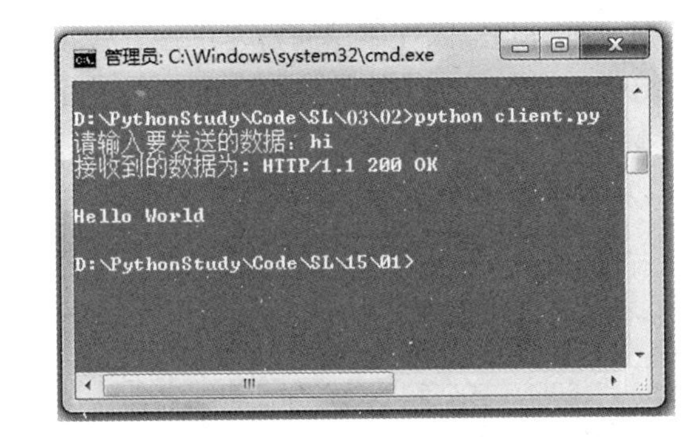

图 3.10　客户端和服务器通信效果

3.2.3　执行 TCP 服务器和客户端

在上面的例子中，我们设置了一个服务器和一个客户端，并且实现了客户端和服务器之间的通信。根据服务器和客户端执行流程，可以总结出 TCP 客户端和服务器通信模型，如图 3.11 所示。

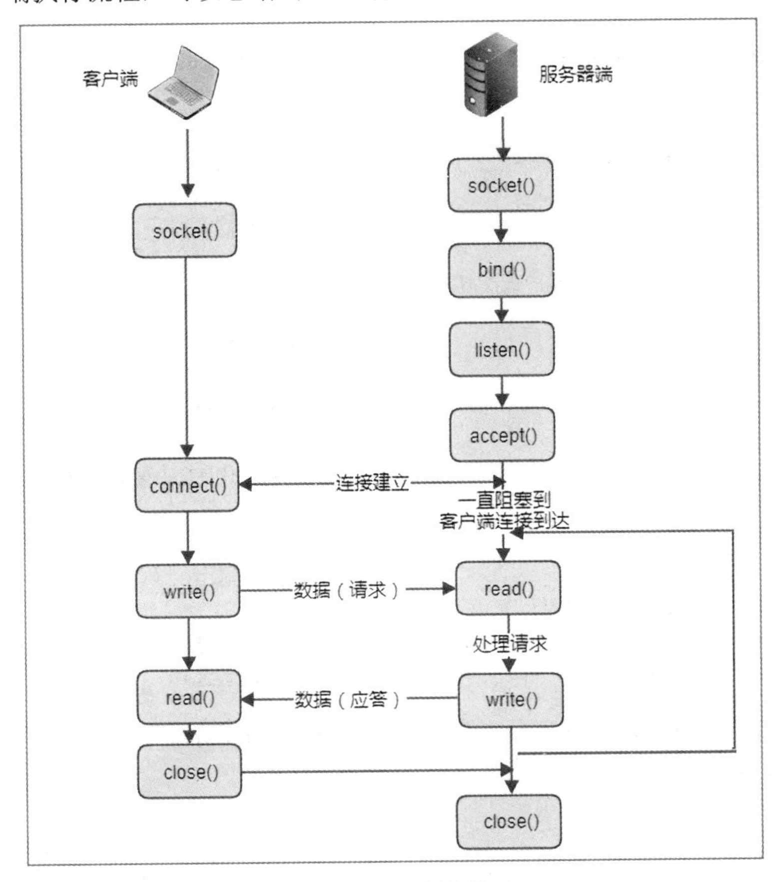

图 3.11　TCP 通信模型

【例 3.3】　制作简易聊天窗口。（**实例位置：资源包\Code\03\03**）

客户端和服务器可以使用 Socket 进行通信，客户端可以向服务器发送文字，服务器接到消息后，显示消息内容并且输入文字返回给客户端。客户接收到响应后，显示该文字，然后继续向服务器发送消息，这样就实现了一个简易的聊天窗口。当有一方输入 byebye 时，则退出系统，中断聊天。可以根据如下步骤实现该功能。

（1）创建 server.py 文件，作为服务器程序，具体代码如下：

```
01  import socket                                            #导入 socket 模块
02  host = socket.gethostname()                              #获取主机地址
03  port = 12345                                             #设置端口号
04  s = socket.socket(socket.AF_INET,socket.SOCK_STREAM) #创建 TCP/IP 套接字
05  s.bind((host,port))                                      #绑定地址(host,port)到套接字
06  s.listen(1)                                              #设置最多连接数量
07  sock,addr = s.accept()                                   #被动接受 TCP 客户端连接
08  print('连接已经建立')
09  info = sock.recv(1024).decode()                          #接收客户端数据
10  while info != 'byebye':                                  #判断是否退出
11    if info :
12      print('接收到的内容:'+info)
13    send_data = input('输入发送内容：')                     #发送消息
14    sock.send(send_data.encode())                          #发送 TCP 数据
15    if send_data =='byebye':                               #如果发送 byebye，则退出
16      break
17    info = sock.recv(1024).decode()                        #接收客户端数据
18  sock.close()                                             #关闭客户端套接字
19  s.close()                                                #关闭服务器套接字
```

（2）创建 client.py 文件，作为客户端程序，具体代码如下：

```
01  import socket                                            #导入 socket 模块
02  s= socket.socket()                                       #创建 TCP/IP 套接字
03  host = socket.gethostname()                              #获取主机地址
04  port = 12345                                             #设置端口号
05  s.connect((host,port))                                   #主动初始化 TCP 服务器连接
06  print('已连接')
07  info = ''
08  while info != 'byebye':                                  #判断是否退出
09    send_data=input('输入发送内容：')                       #输入内容
10    s.send(send_data.encode())                             #发送 TCP 数据
11    if send_data =='byebye':                               #判断是否退出
12      break
13    info = s.recv(1024).decode()                           #接收服务器数据
14    print('接收到的内容:'+info)
15  s.close()                                                #关闭套接字
```

打开两个 cmd 命令行窗口，分别运行 server.py 和 client.py 文件，如图 3.12 所示。

接下来，在 client.py 窗口中输入“土豆土豆，我是地瓜”，然后按 Enter 键。此时，server.py 窗口中将显示 client.py 窗口发送的消息，并提示 server.py 窗口输入发送内容，如图 3.13 所示。

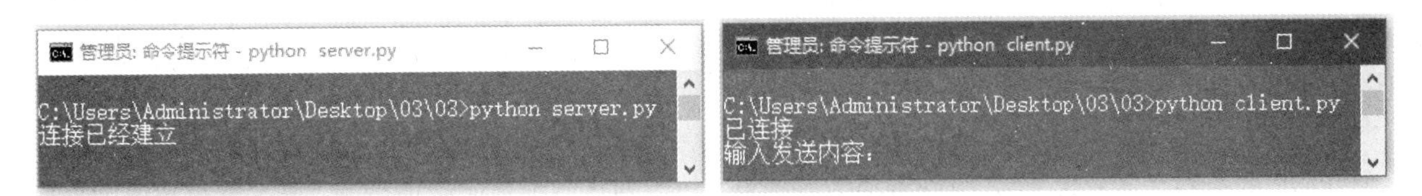

图 3.12　客户端和服务器建立连接

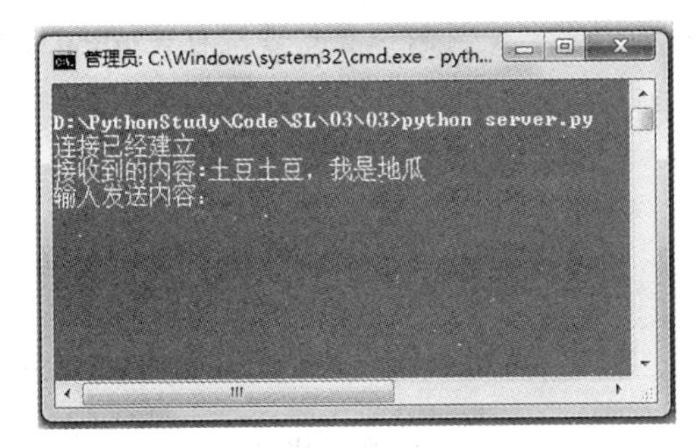

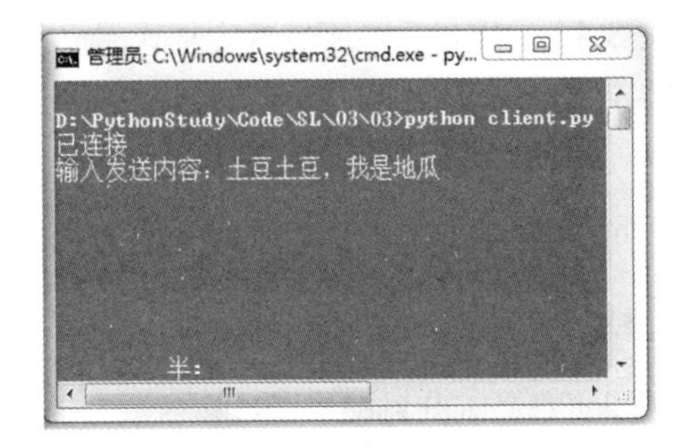

图 3.13　客户端向服务器发送消息

当输入 byebye 时，结束对话，如图 3.14 所示。

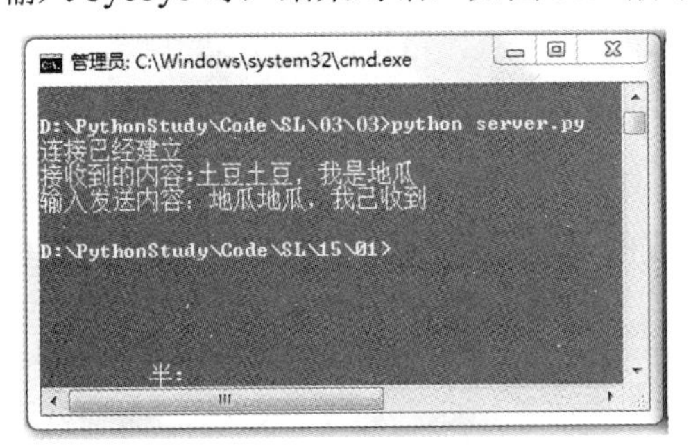

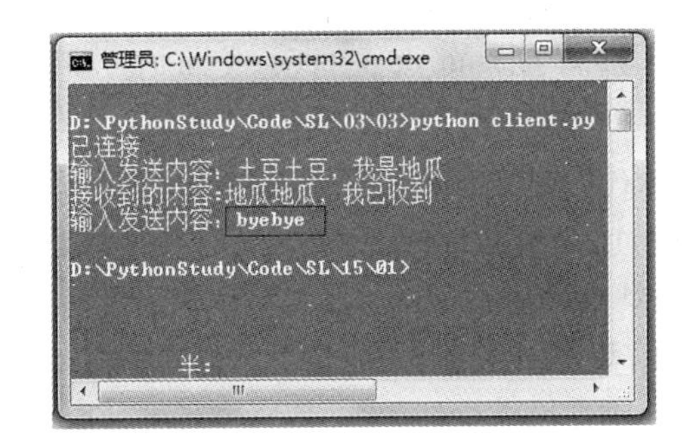

图 3.14　关闭对话

3.3　UDP 编程

UDP 是面向消息的协议，通信时不需要建立连接，数据的传输自然是不可靠的。UDP 一般用于多点通信和实时的数据业务，例如：

- ☑ 语音广播。
- ☑ 视频。
- ☑ 聊天软件。
- ☑ TFTP（简单文件传送）。
- ☑ SNMP（简单网络管理协议）。
- ☑ RIP（路由信息协议，如报告股票市场、航空信息）。
- ☑ DNS（域名解释）。

和 TCP 类似，使用 UDP 的通信双方也分为客户端和服务器。

3.3.1　创建 UDP 服务器

UDP 服务器不需要像 TCP 服务器那么多的设置，因为它们不是面向连接的。除了等待传入的连接之外，几乎不需要做其他工作。下面来实现一个将摄氏温度转换为华氏温度的功能。

【例 3.4】　将摄氏温度转换为华氏温度（服务器端程序）。（**实例位置：资源包\Code\03\04**）

在客户端输入要转换的摄氏温度，然后发送给服务器，服务器根据转换公式，将摄氏温度转换为华氏温度，发送给客户端显示。创建 udp_server.py 文件，实现 UDP 服务器，具体代码如下：

```
01  import socket                                                    #导入 socket 模块
02
03  s = socket.socket(socket.AF_INET, socket.SOCK_DGRAM)            #创建 UDP 套接字
04  s.bind(('127.0.0.1', 8888))                                      #绑定地址(host,port)到套接字
05  print('绑定 UDP 到 8888 端口')
06  data, addr = s.recvfrom(1024)                                    #接收数据
07  data = float(data)*1.8 + 32                                      #转换公式
08  send_data = '转换后的温度（单位：华氏温度）：'+str(data)
09  print('Received from %s:%s.' % addr)
10  s.sendto(send_data.encode(), addr)                               #发送给客户端
11  s.close()                                                        #关闭服务器端套接字
```

上述代码中，使用 socket.socket()函数创建套接字，其中设置参数为 socket.SOCK_DGRAM，表明创建的是 UDP 套接字。需要注意，s.recvfrom()函数生成的 data 数据类型是 byte，不能直接进行四则运算，需要将其转换为 float 浮点型数据。最后在使用 sendto()函数发送数据时，发送的数据必须是 byte 类型，所以需要使用 encode()函数将字符串转换为 byte 类型。

运行结果如图 3.15 所示。

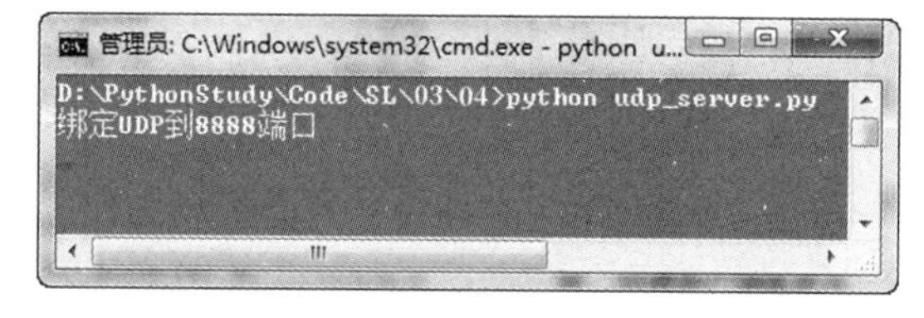

图 3.15　等待客户端连接

3.3.2　创建 UDP 客户端

创建一个 UDP 客户端程序的流程很简单，具体步骤如下。

☑　创建客户端套接字。

☑　发送/接收数据。

☑　关闭套接字。

下面根据实例 3.3，创建 udp_client.py 文件，实现 UDP 客户端，用户接收转换后的华氏温度。

【例 3.5】　将摄氏温度转换为华氏温度（客户端程序）。（**实例位置：资源包\Code\03\05**）

```
01  import socket                                                    #导入 socket 模块
02
03  s = socket.socket(socket.AF_INET, socket.SOCK_DGRAM)            #创建 UDP 套接字
04  data = input('请输入要转换的温度（单位：摄氏温度）：')            #输入要转换的温度
05  s.sendto(data.encode(), ('127.0.0.1', 8888))                    #发送数据
```

```
06    print(s.recv(1024).decode())                    #打印接收到的数据
07    s.close()                                       #关闭套接字
```

上述代码中，接收的数据和发送的数据类型都是 byte，所以发送时使用 encode()函数将字符串转化为 byte，输出时使用 decode()函数将 byte 类型数据转换为字符串，以方便用户阅读。

在两个 cmd 窗口中分别运行 udp_server.py 和 udp_client.py 文件，然后在 udp_client.py 窗口中输入要转换的摄氏温度，udp_client.py 窗口会立即显示转换后的华氏温度，如图 3.16 所示。

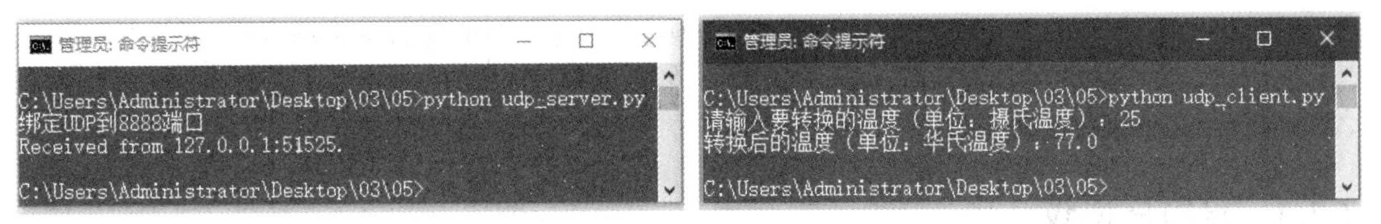

图 3.16 摄氏温度转换为华氏温度效果

3.3.3 执行 UDP 服务器和客户端

在 UDP 通信模型中，在通信开始之前不需要建立相关的连接，只需要发送数据即可（类似于生活中的写信）。UDP 通信模型如图 3.17 所示。

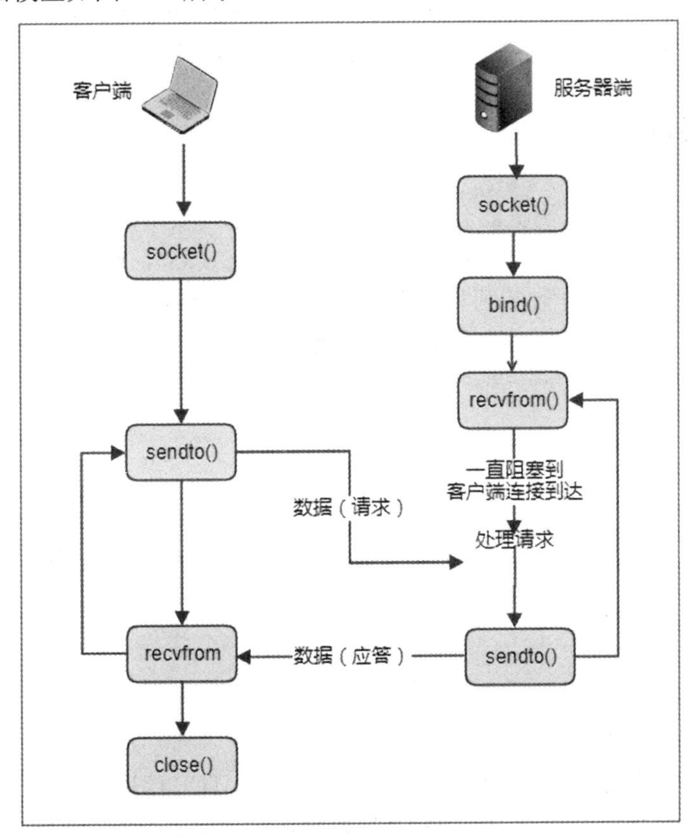

图 3.17 UDP 通信模型

3.4 Web 基础

学习完传输层的 TCP 和 UDP 协议后，接下来学习与 Web 开发密切相关的应用层。在应用层，最主要的协议就是 HTTP 协议。

用户浏览明日学院官网时，会打开浏览器，在地址栏中输入网址 www.mingrisoft.com 并按下 Enter 键，此时浏览器中就会显示明日学院官网的内容。在这个看似简单的用户行为背后，到底发生了些什么呢？

3.4.1 HTTP 协议

在用户输入网址访问明日学院网站的例子中，用户浏览器被称为客户端，明日学院网站被称为服务器。这个过程实质上就是客户端向服务器发起请求，服务器接收请求后，将处理后的信息（也称为响应）传给客户端。这个过程是通过 HTTP 协议实现的。

HTTP（HyperText Transfer Protocol，超文本传输协议）是互联网上应用最为广泛的一种网络协议，利用 TCP 在两台计算机（通常是 Web 服务器和客户端）之间传输信息。客户端使用 Web 浏览器发起 HTTP 请求给 Web 服务器，Web 服务器发送被请求的信息给客户端。

3.4.2 Web 服务器

当在浏览器中输入 URL 后，浏览器会先请求 DNS 服务器，获得请求站点的 IP 地址（即根据 URL 地址 www.mingrisoft.com 获取其对应的 IP 地址，如 101.201.120.85），然后发送一个 HTTP Request（请求）给拥有该 IP 的主机（明日学院的阿里云服务器），接着就会接收到服务器返回的 HTTP Response（响应），浏览器经过渲染后，以一种较好的效果呈现给用户。HTTP 基本原理如图 3.18 所示。

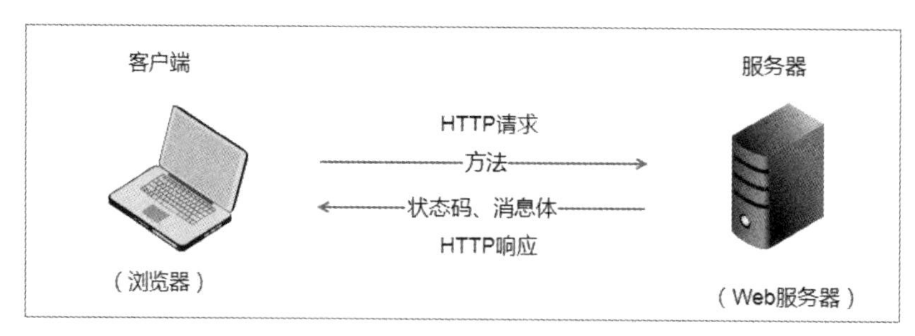

图 3.18　HTTP 基本原理

Web 服务器的工作原理可以概括为如下 4 个步骤。

☑ 建立连接：客户端通过 TCP/IP 协议建立到服务器的 TCP 连接。

☑ 请求过程：客户端向服务器发送 HTTP 协议请求包，请求服务器里的资源文档。

☑ 应答过程：服务器向客户端发送 HTTP 协议应答包，如果请求的资源包含动态语言内容，服

务器会调用解释引擎处理动态内容，并将处理后得到的数据返回给客户端。由客户端解释 HTML 文档，最终在用户屏幕上渲染显示图形结果。

☑ 关闭连接：客户端与服务器断开。

客户端向服务器端发起请求时，常用的请求方法如表 3.2 所示。

表 3.2　HTTP 协议的常用请求方法

方　法	描　述
GET	请求指定的页面信息，并返回实体主体
POST	向指定资源提交数据（例如提交表单或者上传文件），进行处理请求。数据被包含在请求体中，POST 请求会导致新资源的建立或已有资源的修改
HEAD	类似于 GET 请求，只不过返回的响应中没有具体的内容，仅用于获取报头
PUT	从客户端向服务器传送的数据取代指定的文档内容
DELETE	请求服务器删除指定的页面
OPTIONS	允许客户端查看服务器的性能

服务器返回给客户端的状态码分为 5 种类型，由它们的第一位数字表示，其含义如表 3.3 所示。

表 3.3　HTTP 状态码含义

状　态	含　义
1**	表示信息请求收到，继续处理
2**	表示成功返回响应，即行为被成功地接受、理解和采纳
3**	表示重定向，为了完成请求，必须进一步执行的动作
4**	表示客户端错误，如请求包含语法错误或者请求无法实现
5**	表示服务器错误，如服务器不能实现一种明显无效的请求

例如，状态码为 200，表示请求成功已完成；状态码为 404，表示服务器找不到给定的资源。

下面用谷歌浏览器访问明日学院官网，查看一下请求和响应的流程，步骤如下。

（1）在谷歌浏览器中访问网址“www.mingrisoft.com”，按 Enter 键，进入明日学院官网。

（2）按 F12 键（或单击鼠标右键，在弹出的快捷菜单中选择“检查”命令），审查页面元素，运行效果如图 3.19 所示。

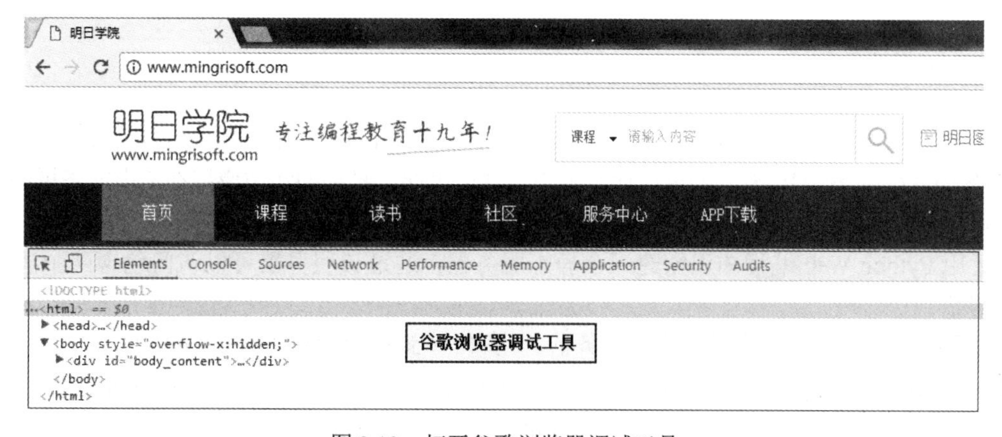

图 3.19　打开谷歌浏览器调试工具

（3）在谷歌浏览器调试工具中选择 Network 选项卡，按 F5 键（或手动刷新页面），再单击调试工具中 Name 栏目下的 www.mingrisoft.com，查看请求与响应的信息，如图 3.20 所示。

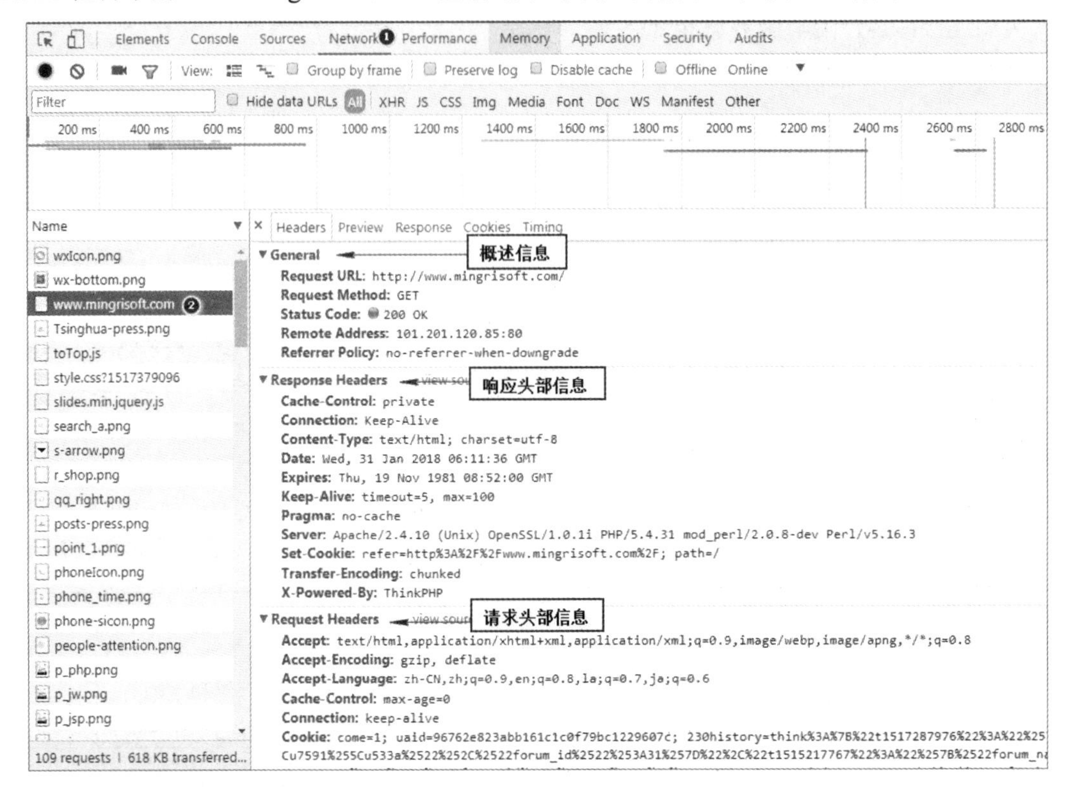

图 3.20　请求和响应信息

从图 3.20 所示的 General（概述）中可得到如下关键信息。

☑ Request URL：请求的 URL 地址，也就是服务器的 URL 地址。

☑ Request Method：请求方式是 GET。

☑ Status Code：状态码是 200，即成功返回响应。

☑ Remote Address：服务器 IP 地址是 101.201.120.85，端口号是 80。

3.4.3　静态服务器

对于 Web 开发，我们需要让用户在浏览器中看到完整的 Web 页面，也就是 HTML 格式页面。

在 Web 中，纯粹 HTML 格式的页面通常被称为静态页面，早期的网站通常都是由静态页面组成的。如马云早期的创业项目“中国黄页”网站就是由静态页面组成的静态网站，如图 3.21 所示。

下面运用 Python Web 编程知识创建一个静态服务器，通过该服务器可以访问包含两个静态页面的明日学院网站。

【例 3.6】　创建明日学院网站静态服务器。（**实例位置：资源包\Code\03\06**）

创建明日学院官方网站，当用户输入网址 127.0.0.1:8000 或 127.0.0.1:8000/index.html 时，访问网站首页。当用户输入网址 127.0.0.1:8000/contact.html 时，访问“联系我们”页面。

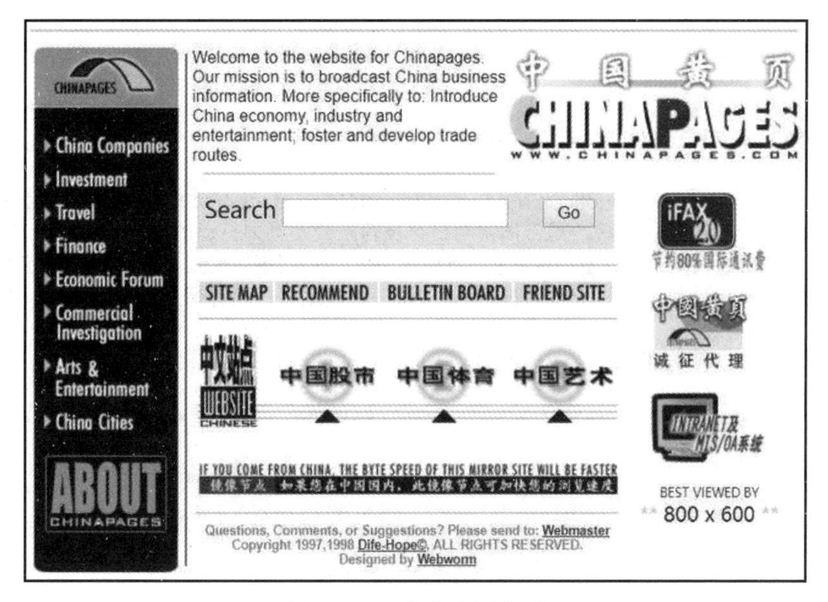

图 3.21　早期的中国黄页

（1）创建 Views 文件夹，并在其下创建 index.html 页面作为明日学院首页。index.html 页面的关键代码如下：

```
01      <body class="bs-docs-home">
02      <!-- Docs master nav -->
03      <header class="navbar navbar-static-top bs-docs-nav" id="top">
04      <div class="container">
05        <div class="navbar-header">
06          <a href="/" class="navbar-brand">明日学院</a>
07        </div>
08        <nav id="bs-navbar" class="collapse navbar-collapse">
09          <ul class="nav navbar-nav">
10            <li>
11              <a href="http://www.mingrisoft.com/selfCourse.html" >课程</a>
12            </li>
13            <li>
14              <a href="http://www.mingrisoft.com/book.html">读书</a>
15            </li>
16            <li>
17              <a href="http://www.mingrisoft.com/bbs.html">社区</a>
18            </li>
19            <li>
20              <a href="http://www.mingrisoft.com/servicecenter.html">服务</a>
21            </li>
22            <li>
23              <a href="/contact.html">联系我们</a>
24            </li>
25          </ul>
26        </nav>
```

```
27      </div>
28    </header>
29        <!-- Page content of course! -->
30    <main class="bs-docs-masthead" id="content" tabindex="-1">
31      <div class="container">
32        <span class="bs-docs-booticon bs-docs-booticon-lg bs-docs-booticon-outline">MR</span>
33        <p class="lead">明日学院，是吉林省明日科技有限公司倾力打造的在线实用技能学习平台，该平台于
34    2016 年正式上线，主要为学习者提供海量、优质的课程，课程结构严谨，用户可以根据自身的学习程度，自主
35    安排学习进度。我们的宗旨是，为编程学习者提供一站式服务，培养用户的编程思维。</p>
36        <p class="lead">
37          <a href="/contact.html" class="btn btn-outline-inverse btn-lg">联系我们</a>
38        </p>
39      </div>
40    </main>
```

（2）在 Views 文件夹下创建 contact.html 文件，作为明日学院的“联系我们”页面。关键代码如下：

```
01    <div class="bs-docs-header" id="content" tabindex="-1">
02        <div class="container">
03          <h1> 联系我们 </h1>
04            <div class="lead">
05              <address>
06                  电子邮件：<strong>mingrisoft@mingrisoft.com</strong>
07                  <br>地址：吉林省长春市南关区财富领域
08                  <br>邮政编码：<strong>131200</strong>
09                  <br><abbr title="Phone">联系电话:</abbr> 0431-84978981
10              </address>
11            </div>
12          </div>
13        </div>
```

（3）在 Views 同级目录下创建 web_server.py 文件，用于实现客户端和服务器端的 HTTP 通信，关键代码如下：

```
01    import socket                                                    #导入 socket 模块
02    import re                                                        #导入 re 正则模块
03    from multiprocessing import Process                              #导入 Process 多线程模块
04
05    HTML_ROOT_DIR = "./Views"                                        #设置静态文件根目录
06
07    class HTTPServer(object):
08        def __init__(self):
09            """初始化方法"""
10            self.server_socket = socket.socket(socket.AF_INET, socket.SOCK_STREAM) #创建 socket 对象
11        def start(self):
12            """开始方法"""
13            self.server_socket.listen(128)                           #设置最多连接数
14            print ('服务器等待客户端连接...')
15            #执行死循环
```

```
16          while True:
17              client_socket, client_address = self.server_socket.accept()  #建立客户端连接
18              print("[%s, %s]用户连接上了" % client_address)
19              #实例化线程类
20              handle_client_process = Process(target=self.handle_client, args=(client_socket,))
21              handle_client_process.start()                                  #开启线程
22              client_socket.close()                                          #关闭客户端 socket
23
24      def handle_client(self, client_socket):
25          """处理客户端请求"""
26          #获取客户端请求数据
27          request_data = client_socket.recv(1024)
28          print("request data:", request_data)
29          request_lines = request_data.splitlines()                          #按照行('\r', '\r\n', \n')分隔
30          #输出每行信息
31          for line in request_lines:
32              print(line)
33          request_start_line = request_lines[0]                              #解析请求报文
34          print("*" * 10)
35          print(request_start_line.decode("utf-8"))
36          #使用正则表达式，提取用户请求的文件名
37          file_name = re.match(r"\w+ +(/[^ ]*) ", request_start_line.decode("utf-8")).group(1)
38          #如果文件名是根目录，设置文件名为 file_name
39          if "/" == file_name:
40              file_name = "/index.html"
41          #打开文件，读取内容
42          try:
43              file = open(HTML_ROOT_DIR + file_name, "rb")
44          except IOError:
45              #如果存在异常，返回 404
46              response_start_line = "HTTP/1.1 404 Not Found\r\n"
47              response_headers = "Server: My server\r\n"
48              response_body = "The file is not found!"
49          else:
50              #读取文件内容
51              file_data = file.read()
52              file.close()
53              #构造响应数据
54              response_start_line = "HTTP/1.1 200 OK\r\n"
55              response_headers = "Server: My server\r\n"
56              response_body = file_data.decode("utf-8")
57          #拼接返回数据
58          response = response_start_line + response_headers + "\r\n" + response_body
59          print("response data:", response)
60          client_socket.send(bytes(response, "utf-8"))                       #向客户端返回响应数据
61          client_socket.close()                                              #关闭客户端连接
62
63      def bind(self, port):
```

```
64            """绑定端口"""
65            self.server_socket.bind(("", port))
66
67    def main():
68        """主函数"""
69        http_server = HTTPServer()                                    #实例化 HTTPServer()类
70        http_server.bind(8000)                                        #绑定端口
71        http_server.start()                                           #调用 start()方法
72
73    if __name__ == "__main__":
74        main()                                                        #执行 main()函数
```

上述代码中定义了一个 HTTPserver()类，其中__init__()初始化方法用于创建 Socket 实例，start()方法用于建立客户端连接，开启线程。handle_client()方法用于处理客户端请求，主要功能是通过正则表达式提取用户请求的文件名。如果用户输入 127.0.0.1:8000/，则读取 Views/index.html 文件，否则访问具体的文件名。例如，用户输入 127.0.0.1:8000/contact.html，读取 Views/contact.html 文件内容，将其作为响应的主体内容。如果读取的文件不存在，则将“The file is not found!”作为响应主体内容。最后，拼接数据并返回客户端。

运行 web_server.py 文件，然后使用谷歌浏览器访问 127.0.0.1:8000/，运行效果如图 3.22 所示。单击“联系我们”按钮，页面跳转至 127.0.0.1:8000/contact.html，运行效果如图 3.23 所示。尝试访问一个不存在的文件，例如在浏览器中访问 127.0.0.1:8000/test.html，运行效果如图 3.24 所示。

图 3.22　明日学院主页

图 3.23　“联系我们”页面效果

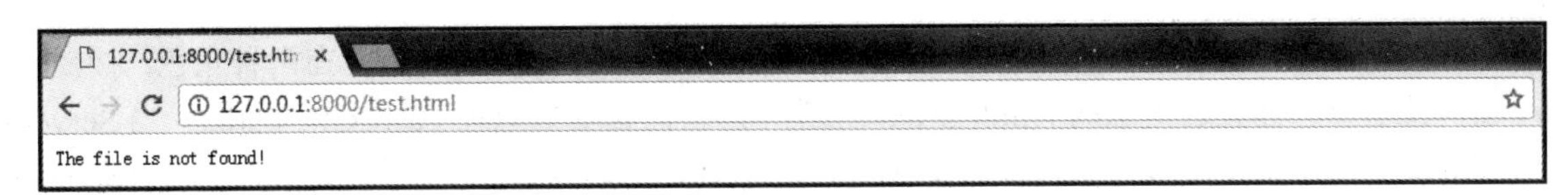

图 3.24　文件不存在时的页面效果

3.5　WSGI 接口

3.5.1　CGI 简介

例 3.6 实现了一个静态服务器，但是当今 Web 开发已经很少使用纯静态页面，更多的是使用动态页面，以实现交互性。例如，网站具有登录和注册功能，当用户登录网站时，需要输入用户名和密码，然后提交数据。Web 服务器不能处理表单中传递过来的与用户相关的数据，这不是 Web 服务器的职责。CGI 应运而生。

CGI（Common Gateway Interface，通用网关接口）是一段程序，运行在服务器上。Web 服务器将请求发送给 CGI 应用程序，再将 CGI 应用程序动态生成的 HTML 页面发送回客户端。CGI 在 Web 服务器和应用之间充当了交互作用，这样才能够处理用户数据，生成并返回最终的动态 HTML 页面。CGI 的工作方式如图 3.25 所示。

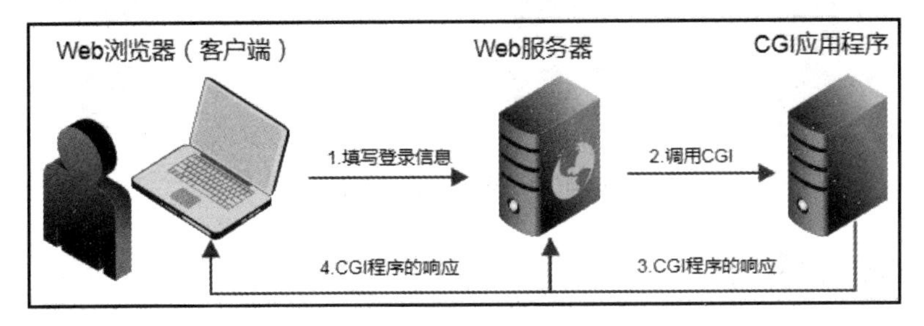

图 3.25　CGI 工作概述

CGI 有明显的局限性。例如，CGI 进程针对每个请求进行创建，用完就抛弃。如果应用程序接收数千个请求，就会创建大量的语言解释器进程，这将导致服务器停机。于是，CGI 的加强版 FastCGI（Fast Common Gateway Interface）应运而生。

FastCGI 使用进程/线程池来处理一连串的请求。这些进程/线程由 FastCGI 服务器管理，而不是 Web 服务器管理。FastCGI 致力于减少网页服务器与 CGI 程序之间交互的开销，从而使服务器可以同时处理更多的网页请求。

3.5.2　WSGI 简介

FastCGI 的工作模式实际上并没有什么太大缺陷，但是在 FastCGI 标准下写异步的 Web 服务还是不太方便，所以 WSGI 就被创造出来了。

WSGI（Web Server Gateway Interface，服务器网关接口）是 Web 服务器和 Web 应用程序或框架之

间的一种简单而通用的接口，从层级上来讲要比 CGI/FastCGI 高级。WSGI 中存在两种角色：接受请求的 Server（服务器）和处理请求的 Application（应用），它们底层是通过 FastCGI 沟通的。当 Server 收到一个请求后，可以通过 Socket 把环境变量和一个 Callback 回调函数传给后端 Application，Application 在完成页面组装后通过 Callback 把内容返回给 Server，最后 Sever 再将响应返回给 Client。整个流程如图 3.26 所示。

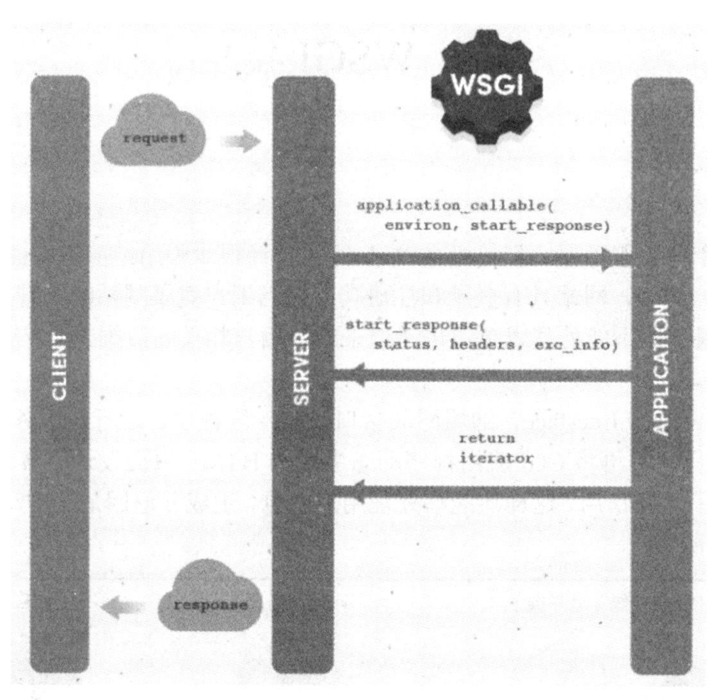

图 3.26　WSGI 工作概述

3.5.3　定义 WSGI 接口

WSGI 接口的定义非常简单，它只要求 Web 开发者实现一个函数，就可以响应 HTTP 请求。下面来看一下最简单的 Web 版本的“Hello World!”，代码如下：

```
01    def application(environ, start_response):
02        start_response('200 OK', [('Content-Type', 'text/html')])
03        return [b'<h1>Hello, World!</h1>']
```

上面的 application()函数就是符合 WSGI 标准的一个 HTTP 处理函数，它接收两个参数。

☑　environ：一个包含所有 HTTP 请求信息的字典对象。

☑　start_response：一个发送 HTTP 响应的函数。

整个 application()函数本身没有涉及任何解析 HTTP 的部分，也就是说，把底层 Web 服务器的解析部分和应用程序逻辑部分进行了分离，这样开发者就可以专心地做自己擅长的领域了。

可是要如何调用 application()函数呢？environ 和 start_response 这两个参数需要从服务器获取，所以 application()函数必须由 WSGI 服务器来调用。现在，很多服务器都符合 WSGI 规范，如 Apache 服

务器和 Nginx 服务器等。此外 Python 内置了一个 WSGI 服务器，也就是 wsgiref 模块，它是用 Python 编写的 WSGI 服务器的参考实现。所谓“参考实现”，是指该实现完全符合 WSGI 标准，但是不考虑任何运行效率，仅供开发和测试使用。

3.5.4　运行 WSGI 服务

使用 Python 的 wsgiref 模块可以不用考虑服务器和客户端的连接、数据的发送和接收等问题，只专注于业务逻辑的实现。下面通过一个实例，介绍如何应用 wsgiref 创建明日学院网站的课程页面。

【例 3.7】 创建明日学院网站的课程页面。（**实例位置：资源包\Code\03\07**）

创建明日学院官方网站的课程页面，当用户输入网址 127.0.0.1:8000/courser.html 时，访问课程介绍页面。可以按照如下步骤实现该功能。

（1）复制例 3.6 的 Views 文件夹，并在其下创建 course.html 页面作为明日学院课程页面。course.html 页面的关键代码如下：

```
01  <!DOCTYPE html>
02  <html lang="UTF-8">
03  <head>
04  <meta http-equiv="Content-Type" content="text/html; charset=UTF-8">
05  <meta http-equiv="X-UA-Compatible" content="IE=edge">
06  <meta name="viewport" content="width=device-width, initial-scale=1">
07  <title>
08      明日科技
09  </title>
10  <!-- Bootstrap core CSS -->
11  <link rel="stylesheet" href="https://cdn.bootcss.com/bootstrap/3.3.7/css/bootstrap.min.css"
12  </head>
13    <body class="bs-docs-home">
14      <!-- Docs master nav -->
15    <header class="navbar navbar-static-top bs-docs-nav" id="top">
16    <div class="container">
17      <div class="navbar-header">
18        <a href="/" class="navbar-brand">明日学院</a>
19      </div>
20      <nav id="bs-navbar" class="collapse navbar-collapse">
21        <ul class="nav navbar-nav">
22          <li>
23            <a href="/course.html" >课程</a>
24          </li>
25          <li>
26            <a href="http://www.mingrisoft.com/book.html">读书</a>
27          </li>
28          <li>
29            <a href="http://www.mingrisoft.com/bbs.html">社区</a>
30          </li>
31          <li>
32            <a href="http://www.mingrisoft.com/servicecenter.html">服务</a>
33          </li>
```

```
34                <li>
35                    <a href="/contact.html">联系我们</a>
36                </li>
37            </ul>
38        </nav>
39    </div>
40 </header>
41            <!-- Page content of course! -->
42            <main class="bs-docs-masthead" id="content" tabindex="-1">
43        <div class="container">
44            <div class="jumbotron">
45                <h1 style="color: #573e7d">明日课程</h1>
46                <p style="color: #573e7d">海量课程，随时随地，想学就学。有多名专业讲师精心打造精品课程，
47                                让学习创造属于你的生活</p>
48                <p><a class="btn btn-primary btn-lg" href="http://www.mingrisoft.com/selfCourse.html"
49                    role="button">开始学习</a></p>
50            </div>
51        </div>
52 </main>
53 </body>
54 </html>
```

（2）在 Views 同级目录下创建 application.py 文件，用于实现 Web 应用程序的 WSGI 处理函数，关键代码如下：

```
01 def app(environ, start_response):
02     start_response('200 OK', [('Content-Type', 'text/html')])          #响应信息
03     file_name = environ['PATH_INFO'][1:] or 'index.html'               #获取 url 参数
04     HTML_ROOT_DIR = './Views/'                                         #设置 HTML 文件目录
05     try:
06         file = open(HTML_ROOT_DIR + file_name, "rb")                   #打开文件
07     except IOError:
08         response_body = "The file is not found!"                       #如果异常，返回 404
09     else:
10         file_data = file.read()                                        #读取文件内容
11         file.close()                                                   #关闭文件
12         response = file_data.decode("utf-8")                           #构造响应数据
13
14     return [response.encode('utf-8')]                                  #返回数据
```

上述代码中，使用 application()函数接收两个参数：environ 请求信息和 start_response 函数。通过 environ 来获取 url 中的后缀文件名，如果为“/”，则读取 index.html 文件。如果不存在，则返回“The file is not found!”。

（3）在 Views 同级目录下创建 web_server.py 文件，用于启动 WSGI 服务器，加载 application()函数。关键代码如下：

```
01 #从 wsgiref 模块导入
02 from wsgiref.simple_server import make_server
03 #导入编写的 application 函数
```

```
04    from application import app
05
06    #创建一个服务器，IP 地址为空，端口是 8000，处理函数是 app
07    httpd = make_server('', 8000, app)
08    print('Serving HTTP on port 8000...')
09    #开始监听 HTTP 请求
10    httpd.serve_forever()
```

运行 web_server.py 文件，当显示“Serving HTTP on port 8000...”时，在浏览器的地址栏中输入网址 127.0.0.1:8000，访问明日学院首页，运行结果如图 3.27 所示。然后单击顶部导航栏的“课程”超链接，将进入明日学院的课程页面，运行效果如图 3.28 所示。

图 3.27　明日学院首页

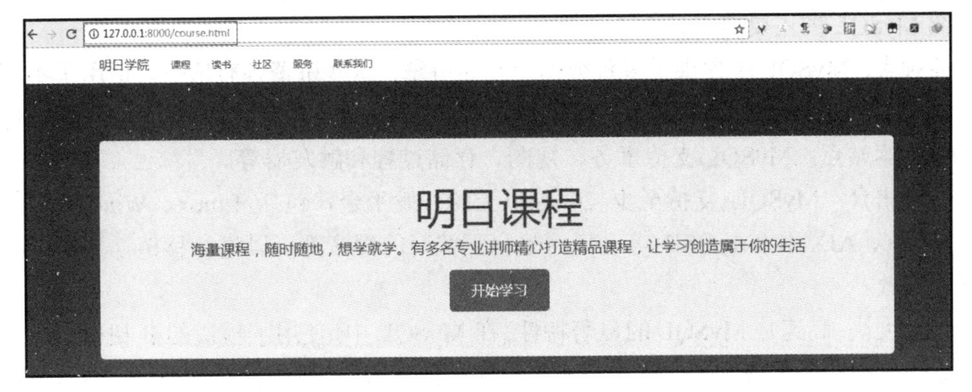

图 3.28　明日学院“课程”页面

3.6 小　　结

本章主要介绍网络编程的基础知识，包括 TCP/IP 协议、TCP 编程和 UDP 编程。首先通过大量的示例图片和实例，让读者清楚地了解 TCP 和 UDP 编程的使用场景以及使用方式。接下来介绍 Web 基础知识，包括 HTTP 协议和 Web 服务器。最后介绍 WSGI 服务的由来及相关知识。通过本章循序渐进的学习，读者会更好地理解网络编程的基础知识。

第4章

MySQL 数据库基础

只有与数据库相结合，才能充分发挥动态网页编程语言的魅力，因此网络上的众多应用都是基于数据库的。Python 可以操作不同的数据库，如 SQLite、MySQL、Oracle 等。本章将详细介绍 MySQL 数据库的基础知识，通过本章的学习，读者不但可以轻松掌握操作 MySQL 数据库、数据表的方法，还可以学会使用 Python 操作 MySQL 数据库，实现数据的增删改查等操作。

4.1 MySQL 概述

MySQL 是目前最为流行的开源数据库，是完全网络化的跨平台关系型数据库系统。它由瑞典的 MySQL AB 公司开发，由 David Axmark 和 Michael Monty Widenius 于 1995 年建立。除了具有许多其他数据库所不具备的功能和选择之外，MySQL 数据库还是一种完全免费的产品，用户可以直接从网上下载使用，而不必支付任何费用。

下面介绍 MySQL 的主要特点。

- ☑ 功能强大：MySQL 中提供了多种数据库存储引擎，这些引擎各有所长，适用于不同的应用场合。用户可以选择最合适的引擎以得到最高的性能，甚至可以处理每天访问量数亿的高强度 Web 搜索站点。MySQL 支持事务、视图、存储过程和触发器等。
- ☑ 支持跨平台：MySQL 支持至少 20 种以上的开发平台，包括 Linux、Windows、FreeBSD、IBMAIX、AIX 和 FreeBSD 等。任何平台下编写的程序都可以进行移植，而不需要对程序做任何修改。
- ☑ 运行速度快：高速是 MySQL 的显著特性。在 MySQL 中，使用了极快的 B 树磁盘表（MyISAM）和索引压缩；通过使用优化的单扫描多连接，能够极快地实现连接；SQL 函数使用高度优化的类库实现，运行速度极快。
- ☑ 成本低：MySQL 数据库是一款完全免费的产品，用户可以直接从网上下载。
- ☑ 支持各种开发语言：MySQL 为各种流行的程序设计语言提供支持，为它们提供了很多的 API 函数，包括 PHP、ASP.NET、Java、Eiffel、Python、Ruby、Tcl、C、C++和 Perl 等。
- ☑ 数据库存储容量大：MySQL 数据库的最大有效表尺寸通常是由操作系统对文件大小的限制决定的，而不是由 MySQL 内部限制决定的。InnoDB 存储引擎将 InnoDB 表保存在一个表空间内，该表空间可由数个文件创建，表空间的最大容量为 64TB，可以轻松地处理拥有上千万条记录的大型数据库。

4.2　下载安装 MySQL

4.2.1　下载 MySQL

MySQL 是一款开源的数据库软件，其免费特性得到了世界各地用户的喜爱，是目前使用人数最多的数据库。下面将详细讲解如何下载和安装 MySQL 数据库。

说明

MySQL 的版本一直在持续更新，本章选择相对稳定的 MySQL 5.7 版本下载使用，读者也可以下载当前最新的 MySQL 8.0 版本，本书内容都是通用的。

在浏览器的地址栏中输入地址 https://dev.mysql.com/downloads/windows/installer/5.7.html，并按下 Enter 键，将进入 MySQL 5.7 版本的下载页面，选择离线安装包，如图 4.1 所示。

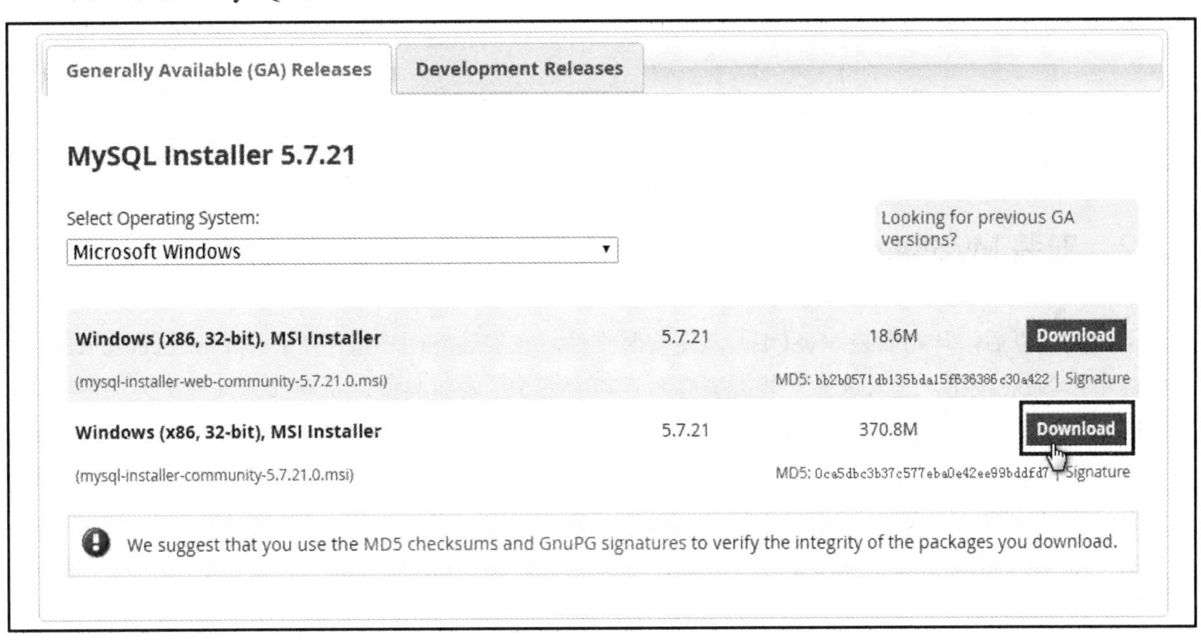

图 4.1　下载 MySQL

单击 Download 按钮，进入开始下载页面。如果有 MySQL 的账户，可以单击 Login 按钮，登录账户后下载。如果没有，可以直接单击下方的“No thanks, just start my download.”超链接，跳过注册步骤，直接进行下载，如图 4.2 所示。

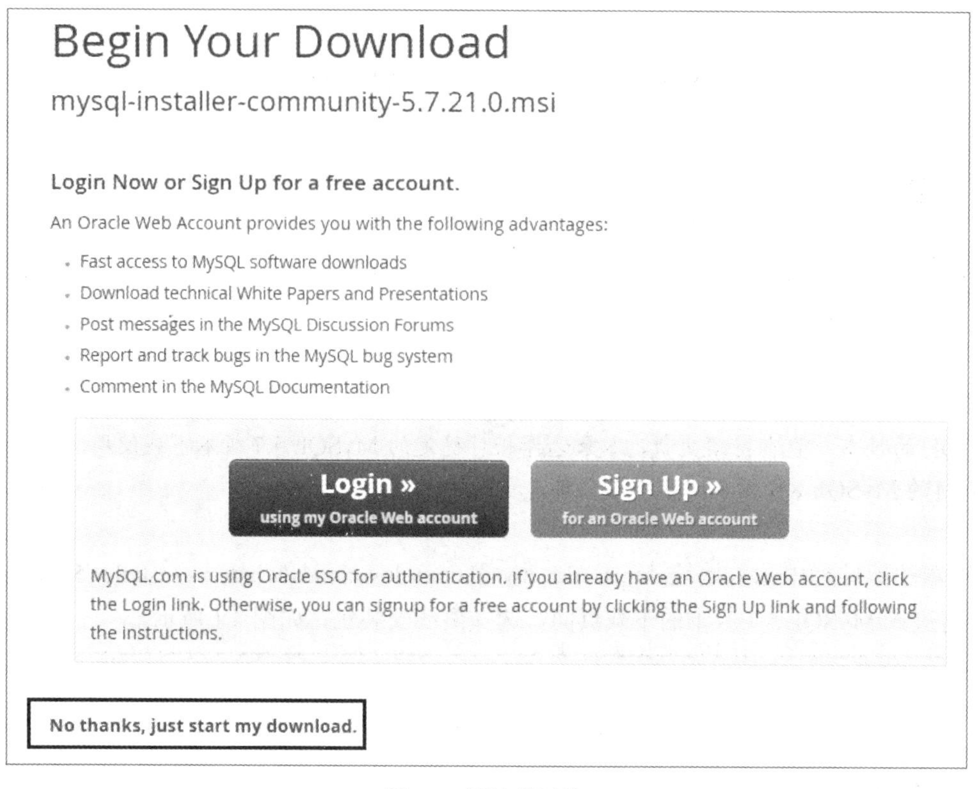

图 4.2　不注册下载

4.2.2　安装 MySQL

下载完成以后，开始安装 MySQL。双击安装文件，在安装界面中选中 I accept the license terms 复选框，单击 Next 按钮，进入选择安装类型界面。其中有 5 种安装类型，说明如下。

☑ Developer Default：安装 MySQL 服务器以及开发 MySQL 应用所需的工具。工具包括开发和管理服务器的 GUI 工作台、访问操作数据的 Excel 插件、与 Visual Studio 集成开发的插件、通过 NET/Java/C/C++/OBDC 等访问数据的连接器、例子和教程、开发文档。

☑ Server only：仅安装 MySQL 服务器，适用于部署 MySQL 服务器。

☑ Client only：仅安装客户端，适用于基于已存在的 MySQL 服务器进行 MySQL 应用开发的情况。

☑ Full：安装 MySQL 所有可用组件。

☑ Custom：自定义需要安装的组件。

MySQL 会默认选择 Developer Default 类型，这里修改为 Server only 类型，如图 4.3 所示，然后单击 Next 按钮继续安装。后续安装过程中保持默认安装方式即可。

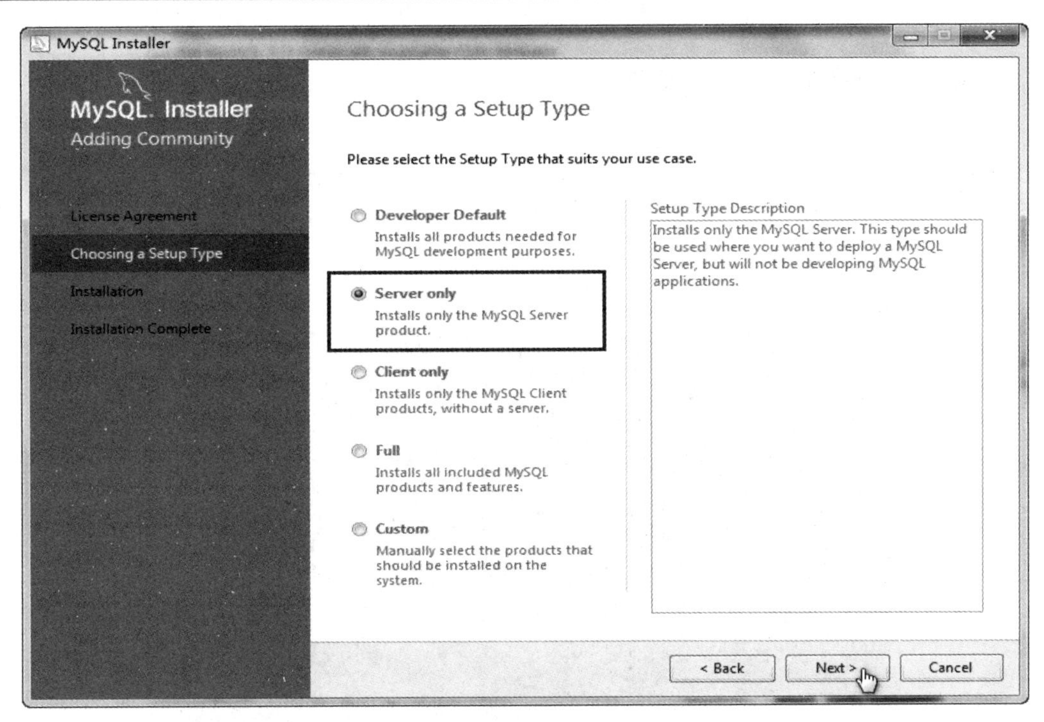

图 4.3　选择安装类型

4.2.3　设置环境变量

安装完成以后，默认的安装路径是 C:\Program Files\MySQL\MySQL Server 5.7\bin。下面设置环境变量，以便在任意目录下均可使用 MySQL 命令。右键单击，在弹出的快捷菜单中选择“计算机”→“属性”命令，打开控制面板。选择“高级系统设置”选项，在弹出的“系统属性”对话框中单击“环境变量”按钮，然后在打开的对话框中选择 PATH 变量，单击“编辑”按钮，将 C:\Program Files\MySQL\MySQL Server 5.7\bin 写在变量值中，如图 4.4 所示。

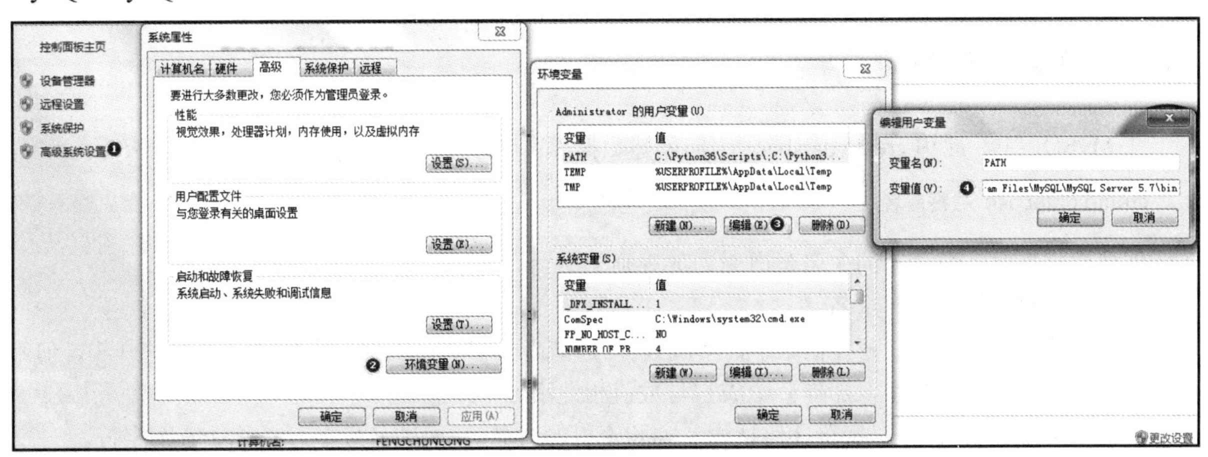

图 4.4　设置环境变量

4.2.4 启动和关闭 MySQL 服务

使用 MySQL 数据库前，需要先启动 MySQL。在 cmd 窗口中输入命令 net start mysql57，启动 MySQL 5.7，使用账户和密码进入 MySQL。输入命令 mysql -u root -p，将提示 Enter password:，输入密码 root，即可进入 MySQL，如图 4.5 所示。

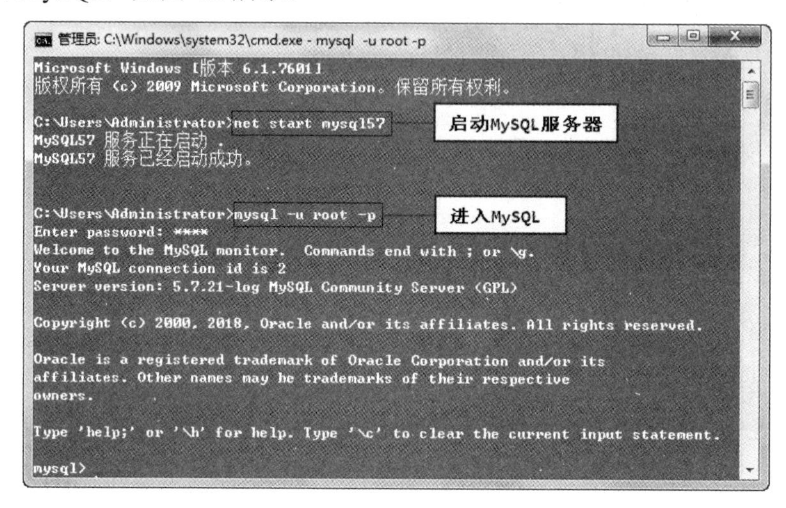

图 4.5　启动 MySQL

在 MySQL 控制台中输入 exit，可退出 MySQL 控制台。输入 net stop mysql57，可关闭 MySQL 服务。

4.3 操作 MySQL 数据库

针对 MySQL 数据库的操作可以分为创建、选择和删除 3 类，下面分别进行介绍。

4.3.1 创建数据库

在 MySQL 中，应用 create database 语句创建数据库。其语法格式如下：

```
create database 数据库名;
```

创建数据库时，数据库的命名要遵循如下规则。

- ☑ 不能与其他数据库重名。
- ☑ 名称可以是字母、阿拉伯数字，下画线（_）或者“$”。可以使用上述的任意字符开头，但不能使用单独的数字，那样会造成它与数值相混淆。
- ☑ 名称最长可为 64 个字符（包括表、列和索引的命名），而别名最多可长达 256 个字符。
- ☑ 不能使用 MySQL 关键字作为数据库及数据表名。

☑ 默认情况下，Windows 下数据库名、表名的字母大小写是不敏感的，而 Linux 下数据库名、表名的字母大小写是敏感的。为了便于数据库在平台间进行移植，建议读者采用小写字母来定义数据库名和表名。

下面通过 create database 语句创建一个名称为 db_userss 的数据库。在创建数据库时，首先连接 MySQL 服务器，然后编写“create database db_users;” SQL 语句，数据库创建成功，运行结果如图 4.6 所示。

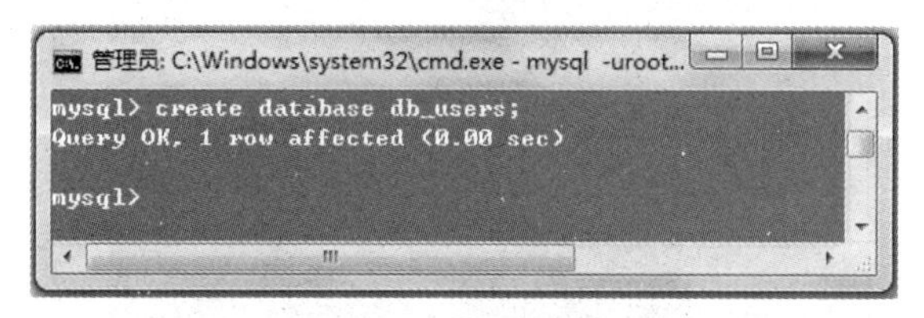

图 4.6　创建数据库

创建 db_users 数据库后，MySQL 管理系统会自动在 MySQL\data 目录下创建 db_users 数据库文件夹及相关文件，实现对该数据库的文件管理。

4.3.2　选择数据库

use 语句用于选择一个数据库，使其成为当前默认的数据库。其语法格式如下：

```
use 数据库名;
```

例如，选择名称为 db_usesr 的数据库，操作命令如图 4.7 所示。

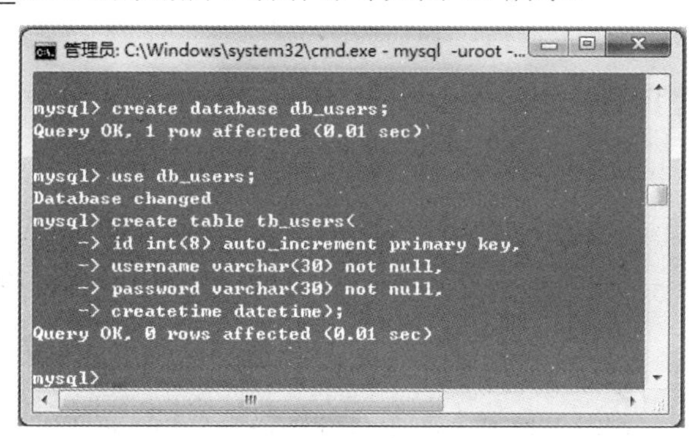

图 4.7　选择数据库

选择了 db_users 数据库之后，才可以操作该数据库中的所有对象。

4.3.3　查看数据库

数据库创建完成后，可以使用 show databases 命令查看 MySQL 数据库中所有已经存在的数据库。其语法格式如下：

```
show databases
```

例如，使用 show databases 命令显示本地 MySQL 数据库中所有存在的数据库名，如图 4.8 所示。

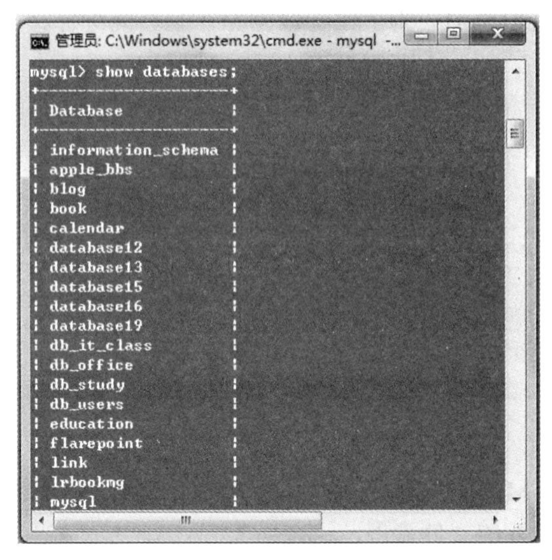

图 4.8　显示所有数据库名

注意

show databases 是复数形式，并且所有命令都以英文分号“;”结尾。

4.3.4　删除数据库

删除数据库使用的是 drop database 语句，语法格式如下：

```
drop database 数据库名;
```

例如，在 MySQL 命令窗口中使用“drop database db_userss;”SQL 语句即可删除 db_users 数据库，如图 4.9 所示。删除数据库后，MySQL 管理系统会自动删除 MySQL 安装目录下的\MySQL\data\db_users 目录及相关文件。

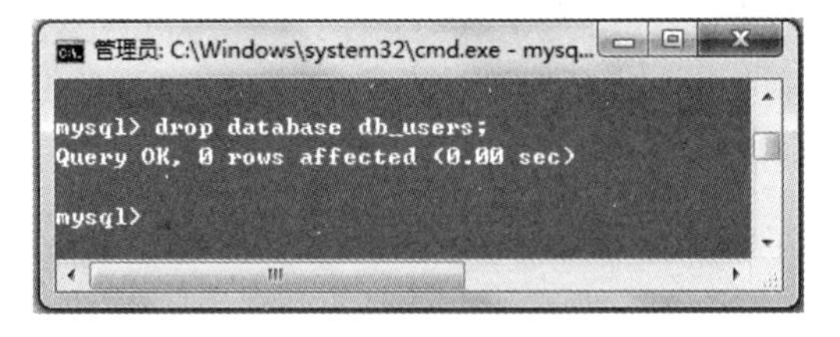

图 4.9　删除数据库

注意

删除数据库的操作应该谨慎使用。一旦执行这项操作，数据库的所有结构和数据都会被删除，没有恢复的可能，除非数据库有备份。

4.4　MySQL 数据类型

在 MySQL 数据库中，每一条数据都有其数据类型。MySQL 支持的数据类型主要分为 3 类：数字类型、字符串（字符）类型以及日期和时间类型。

4.4.1　数字类型

MySQL 支持的数字类型包括准确数字的数据类型（NUMERIC、DECIMAL、INTEGER 和 SMALLINT），还包括近似数字的数据类型（FLOAT、REAL 和 DOUBLE PRECISION）。其中，关键字 INT 是 INTEGER 的简写，关键字 DEC 是 DECIMAL 的简写。

一般来说，数字类型可以分成整型和浮点型两类，详细内容如表 4.1 和表 4.2 所示。

表 4.1　整数数据类型

数据类型	取值范围	说　明	单　位
TINYINT	有符号值：-128～127 无符号值：0～255	最小的整数	1 字节
SMALLINT	有符号值：-32768～32767 无符号值：0～65535	小型整数	2 字节
MEDIUMINT	有符号值：-8388608～8388607 无符号值：0～16777215	中型整数	3 字节
INT	有符号值：-2147483648～2147483647 无符号值：0～4294967295	标准整数	4 字节
BIGINT	有符号值：-9223372036854775808～9223372036854775807 无符号值：0～18446744073709551615	大整数	8 字节

表 4.2　浮点数据类型

数据类型	取值范围	说　明	单　位
FLOAT	与精度有关	单精度浮点数	8 字节或 4 字节
DOUBLE	与精度有关	双精度浮点数	8 字节
DECIMAL	可变	一般整数	自定义长度

说明

在创建表时，使用哪种数字类型，应遵循以下原则。

☑ 选择最小的可用类型，如果值永远不超过 127，则使用 TINYINT 要比使用 INT 好。

☑ 数据完全都是数字的，可以选择整数类型。

☑ 浮点类型用于可能具有小数部分的数。例如，货物单价、网上购物交付金额等。

4.4.2 字符串类型

字符串类型可以分为 3 类：普通的文本字符串类型（CHAR 和 VARCHAR）、可变类型（TEXT 和 BLOB）和特殊类型（SET 和 ENUM）。它们之间有一定的区别，取值的范围不同，应用的地方也不同。

1. 普通的文本字符串类型

普通的文本字符串类型，即 CHAR 和 VARCHAR 类型。CHAR 列的长度在创建表时指定，取值在 0～255；VARCHAR 列的值是变长的字符串，取值和 CHAR 一样，如表 4.3 所示。

表 4.3 普通的文本字符串类型

类　型	取 值 范 围	说　明
[national] char(M) [binary|ASCII|unicode]	0～255 个字符	固定长度为 M 的字符串，其中 M 的取值范围为 0～255。national 关键字指定了应该使用的默认字符集。binary 关键字指定了数据是否区分大小写（默认是区分大小写的）。ASCII 关键字指定了在该列中使用 latin1 字符集。unicode 关键字指定了使用 UCS 字符集
char	0～255 个字符	char(M)类似
[national] varchar(M) [binary]	0～65535 个字符	长度可变，其他和 char(M)类似

2. TEXT 和 BLOB 类型

其大小可以改变，TEXT 类型适合存储长文本，而 BLOB 类型适合存储二进制数据。支持任何数据，如文本、声音和图像等，其具体说明如表 4.4 所示。

表 4.4 TEXT 和 BLOB 类型

类　型	取 值 范 围	说　明
TINYBLOB	1～225	小 BLOB 字段
TINYTEXT	1～225	小 TEXT 字段
BLOB	1～65535	常规 BLOB 字段
TEXT	1～65535	常规 TEXT 字段
MEDIUMBLOB	1～16777215	中型 BLOB 字段
MEDIUMTEXT	1～16777215	中型 TEXT 字段
LONGBLOB	1～4294967295	长 BLOB 字段
LONGTEXT	1～4294967295	长 TEXT 字段

3. 特殊类型 SET 和 ENUM

特殊类型 SET 和 ENUM 的介绍如表 4.5 所示。

表 4.5 SET 和 ENUM 类型

类　型	最　大　值	说　明
Enum ("value1", "value2", …)	65535	该类型的列只可以容纳所列值之一或为 NULL
Set ("value1", "value2", …)	64	该类型的列可以容纳一组值或为 NULL

说明

在创建表时，使用哪种数字类型，应遵循以下原则。

☑ 从速度方面考虑，要选择固定的列，可以使用 CHAR 类型。
☑ 要节省空间，使用动态的列，可以使用 VARCHAR 类型。
☑ 要将列中的内容限制在一种选择，可以使用 ENUM 类型。
☑ 允许在一个列中有多于一个条目，可以使用 SET 类型。
☑ 如果要搜索的内容不区分大小写，可以使用 TEXT 类型。
☑ 如果要搜索的内容区分大小写，可以使用 BLOB 类型。

4.4.3　日期和时间类型

日期和时间类型包括 DATETIME、DATE、TIMESTAMP、TIME 和 YEAR。每种类型都有不同的取值范围，如赋予它一个不合法的值，将会被 0 代替。日期和时间数据类型的取值范围及说明如表 4.6 所示。

表 4.6　日期和时间数据类型

类　　型	取 值 范 围	说　　明
DATE	1000-01-01～9999-12-31	日期，格式为 YYYY-MM-DD
TIME	-838:59:59～838:59:59	时间，格式为 HH:MM:SS
DATETIME	1000-01-01 00:00:00～9999-12-31 23:59:59	日期和时间，格式为 YYYY-MM-DD HH:MM:SS
TIMESTAMP	1970-01-01 00:00:00～2037 年的某个时间	时间戳，在处理报告时使用的显示格式取决于 M 的值
YEAR	四位数字：1901～2155	年份，可指定两位数字或四位数字的格式

在 MySQL 中，日期的顺序是按照标准的 ANSISQL 格式进行输入的。

4.5　操作数据表

数据库创建完成后，即可在命令提示符下对数据库进行操作，如创建数据表、更改数据表结构以及删除数据表等。

4.5.1　创建数据表

MySQL 数据库中，可以使用 create table 命令创建数据表，语法格式如下：

```
create[TEMPORARY] table [IF NOT EXISTS] 数据表名
[(create_definition,…)][table_options] [select_statement]
```

create table 语句的参数说明如表 4.7 所示。

表 4.7　create table 语句的参数说明

参　　数	说　　明
TEMPORARY	如果使用该关键字，表示创建一个临时表
IF NOT EXISTS	该关键字用于避免表存在时 MySQL 报告的错误
create_definition	这是表的列属性部分。MySQL 要求在创建表时，表要至少包含一列
table_options	表的一些特性参数
select_statement	SELECT 语句描述部分，用它可以快速地创建表

下面介绍列属性 create_definition 的使用方法，每一列具体的定义格式如下：

```
col_name    type [NOT NULL | NULL] [DEFAULT default_value] [AUTO_INCREMENT]
            [PRIMARY KEY ] [reference_definition]
```

属性 create_definition 的参数说明如表 4.8 所示。

表 4.8　属性 create_definition 的参数说明

参　　数	说　　明
col_name	字段名
type	字段类型
NOT NULL | NULL	表示该列是否允许空值。注意，数据“0”和空格都不是空值。系统一般默认允许为空值，所以当不允许为空值时，必须使用 NOT NULL
DEFAULT default_value	表示默认值
AUTO_INCREMENT	表示是否是自动编号，每个表只能有一个 AUTO_INCREMENT 列，并且必须被索引
PRIMARY KEY	表示是否为主键。一个表只能有一个 PRIMARY KEY。如表中没有一个 PRIMARY KEY，而某些应用程序要求 PRIMARY KEY，MySQL 将返回第一个没有任何 NULL 列的 UNIQUE 键，作为 PRIMARY KEY
reference_definition	为字段添加注释

在实际应用中，使用 create table 命令创建数据表时，只需指定最基本的属性即可，语法格式如下：

```
create table table_name (列名 1  属性, 列名 2  属性  …);
```

例如，在命令提示符下应用 create table db_users 创建 db_users 数据库，然后使用 create table 命令在数据库 db_users 中创建一个名为 tb_users 的数据表，表中包括 id、user、pwd 和 createtime 等字段，实现过程如图 4.10 所示。

```
管理员: C:\Windows\system32\cmd.exe - mysql  -uroot -...
mysql> create database db_users;
Query OK, 1 row affected (0.01 sec)

mysql> use db_users;
Database changed
mysql> create table tb_users(
    -> id int(8) auto_increment primary key,
    -> username varchar(30) not null,
    -> password varchar(30) not null,
    -> createtime datetime);
Query OK, 0 rows affected (0.01 sec)

mysql>
```

图 4.10　创建 MySQL 数据表

说明

按 Enter 键即可换行，结尾为分号“;”表示该行语句结束。

4.5.2　查看表结构

成功创建数据表后，可以使用 show columns 命令

或 describe 命令查看指定数据表的表结构。下面分别对这两个语句进行介绍。

1．show columns 命令

show columns 命令的语法格式如下：

```
show [full] columns   from  数据表名  [from  数据库名];
```

或写成：

```
show   [full] columns   FROM  数据库名.数据表名;
```

例如，应用 show columns 命令查看数据表 tb_users 的表结构，如图 4.11 所示。

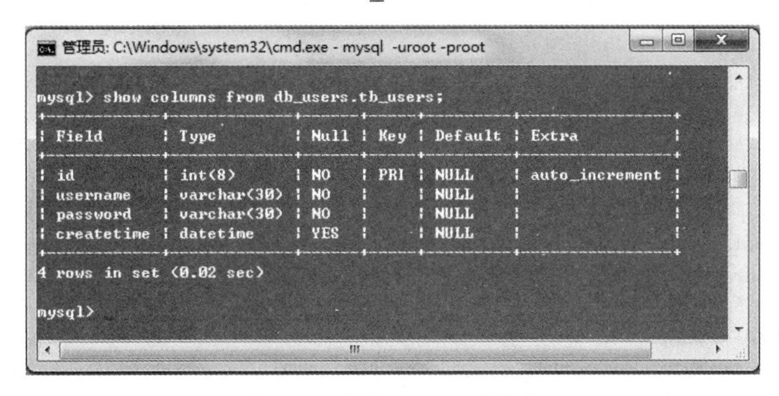

图 4.11　查看 tb_users 表结构

2．describe 命令

describe 命令的语法格式如下：

```
describe  数据表名;
```

其中，describe 可以简写为 desc。在查看表结构时，也可以只列出某一列的信息，语法格式如下：

```
describe  数据表名  列名;
```

例如，应用 describe 命令的简写形式查看数据表 tb_users 的某一列信息，如图 4.12 所示。

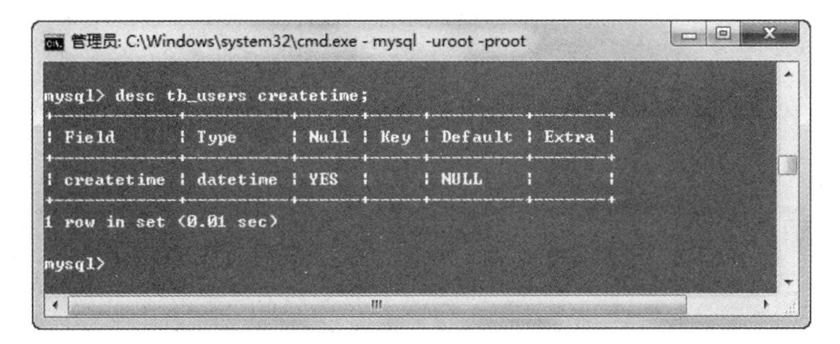

图 4.12　查看 tb_users 表 createtime 列的信息

4.5.3 修改表结构

修改表结构使用 alter table 命令。修改表结构指增加或者删除字段、修改字段名称或者字段类型、设置取消主键外键、设置取消索引以及修改表的注释等。

语法格式如下：

```
alter [IGNORE] table 数据表名 alter_spec[,alter_spec]...
```

注意，当指定 IGNORE 时，如果遇到唯一键出现重复的行时，则只执行一行，其他重复的行被删除。其中，alter_spec 子句用于定义要修改的内容，语法格式如下：

```
alter_specification:
    ADD [COLUMN] create_definition [FIRST | AFTER column_name ]          --添加新字段
  | ADD INDEX [index_name] (index_col_name,...)                          --添加索引名称
  | ADD PRIMARY KEY (index_col_name,...)                                 --添加主键名称
  | ADD UNIQUE [index_name] (index_col_name,...)                         --添加唯一索引
  | ALTER [COLUMN] col_name {SET DEFAULT literal | DROP DEFAULT}         --修改字段名称
  | CHANGE [COLUMN] old_col_name create_definition                       --修改字段类型
  | MODIFY [COLUMN] create_definition                                    --修改子句定义字段
  | DROP [COLUMN] col_name                                               --删除字段名称
  | DROP PRIMARY KEY                                                     --删除主键名称
  | DROP INDEX index_name                                                --删除索引名称
  | RENAME [AS] new_tbl_name                                             --更改表名
  | table_options
```

alter table 语句允许指定多个动作，动作间使用逗号分隔，每个动作表示对表的一个修改。

例如，向 tb_users 表中添加一个新的字段 address，类型为 varchar(60)，并且不为空值 not null，将字段 user name 的类型由 varchar(30)改为 varchar(50)，然后再用 show colume 命令查看修改后的表结构，如图 4.13 所示。

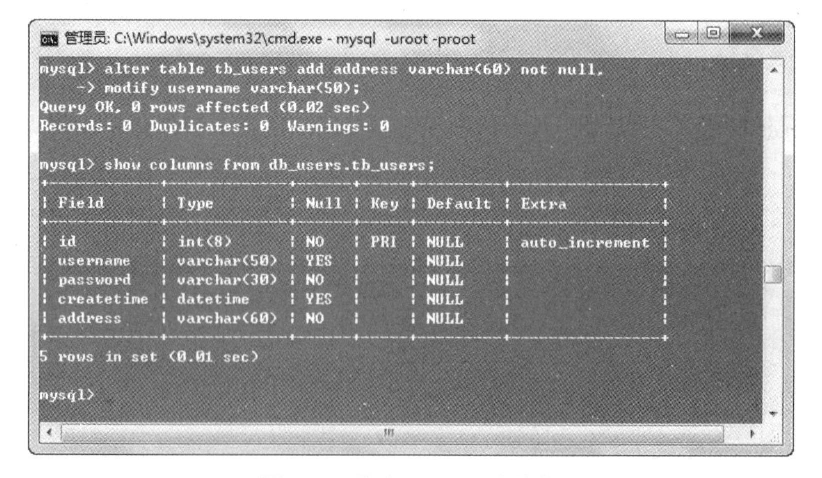

图 4.13 修改 tb_users 表结构

4.5.4　删除数据表

删除数据表的操作很简单，与删除数据库的操作类似，使用 drop table 命令即可实现。语法格式如下：

```
drop table 数据表名;
```

例如，在 MySQL 命令窗口中使用 SQL 语句“drop table tb_member;”即可删除 tb_member 数据表。删除数据表后，MySQL 管理系统会自动删除 D:\phpStudy\MySQL\data\db_member 目录下的表文件。

注意

删除数据表的操作应该谨慎使用。一旦删除了数据表，那么表中的数据将会全部清除，没有备份则无法恢复。

在删除数据表的过程中，如果删除一个不存在的表将会产生错误，这时在删除语句中加入 if exists 关键字就可避免出错。语法格式如下：

```
drop table if exists 数据表名;
```

注意

在对数据表进行操作之前，首先必须选择数据库，否则是无法对数据表进行操作的。

例如，先使用 drop table 语句删除一个 tb_user 表，查看提示信息，然后使用 drop table if exists 语句删除 tb_user 表。运行结果如图 4.14 所示。

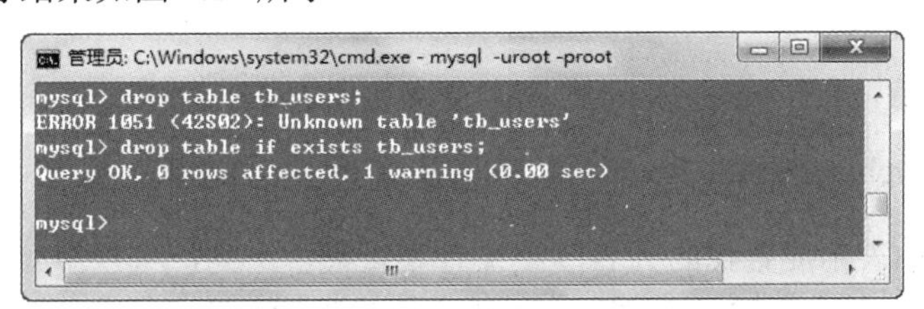

图 4.14　删除 tb_member 数据表

4.6　操作数据表记录

数据库中包含数据表，而数据表中包含数据。更多时候，操作最多的是数据表中的数据，因此如何更好地操作和使用这些数据才是使用 MySQL 数据库的重点。

向数据表中添加、查询、修改和删除记录可以在 MySQL 命令行中使用 SQL 语句完成。下面介绍如何在 MySQL 命令行中执行基本的 SQL 语句。

4.6.1　数据表记录的添加

建立一个空的数据库和数据表时，首先要想到的就是如何向数据表中添加数据。这项操作可以通过 insert 命令来实现。语法格式如下：

```
insert into 数据表名(column_name,column_name2, … ) values (value1, value2, … );
```

在 MySQL 中，一次可以同时插入多行记录，各行记录的值清单在 values 关键字后以逗号“,”分隔，而标准的 SQL 语句一次只能插入一行。

说明

值列表中的值应与字段列表中字段的个数和顺序相对应，值列表中值的数据类型必须与相应字段的数据类型保持一致。

例如，向用户信息表 tb_member 中插入一条数据信息，如图 4.15 所示。

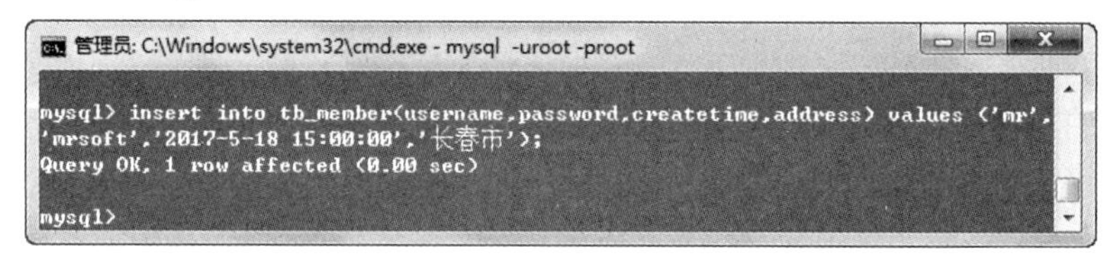

图 4.15 tb_member 表插入新记录

当向数据表中的所有列添加数据时，insert 语句中的字段列表可以省略，例如，

```
insert into tb_member values('2', '小明','xiaoming','2017-6-20 12:12:12','长春市');
```

4.6.2 数据表记录的查询

数据表中插入数据后，可以使用 select 命令来查询数据表中的数据。语法格式如下：

```
select selection_list  from 数据表名 where condition;
```

其中，selection_list 表示要查找的列名，如果有要查询多个列，可以用“,”隔开；如果查询所有列，可以用“*”代替。where 子句是可选的，如果给出该子句，将查询指定的记录。

例如，查询 tb_member 表中数据，运行结果如图 4.16 所示。

```
管理员: C:\Windows\system32\cmd.exe - mysql -uroot -proot
mysql> select * from tb_member;
+----+----------+----------+---------------------+---------+
| id | username | password | createtime          | address |
+----+----------+----------+---------------------+---------+
|  2 | 小明     | xiaoming | 2017-06-20 12:12:12 | 长春市  |
|  1 | mr       | mrsoft   | 2017-05-18 15:00:00 | 长春市  |
+----+----------+----------+---------------------+---------+
2 rows in set (0.00 sec)

mysql> select id,username from tb_member where id = 1;
+----+----------+
| id | username |
+----+----------+
|  1 | mr       |
+----+----------+
1 row in set (0.00 sec)

mysql>
```

图 4.16 select 查找数据

4.6.3　数据表记录的修改

要执行修改的操作，可以使用 update 命令，语法格式如下：

```
update 数据表名 set column_name = new_value1,column_name2 = new_value2, …where condition;
```

其中，set 子句指出要修改的列及其给定的值；where 子句是可选的，如果给出该子句，将指定记录中哪行应该被更新，否则所有的记录行都将被更新。

例如，将用户信息表 tb_member 中用户名为 mr 的管理员密码 mrsoft 修改为 mingrisoft，SQL 语句如下：

```
update tb_member set password='mingrisoft' where username='mr';
```

运行结果如图 4.17 所示。

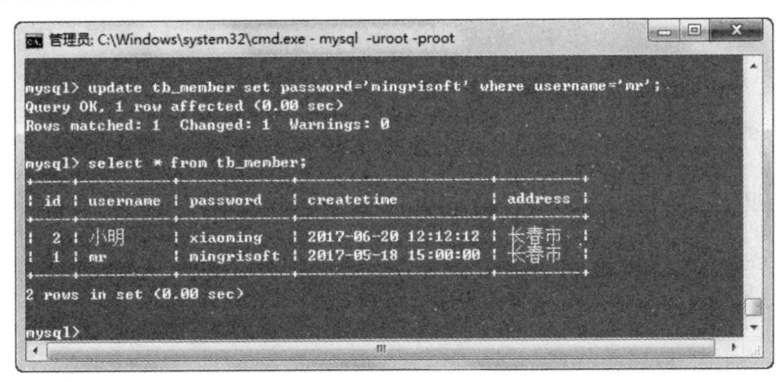

图 4.17　更改数据表记录

4.6.4　数据表记录的删除

在数据库中，如果有些数据已经失去意义或者是错误的，就需要将它们删除，此时可以使用 delete 命令。其语法格式如下：

```
delete from 数据表名 where condition;
```

注意

该语句在执行过程中，如果没有指定 where 条件，将删除所有的记录；如果指定了 where 条件，将按照指定的条件进行删除。

例如，删除用户信息表 tb_users 中用户名为 mr 的记录信息，SQL 语句如下：

```
delete from tb_member where username = 'mr';
```

删除后，使用 select 命令查看结果，运行结果如图 4.18 所示。

使用 delete 命令删除整个表时，效率并不高。使用 truncate 命令可以快速删除表中所有的内容。

```
管理员: C:\Windows\system32\cmd.exe - mysql  -uroot -proot
mysql> delete from tb_member where username = 'mr';
Query OK, 1 row affected (0.01 sec)

mysql> select * from tb_member;
+----+----------+----------+---------------------+---------+
| id | username | password | createtime          | address |
+----+----------+----------+---------------------+---------+
|  2 | 小明     | xiaoming | 2017-06-20 12:12:12 | 长春市  |
+----+----------+----------+---------------------+---------+
1 row in set (0.00 sec)

mysql> x
```

图 4.18　delete 命令删除记录

4.7　数据表记录的查询操作

对数据表的增、删、改、查操作中，最常用的就是查询操作。在 4.6.2 节中简单介绍了最基础的查询操作，实际应用中查询的条件要复杂得多。下面来看一下复杂的 select 语法。

```
select selection_list                    --要查询的内容，选择哪些列
from  数据表名                            --指定数据表
where primary_constraint                 --查询时需要满足的条件，行必须满足的条件
group by grouping_columns                --如何对结果进行分组
order by sorting_cloumns                 --如何对结果进行排序
having secondary_constraint              --查询时满足的第二条件
limit count                              --限定输出的查询结果
```

下面对它的参数进行详细的讲解。

1．selection_list

selection_list 用于设置查询内容。如果要查询表中的所有列，可以将其设置为“*”；如果要查询表中的某一列或多列，可直接输入列名，并以“,”为分隔符。例如，查询 tb_mrbook 数据表中所有列和查询 id、bookname 列的代码如下：

```
select * from tb_mrbook;                        #查询数据表中所有数据
select id,bookname from tb_mrbook;              #查询数据表中 id 和 bookname 列的数据
```

2．table_list

table_list 用于指定待查询的数据表，既可以从一个数据表中查询，也可以从多个数据表中查询。多个数据表之间用“,”进行分隔，并且在 where 子句中使用连接运算来确定表之间的联系。

例如，从 tb_mrbook 和 tb_bookinfo 数据表中查询“bookname='PHP 自学视频教程'”的 id 编号、书名、作者和价格，其代码如下：

```
select tb_mrbook.id,tb_mrbook.bookname,
    author,price from tb_mrbook,tb_bookinfo
    where tb_mrbook.bookname = tb_bookinfo.bookname
    and tb_bookinfo.bookname = 'python 自学视频教程';
```

在上面的 SQL 语句中，因为两个表都有 id 字段和 bookname 字段，为了告诉服务器要显示的是哪个表中的字段信息，要加上前缀。语法格式如下：

```
表名.字段名
```

“tb_mrbook.bookname = tb_bookinfo.bookname”将表 tb_mrbook 和 tb_bookinfo 连接起来，叫作等同连接；如果不使用“tb_mrbook.bookname = tb_bookinfo.bookname”，那么产生的结果将是两个表的笛卡儿积，此时叫作全连接。

多学两招

笛卡尔积，是指在数学中两个集合 X 和 Y 的直积，表示为 X×Y。第一个对象是 X 的成员，第二个对象是 Y 的所有可能有序对中的一个成员。

3．where 条件语句

在使用查询语句时，如要从很多的记录中查询出想要的记录，就需要一个查询的条件。只有设定了查询的条件，查询才有实际的意义。设定查询条件应用的是 where 子句。

where 子句的功能非常强大，通过它可以实现很多复杂的条件查询。在使用 where 子句时，需要使用一些比较运算符，常用的比较运算符如表 4.9 所示。

表 4.9　where 子句常用的比较运算符

字　段　名	默认值或绑定	默认值或绑定	默认值或绑定	默认值或绑定	描　　述
=	等于	id=10	is not null	n/a	id is not null
>	大于	id>10	between	n/a	id between1 and 10
<	小于	id<10	in	n/a	id in (4,5,6)
>=	大于等于	id>=10	not in	n/a	name not in (a,b)
<=	小于等于	id<=10	like	模式匹配	name like ('abc%')
!=或<>	不等于	id!=10	not like	模式匹配	name not like ('abc%')
is null	n/a	id is null	regexp	常规表达式	name 正则表达式

表 4.9 中列举的是 where 子句常用的比较运算符，示例中的 id 是记录的编号，name 是表中的用户名。

例如，应用 where 子句查询 tb_mrbook 表，条件是 type（类别）为 PHP 的所有图书，代码如下：

```
select * from tb_mrbook where type = 'PHP';
```

4．distinct 在结果中去除重复行

使用 distinct 关键字可以去除结果中重复的行。例如，查询 tb_mrbook 表，并在结果中去掉类型字段 type 中的重复数据，代码如下：

```
select distinct type from tb_mrbook;
```

5．order by 对结果排序

使用 order by 可以对查询的结果进行升序和降序排列。在默认情况下，order by 按升序输出结果。

如果要按降序排列，可以使用 desc 来实现。

对含有 null 值的列进行排序时，如果是按升序排列，null 值将出现在最前面；如果是按降序排列，null 值将出现在最后面。例如，查询 tb_mrbook 表中的所有信息，按照 id 进行降序排列，并且只显示 5 条记录。其代码如下：

```
select * from tb_mrbook order by id desc limit 5;
```

6. like 模糊查询

like 属于常用的比较运算符，通过它可以实现模糊查询。它有两种通配符："%"和下画线"_"。"%"可以匹配一个或多个字符，而"_"只匹配一个字符。例如，查找所有书名（bookname 字段）包含 PHP 的图书，代码如下：

```
select * from tb_mrbook where bookname like('%PHP%');
```

说明

无论是一个英文字符还是中文字符，都算作一个字符。在这一点上，英文字母和中文没有什么区别。

7. concat 联合多列

使用 concat 函数可以联合多个字段，构成一个总的字符串。例如，把 tb_mrbook 表中的书名（bookname）和价格（price）合并到一起，构成一个新的字符串，代码如下：

```
select id,concat(bookname,":",price) as info,type from tb_mrbook;
```

其中，合并后的字段名为 concat 函数形成的表达式"bookname:price"，看上去十分复杂，通过 AS 关键字给合并字段取一个别名，这样看上去就更加清晰了。

8. limit 限定结果行数

limit 子句可以对查询结果的记录条数进行限定，控制它输出的行数。例如，查询 tb_mrbook 表，按照图书价格升序排列，显示 10 条记录，代码如下：

```
select * from tb_mrbook order by price asc limit 10;
```

使用 limit 还可以从查询结果的中间部分取值。首先要定义两个参数，参数 1 是开始读取的第一条记录的编号（在查询结果中，第一个结果的记录编号是 0，而不是 1）；参数 2 是要查询的记录个数。

例如，查询 tb_mrbook 表，从第 3 条记录开始，查询 6 条记录，代码如下：

```
select * from tb_mrbook limit 2,6;
```

9. 使用函数和表达式

在 MySQL 中，还可以使用表达式来计算各列的值，作为输出结果。表达式中还可以包含一些函数。

例如，计算 tb_mrbook 表中各类图书的总价格，代码如下：

```
select sum(price) as totalprice,type from tb_mrbook group by type;
```

在对 MySQL 数据库进行操作时，有时需要对数据库中的记录进行统计，例如求平均值、最小值、最大值等，这时可以使用 MySQL 中的统计函数，其常用的统计函数如表 4.10 所示。

表 4.10　MySQL 中常用的统计函数

名　称	说　明
avg(字段名)	获取指定列的平均值
count(字段名)	如指定了一个字段，则会统计出该字段中的非空记录。如在前面增加 DISTINCT，则会统计不同值的记录，相同的值当作一条记录。如使用 count(*)，则统计包含空值的所有记录数
min(字段名)	获取指定字段的最小值
max(字段名)	获取指定字段的最大值
std(字段名)	指定字段的标准背离值
stdtev(字段名)	与 std 相同
sum(字段名)	获取指定字段所有记录的总和

除了使用函数之外，还可以使用算术运算符、字符串运算符以及逻辑运算符来构成表达式。例如，可以计算图书打九折之后的价格，代码如下：

```
select *, (price * 0.9) as '90%' from tb_mrbook;
```

10．group by 对结果分组

通过 group by 子句可以将数据划分到不同的组中，实现对记录进行分组查询。在查询时，所查询的列必须包含在分组的列中，目的是使查询到的数据没有矛盾。在与 avg()函数或 sum()函数一起使用时，group by 子句能发挥最大作用。

例如，查询 tb_mrbook 表，按照 type 进行分组，求每类图书的平均价格，代码如下：

```
select avg(price),type from tb_mrbook group by type;
```

11．使用 having 子句设定第二个查询条件

having 子句通常和 group by 子句一起使用。在对数据结果进行分组查询和统计之后，还可以使用 having 子句来对查询的结果进行进一步的筛选。having 子句和 where 子句都用于指定查询条件，不同的是 where 子句在分组查询之前应用，而 having 子句在分组查询之后应用，而且 having 子句中还可以包含统计函数。例如，计算 tb_mrbook 表中各类图书的平均价格，并筛选出图书平均价格大于 60 的记录，代码如下：

```
select avg(price),type from tb_mrbook group by type having avg(price)>60;
```

4.8　使用 Python 操作 MySQL

4.8.1　下载 PyMySQL

MySQL 服务器以独立的进程运行，并通过网络对外服务，所以需要支持 Python 的 MySQL 驱动来连接到 MySQL 服务器。在 Python 中支持 MySQL 的数据库模块有很多，我们选择使用 PyMySQL。

PyMySQL 的安装比较简单，在 cmd 中运行如下命令：

```
pip install PyMySQL
```

运行结果如图 4.19 所示。

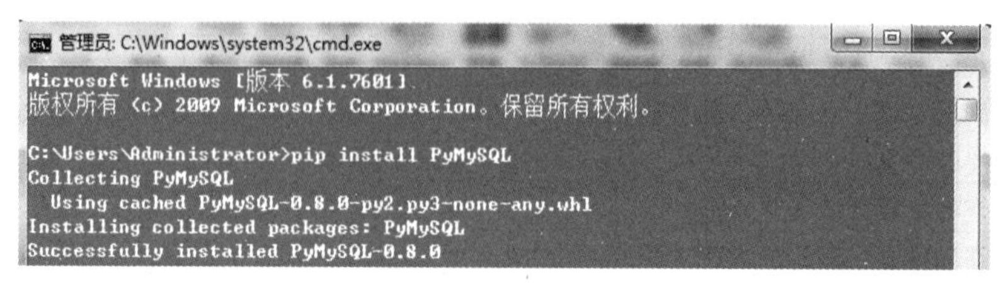

图 4.19　安装 PyMySQL

4.8.2　连接对象

1．获取连接对象

使用数据库之前需要先来连接数据库。成功连接数据库后会获取连接对象。示例代码如下：

```
01  import pymysql
02
03  try:
04      connection = pymysql.connect(
05          host = 'localhost',                         #主机名
06          user = 'root',                              #数据库用户名
07          password = 'root',                          #数据库密码
08          db = 'mrsoft',                              #数据库名
09          charset = 'utf8',                           #字符集编码
10          cursorclass = pymysql.cursors.DictCursor    #游标类型
11      )
12      print(connection)
13  except Exception as e:
14      print(e)
```

如果连接数据库参数正确，运行成功后输出结果如下：

```
<pymysql.connections.Connection object at 0x103a59990>
```

2．连接对象的常用方法

成功连接数据库后，会获取连接对象。连接对象有非常多的方法，最常用的方法如表 4.11 所示。

表 4.11　连接对象的常用方法

方　法	说　明
cursor()	获取游标对象，操作数据库，如执行 DML 操作、调用存储过程等
commit()	提交事务
rollback()	回滚事务
close()	关闭数据库连接

4.8.3　游标对象

1．获取游标对象

连接 MySQL 数据库以后，可以使用游标对象实现 Python 对 MySQL 数据库的操作。通过连接对象的 cursor 方法可以获取游标对象。示例代码如下：

```
cursor = connection.cursor()
```

说明

connection 是连接对象。

2．游标对象的常用方法

通过连接对象的 cursor 方法获取到游标对象，游标对象有非常多的方法，其中最常用的方法如表 4.12 所示。

表 4.12　游标对象的常用方法

方　　法	说　　明
execute(operation[, parameters])	执行数据库操作，SQL 语句或者数据库命令
executemany(operation, seq_of_params)	用于批量操作，如批量更新
fetchone()	获取查询结果集中的下一条记录
fetchmany(size)	获取指定数量的记录
fetchall()	获取结构集的所有记录
close()	关闭当前游标

3．基本操作流程

Python 操作 MySQL 数据库的形式有很多，例如创建数据库、创建数据表、对数据进行增删改查等，但是基本流程是一致的，如图 4.20 所示。

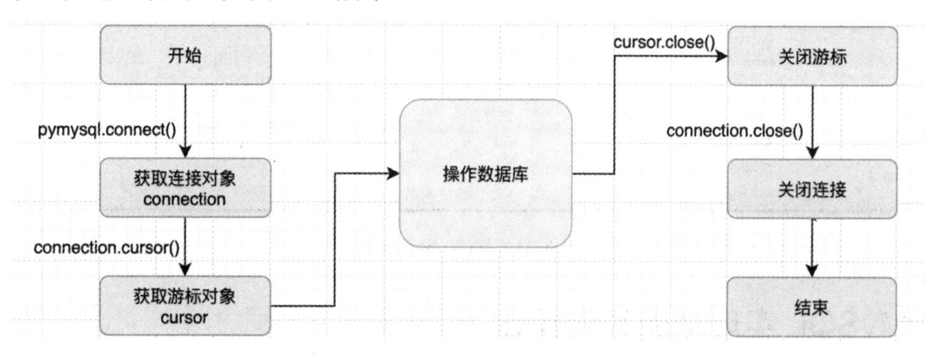

图 4.20　MySQL 数据库基本操作流程

【例 4.1】　向 mrsoft 数据库中添加 books 图书表。（**实例位置：资源包\Code\04\01**）

创建 mrsoft 数据库，编写 Python 程序向 mrsoft 数据库中添加 books 数据表，代码如下：

```
01  import pymysql
02  connectiont = pymysql.connect(
03      host = 'localhost',                          #主机名
04      user = 'root',                               #数据库用户名
05      password = 'andy123456',                     #数据库密码
06      db = 'mrsoft',                               #数据库名
07      charset = 'utf8',                            #字符集编码
08      cursorclass = pymysql.cursors.DictCursor     #游标类型
09  )
10
11  # SQL 语句
12  sql = """
13  CREATE TABLE books (
14  id int NOT NULL AUTO_INCREMENT,
15  name varchar(255) NOT NULL,
16  category varchar(50) NOT NULL,
17  price decimal(10,2) DEFAULT '0',
18  publish_time date DEFAULT NULL,
19  PRIMARY KEY (id)
20  ) ENGINE=InnoDB AUTO_INCREMENT=1 DEFAULT CHARSET=utf8mb4 COLLATE=utf8mb4_0900_ai_ci;
21  """
22  cursor = connectiont.cursor()                    #获取游标对象
23  cursor.execute(sql)                              #执行 SQL 语句
24  cursor.close()                                   #关闭游标
25  connectiont.close()                              #关闭连接
```

注意

先关闭游标，最后关闭连接。也可以使用 with 语句省略关闭游标操作。

运行结果如图 4.21 所示。

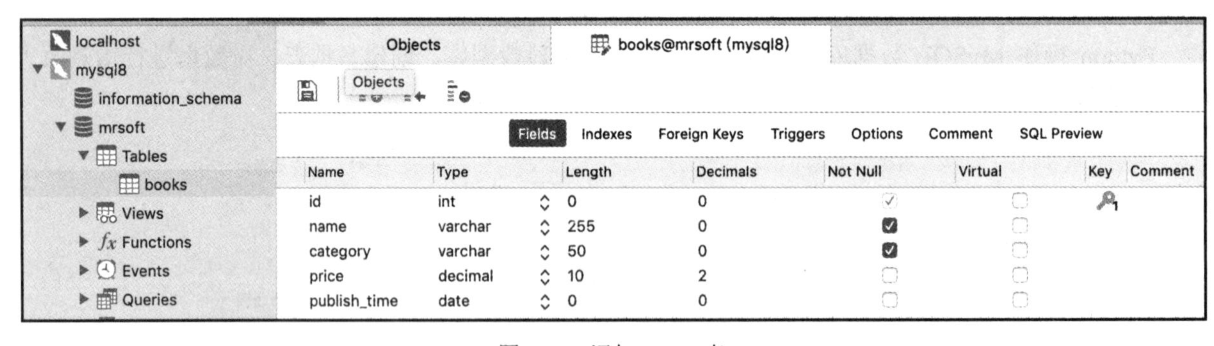

图 4.21 添加 books 表

4.8.4 PyMySQL 实现增删改查操作

1. 新增、修改和删除操作

对于新增、修改和删除操作，使用 cursor.execute()执行 SQL 语句后，默认不会自动提交，需要使

用 cursor.commit()函数进行提交。例如，向 books 表中新增一条图书信息，代码如下：

```
01  sql = 'insert into books(name,category,price,publish_time) values(
02          "零基础学 Python","Python","79.80","2018-04-01")'
03  cursor = connectiont.cursor()                          #获取游标对象
04  cursor.execute(sql)                                    #执行 SQL 语句
05  cursor.commit()                                        #提交数据
06  cursor.close()                                         #关闭游标
```

【例 4.2】　向 books 图书表添加图书数据。（**实例位置：资源包\Code\04\02**）

在向 books 图书表中插入图书数据时，可以使用 excute()方法添加一条记录，也可以使用 executemany()方法批量添加多条记录。executemany()方法的语法格式如下：

```
executemany(operation, seq_of_params)
```

☑ operation：操作的 SQL 语句。

☑ seq_of_params：参数序列。

executemany()方法批量添加多条记录的具体代码如下：

```
01  import pymysql
02
03  #打开数据库连接
04  db = pymysql.connect("localhost", "root", "root", "mrsoft",charset="utf8")
05  #使用 cursor()方法获取操作游标
06  cursor = db.cursor()
07  #数据列表
08  data = [("零基础学 Python",'Python','79.80','2018-5-20'),
09          ("Python 从入门到精通",'Python','69.80','2018-6-18'),
10          ("零基础学 PHP",'PHP','69.80','2017-5-21'),
11          ("PHP 项目开发实战入门",'PHP','79.80','2016-5-21'),
12          ("零基础学 Java",'Java','69.80','2017-5-21'),
13          ]
14  try:
15      #执行 SQL 语句，插入多条数据
16      cursor.executemany("insert into books(name, category, price,
17                          publish_time) values (%s,%s,%s,%s)", data)
18      #提交数据
19      db.commit()
20  except:
21      #发生错误时回滚
22      db.rollback()
23
24  #关闭数据库连接
25  db.close()
```

上述代码中，特别注意以下几点。

☑ 使用 connect()方法连接数据库时，需要额外设置字符集 charset=utf-8，可以防止插入中文时出错。

☑ 使用 insert 语句插入数据时，使用%s 作为占位符，可以防止 SQL 注入。

运行上述代码，在可视化图形软件 Navicat 中查看 books 表数据，如图 4.22 所示。

id	name	category	price	publish_time
1	零基础学Python	Python	79.80	2018-05-20
2	Python从入门到精通	Python	69.80	2018-06-18
3	零基础学PHP	PHP	69.80	2017-05-21
4	PHP项目开发实战入门	PHP	79.80	2016-05-21
5	零基础学Java	Java	69.80	2017-05-21

图 4.22　books 表数据

2. 查询操作

对于查询操作，执行 select 查询 SQL 语句生成一个结果集，需要使用 fetchone()或 fetchmany()或 fetchall()方法来获取记录。

【例 4.3】　从 books 图书表中根据价格由低到高筛选 3 条数据。（**实例位置：资源包\Code\04\03**）

使用 order by 可以实现排序功能，使用 limit 可以设置筛选数量。所以，从 books 图书表中根据价格由低到高筛选 3 条数据，可以使用如下 SQL 语句：

```
select * from books order by price
```

要获取多条记录，可以使用 cursor.fetch_all()方法，具体代码如下：

```
01  import pymysql
02
03  connectiont = pymysql.connect(
04      host = 'localhost',                              #主机名
05      user = 'root',                                   #数据库用户名
06      password = 'root',                               #数据库密码
07      db = 'mrsoft',                                   #数据库名
08      charset = 'utf8',                                #字符集编码
09      cursorclass = pymysql.cursors.DictCursor         #游标类型
10  )
11
12  # SQL 语句
13  sql = 'select * from books order by price '
14  with connectiont.cursor() as cursor:
15      cursor.execute(sql)                              #执行 SQL 语句
16      data = cursor.fetchall()                         #获取全部数据
17
18  #遍历图书数据
19  for book in data:
20      print(f'图书:{book["name"]},价格:{book["price"]}')
21
22  connectiont.close()                                  #关闭连接
```

运行结果如下：

```
图书:Python 从入门到精通,价格:69.80
图书:零基础学 PHP,价格:69.80
图书:零基础学 Java,价格:69.80
图书:零基础学 Python,价格:79.80
图书:PHP 项目开发实战入门,价格:79.80
```

4.9　ORM 编程

4.9.1　认识 ORM

对象关系映射（Object Relational Mapping，ORM）是一种程序设计技术，用于实现面向对象编程语言里不同类型系统的数据之间的转换。从效果上说，它其实是创建了一个可在编程语言里使用的“虚拟对象数据库”。ORM 模型如图 4.23 所示。

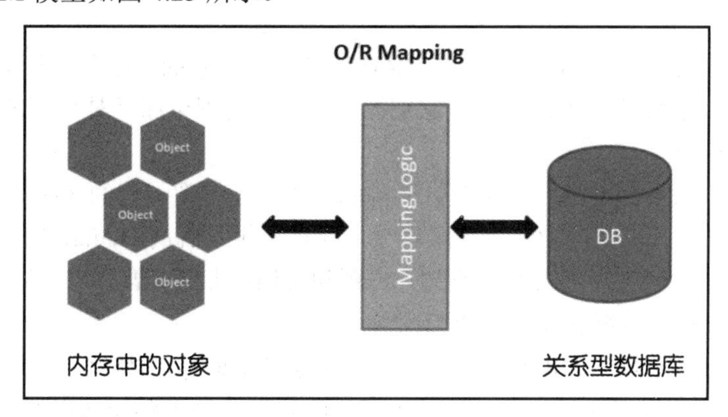

图 4.23　ORM 模型

面向对象是在软件工程的基本原则（如耦合、聚合、封装）基础上发展起来的，而关系数据库则是从数学理论发展而来的，两套理论存在显著的区别。为了解决这个不匹配问题，ORM 技术应运而生。

ORM 把数据库映射成对象。数据库和对象的映射关系如下。

☑　数据表（table）→类（class）。

☑　数据行（record，也称为记录）→对象（object）。

☑　字段（field）→对象的属性（attribute）。

举例来说，下面是使用面向对象的方式执行 SQL 语句：

```
01　sql = 'select * from books order by price'
02　cursor.execute(sql)
03　data = cursor.fetchall()
```

改成 ORM 的示例写法如下：

```
data = Book.query.all()
```

从上面的对比中可以发现，ORM 使用对象的方式封装了数据库操作，因此可以不用去了解 SQL

语句。开发者只使用面向对象编程，与数据对象直接交互，而不用关心底层数据库如何实现。

总结起来，ORM 有下面一些优点。

☑ 数据模型都在一个地方定义，更容易更新和维护，也利于重用代码。
☑ ORM 有现成的工具，很多功能都可以自动完成，如数据消毒、预处理、事务等。
☑ 它迫使你使用 MVC 架构，ORM 就是天然的 Model，最终使代码更清晰。
☑ 基于 ORM 的业务代码比较简单，代码量少，语义性好，容易理解。
☑ 不必编写性能不佳的 SQL。

但是，ORM 也有一些很突出的缺点。

☑ ORM 库不是轻量级工具，需要花很多精力去学习和设置。
☑ 对于复杂的查询，ORM 要么是无法表达，要么是性能不如原生的 SQL。
☑ ORM 抽象掉了数据库层，开发者无法了解底层的数据库操作，也无法定制一些特殊的 SQL。

4.9.2 常用的 ORM 库

Python 中提供了非常多的 ORM 库，一些 ORM 库是框架特有的，还有一些是通用的第三方包。虽然每个 ORM 库的应用领域稍有不同，但是它们操作数据库的理论原理是相同的。下面列举了一下常用的 Python ORM 框架。

☑ Django ORM：Django 是一个免费、开源的应用程序框架，它的 ORM 是框架内置的。由于 Django 的 ORM 和框架本身结合太紧密了，所以不推荐脱离 Django 框架使用它。
☑ SQLAlchemy：一个成熟的 ORM 框架，资源和文档都非常丰富，大多数 Python Web 框架对其都有很好的支持，能够胜任大多数应用场合。
☑ Peewee：一个轻量级的 ORM。Peewee 基于 SQLAlchemy 内核开发，整个框架由一个文件构成。Peewee 更关注极简主义，具备简单的 API 以及容易理解和使用的函数库。
☑ Storm：一个中型的 ORM 库。它允许开发者跨数据库构建复杂的查询语句，从而支持动态地存储或检索信息。

4.10 小　　结

本章内容主要分为 3 部分，第 1 部分介绍 MySQL 数据相关知识，包括下载安装 MySQL 数据库、操作数据库、操作数据表等内容；第 2 部分介绍如何使用 Python 操作 MySQL 数据库，包括下载 PyMySQL 包，以及使用 MySQL 实现基本的增删改查操作；第 3 部分介绍 ORM 编程技术，为后续在框架中操作数据库内容做准备。通过本章的学习，读者将学会 MySQL 的基本使用，以及通过 Python 操作 MySQL 的相关技术。

第 5 章

Web 框架基础

由于 Python 简单易懂，可维护性强，所以越来越多的互联网公司使用 Python 进行 Web 开发，如豆瓣、知乎等网站。本章将介绍 Web 框架基础、常用的 Python Web 框架、开发环境准备以及 Web 框架的云服务部署等内容。

5.1 Web 框架简介

5.1.1 什么是 Web 框架

Web 框架是用来简化 Web 开发的软件框架。事实上，框架并不是什么新技术，它只是一些能够实现常用功能的 Python 文件。可以把框架看作是一系列工具的集合，其存在是为了避免重新发明“轮子”，以在创建新项目时减少开发成本。

一个典型的框架，通常会提供如下常用功能。

☑ 管理路由。

☑ 支持数据库。

☑ 支持 MVC。

☑ 支持 ORM。

☑ 支持模板引擎。

☑ 管理会话和 Cookies。

5.1.2 什么是 MVC

MVC（Model View Controller）早在 1978 年就作为 Smalltalk 的一种设计模式被提出来，并应用到了 Web 应用上。Model（模型）用于封装与业务逻辑相关的数据和数据处理方法，View（视图）是数据的 HTML 展现，Controller（控制器）负责响应请求，协调 Model 和 View。将 Model、View 和 Controller 分开，是一种典型的关注点分离的思想，不仅使代码复用性和组织性更好，还使得 Web 应用的配置性和灵活性更好。常见的 MVC 模式如图 5.1 所示。

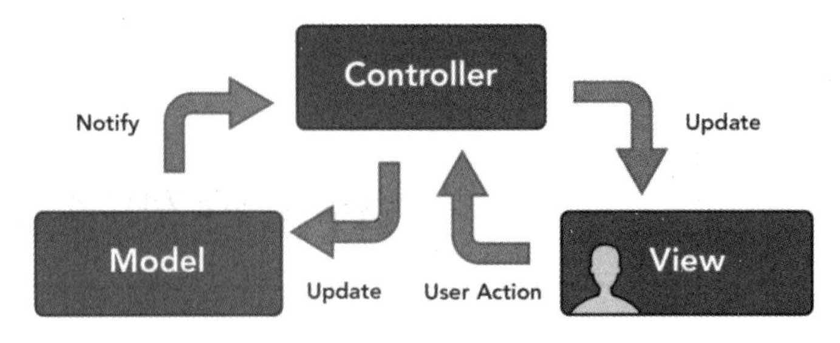

图 5.1 MVC 模式示意图

5.1.3 什么是 ORM

4.9.1 节中介绍过，ORM 是随着面向对象的软件开发方法发展而产生的。面向对象的开发方法是当今企业级应用开发环境中的主流开发方法，关系型数据库是企业级应用环境中永久存放数据的主流数据存储系统。对象和关系数据是业务实体的两种表现形式，业务实体在内存中表现为对象，在数据库中表现为关系数据。内存中的对象之间存在关联和继承关系，而在数据库中，关系数据无法直接表达多对多关联和继承关系。因此，ORM 系统一般以中间件的形式存在，主要实现程序对象到关系型数据库数据的映射。ORM 与数据库的对应关系如图 5.2 所示。

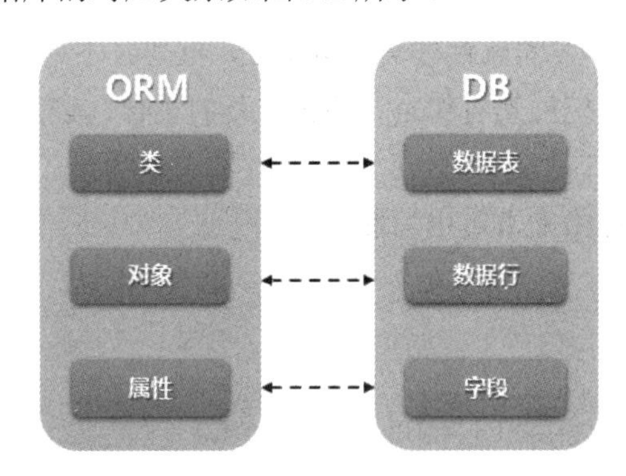

图 5.2 ORM 与数据库的对应关系

5.1.4 什么是模板引擎

模板引擎是为了使用户界面与业务数据（内容）分离而产生的，它可以生成特定格式的文档，用于网站的模板引擎一般生成一个标准的 HTML 文档。Python 很多 Web 框架都内置了模板引擎，使用了模板引擎可以在 HTML 页面中使用变量，例如：

```
01 <html>
02 <head>
03 <title>{{title}}</title>
04 </head>
05 <body>
06 <h1>Hello,{{username}}!</h1>
```

```
07    </body>
08    </html>
```

上述代码中的{{}}变量会被替换成变量值，这就可以让程序实现界面与数据相分离，业务代码与逻辑代码相分离，从而大大提升开发效率，良好的设计也使得代码重用变得更加容易。

5.2　常用的 Python Web 框架

第 3 章中我们学习了 WSGI（服务器网关接口），它是 Web 服务器和 Web 应用程序或框架之间的一种简单而通用的接口。也就是说，只要遵循 WSGI 接口规则，就可以自主开发 Web 框架。市面上现存的各种开源 Web 框架至少有上百个，关于 Python 框架优劣的讨论也仍在继续。作为初学者，应该选择一些主流的框架来学习使用。这是因为主流框架文档齐全，技术积累较多，社区繁盛，并且能得到更好的支持。下面介绍几种主流的 Python Web 框架。

1．Django

这可能是最广为人知、使用也最广泛的 Python Web 框架了。Django 拥有世界上最大的社区，最多的包。它的文档非常完善，并且提供了一站式的解决方案，包括缓存、ORM、管理后台、验证、表单处理等，使得开发复杂的由数据库驱动的网站变得简单。但是，Django 系统耦合度较高，替换掉内置的功能比较麻烦，所以学习曲线也相当陡峭。

2．Flask

Flask 是一个轻量级 Web 应用框架。它的名字暗示了它的含义，基本上就是一个微型的胶水框架。它把 Werkzeug 和 Jinja 粘合在了一起，所以很容易被扩展。Flask 有许多的扩展可以使用，同时也有一群忠诚的粉丝和不断增加的用户群。它有一份很完善的文档，甚至还有一份唾手可得的常见范例。Flask 很容易使用，只需要几行代码就可以写出来一个“HelloWorld”。

3．Tornado

Tornado 不单单是个框架，还是个 Web 服务器。它一开始是给 FriendFeed 开发的，2009 年时开始给 Facebook 使用。它是为了解决实时服务而诞生的。为了做到这一点，Tornado 使用了异步非阻塞 IO，所以它的运行速度非常快。

4．FastAPI

FastAPI 是一个现代的快速（高性能）Python Web 框架。它基于标准的 Python 类型提示，使用 Python 5.6+构建 API。FastAPI 使用了类型提示，能够减少开发人员容易引发的错误。此外，FastAPI 可以自动生成 API 文档，编写 API 接口后，可以使用符合标准的 UI 如 Swagger UI、ReDoc 等来使用 API。

以上 4 种框架各有优劣，使用时需要根据自身的应用场景选择适合自己的 Web 框架。在后面的章节中，会详细介绍每一个框架的使用方法。

5.3 准备开发环境

5.3.1 创建虚拟环境

1. 为什么要使用虚拟环境

创建项目时，经常会用到第三方包和模块，且这些包和模块会随时间的增加而变更版本。例如，我们在创建第 1 个应用程序时，使用的框架是 Django 1.0。当开发第 2 个应用程序时，Django 版本已经升级到 2.0，这意味着一个 Python 安装可能无法满足每个应用程序的要求。这就导致需求存在冲突，无论安装版本 1.0 或 2.0，都将导致某一个应用程序无法运行。

如何解决这种问题呢？Python 提供的解决方案就是创建多个虚拟环境（Virtual Environment）。一个虚拟环境就是一个目录树，其中安装有特定的 Python 版本，以及许多其他包。

对于不同的应用可以使用不同的虚拟环境，这样就可以解决需求相冲突的情况。例如，应用程序 A 使用安装了 1.0 版本的虚拟环境，而应用程序 B 使用安装了 2.0 版本的另一个虚拟环境。如果应用程序 B 要求将某个库升级到 5.0 版本，也不会影响应用程序 A 的环境。多个虚拟环境的使用如图 5.3 所示。

2. 安装 Virtualenv

Virtualenv 的安装非常简单，可以使用如下命令进行安装。

```
pip install virtualenv
```

安装完成后，可以使用如下命令检测 Virtualenv 版本。

```
virtualenv --version
```

如果运行效果如图 5.4 所示，则说明安装成功。

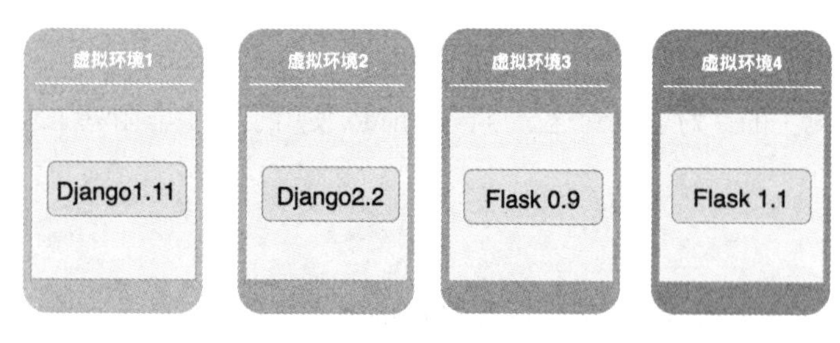

图 5.3 安装多个虚拟环境

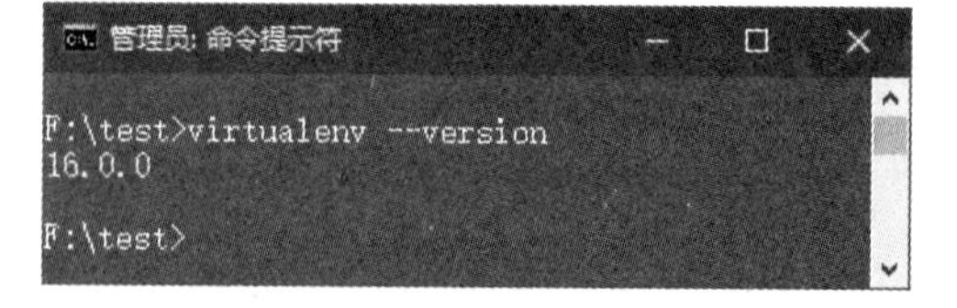

图 5.4 查看 Virtualenv 版本

3. 创建虚拟环境

下一步是使用 Virtualenv 命令创建 Python 虚拟环境。这个命令只有一个必需的参数，即虚拟环境

的名字。按照惯例，一般虚拟环境会被命名为 venv。运行如下命令，如图 5.5 所示。

```
virtualenv  venv
```

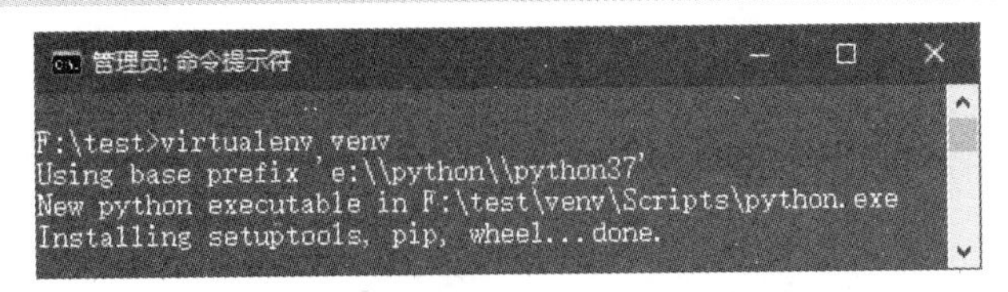

图 5.5　创建 venv 虚拟环境

运行完成后，在运行的目录下会新增一个 venv 文件夹，保存了一个全新的虚拟环境，目录结构如图 5.6 所示。

4．激活和关闭虚拟环境

在使用这个虚拟环境之前，需要先将其激活。不同的操作系统，激活 venv 虚拟环境的命令不同。Windows 系统下激活虚拟环境的命令如下：

```
venv\Scripts\activate
```

MacOS 或 Linux 系统下激活虚拟环境的命令如下：

```
source venv/bin/activate
```

激活成功后，会在命令行提示符前面新增“(venv)”标志，如图 5.7 所示。

使用完成后，可以使用 deactivate 命令关闭虚拟环境，如图 5.8 所示。

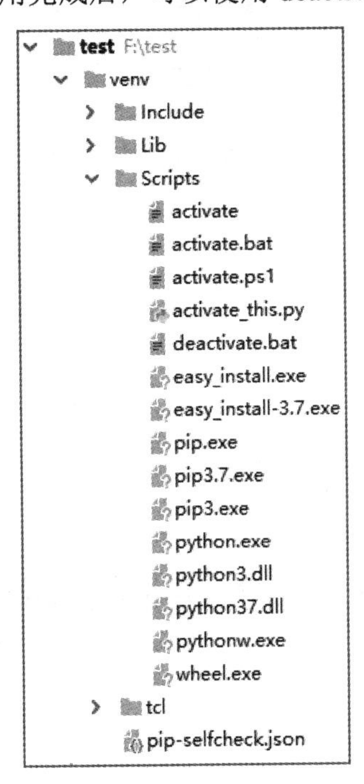

图 5.6　创建虚拟环境

图 5.7　激活虚拟环境后效果（1）

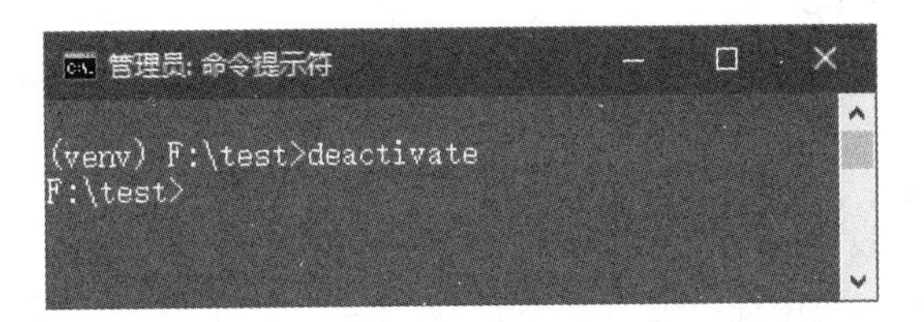

图 5.8　激活虚拟环境后效果（2）

5.3.2 使用 pip 包管理工具

Web 开发过程中，除了可以使用 Python 内置的标准模块外，还需要使用很多的第三方模块。Python 提供了 pip 工具用来下载和管理第三方包。可以使用如下命令来检测是否可以使用 pip 工具。

```
pip --version
```

运行结果如图 5.9 所示，则表示可以使用 pip 工具。

图 5.9 查看 pip 版本

1. 安装包

pip 使用如下命令安装包。

```
pip install 包名
```

例如，使用 pip 安装 beautifultable 模块，如图 5.10 所示。

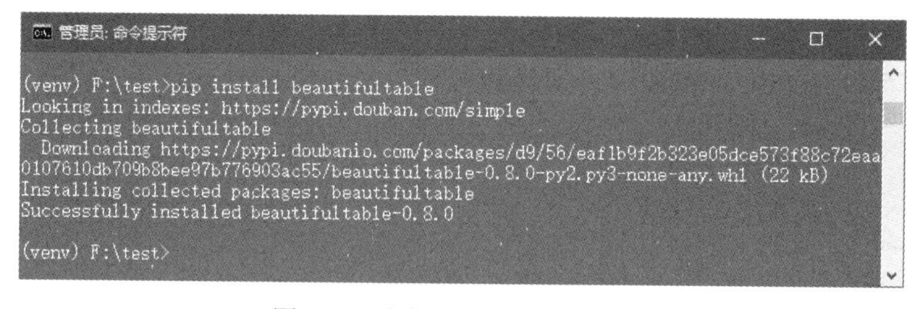

图 5.10 安装 beautifultable 模块

此外，pip 也可以安装指定版本的包，命令如下：

```
pip install 包名==版本号
```

例如，安装 0.8.0 版本的 beautifultable，命令如下：

```
pip install beautifultable==0.8.0
```

说明

在虚拟环境下安装的包只能在该虚拟环境下使用，在全局环境或其他虚拟环境下无法使用。

2. 显示全部安装包

pip 使用如下命令显示已经安装的全部包名及版本号。

```
pip list
```

显示效果如图 5.11 所示。

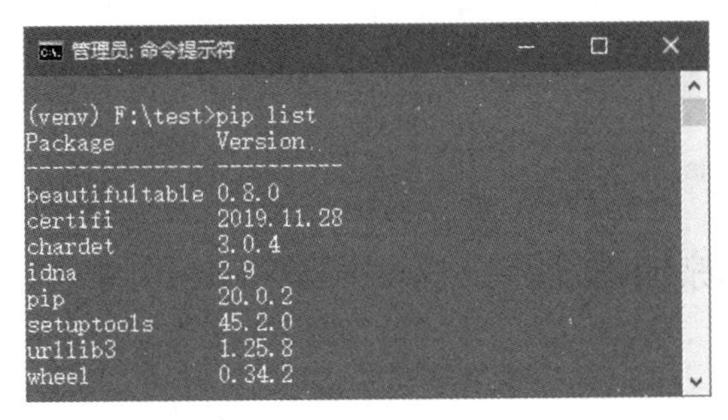

图 5.11　显示全部已经安装的包

此外，还可以使用如下命令查看可以升级的包。

```
pip list --outdate
```

3．升级包

使用如下命令升级包。

```
pip install --upgrade 包名
```

以上命令可以升级到最新版的包，也可以通过使用==、>=、<=、>、<将包升级到指定版本号。

4．卸载包

使用如下命令卸载包。

```
pip uninstall 包名
```

5．以 requirements 参数的格式输出包

将一个已经开发完成的项目迁移到另一个全新的 Python 环境时，可以将原项目中的包逐一安装到新环境中，但显然这种方式比较烦琐，而且容易遗漏。此时，可以使用如下方法解决环境迁移的问题。

（1）使用如下命令将已经安装好的包输出到 requirements.txt 文件中。

```
pip freeze > requirements.txt
```

说明

上述命令中，“>requirements.txt”表示输出到 requirements.txt 文本文件中。输出的文件名字可以自主定义。根据惯例，通常使用 requirements.txt。

requirements.txt 文件中包含了包名以及版本号，例如：

```
PackageVersion
------------------------------
certifi2018.11.29
chardet5.0.4
pip20.0.2
```

```
pygame1.9.6
PyMySQL0.8.0
```

（2）在全新的 Python 环境下，一次安装 requirements.txt 文件中的所有包，命令如下：

```
pip  install  -r  requirements.txt
```

5.3.3 使用国内镜像源加速下载

在使用 pip 下载安装第三方包时，经常会因为下载超时而报错。这是由于下载包的服务器在国外，所以会出现访问超时的情况。可以使用国内镜像源来解决此类问题，比较常用的国内镜像源有 3 个。

☑ 清华大学：https://pypi.tuna.tsinghua.edu.cn/simple

☑ 阿里云：http://mirrors.aliyun.com/pypi/simple/

☑ 豆瓣：http://pypi.douban.com/simple/

使用镜像源的方式有两种：临时使用和默认永久使用。

1. 临时使用

临时使用指的是每次安装包时设置一次，下次再安装新的包时还需要再设置。例如，临时使用清华大学镜像源安装 beautifultable，命令如下：

```
pip  install  -i  https://pypi.tuna.tsinghua.edu.cn/simple  beautifultable
```

说明

上述命令中，“-i”参数是 index 的缩写，表示索引，后面紧接着是镜像源的地址。

2. 默认使用

如果感觉临时使用镜像源的方式比较烦琐，可以将镜像源设置成配置文件，当使用 pip 下载包时，默认执行该配置文件，到指定镜像源中取下载包。以配置清华大学镜像源为例，配置信息如下：

```
[global]
index-url=https://pypi.tuna.tsinghua.edu.cn/simple
[install]
trusted-host=mirrors.aliyun.com
```

对于不同的操作系统，配置文件所在的路径并不相同。

Windows 系统下，在 user 目录中创建一个 pip 目录，如 C:\Users\Administrator\pip，然后在 pip 文件夹下新建一个 pip.ini 文件，在 pip.ini 文件中添加清华大学镜像源的配置。

注意

Administrator 是默认的用户名，读者需要根据自己电脑具体情况自行替换。

Linux 系统或 MacOS 系统下，创建~/.config/pip/pip.conf 目录，并在 pip.conf 文件中添加清华大学镜像源的配置。

5.4　部署腾讯云服务器

5.4.1　WSGI+Gunicorn+Nginx+Supervisor 部署方式

Flask、Django 等框架自身都包含 Web 服务器，在本地开发时可以直接使用内置的服务器来启动项目。由于性能问题，框架自带的 Web 服务器主要用于开发测试，当项目线上发布时，还需要使用高性能的 WSGIServer。下面介绍一下部署 Python Web 项目时的一些基本概念。

1. WSGI

WSGI 中存在两种角色：接受请求的 Server（服务器）和处理请求的 Application（应用）。当 Server 收到一个请求后，可以通过 Socket 把环境变量和一个 Callback 回调函数传给后端 Application，Application 在完成页面组装后通过 Callback 把内容返回给 Server，最后 Sever 再将响应返回给 Client（客户端）。

2. Gunicorn

常用的 WSGI Server 容器有 Gunicorn 和 uWSGI。Gunicorn 直接用命令启动，不需要编写配置文件，相对 uWSGI 要容易很多，所以本节使用 Gunicorn 作为容器。

Gunicorn（Green Unicorn）是从 Ruby 社区的 Unicorn 移植到 Python 上的一个 WSGI HTTP Server。Gunicorn 使用 pre-fork worker 模型，Gunicorn 服务器与各种 Web 框架广泛兼容，实现简单，服务器资源少且速度更快。

3. Nginx

通常在 Gunicorn 服务前再部署一个 Nginx 服务器。Nginx 是一个 Web 服务器，是一个反向代理工具，通常用它来部署静态文件。既然通过 Gunicorn 已经可以启动服务了，那为什么还要添加一个 Nginx 服务呢？

Nginx 作为一个 HTTP 服务器，它有很多 uWSGI 不具备的特性。

- ☑ 静态文件支持。经过配置之后，Nginx 可以直接处理静态文件请求而不用经过应用服务器，避免占用宝贵的运算资源；还能缓存静态资源，使访问静态资源的速度提高。
- ☑ 抗并发压力。Nginx 可以吸收一些瞬时的高并发请求，先保持住连接（缓存 HTTP 请求），然后在后端慢慢处理。如果让 Gunicorn 直接提供服务，浏览器发起一个请求，鉴于浏览器和网络情况都是未知的，HTTP 请求的发起过程可能比较慢，而 Gunicorn 只能等待请求发起完成后，才去真正处理请求，处理完成后，等客户端完全接收请求后，才继续下一个。
- ☑ HTTP 请求缓存头处理得也比 Gunicorn 和 uWSGI 完善。
- ☑ 多台服务器时，可以提供负载均衡和反向代理。

4. Supervisor

当程序异常退出时，我们希望进程重新启动。Supervisor 是一个进程管理工具，使用 Supervisor 看

守进程，一旦异常退出，它会立即启动进程。

综上所述，框架部署的链路一般是：Nginx→WSGI Server→Python Web 程序，通常还会结合 Supervisor 工具来监听启停，如图 5.12 所示。

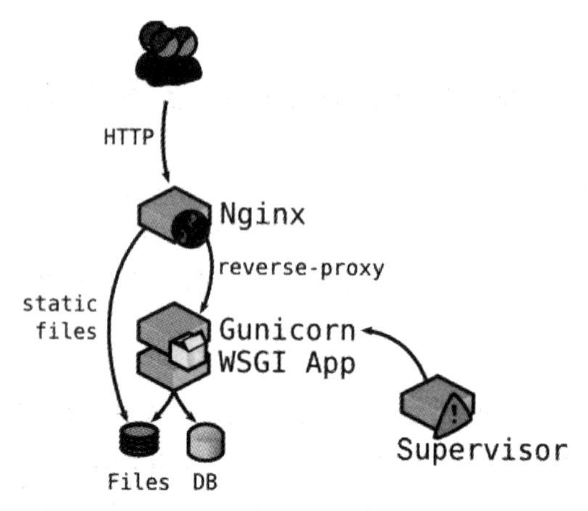

图 5.12　框架部署链路

5.4.2　常用的云服务器

本地开发的项目只能通过局域网在本地进行访问，为了能够让更多的人通过互联网访问到项目，需要购买服务器，并将项目部署到服务器中。

近年来，云服务器在中国快速普及开来。之前，如果想要搭建一个网站，就要购买服务器或者合租服务器，再或者购买一些虚拟主机，看个人选择而不同。现在搭建一个网站，只需在网上选择一个云服务器厂商，按照自己的配置需求点几下，就拥有了自己的云服务器，计费方式可按照需求包月或包年等。相比传统的购买服务器，既节省了经济成本，又节约了大量时间。

云服务器厂商多如牛毛，如阿里云、腾讯云、华为云等，读者可以根据自身情况进行选择。本节主要介绍如何在腾讯云服务器上部署 Python Web 项目，其他云服务器的部署方式大同小异。

1. 注册腾讯云账号

进入腾讯云官方网址 https://cloud.tencent.com，可以通过微信或 QQ 进行注册。

2. 购买 Linux 云服务器

在腾讯云首页单击“云服务器”选项，再单击“立即选购”按钮进入云服务购买页面，读者需要结合自身情况选择如下选项。

☑　地域：选择最近的一个地区，例如“北京”。
☑　机型：选择需要的云服务器机型配置，这里选择“入门设置（1 核 1GB）”。
☑　镜像：选择需要的云服务器操作系统，这里选择“Ubuntu Server 16.04.1 LTS 64 位”。
☑　公网带宽：选中该复选框后，系统会为你分配公网 IP，默认为 1Mbps，可以根据需求调整。
☑　购买数量：默认为“1 台”。
☑　购买时长：默认为“1 个月”。

购买云服务器配置页面如图 5.13 所示。

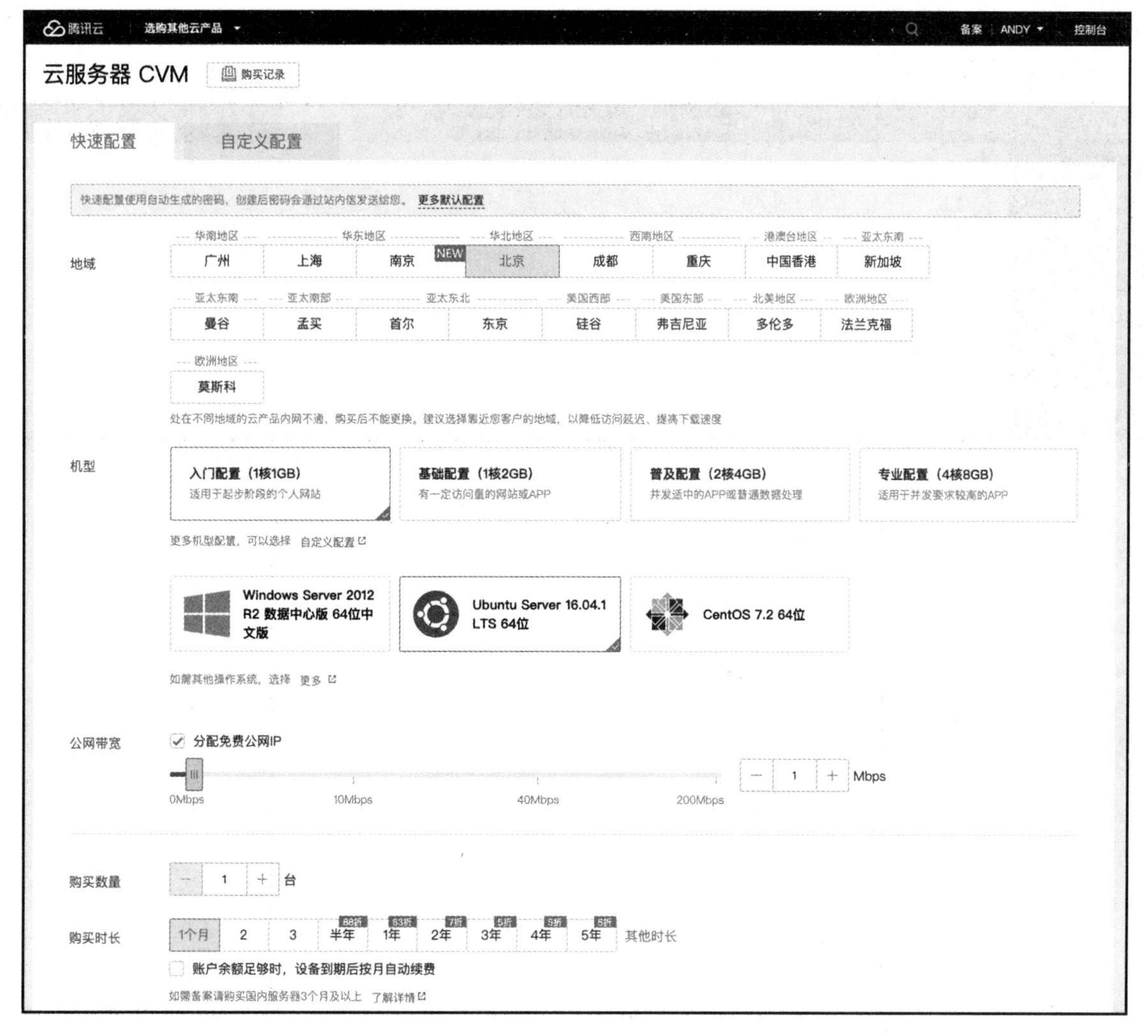

图 5.13　云服务器配置页面

付费完成后，即完成了云服务器的购买。接下来云服务器可以作为个人虚拟机或者建站的服务器。

3．登录云服务器

云服务器创建成功后，系统将为用户分配云服务器登录密码并发送到站内信中，如图 5.14 所示。

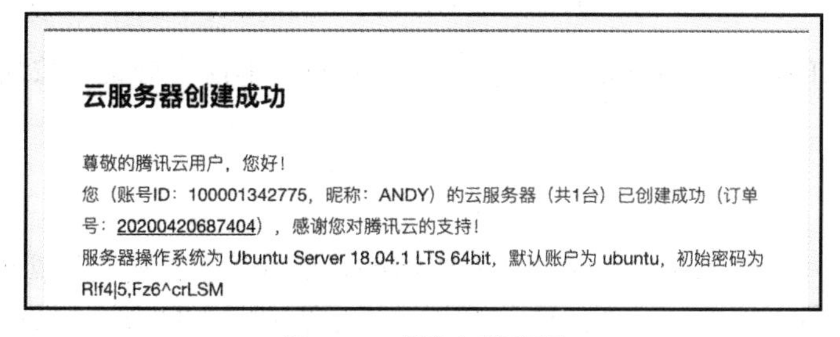

云服务器创建成功

尊敬的腾讯云用户，您好！

您（账号ID：100001342775，昵称：ANDY）的云服务器（共1台）已创建成功（订单号：20200420687404），感谢您对腾讯云的支持！

服务器操作系统为 Ubuntu Server 18.04.1 LTS 64bit，默认账户为 ubuntu，初始密码为 R!f4|5,Fz6^crLSM

图 5.14　获取初始密码

登录云服务器控制台，在“实例”列表中找到刚购买的云服务器，如图 5.15 所示。在右侧操作栏中单击“登录”按钮，进入登录 Linux 实例页面，选择标准登录方式，单击“立即登录”按钮，进入登录页面，如图 5.16 所示。

图 5.15　控制器台实例

登录实例

密码登录　　密钥登录

实例IP　182.■■.■■.147

端口　22

用户名　ubuntu

登录密码

注意：
请确认安全组中来源为Webshell代理IP的远程登录端口（如SSH默认22端口）已经放通，详细说明。
当登录卡顿时建议您优先关注机器的cpu，内存运行情况，订阅云监控在主机异常时通过短信等多种方式通知您，详情说明。
腾讯云不会保存您的实例密码或密钥，请妥善保管谨防丢失。

确定　取消

图 5.16　Linux 实例登录页面

在登录页面，默认的用户名是 ubuntu，输入初始密码，单击“确定”按钮，进入终端页面，如图 5.17 所示。

4．重置实例密码

如果遗忘了密码，可以在控制台上重新设置实例的登录密码。在实例的管理页面，选择需要重置密码的云服务器行，选择“更多”→“密码/密钥”→“重置密码”命令，如图 5.18 所示。

```
清理终端

* Socket connection established *
Welcome to Ubuntu 18.04.4 LTS (GNU/Linux 4.15.0-88-generic x86_64)

 * Documentation:  https://help.ubuntu.com
 * Management:     https://landscape.canonical.com
 * Support:        https://ubuntu.com/advantage

  System information as of Mon May  4 11:12:32 CST 2020

  System load:  0.03              Processes:           114
  Usage of /:   6.9% of 49.15GB   Users logged in:     1
  Memory usage: 20%               IP address for eth0: 172.16.0.9
  Swap usage:   0%

 * Ubuntu 20.04 LTS is out, raising the bar on performance, security,
   and optimisation for Intel, AMD, Nvidia, ARM64 and Z15 as well as
   AWS, Azure and Google Cloud.

     https://ubuntu.com/blog/ubuntu-20-04-lts-arrives


 * Canonical Livepatch is available for installation.
   - Reduce system reboots and improve kernel security. Activate at:
     https://ubuntu.com/livepatch

Last login: Sun May  3 16:53:50 2020 from 119.28.22.215
ubuntu@VM-0-9-ubuntu:~$
```

图 5.17　终端页面

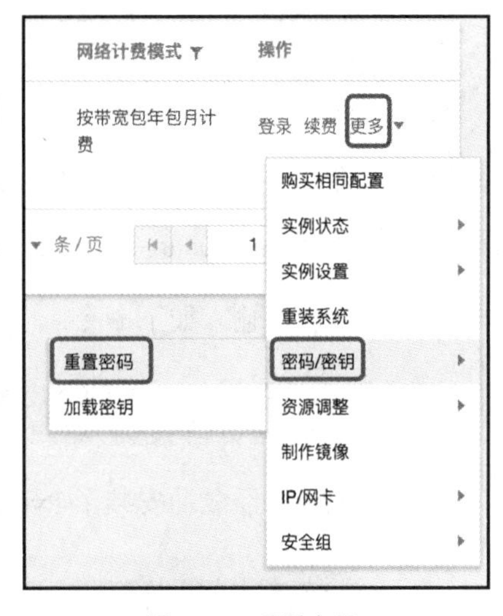

图 5.18　重置密码

5.4.3　安装 pip 包管理工具

输入正确的用户名和密码进入终端后，可以通过如下指令查看当前系统的版本号。

```
ubuntu@VM-0-9-ubuntu:~$ cat/etc/issue
Ubuntu 18.04.4 LTS \n \l
```

说明

第 1 行“$”后面的是命令内容，第 2 行是输出结果。

Ubuntu 18.04.4 版本自带了 Python 2 和 Python 3，可以通过如下指令查看 Python 版本。

```
ubuntu@VM-0-9-ubuntu:~$ python   --version
Python2.7.15+
ubuntu@VM-0-9-ubuntu:~$ python3   --version
Python5.6.9
```

运行结果如图 5.19 所示。

```
ubuntu@VM-0-9-ubuntu:~$ cat /etc/issue
Ubuntu 18.04.4 LTS \n \l

ubuntu@VM-0-9-ubuntu:~$ python --version
Python 2.7.15+
ubuntu@VM-0-9-ubuntu:~$ python3 --version
Python 3.6.9
ubuntu@VM-0-9-ubuntu:~$
```

图 5.19　查看 Python 版本

当前有 Python 2 和 Python 3 两个版本，它们分别对应着 pip 和 pip3。我们要使用 Python 3 版本，在终端输入如下命令：

```
ubuntu@VM-0-9-ubuntu:~$ pip3
Command 'pip3' not found , but can be installed with:
sudo apt install python3 -pip
```

pip3 命令不存在，可以安装提示来安装 pip3，运行如下命令：

```
ubuntu@VM-0-9-ubuntu:~$ sudo apt install python3 -pip
```

安装完成后，输入如下命令：

```
ubuntu@VM-0-9-ubuntu:~$ pip3   --version
pip 9.0.1 from /usr/lib/python3/dist-packages(python5.6)
```

此时，说明已经成功安装了 Python 3 版本的包管理工具。

5.4.4 安装虚拟环境

接下来安装 virtualenv 虚拟环境，使用如下命令：

```
sudo pip3 install virtualenv
```

说明

由于默认使用的登录账号是 ubuntu，安装 virtualenv 时，会提示 Permission Error 权限不足。此时在命令前添加 sudo，表示以系统管理者的身份执行指令，也就是说，经由 sudo 执行的指令就好像是 root 亲自执行。

接下来，选定创建项目目录，在/var/www/html 目录下创建 flask_test 文件夹，命令如下：

```
ubuntu@VM-0-9-ubuntu:~$ sudo mkdir /var/www/html/flask_test
```

修改 flask_test 文件的所有者为 ubuntu 用户，命令如下：

```
ubuntu@VM-0-9-ubuntu:~$ sudo chown -R ubuntu/var/www/html/flask_test
```

接下来，进入 flask_test 目录，并创建虚拟环境，命令如下：

```
ubuntu@VM-0-9-ubuntu:~$ cd /var/www/html/flask_test/
ubuntu@VM-0-9-ubuntu:/var/www/html/flask_test$ virtualenv -p python3 venv
Already using interpreter /usr/bin/python3
Using base prefix '/usr'
New python executable in /var/www/html/flask_test/venv3/bin/python3
Also creatin gexecutable in /var/www/html/flask_test/venv3/bin/python
Please make sure you remove any previous custom paths you're your /home/ubuntu/.pydistutils.cfgfile.
Installing setup tools,pkg_resources,pip,wheel...done.
```

说明

安装虚拟环境时使用命令“virtualenv -p python3 venv”，其中-p 参数用于指定 Python 3 版本，否则默认为 Python 2。

安装完成后，激活虚拟环境，命令如下：

```
ubuntu@VM-0-9-ubuntu:/var/www/html/flask_test$ source venv/bin/activate
(venv)ubuntu@VM-0-9-ubuntu:/var/www/html/flask_test$
```

在虚拟环境下查看 pip 版本，命令如下：

```
(venv)ubuntu@VM-0-9-ubuntu:/var/www/html/flask_test$ pip  --version
pip 20.1 from /var/www/html/flask_test/venv/lib/python5.6/site-packages/pip(python5.6)
```

接下来，需要安装一个 Python Web 框架。Flask 框架比较简单，因此在虚拟环境中安装 Flask 框架，命令如下：

```
(venv)ubuntu@VM-0-9-ubuntu:/var/www/html/flask_test$ pip install flask
```

安装完成后，使用 vim 编辑器创建一个 run.py 文件，命令如下：

```
vim  run.py
```

在打开的文件内，按下键盘中的 I 键，进入 vim 插入模式，输入如下代码：

```
01   from flask import Flask
02
03
04   app=Flask(__name__)
05
06   @app.route('/')
07   def index():
08       return 'hello world'
09
10   if  __name__=="__main__":
11     app.run()
```

输入完成，按 Esc 键，切换到底线命令模式，在最底一行输入“:wq”，按下 Enter 键，保存并退出。在虚拟环境下，输入如下命令运行程序。

```
(venv)ubuntu@VM-0-9-ubuntu:/var/www/html/flask_test$ python run.py
*Serving Flask app "run"(lazy loading)
*Environment: production
WARNING: This is a development server. Do not use it in a production deployment.
Use a production WSGI server instead.
*Debug mode: off
*Runningonhttp://127.0.0.1:5000/(PressCTRL+Ctoquit)
```

此时我们使用的是 Flask 内置的服务器，只能通过本地进行访问。5.4.5 节将介绍如何使用 Gunicorn

服务启动。

说明

读者需要了解最基本的 vim 知识。

5.4.5 安装 Gunicorn

Gunicorn 是使用 Python 开发的，因此可以直接使用 pip 进行安装。在 venv 虚拟环境下安装 Gunicorn 的命令如下：

```
(venv)ubuntu@VM-0-9-ubuntu:/var/www/html/flask_test$ pip install gunicorn
```

安装成功以后，可以通过以下两种方式来启动服务。

1. 添加参数启动服务

可通过如下命令直接启动 Gunicorn。

```
(venv)ubuntu@VM-0-9-ubuntu:/var/www/html/flask_test$ gunicorn -w 3 -b 0.0.0.0:9100 run:app
```

参数说明如下。

- ☑ -w：用于处理工作的进程数量。
- ☑ -b：绑定运行的主机和端口。
- ☑ run：执行的 Python 文件 run.py。
- ☑ app：Flask APP 应用名称。

启动后运行效果如下：

```
[2020-05-0417:49:27+0800][27943][INFO]Starting gunicorn 20.0.4
[2020-05-0417:49:27+0800][27943][INFO]Listenin gat:http://0.0.0.0:9100(27943)
[2020-05-0417:49:27+0800][27943][INFO]Using worker:sync
[2020-05-0417:49:27+0800][27946][INFO]Booting worker with pid:27946
[2020-05-0417:49:27+0800][27947][INFO]Booting worker with pid:27947
[2020-05-0417:49:27+0800][27948][INFO]Booting worker with pid:27948
```

此时，可以在浏览器中输入公网 IP 地址来访问 Flask 项目，运行结果如图 5.20 所示。

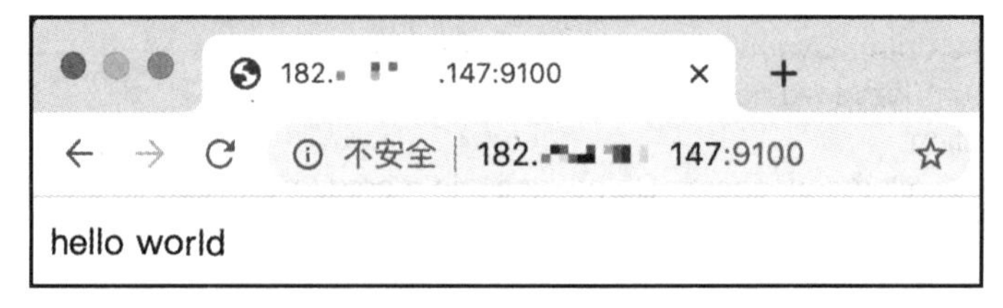

图 5.20　访问公网 IP 地址

此外，Gunicorn 还有很多常用的启动参数，如表 5.1 所示。

表 5.1　Gunicorn 常用启动参数及说明

参　　数	说　　明
-c CONFIG，--config=CONFIG	指定配置文件
-b BIND，--bind=BIND	绑定运行的主机加端口
-w INT，--workers INT	用于处理工作进程的数量。整数，默认为 1
-k STRTING，--worker-class STRTING	要使用的工作模式，默认为 sync 异步。类型可以是 sync、eventlet、gevent、tornado、gthread、gaiohttp
--threads INT	处理请求的工作线程数，使用指定数量的线程运行每个 worker。为正整数，默认为 1
--worker-connections INT	最大客户端并发数量，默认为 1000
--backlog INT	等待连接的最大数，默认为 2048
-p FILE，--pid FILE	设置 pid 文件的文件名，如果不设置，将不会创建 pid 文件
--access-logfile FILE	日志文件路径
--access-logformat STRING	日志格式，--access_log_format'%(h)s%(l)s%(u)s%(t)s'
--error-logfile FILE，--log-file FILE	错误日志文件路径
--log-level LEVEL	日志输出等级
--limit-request-line INT	限制 HTTP 请求行的允许大小，默认为 4094。取值范围为 0～8190，此参数可以防止任何 DDOS 攻击
--limit-request-fields INT	限制 HTTP 请求头字段的数量，以防止 DDOS 攻击。与 limit-request-field-size 一起使用，可以提高安全性。默认为 100，最大值为 32768
--limit-request-field-size INT	限制 HTTP 请求中请求头的大小，默认为 8190。值是一个整数或者 0，当该值为 0 时，表示不对请求头大小做限制
-t INT，--timeout INT	超过设置后，工作将被杀掉并重新启动，默认为 30s，Nginx 默认为 60s
--reload	在代码改变时自动重启，默认为 False
--daemon	是否以守护进程启动，默认为 False
--chdir	在加载应用程序之前切换目录
--graceful-timeout INT	默认为 30，超时（从接收到重启信号开始）之后仍然活着的工作将被强行杀死。一般采用默认值
--keep-alive INT	在 keep-alive 连接上等待请求的秒数，默认情况下值为 2。一般设定为 1～5s
--spew	打印服务器执行过的每一条语句，默认为 False。此选择为原子性的，即要么全部打印，要么全部不打印
--check-config	显示当前的配置，默认为 False，即显示
-e ENV，--env ENV	设置环境变量

2．加载配件文件启动服务

如果启动 Gunicorn 时加载的参数很多，那么，第一种直接启动的方式就不再适用了，此时可以使用加载配置文件的方式来启动 Gunicorn。

在 flask_test 文件夹下创建 gunicorn 文件夹，命令如下：

```
mkdir /var/www/html/flask_test/gunicorn
```

然后使用 cd 命令进入该目录，命令如下：

```
ubuntu@VM-0-9-ubuntu:~$ cd /var/www/html/flask_test/gunicorn
```

使用 vim 编写 gunicorn_conf.py 文件，命令如下：

```
vim   gunicorn_conf.py
```

gunicorn_conf.py 文件的关键代码如下：

```
01  import multiprocessing
02
03
04  bind='0.0.0.0:9100'
05  workers=multiprocessing.cpu_count()*2+1                    #进程数
06  reload=True
07  loglevel='info'
08  timeout=600
09
10  log_path="/tmp/logs/flask_test"
11  accesslog=log_path+'/gunicorn.access.log'
12  errorlog=log_path+'/gunicorn.error.log'
```

上述代码中的参数可以参照表 5.1 中的常用启动参数及说明，其中，log_path 变量读者可以自行定义。启动 Gunicorn 出错时，可以查看 errorlog 错误日志。

接下来，先终止 Gunicorn 进程，命令如下：

```
ubuntu@VM-0-9-ubuntu:/var/www/html/flask_test$ pkill gunicorn
```

然后在虚拟环境下以加载配置文件的方式启动 Gunicorn，命令如下：

```
(venv)ubuntu@VM-0-9-ubuntu:/var/www/html/flask_test$ gunicorn -c
gunicorn/gunicorn_conf.pyrun:app
[2020-05-0613:00:28+0800][27753][INFO]Starting gunicorn20.0.4
[2020-05-0613:00:28+0800][27753][INFO]Listenin gat:http://0.0.0.0:9100(27753)
[2020-05-0613:00:28+0800][27753][INFO]Using worker:sync
[2020-05-0613:00:28+0800][27756][INFO]Booting worker with pid:27756
[2020-05-0613:00:28+0800][27757][INFO]Booting worker with pid:27757
[2020-05-0613:00:28+0800][27758][INFO]Booting worker with pid:27758
```

5.4.6 安装 Nginx

Nginx 是一款轻量级的 Web 服务器和反向代理服务器，由于它的内存占用少，启动极快，高并发能力强，在互联网项目中受到广泛应用。通常在 Gunicorn 服务中添加一层 Nginx 反向代理。正向代理和反向代理如图 5.21 所示。

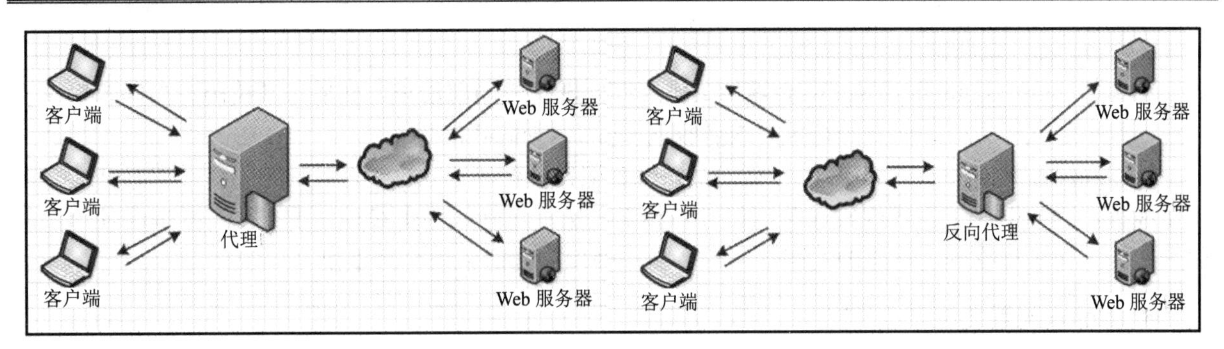

（a）正向代理　　（b）反向代理

图 5.21　正向代理和反向代理

1．安装 Nginx

在 Ubutun 系统中使用如下命令安装 Nginx。

```
sudo  apt-get  install  nginx
```

安装成功后 Nginx 会默认启动，此时在浏览器中访问公网 IP，运行结果如图 5.22 所示。

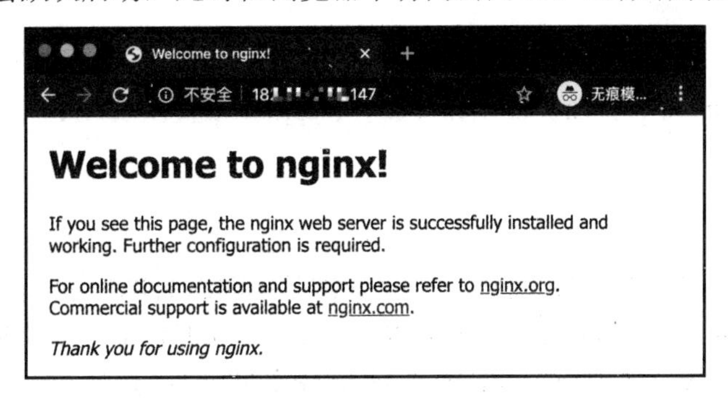

图 5.22　Nginx 启动成功

此外，Nginx 有 4 个主要的文件夹结构，目录及说明如下。

☑　/usr/sbin/nginx：主程序。
☑　/etc/nginx：存放配置文件。
☑　/usr/share/nginx：存放静态文件。
☑　/var/log/nginx：存放日志。

2．Nginx 基本命令

Nginx 启动之后，可以使用以下命令进行控制。

```
nginx  -s  <signal>
```

其中，-s 表示向主进程发送信号；signal 可以为以下 4 个参数。

☑　stop：快速关闭。
☑　quit：优雅关闭。
☑　reload：重新加载配置文件。

☑ reopen：重新打开日志文件。

当运行 nginx -s quit 时，Nginx 会等待工作进程处理完成当前请求，然后将其关闭。当修改配置文件后，并不会立即生效，而是等待重启或者收到 nginx -s reload 信号。

当 Nginx 收到 nginx -s reload 信号后，首先检查配置文件的语法。语法正确后，主线程会开启新的工作线程，并向旧的工作线程发送关闭信号。如果语法不正确，则主线程回滚变化，并继续使用旧的配置。当工作进程收到主进程的关闭信号后，会在处理完当前请求之后退出。

3．Nginx 配置文件

Nginx 配置的核心是定义要处理的 URL 以及如何响应这些 URL 请求，即定义一系列的虚拟服务器（Virtual Servers），控制对来自特定域名或者 IP 的请求的处理。

每一个虚拟服务器定义一系列的 location，处理特定的 URI 集合。每个 location 都定义了对映射到自己请求的处理场景，可以返回一个文件或者代理此请求。

Nginx 由不同的模块组成，这些模块由配置文件中指定的指令控制。指令分为简单指令和块指令。一个简单指令包含指令名称和指令参数，以空格分隔，以分号（;）结尾。块指令与简单指令类似，但是由大括号（“{”和“}”）包围。如果块指令的大括号中包含其他指令，则称该指令为上下文（如 events、http、server 和 location）。

配置文件中放在上下文之外的指令默认放在主配置文件中（类似于继承主配置文件）。events 和 http 放置在主配置文件中，server 放置在 http 块指令中，location 放置在 server 块指令中。配置文件的注释以“#”开始。

4．静态文件

Web 服务器的一个重要功能是服务静态文件（如图像或静态 HTML 页面）。例如，Nginx 可以很方便地让服务器从/var/www/html 获取 html 文件，从/var/www/html/images 获取图片来返回给客户端，只需要在 http 块指令中的 server 块指令中设置两个 location 块指令即可。

首先，进入/var/www/html 目录，在该目录下创建 welcome.html。然后再创建/data/images 目录，并将一些图片从本地上传至服务器。

接下来，进入/etc/nginx/sites-enabled 配置文件目录，在该目录下的所有文件都会作为配置文件被加载进来。所以，通常为网站单独创建一个配置文件。这里创建一个 demo 文件，代码如下：

```
server {
    location / {
        root /var/www/html
    }
    location /images/ {
        root /var/www/html/images
    }
}
```

通常，配置文件可以包括多个 server 块，它们以端口和服务器名称进行区分。当 Nginx 决定某一个 server 处理请求后，它将请求头中的 URI 和 server 块中的 location 块进行对比。加入 location 块指令到 server 中。

第一个 location 块指定"/"前缀与请求中的 URI 对比。对于匹配的请求，URI 将被添加到 root 指令中指定的路径，即/var/www/html，以此形成本地文件系统的路径。如访问 http://localhost/welcome.html，对应的服务器文件路径为/var/www/html/welcome.html。如果 URI 匹配多个 location 块，Nginx 采用最长前缀匹配原则（类似计算机网络里面的 IP 匹配），上面的 location 块前缀长度为 1，因此只有当所有其他 location 块匹配时，才使用该块。

例如，第二个 location 位置块，它将匹配以/images/（"/"也匹配这样的请求，但具有较短的前缀）开始的请求。

配置完成后，使用如下命令重新加载 Nginx。

```
nginx -s reload
```

至此，已搭建好了一个可以正常运行的服务器，它监听 80 端口，并且可以在公网 IP 上访问。例如，访问公网 IP/welcome.html，运行结果如图 5.23 所示。访问公网 IP/images/qrcoder.jpg，运行结果如图 5.24 所示。

图 5.23 访问静态 HTML 文件

图 5.24 访问静态图片资源

5. 代理服务器

Nginx 的一个常见应用是将其设置为代理服务器（Proxy Server），即接受客户端的请求并将其转发给服务器，再接受服务器发来的响应，将它们发送到客户端。比如，我们可以用一个 Nginx 实例实现将对 8000 端口的请求，转发到服务器。

进入/etc/nginx/sites-enabled 配置文件目录，创建 flask_demo 文件，代码如下：

```
server {
        listen 8000;
        listen [::]:8000;
        server_name 182.254.165.147;
        location / {
                proxy_pass http://182.254.165.147:9100;
                proxy_set_header Host         $host;
                proxy_set_header X-Real-IP $remote_addr;
        }

}
```

上述代码中，设置监听 8000 端口，接受到请求后，通过 proxy_pass 设置代理转发至 9100 端口。参数说明如下。

- ☑ listen：监听的端口。
- ☑ server_name：监听地址。
- ☑ proxy_pass：代理转发。
- ☑ proxy_set_header：允许重新定义或添加字段传递给代理服务器的请求头。

重新加载 Nginx，在浏览器中访问公网 IP:8000，Nginx 会转发至公网 IP:9100，运行结果如图 5.25 所示。

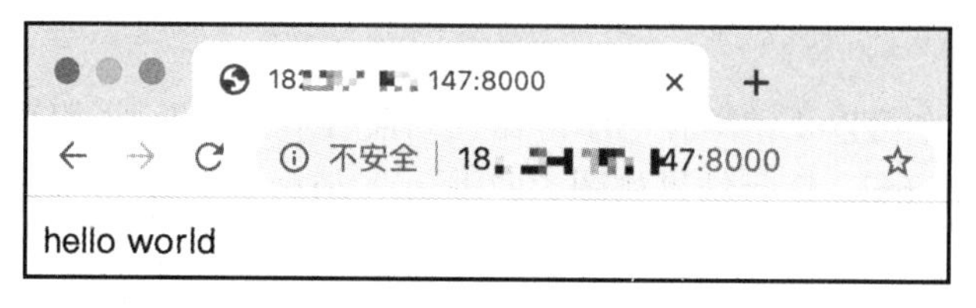

图 5.25 代理转发效果

5.4.7 安装 Supervisor

Supervisor 是一个用 Python 编写的进程管理工具，它符合 C/S 架构体系，对应的角色分别为 Supervisorctl 和 Supervisord。

- ☑ Supervisord：启动配置好的程序，响应 Supervisorctl 发过来的指令以及重启退出的子进程。
- ☑ Supervisorctl：它以命令行的形式提供了一系列参数，以方便用户向 Supervisord 发送指令，常用的有启动、暂停、移除、更新等命令。

使用 Ubuntu 系统命令或者 Python 包管理工具都可以安装 Supervisor。由于使用 Ubuntu 安装的 Supervisor 版本较低，所以推荐使用 pip 命令来安装。

为了方便查找路径，在/home/ubuntu 目录下新建一个 venv 虚拟环境，命令如下：

```
ubuntu@VM-0-9-ubuntu:~$ virtualenv venv
```

创建完成后，激活该虚拟环境，并使用如下命令安装 Supervisor。

```
ubuntu@VM-0-9-ubuntu:~$ source venv/bin/activate
(venv) ubuntu@VM-0-9-ubuntu:~$ pip install supervisor
```

1. 创建配置文件

安装完 Supervisor 以后，在终端输入如下命令可以查看 supervisor 的基本配置。

```
(venv) ubuntu@VM-0-9-ubuntu:~$ echo_supervisord_conf
```

如果在终端看到输出配置文件内容，接下来在/etc/supervisor 目录下创建 supervisord.conf 文件，命令如下：

```
(venv) ~$ sudo su - root -c "echo_supervisord_conf > /etc/supervisor/supervisord.conf"
```

说明

su -root -c 表示使用 root 用户权限执行命令。

执行完成后，在/etc/supervisor/目录下会生成一个 supervisord.conf 文件，使用 vim 编辑该文件，修改最后一行的代码。修改结果如下：

```
[include]
;files = relative/directory/*.ini
files = /etc/supervisor/conf.d/*.ini
```

上述代码的作用是将/etc/supervisor/conf.d 目录下所有后缀为.ini 的文件作为配置文件加载。

此外，默认文件将 supervisord.pid 以及 supervisor.sock 存放在/tmp 目录下。注意，/tmp 目录是存放临时文件的，里面的文件会被 Linux 系统删除。一旦这些文件丢失，就无法再通过 supervisorctl 来执行相关命令了，而是会提示 unix:///tmp/supervisor.sock 不存在的错误。所以，需要将包含/tmp 的目录做如下修改。

```
[supervisorctl]
serverurl=unix:///var/run/supervisor.sock ; use a unix:// URL   for a unix socket

[unix_http_server]
file=/var/run/supervisor.sock    ; the path to the socket file

[supervisord]
logfile=/var/log/supervisord.log ; main log file; default $CWD/supervisord.log
pidfile=/var/run/supervisord.pid ; supervisord pidfile; default supervisord.pid
```

修改完成后，进入/etc/supervisor/conf.d 目录，在该目录下使用 vim 编辑器创建 test.ini 配置文件。test.ini 文件代码如下：

```
[program:foo]
command=/bin/cat
```

接下来，使用如下命令启动 supervisor。

```
sudo   supervisord -c   /etc/supervisor/supervisor.conf
```

启动成功后，通过如下命令查看进程的状态。

```
(venv) ubuntu@VM-0-9-ubuntu:/etc/supervisor$ sudo supervisorctl status
foo                              RUNNING     pid 10133, uptime 0:19:53
```

2. Supervisorctl 常用命令

supervisorctl status 命令可以查看进程的状态。此外，Supervisorctl 还有很多其他常用的命令，如表 5.2 所示。

表 5.2　Supervisorctl 常用命令

参　　数	说　　明
status	查看进程状态
status <name>	查看<name>进程状态
start <name>	启动<name>进程
stop <name>	停止<name>进程
stop all	停止进程服务
restart <name>	重启<name>服务。注意，不会重新读取配置信息
restart all	重启全部服务。注意，不会重新读取配置信息
reload	重新启动远程监督者
reread	重新加载守护程序的配置文件，而无须添加/删除（不重新启动）
stop all	停止进程服务
add <name>	激活配置中进程/组的任何更新
remove <name>	从活动配置中删除进程/组
update	重新加载配置，并根据需要添加/删除，同时重新启动受影响的程序
tail	输出最新的 log 信息
shutdown	关闭 supervisord 服务

3．配置 Gunicorn 启动程序

前面学习了如何使用 Gunicorn 来启动 Flask 程序，但如果 Gunicorn 服务器出现故障，Flask 程序就会中断。为了解决这个问题，可以使用 Supervisor 来监测 Gunicorn 进程。当 Gunicorn 服务停止时，令其自动重启。

首先需要在/etc/supervisor/conf.d 目录下新建一个 flask_test 配置文件，配置如下：

```
[program:flask_test]
command=/var/www/html/flask_test/venv/bin/gunicorn -c gunicorn/gunicorn_conf.py    run:app
directory=/var/www/html/flask_test
user=root
autostart=True
autorestart=True
startsecs=10
startretries=3
stdout_logfile=/var/log/flask_test_error.log
stderr_logfile=/var/log/flask_test_out.log
stopasgroup=True
stopsignal=QUIT
```

文件中参数说明如下。

☑　program：程序名称。

☑　command：要执行的命令。

☑　directory：当 Supervisor 作为守护程序运行时，在守护程序之前 cd 到该目录。

☑　user：以哪个用户执行。

☑　autostart：是否与 Supervisor 一起启动。

☑ autorestart：是否自动重启。
☑ startsecs：延时启动时间，默认为 10 秒。
☑ startretries：启动重试次数，默认为 3 次。
☑ stdout_logfile：正常输出日志。
☑ stderr_logfile：错误输出日志。
☑ stopasgroup: 如果为 True，则该标志使 Supervisor 将停止信号发送到整个过程组，并暗示 killasgroup 为 True。这对于程序（如调试模式下的 Flask）非常有用，这些程序不会将停止信号传播到其子级，而使它们成为孤立状态。
☑ stopsignal：停止信号。

配置完成后，使用如下命令重启 Supervisor。

```
(venv) ubuntu@VM-0-9-ubuntu:~$ sudo supervisorctl reload
Restarted supervisord
```

重启后通过如下命令查看所有进程的状态。

```
(venv) ubuntu@VM-0-9-ubuntu:~$ sudo supervisorctl status
flask_test                      RUNNING    pid 30683, uptime 0:00:41
foo                             RUNNING    pid 30684, uptime 0:00:41
```

为了验证 Supervisor 是否能够自动重启 Gunicorn，使用如下命令关闭 Gunicorn 进程。

```
(venv) ubuntu@VM-0-9-ubuntu:~$ sudo pkill gunicorn
```

在浏览器中访问公网 IP:9100 端口，发现 Flask 程序依然可以正常访问。此外，也可以通过如下命令对比 gunicorn 关闭前后进程 ID 是否发生变化。

```
ps aux | grep gunicorn
```

5.5　小　　结

本章主要介绍 Web 框架相关的基础知识，首先介绍什么是 Web 框架以及 Web 框架需要具备哪些常用的功能。接下来，介绍 Python 中 4 个流行的 Web 框架，包括它们的特点及应用场景。最后介绍准备开发环境和部署到云服务器。其中，将项目部署到云服务器的内容是本章的难点，读者在学习的过程中可以先练习在本地测试开发，最后再来学习如何部署到云服务器上。

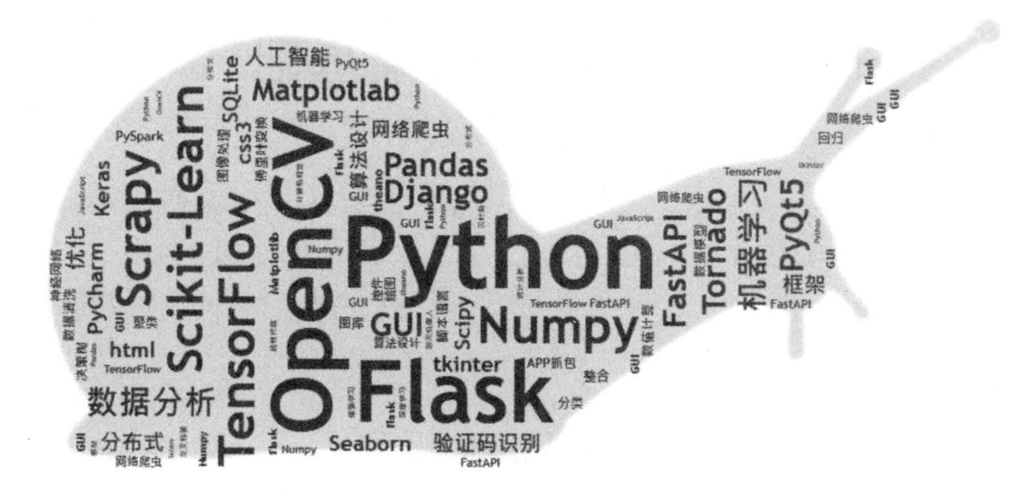

第 2 篇　Web 框架

本篇将介绍四大框架的基础知识，包括 Flask 框架、Django 框架、Tornado 框架和 FastAPI 框架。针对这 4 个框架，重点介绍 Flask 框架和 Django 框架的使用方法。学习完这一部分，读者能够了解这 4 个框架的特点，掌握它们的基本使用方法，并能够针对不同的应用场景选择相应的框架。

第 6 章

Flask 框架基础

Flask 是一个使用 Python 编写的、基于 Werkzeug WSGI 工具箱和 Jinja2 模板引擎的轻量级 Web 应用框架。Flask 被称为微框架，因为它只保留了最核心的功能，用扩展来增加其他功能。Flask 没有默认使用的数据库、窗体验证工具等，但 Flask 保留了扩增的弹性，可以用 Flask 扩展加入很多功能，如 ORM、窗体验证工具、文件上传、各种开放式身份验证技术等。

6.1 下载并安装 Flask 框架

Flask 依赖于两个外部库——Werkzeug 和 Jinja2。Werkzeug 是一个 WSGI（在 Web 应用和多种服务器之间的标准 Python 接口）工具集，Jinja2 负责渲染模板。所以，在安装 Flask 时，会自动安装这两个库。

为了更好地管理 Python 应用，通常情况下会在虚拟环境中安装 Flask 框架。安装命令如下：

```
pip install flask
```

运行结果如图 6.1 所示。

图 6.1　安装 Flask

安装完成以后，可以通过如下命令查看所有的安装包。

```
pip list
```

运行结果如图 6.2 所示。

从图 6.2 可以看出，已经成功安装了 Flask（当前 Flask 最新版本为 1.1.1），且安装了 Flask 的两个外部依赖库 Werkzeug 和 Jinja2。

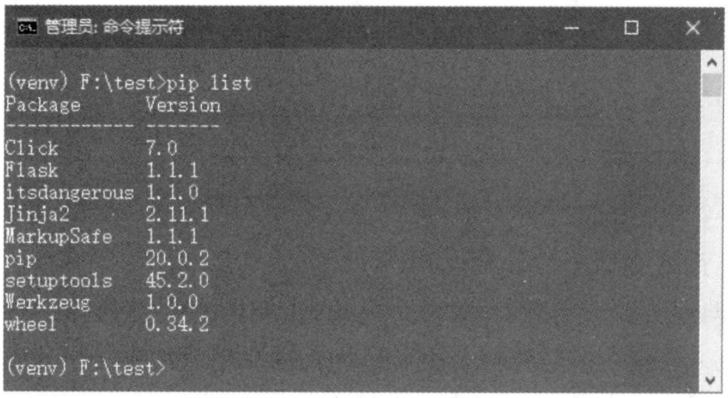

```
(venv) F:\test>pip list
Package      Version
------------ -------
Click        7.0
Flask        1.1.1
itsdangerous 1.1.0
Jinja2       2.11.1
MarkupSafe   1.1.1
pip          20.0.2
setuptools   45.2.0
Werkzeug     1.0.0
wheel        0.34.2

(venv) F:\test>
```

图 6.2　查看所有安装包

6.2　Flask 基础

6.2.1　第一个 Flask 应用

一切准备就绪，现在我们开始编写第一个 Flask 程序，由于是第一个 Flask 程序，当然要从最简单的“Hello World！”开始。

【例 6.1】　输出“Hello World!”。(**实例位置：资源包\Code\06\01**)

在资源目录下创建一个 run.py 文件，代码如下：

```
01  from flask import Flask
02  app = Flask(__name__)
03
04  @app.route('/')
05  def index():
06      return 'Hello World!'
07
08  if __name__ == '__main__':
09      app.run()
```

运行 run.py 文件，运行成功后的效果如图 6.3 所示。

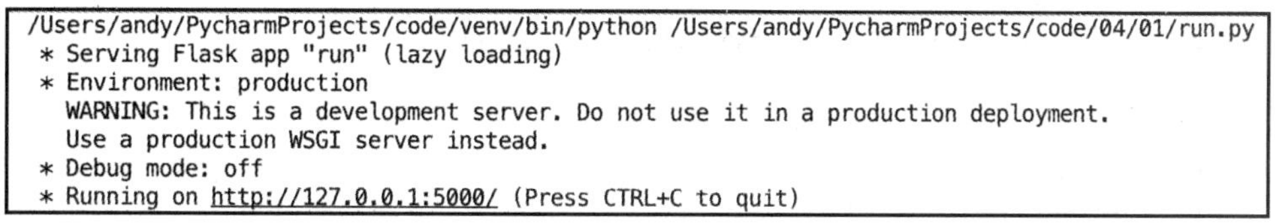

```
/Users/andy/PycharmProjects/code/venv/bin/python /Users/andy/PycharmProjects/code/04/01/run.py
 * Serving Flask app "run" (lazy loading)
 * Environment: production
   WARNING: This is a development server. Do not use it in a production deployment.
   Use a production WSGI server instead.
 * Debug mode: off
 * Running on http://127.0.0.1:5000/ (Press CTRL+C to quit)
```

图 6.3　运行 run.py 文件

在浏览器中输入网址 127.0.0.1:5000/，运行效果如图 6.4 所示。

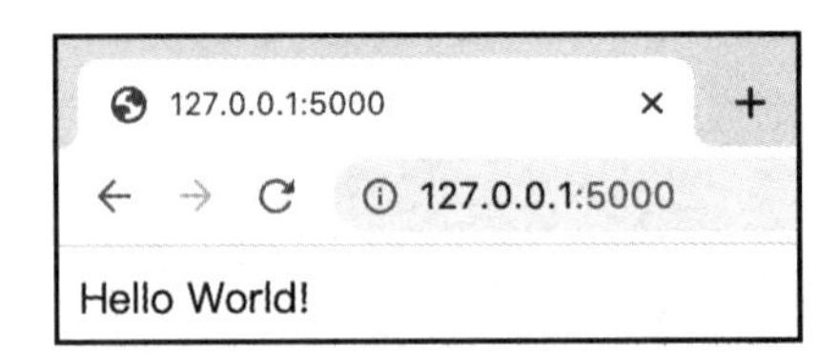

图 6.4　输出 Hello World!

那么，这段代码做了什么？

☑ 第 1 行：导入了 Flask 类。
☑ 第 2 行：创建该类的一个实例。第一个参数是应用模块或者包的名称，如果使用单一模块，名称为__name__。模块的名称将会因其作为单独应用启动还是作为模块导入而有不同。这样 Flask 才知道到哪儿去找模板、静态文件等。
☑ 第 4 行：使用 route()装饰器告诉 Flask 什么样的 URL 能触发执行被装饰的函数。
☑ 第 5～6 行：这个被装饰的函数就是视图函数，它返回显示在用户浏览器中的信息。
☑ 第 9～10 行：使用 run()函数来让应用运行在本地服务器上。其中“if__name__=='__main__':”可确保服务器只在该脚本被 Python 解释器直接执行时才会运行。

说明

按 Ctrl+C 快捷键可以关闭服务。

6.2.2　开启调试模式

虽然 run()方法适用于启动本地的开发服务器，但是每次修改代码后都要手动重启它，这样显然比较烦琐。此时可以启用 Flask 调试模式解决。

有两种途径来启用调试模式。一种是直接在应用对象上设置，示例代码如下：

```
app.debug = True
app.run()
```

另一种是作为 run 方法的一个参数传入，示例代码如下：

```
app.run(debug=True)
```

两种方法的实现效果完全相同。

此外，还可以设置其他参数。例如，设置端口号，代码如下：

```
01  app.run(
02        debug = True,
03            port = 8000
04  )
```

再次启动服务后，需要在浏览器中访问网址“127.0.0.1:8000”。

6.3　路　　由

客户端（如 Web 浏览器）把请求发送给 Web 服务器后，Web 服务器会把请求发送给 Flask 程序实例。程序实例需要知道对每个 URL 请求运行哪些代码，所以保存了一个 URL 到 Python 函数的映射关系。处理 URL 和函数之间关系的程序称为路由。

在 Flask 程序中，定义路由的最简便方式是使用程序实例提供的 app.route 装饰器，把装饰的函数注册为路由。路由映射关系如图 6.5 所示。

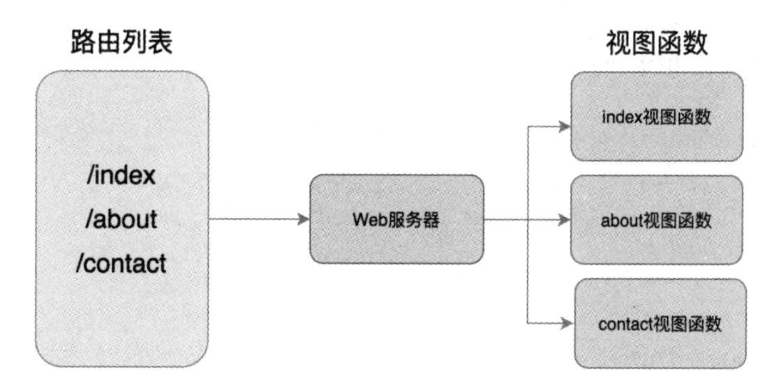

图 6.5　路由映射关系

下面的示例代码说明了如何使用 app.route 装饰器声明路由。

```
01    @app.route('/')
02    def index():
03        return '<h1>Hello World!</h1>'
```

说明

装饰器是 Python 语言的标准特性，可以使用不同的方式修改函数的行为。惯常用法是使用装饰器把函数注册为事件的处理程序。

6.3.1　变量规则

在@app.route()函数中添加 URL 时，该 URL 有时是动态变化的。例如，商品详情页面的商品 ID 是变化的，个人中心页面的用户名称也是变化的。针对这种情况，可以构造含有动态部分的 URL，也可以在一个函数上附加多个规则。

给 URL 添加变量部分时，可以把这些特殊的字段标记为“<变量名>”的形式，它将会作为命名参数传递到函数。要对变量名的类型进行限制，可以用<变量类型:变量名>指定一个可选的类型转换器。

【例 6.2】　根据不同的用户名参数，输出相应的用户信息。（**实例位置：资源包\Code\06\02**）

设置动态 URL“/user/<username>”，其中<username>是变化的用户名。设置动态 URL“/post/<post_id>”，其中<post_id>是变化的 ID 名，且该 ID 只能为整数。代码如下：

```
01  from flask import Flask
02  app = Flask(__name__)
03
04  @app.route('/')
05  def index():
06      return 'Hello World!'
07
08  @app.route('/user/<username>')
09  def show_user_profile(username):
10      #显示该用户名的用户信息
11      return f'用户名是:{username}'
12
13  @app.route('/post/<int:post_id>')
14  def show_post(post_id):
15      #根据 ID 显示文章，ID 是整型数据
16      return f'ID 是:{post_id}'
17
18  if __name__ == '__main__':
19      app.run(debug = True)
```

上述代码中使用了转换器。它可以是下面几种类型。

☑ int：接受整数。

☑ float：同 int，但是接受浮点数。

☑ path：和默认的相似，但也会接受斜线。

运行 hello.py 文件，当访问/user/andy 时，运行结果如图 6.6 所示；当访问/post/1 时，运行结果如图 6.7 所示。当访问的 id 不是整数时，例如访问/post/one，由于/post/后不是整数，无法匹配该路由，则会提示 Not Found，运行结果如图 6.8 所示。

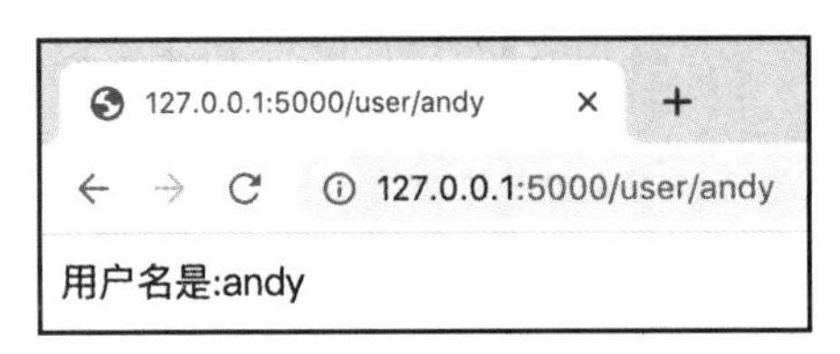

图 6.6　获取用户信息

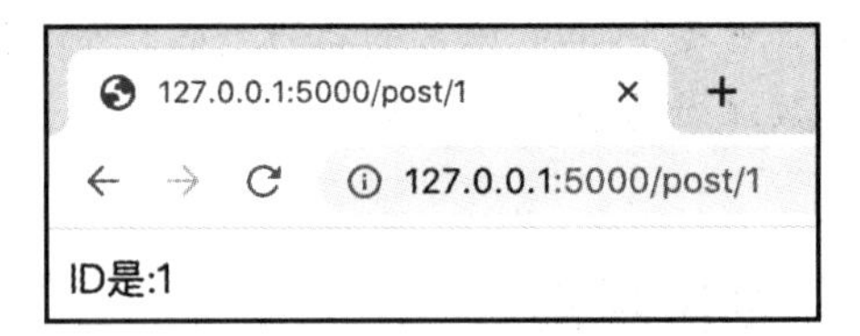

图 6.7　获取文章信息

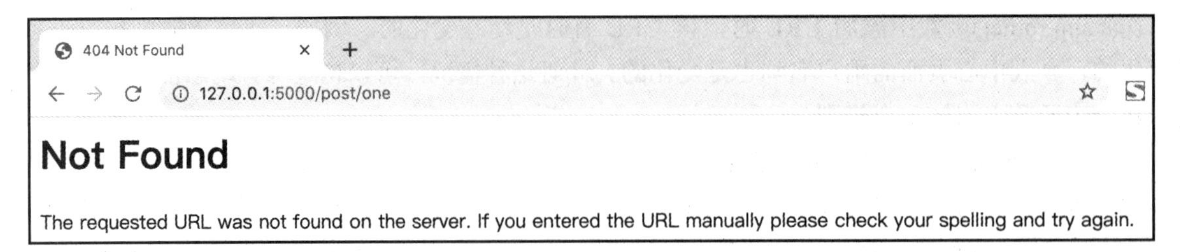

图 6.8　路由不匹配时显示 Not Found

6.3.2　构造 URL

Flask 能匹配 URL，那么 Flask 可以生成它们吗？当然可以，可以用 url_for()函数来给指定的函数构造 URL。它的第一个参数是函数名，其余参数会添加到 URL 末尾作为查询参数。例如：

```
#返回 hello_world 函数对应的路由"/"
url_for('hello_world')
#返回 show_post 函数对应的路由"/post/2"
url_for('show_post',post_id=2)
#返回 show_user_profile 函数对应的路由"/user/andy"
url_for('show_user_profile',username='andy')
```

使用 url_for()函数可以构造 URL，所以它经常结合 redirect()函数，用来跳转到构造的 URL 页面。url_for()函数和 redirect()函数需要从 Flask 模块中导入。

【例 6.3】　模拟登录成功后页面跳转至首页的效果。注意使用 url_for()函数获取 URL 信息。（**实例位置：资源包\Code\06\03**）

登录页面 URL 为"/login"，首页页面 URL 为"/"，代码如下：

```
01    from flask import Flask,url_for,redirect
02
03    app = Flask(__name__)
04
05    @app.route('/')
06    def index():
07        return 'Hello World!'
08
09    #省略部分代码
10
11    @app.route('/login')
12    def login():
13        #模拟登录流程
14        flag = 'success'
15        #如果登录成功，跳转到首页
16        if flag:
17            return redirect(url_for('index'))
18        return "登录页面"
19
20    if __name__ == '__main__':
21        app.run(debug = True)
```

在浏览器中访问网址 127.0.0.1:5000/login 时，会调用 login()方法。如果登录成功，则使用 redirect()函数跳转至 index 方法，也就是首页。运行结果如图 6.9 所示。

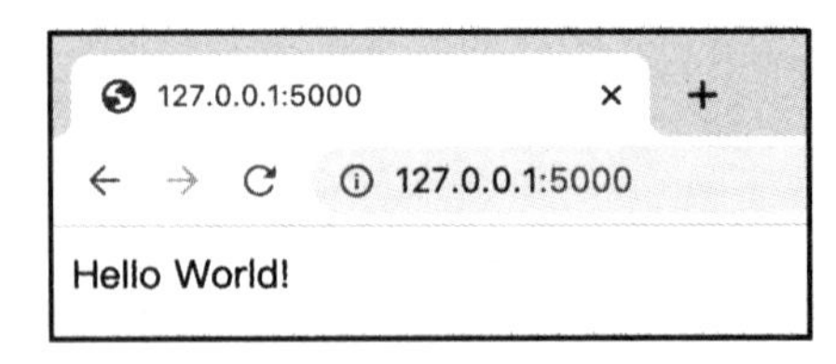

图 6.9　url_for()函数应用效果图

6.3.3　HTTP 方法

HTTP（与 Web 应用会话的协议）有许多不同的访问 URL 方法。默认情况下，路由只回应 GET 请求，通过 route()装饰器传递 methods 参数可以改变这个行为。例如：

```
01  @app.route('/login', methods=['GET', 'POST'])
02  def login():
03      if request.method == 'POST':
04          do_the_login()
05      else:
06          show_the_login_form()
```

HTTP 方法（也经常被叫作“谓词”）用于告知服务器，客户端想对请求的页面做些什么。常见的 HTTP 方法如表 6.1 所示。

表 6.1　常用的 HTTP 方法

方　法　名	说　　明
GET	浏览器告知服务器：获取页面上的信息并返回。这是最常用的方法
HEAD	与 GET 方法类似，但是不返回消息体，只返回消息头。主要用于确认 URL 的有效性及资源更新的日期、时间等。在 Flask 中完全无须人工干预，底层的 Werkzeug 库会自动处理
POST	浏览器告诉服务器：在指定 URL 上发布新信息。常用于向指定位置上传并创建资源，服务器必须存储且仅存储一次数据。这是 HTML 表单发送数据到服务器上时的常用方法
PUT	与 POST 方法类似，但 PUT 只对已经存在的资源进行更新
DELETE	删除指定位置的信息
OPTIONS	返回服务器支持的 HTTP 方法。从 Flask 0.6 开始，可自动实现

在以上方法中，GET 和 POST 方法使用得最多，其他方法使用得较少。

6.3.4　静态文件

动态 Web 应用也会需要静态文件，通常是 CSS 和 JavaScript 文件。默认情况下，在包或模块所在的目录中创建一个名为 static 的文件夹，在应用中使用“/static”即可访问。例如，test 文件夹为应用目录，在 test 目录下创建 static 文件夹，目录结构如图 6.10 所示。

给静态文件生成 URL，可以使用特殊的 static 端点名，示例如下：

```
url_for('static', filename='style.css')
```

上述代码使用 url_for()函数生成了 style.css 文件的目录，即为 static/style.css。

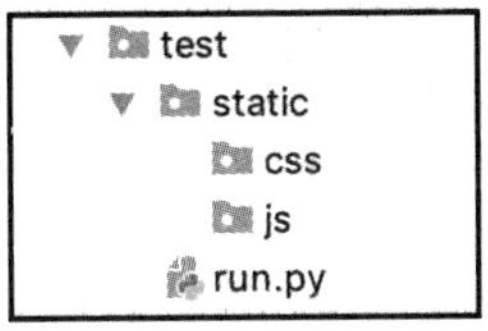

test
static
css
js
run.py

图 6.10　包含静态资源文件的目录结构

6.4　模　　板

模板是一个包含响应文本的文件，其中包含用占位变量表示的动态部分，其具体值只在请求的上下文中才能知道。使用真实值替换变量，再返回最终得到的响应字符串，这一过程称为渲染。为了渲染模板，Flask 使用了一个名为 Jinja2 的强大模板引擎。

6.4.1　渲染模板

默认情况下，Flask 在程序文件夹的 templates 子文件夹中寻找模板。Flask 使用 render_template()函数渲染模板，语法格式如下：

```
render_template('tempalte_name.html', template_variable=name)
```

render_template()函数需要从 Flask 包中导入，它的第一个参数是渲染的模板名称，其余参数为模板中变量的值。例如：

```
return render_template('user.html', username=name)
```

如果在视图函数中调用上面的代码，则会渲染 tempales 目录下的 user.html 模板文件，并将模板文件中的{{username}}使用 name 的值来替换。

下面通过一个实例学习如何渲染模板。

【例 6.4】　渲染首页模板。（**实例位置：资源包\Code\06\04**）

在 venv 同级目录下创建 templates 文件夹，在该文件夹下创建 index.html 文件。然后在 venv 目录下创建 run.py 文件，引入 Bootstrap 前端框架，然后在 run.py 中渲染该文件。目录结构如图 6.11 所示。

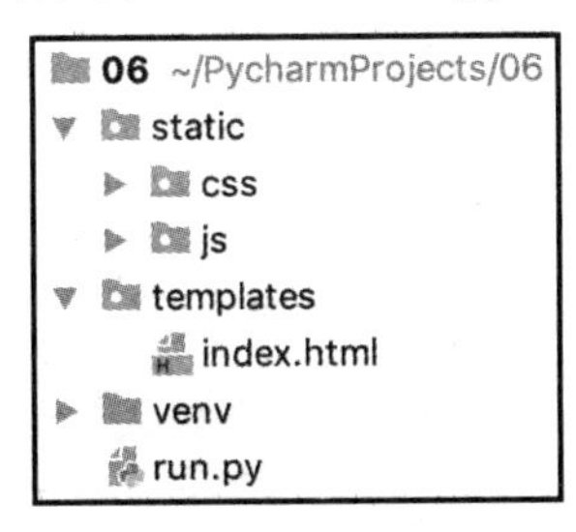

图 6.11　目录结构

templates/index.html 模板代码如下：

```
01  <!DOCTYPE html>
02  <html lang="en">
03  <head>
04      <meta charset="UTF-8">
05      <link rel="stylesheet" href="/static/css/bootstrap.css">
06      <script src="/static/js/jquery.js"></script>
07      <script src="/static/js/bootstrap.js"></script>
08  </head>
09  <body>
10  <nav class="navbar navbar-expand-sm bg-primary navbar-dark">
11    <ul class="navbar-nav">
12      <li class="nav-item active">
13        <a class="nav-link" href="#">首页</a>
14      </li>
15      <li class="nav-item">
16        <a class="nav-link" href="#">明日学员</a>
17      </li>
18      <li class="nav-item">
19        <a class="nav-link" href="#">明日图书</a>
20      </li>
21      <!-- Dropdown -->
22      <li class="nav-item dropdown">
23        <a class="nav-link dropdown-toggle" href="#"
24            id="navbardrop" data-toggle="dropdown">
25          关于我们
26        </a>
27        <div class="dropdown-menu">
28          <a class="dropdown-item" href="#">公司简介</a>
29          <a class="dropdown-item" href="#">企业文化</a>
30          <a class="dropdown-item" href="#">联系我们</a>
31        </div>
32      </li>
33    </ul>
34  </nav>
35  <div class="jumbotron">
36    <h1 class="display-3">欢迎来到{{name}}</h1>
37    <p >
38        {{message}}
39    </p>
40    <hr class="my-4">
41    <p>
42      <a class="btn btn-primary btn-lg" href="#" role="button">了解更多</a>
43    </p>
44  </div>
45  </body>
46  </html>
```

run.py 文件中的关键代码如下：

```
01  from flask import Flask,url_for,redirect,render_template
02
03
04  app = Flask(__name__)
05
06  @app.route('/')
07  def index():
08      name = "明日学院"
09      message = """
10          明日学院，是吉林省明日科技有限公司倾力打造的在线实用技能学习平台，该平台于 2016 年正式
11          上线，主要为学习者提供海量、优质的课程，课程结构严谨，用户可以根据自身的学习程度，自主安
12          排学习进度。我们的宗旨是，为编程学习者提供一站式服务，培养用户的编程思维。
13      """
14      return render_template("index.html",name=name,message=message)
```

Flask 提供的 render_template()函数把 Jinja2 模板引擎集成到了程序中。render_template()函数的第一个参数是模板的文件名。随后的参数都是键值对，表示模板中变量对应的真实值。在这段代码中，“name=name”是关键字参数。左边的 name 是参数名，就是模板中使用的占位符；右边的 name 是当前作用域中的变量，表示这个参数的值。

运行效果如图 6.12 所示。

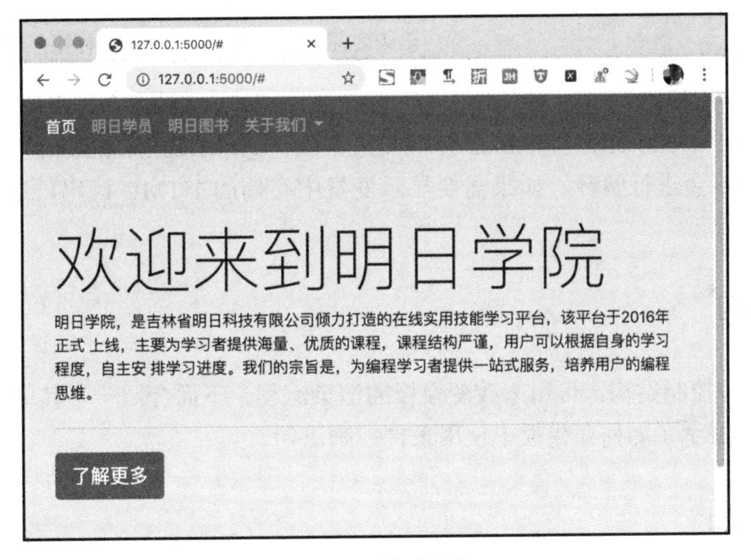

图 6.12　首页效果

6.4.2　模板变量

例 6.4 在模板中使用的“{{ name }}”结构表示一个变量，它是一种特殊的占位符，告诉模板引擎这个位置的值从渲染模板时使用的数据中获取。Jinja2 能识别所有类型的变量，甚至是一些复杂的类型，例如列表、字典和对象。在模板中使用变量的示例代码如下：

```
<p>从字典中取一个值: {{ mydict['key'] }}.</p>
```

```
<p>从列表中取一个值: {{ mylist[3] }}.</p>
<p>从列表中取一个带索引的值: {{ mylist[myintvar] }}.</p>
<p>从对象的方法中取一个值: {{ myobj.somemethod() }}.</p>
```

此外，可以使用过滤器修改变量。在 Jinja2 中，过滤器（filter）是一些可以用来修改和过滤变量值的特殊函数，过滤器和变量用一个竖线（管道符号）隔开，需要参数的过滤器可以像函数一样使用括号传递。例如，下述模板以首字母大写形式显示变量 name 的值。

```
Hello, {{ name|capitalize }}
```

Jinja2 提供的部分常用过滤器如表 6.2 所示。

表 6.2　常用过滤器

名　称	说　明
safe	渲染值时不转义
capitalize	把值的首字母转换成大写，其他字母转换成小写
lower	把值转换成小写形式
upper	把值转换成大写形式
title	把值中每个单词的首字母都转换成大写
trim	把值的首尾空格去掉
striptags	渲染之前把值中所有的 HTML 标签都删掉

safe 过滤器值得特别说明一下。默认情况下，出于安全考虑，Jinja2 会转义所有变量。例如，如果一个变量的值为“<h1>Hello</h1>”，Jinja2 会将其渲染成“<h1>Hello</h1>”，浏览器能显示这个 h1 元素，但不会进行解释。如果需要显示变量中存储的 HTML 代码，这时就可使用 safe 过滤器。

6.4.3　控制结构

Jinja2 提供了多种控制结构，可用来改变模板的渲染流程。下面介绍一下其中最有用的控制结构。下面的示例代码展示了如何在模板中使用条件控制语句。

```
01  {% if user %}
02  Hello, {{ user }}!
03  {% else %}
04  Hello, Stranger!
05  {% endif %}
```

另一种常见需求是在模板中渲染一组元素。下面的示例代码使用 for 循环来实现这一需求。

```
01  <ul>
02  {% for comment in comments %}
03  <li>{{ comment }}</li>
04  {% endfor %}
05  </ul>
```

Jinja2 还支持宏（宏类似于 Python 代码中的函数），例如：

```
01	{% macro render_comment(comment) %}
02	<li>{{ comment }}</li>
03	{% endmacro %}
04	<ul>
05	{% for comment in comments %}
06	{{ render_comment(comment) }}
07	{% endfor %}
08	</ul>
```

为了重复使用宏，可以将其保存在单独的文件中，然后在需要使用的模板中导入宏。

```
01	{% import 'macros.html' as macros %}
02	<ul>
03	{% for comment in comments %}
04	{{ macros.render_comment(comment) }}
05	{% endfor %}
06	</ul>
```

需要在多处重复使用的模板代码片段，可以写入单独的文件，再包含在所有模板中，以避免重复。

```
{% include 'common.html' %}
```

另一种重复使用代码的强大方式是模板继承，它类似于 Python 代码中的类继承。首先，创建一个名为 base.html 的基模板，代码如下。

```
01	<html>
02	<head>
03	{% block head %}
04	<title>{% block title %}{% endblock %} - My Application</title>
05	{% endblock %}
06	</head>
07	<body>
08	{% block body %}
09	{% endblock %}
10	</body>
11	</html>
```

block 标签定义的元素可在衍生模板中修改。在本示例中，我们定义了名为 head、title 和 body 的块。注意，title 包含在 head 中。下面这个示例是基模板的衍生模板。

```
01	{% extends "base.html" %}
02	{% block title %}Index{% endblock %}
03	{% block head %}
04	{{ super() }}
05	{% endblock %}
06	{% block body %}
07	<h1>Hello, World!</h1>
08	{% endblock %}
```

extends 指令声明这个模板衍生自 base.html。在 extends 指令之后，基模板中的 3 个块被重新定义，模板引擎会将其插入适当的位置。注意新定义的 head 块，在基模板中其内容不是空的，所以使用 super()获取原来的内容。

6.5 Web 表单

表单是用户跟 Web 应用实现交互的基本元素。Flask 自己不会处理表单，但 Flask-WTF 扩展允许用户在 Flask 应用中使用 WTForms 包，从而使得定义表单和处理表单变得非常轻松。

WTForms 的安装非常简单，使用如下命令即可安装。

```
pip install flask-wtf
```

安装完成后，使用如下命令可查看所有的安装包。

```
pip list
```

如果安装成功，列表中会有 Flask-WTF 及其依赖包 WTForms，如图 6.13 所示。

```
Package       Version
------------- -------
Click         7.0
Flask         1.1.1
Flask-WTF     0.14.3
itsdangerous  1.1.0
Jinja2        2.11.1
MarkupSafe    1.1.1
pip           20.0.2
setuptools    45.2.0
Werkzeug      1.0.0
wheel         0.34.2
WTForms       2.2.1
```

图 6.13　查看安装包

6.5.1　CSRF 保护和验证

CSRF 的全称是 Cross Site Request Forgery，即跨站请求伪造。CSRF 通过第三方伪造表单数据，POST 到应用服务器上。例如，明日学院网站允许用户通过提交表单来注销账户，也就是说，在用户登录时，如果再通过表单发送一个 POST 请求到明日学院服务器的注销页面，就可以注销账户。如果黑客在他自己的网站中创建了一个会发送到明日学院服务器注销页面的表单，现在有个用户不幸单击了黑客设置的表单“提交”按钮，同时这个用户又登录了账号，那么他的账户就会被注销。

那么，该怎样判断一个 POST 请求是来自网站自己的表单而不是来自黑客伪造的表单呢？WTForms 在渲染每个表单时都会生成一个独一无二的 token，该 token 将在 POST 请求中随表单数据一起传递，并且在表单被接受之前进行验证。token 的值取决于储存在用户会话（cookies）中的一个值，而且该值会在一定时间（默认 30 分钟）之后过时。因此，只有登录了页面的用户才能提交有效的表单，而且必须在登录页面 30 分钟之内提交才能有效。

默认情况下，Flask-WTF 能保护所有表单免受 CSRF 的攻击。恶意网站把请求发送到被攻击者已登录的其他网站时就会引发 CSRF 攻击。为了实现 CSRF 保护，Flask-WTF 需要程序设置一个密钥，通过密钥生成加密令牌，再用令牌验证请求中表单数据的真伪。设置密钥的方法如下：

```
app = Flask(__name__)
app.config['SECRET_KEY'] = 'mrsoft'
```

app.config 可用来存储框架，扩展和程序本身的配置变量。使用标准的字典语法就能把配置值添加到 app.config 对象中。这个对象还提供了一些方法，可以从文件或环境中导入配置值。

SECRET_KEY 配置变量是通用密钥，可在 Flask 和多个第三方扩展中使用。如其名所示，加密的强度取决于变量值的机密程度。不同的程序要使用不同的密钥，而且要保证其他人不知道你所用的字符串。

6.5.2　表单类

使用 Flask-WTF 时，每个 Web 表单都由一个继承自 Form 的类表示。这个类定义了表单中的一组字段，每个字段都用对象表示。字段对象可附属一个或多个验证函数，以验证用户提交的输入值是否符合要求。例如，使用 Flask-WTF 创建包含一个文本字段、密码字段和一个提交按钮的简单的 Web 表单，代码如下：

```
01  from flask_wtf import FlaskForm
02  from wtforms import StringField, PasswordField,SubmitField
03  from wtforms.validators import Required
04  class NameForm(FlaskForm):
05      name = StringField('请输入姓名', validators=[Required()])
06      password = PasswordField('请输入密码', validators=[Required()])
07      submit = SubmitField('Submit')
```

这个表单中的字段都定义为类变量，类变量的值是相应字段类型的对象。在这个示例中，NameForm 表单中有一个名为 name 的文本字段、名为 password 的密码字段和名为 submit 的提交按钮。StringField 类表示属性为 type="text"的<input>元素。SubmitField 类表示属性为 type="submit"的<input>元素。字段构造函数的第一个参数是把表单渲染成 HTML 使用的标号。StringField 构造函数中的可选参数 validators 指定一个由验证函数组成的列表，在接受用户提交的数据之前验证数据。验证函数 Required() 确保提交的字段不为空。

说明

Form 基类由 Flask-WTF 扩展定义，所以从 flask.ext.wtf 中导入。字段和验证函数却可以直接从 WTForms 包中导入。

上述代码中，我们只使用了 3 个 HTML 标准字段，WTForms 还支持很多其他的 HTML 标准字段，如表 6.3 所示。

表 6.3　WTForms 支持的 HTML 标准字段

字 段 类 型	说　　明
StringField	文本字段
TextAreaField	多行文本字段
PasswordField	密码文本字段
HiddenField	隐藏文本字段
DateField	文本字段，值为 datetime.date 格式
DateTimeField	文本字段，值为 datetime.datetime 格式
IntegerField	文本字段，值为整数
DecimalField	文本字段，值为 decimal.Decimal 格式
FloatField	文本字段，值为浮点数
BooleanField	复选框，值为 True 和 False
RadioField	一组单选按钮
SelectField	下拉列表
SelectMultipleField	下拉列表，可选择多个值
FileField	文件上传字段
SubmitField	表单提交按钮
FormField	把表单作为字段嵌入另一个表单内
FieldList	一组指定类型的字段

WTForms 内置的验证函数如表 6.4 所示。

表 6.4　WTForms 内置的验证函数

字 段 类 型	说　　明
Email	验证电子邮件地址
EqualTo	比较两个字段的值，常用于要求输入两次密码进行确认的情况
IPAddress	验证 IPv4 网络地址
Length	验证输入字符串的长度
NumberRange	验证输入的值在数字范围内
Optional	无输入值时跳过其他验证函数
Required	确保字段中有数据
Regexp	使用正则表达式验证输入值
URL	验证 URL
AnyOf	确保输入值在可选值列表中

6.5.3　把表单类渲染成 HTML

表单字段是可调用的，在模板中调用后会渲染成 HTML。假设视图函数把一个 NameForm 实例通过参数 form 传入模板，在模板中可以生成一个简单的表单。

【例 6.5】　验证用户登录信息。（**实例位置：资源包\Code\06\05**）

（1）创建表单类。创建一个 models.py 文件，定义一个表单类 LoginForm。LoginForm 类有 3 个属

性，分别是 name（用户名）、password（密码）和 submit（提交按钮）。具体代码如下：

```
01  from flask_wtf import FlaskForm
02  from wtforms import StringField, PasswordField,SubmitField
03  from wtforms.validators import DataRequired,Length
04
05  class LoginForm(FlaskForm):
06      """
07      登录表单类
08      """
09      name = StringField(label='用户名', validators=[
10          DataRequired("用户名不能为空"),
11          Length(max=10,min=3,message="用户名长度必须大于 3 且小于 8")
12      ])
13      password = PasswordField(label='密码', validators=[
14          DataRequired("密码不能为空"),
15          Length(max=10, min=6, message="用户名长度必须大于 6 且小于 10")
16      ])
17      submit = SubmitField(label="提交")
```

（2）创建视图函数。创建一个 run.py 文件，在文件中创建首页视图函数 index()和登录页视图函数 login()，然后引入 models 类文件，并在 login()视图函数中对用户登录进行验证。如果验证通过，页面跳转至首页，否则在登录页提示错误信息。代码如下：

```
01  from flask import Flask ,url_for,redirect, render_template
02  from models import LoginForm
03
04  app = Flask(__name__)
05  app.config['SECRET_KEY'] = 'mrsoft'
06
07
08  @app.route('/login', methods=['GET', 'POST'])
09  def login():
10      """
11      登录页面
12      """
13      form = LoginForm()
14      if form.validate_on_submit():
15          username = form.name.data
16          password = form.password.data
17          if username== "andy" and password == "mrsoft":
18              return redirect(url_for('index'))
19      return render_template('login.html',form=form)
20
21  @app.route('/')
22  def index():
23      """
24      首页
25      """
```

```
26          name = "明日学院"
27          message = """
28              明日学院，是吉林省明日科技有限公司倾力打造的在线实用技能学习平台，该平台于 2016 年正式
29              上线，主要为学习者提供海量、优质的课程，课程结构严谨，用户可以根据自身的学习程度，自主安
30              排学习进度。我们的宗旨是，为编程学习者提供一站式服务，培养用户的编程思维。
31          """
32          return render_template("index.html",name=name,message=message)
33
34      if __name__ == '__main__':
35              app.run(debug=True)
```

上述代码中，app.route 装饰器中添加的 methods 参数告诉 Flask 在 URL 映射中把 login 视图函数注册为 GET 和 POST 请求的处理程序。如果没有指定 methods 参数，默认把视图函数注册为 GET 请求的处理程序。对于提交表单，大都作为 POST 请求进行处理。

局部变量name和password用来存放表单中输入的有效用户名和密码，如果没有输入，其值为None。上述代码中，在视图函数中创建了一个 LoginForm 类实例用于表示表单。提交表单后，如果数据能被所有验证函数接受，那么 validate_on_submit()方法的返回值为 True，否则返回 False。该返回值决定了是重新渲染表单还是处理表单提交的数据。

（3）渲染 login.html 页面。在 templates 目录下创建一个 login.html 文件，在该文件中定义一个表单，使用 Flask-WTF 渲染表单。关键代码如下：

```
01  <form action="" method="post">
02          <div class="form-group">
03          {{ form.name.label }}
04          {{ form.name(class="form-control")}}
05          {% for err in form.name.errors %}
06                  <p style="color: red">{{ err }}</p>
07          {% endfor %}
08          </div>
09          <div class="form-group">
10          {{ form.password.label }}
11          {{ form.password(class="form-control") }}
12          {% for err in form.password.errors %}
13              <p style="color: red">{{ err }}</p>
14          {% endfor %}
15          </div>
16          {{ form.csrf_token }}
17          {{ form.submit(class="btn btn-primary") }}
18  </form>
```

运行 run.py 文件，在浏览器中输入网址“127.0.0.1:5000”。用户第一次访问程序时，服务器会收到一个没有表单数据的 GET 请求，所以 validate_on_submit()将返回 False。if 语句的内容将被跳过，通过渲染模板处理请求，并传入表单对象和值为 None 的 name 变量作为参数。此时用户会看到浏览器中显示了一个表单，运行效果如图 6.14 所示。

如果用户没有输入用户名或密码直接提交表单，DataRequired()验证函数会捕获这个错误。如果用户输入的用户名或密码长度不符合规定，Length()函数会捕获这个错误，如图 6.15 所示。

图 6.14　显示表单页面

图 6.15　用户名长度不符合规定

6.6　蓝　　图

蓝图（Blueprints）是一个存储操作方法的容器，当它被注册到一个应用上后，这些操作方法就可以被调用。蓝图很好地简化了大型应用的工作方式，并给 Flask 扩展提供了在应用上注册操作的核心方法。蓝图对象与 Flask 应用对象的工作方式很相似，但它确实不是一个应用。蓝图对象没有办法独立运行，必须将它注册到一个应用对象上才能生效。

6.6.1　为什么使用蓝图

Flask 中的蓝图主要用于以下情况。

☑ 一个应用可分解为多个蓝图的集合。这对大型应用是理想的，一个项目可以实例化一个应用对象，初始化几个扩展，并注册多个蓝图。

☑ 以 URL 前缀/子域名，在应用上可以注册一个蓝图。URL 前缀/子域名中的参数即成为这个蓝图下所有视图函数的共同视图参数（默认情况下）。

☑ 在一个应用中，用不同的 URL 规则可以多次注册一个蓝图。

☑ 通过蓝图可提供模板过滤器、静态文件、模板和其他功能。一个蓝图不一定要实现应用或者视图函数。

☑ 初始化一个 Flask 扩展时，需要注册一个蓝图。

Flask 中的蓝图不是即插应用，因为它实际上并不是一个应用——它是可以注册，甚至可以多次注册到应用上的操作集合。蓝图作为 Flask 层提供分割的替代，共享应用配置，并且在必要情况下可以更改所注册的应用对象。它的缺点是无法在创建应用后撤销注册蓝图而不销毁整个应用对象。

蓝图的基本设想是：当它们被注册到应用上时，会记录将被执行的操作；当分派请求和生成从一个端点到另一个的 URL 时，Flask 会关联蓝图中的视图函数。

6.6.2　蓝图的基本使用方法

在 Flask 框架中使用蓝图前，需要先来创建蓝图，然后再注册蓝图。下面通过实例来介绍一下如何使用蓝图。

【例 6.6】　使用蓝图创建前台和后台应用。（**实例位置：资源包\Code\06\06**）

一个 Web 项目通常包括前台和后台。为了更好地开发和维护项目，一般将所有前台相关的代码放到 app/home 目录下，将后台相关的代码放到 app/admin 目录下，然后将蓝图放在一个单独的包里。所以，在 app/home 和 app/adimin 目录下各创建一个__init__.py 初始化文件，它表示 home 和 admin 目录都是 Python 的包，结构如图 6.16 所示。

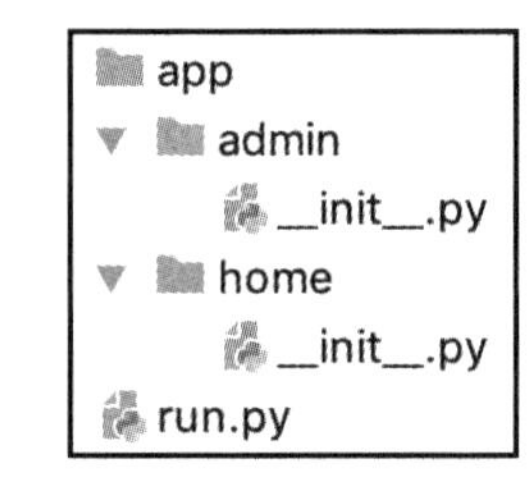

图 6.16　目录结构

1．创建蓝图

在 home/__init__.py 文件中创建 home 蓝图，代码如下：

```
01    from flask import Blueprint
02
03    home = Blueprint("home",__name__)
04
05    @home.route('/')
06    def index():
07        return   '<h1>Hello Home!</h1>'
```

上述代码中，创建了蓝图对象 home，它使用起来类似于 Flask 应用的 app 对象，可以有自己的路由 home.route()。初始化 Blueprint 对象时，第一个参数 home 指定了蓝图的名称，第二个参数指定了蓝图所在的模块名，这里表示当前文件。

同理，在 admin/__init__.py 文件中创建 admin 蓝图，代码如下：

```
01    from flask import Blueprint
02
03    #创建蓝图
04    admin = Blueprint("admin",__name__)
05
06    @admin.route('/')
07    def index():
08        return   '<h1>Hello Admin!</h1>'
```

2．注册蓝图

创建完蓝图后，需要注册蓝图。在 Flask 应用 run.py 主程序中使用 app.register_blueprint()方法即可注册蓝图，代码如下：

```
01    from flask import Flask
02    from app.home import home as home_blueprint
03    from app.admin import admin as admin_blueprint
04
```

```
05    app = Flask(__name__)
06    #注册蓝图
07    app.register_blueprint(home_blueprint, url_prefix='/home')
08    app.register_blueprint(admin_blueprint, url_prefix='/admin')
09
10    if __name__ == '__main__':
11        app.run(debug=True)
```

上述代码中，使用 app.register_blueprint()方法来注册蓝图，该方法的第一个参数是蓝图名称，第二个参数 url_prefix 是蓝图的 URL 前缀。

接下来，在浏览器中访问 127.0.0.1:5000/home/时就可以加载 home 蓝图的 index 视图，运行结果如图 6.17 所示。在浏览器中访问 127.0.0.1:5000/admin/时就可以加载 admin 蓝图的 index 视图，运行结果如图 6.18 所示。

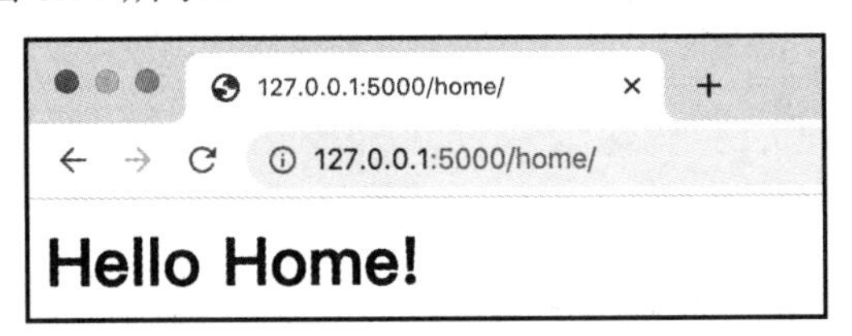

图 6.17　home 蓝图的模板内容

图 6.18　admin 蓝图的模板内容

6.7　Flask 常用扩展

Flask 框架是一个微框架，它只保留最核心的功能，通过扩展来增加其他功能。例如，前面介绍的 Flask-WTF 扩展，通过它来实现表单的验证功能。下面就来介绍一下 Flask 框架中常用的一些其他扩展。

6.7.1　Flask-SQLAlchemy 扩展

SQLAlchemy 是一个常用的数据库抽象层和数据库关系映射包（ORM），通常使用 Flask 中的扩展——Flask-SQLAlchemy 来操作 SQLAlchemy。

1．安装 Flask-SQLAlchemy

使用 pip 工具可安装 Flask-SQLAlchemy，安装方式非常简单，在 venv 虚拟环境下使用如下命令。

```
pip   install   Flask-SQLAlchemy
```

2．基本使用

使用 Flask-SQLAlchemy 前，我们需要先创建一个 MySQL 数据库，这里命名为 flask_demo，接下来创建 manage.py 文件。在 manage.py 文件中，在 Flask 实例的全局配置中配置相关属性，然后实例化 SQLAlchemy 类，最后调用 create_all()方法来创建数据表。代码如下：

```
01    from flask import Flask
02    from flask_sqlalchemy import SQLAlchemy
```

```
03  import pymysql
04
05  app = Flask(__name__)
06  #基本配置
07  app.config['SQLALCHEMY_TRACK_MODIFICATIONS'] = True
08  app.config['SQLALCHEMY_DATABASE_URI'] = (
09          'mysql+pymysql://root:root@localhost/flask_demo'
10          )
11  db = SQLAlchemy(app)                                    #实例化 SQLAlchemy 类
12  #创建数据表类
13  class User(db.Model):
14      id = db.Column(db.Integer, autoincrement=True,primary_key=True)
15      username = db.Column(db.String(80),unique=True,nullable=False)
16      email = db.Column(db.String(120),unique=True,nullable=False)
17
18      def __repr__(self):
19          return '<User %r>' % self.username
20
21  if __name__ == "__main__":
22      db.create_all()                                     #执行创建命令
```

上述代码中，app.config['SQLALCHEMY_TRACK_MODIFICATIONS']设置成 True，Flask-SQLAlchemy 将会追踪对象的修改并且发送信号。这需要额外的内存，如果不必要，可以设置为 False 以禁用它。app.config['SQLALCHEMY_DATABASE_URI']用于连接数据的数据库。例如：

```
sqlite:////tmp/test.db
mysql://username:password@server/db
```

接下来，实例化 SQLAlchemy 类并赋值给 db 对象，然后创建需要映射的数据表类 User。User 类需要继承 db.Model，类属性对应着表的字段。例如，id 字段使用 db.Integer 表示整型数据，用 key=True 表示 id 为主键；username 字段使用 db.String(80)表示长度为 80 的字符串型数据，使用 unique=True 表示用户名唯一，并且使用 nullable=False 表示不能为空。

最后，使用 db.create_all()方法创建所有表。

执行命令 python manage.py。此时，数据库中新增一个 user 表，使用可视化工具 Navicat 查看 user 表结构，如图 6.19 所示。

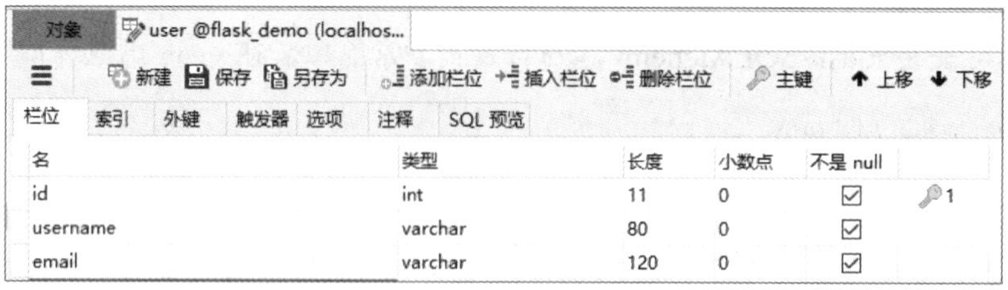

对象 | user @flask_demo (localhos...

☰ 新建 保存 另存为 添加栏位 插入栏位 删除栏位 主键 上移 下移

栏位 索引 外键 触发器 选项 注释 SQL 预览

名	类型	长度	小数点	不是 null	
id	int	11	0	☑	🔑1
username	varchar	80	0	☑	
email	varchar	120	0	☑	

图 6.19　Flask-SQLAlchemy 创建数据表

3．定义关系

数据表之间的关系通常包括一对一、一对多和多对多关系。下面以“用户-文章”模型为例，介绍如何使用 Flask-SQLAlchemy 定义一对多的关系。

在“用户-文章”模型中，一个作者可以写多篇文章，而一篇文章必然属于一个作者。所以，对于作者和文章而言，这是一个典型的一对多关系。在 manage.py 文件中编写这两种对应关系，代码如下：

```
01  from flask import Flask
02  from flask_sqlalchemy import SQLAlchemy
03  import pymysql
04
05  app = Flask(__name__)
06  #基本配置
07  app.config['SQLALCHEMY_TRACK_MODIFICATIONS'] = True
08  app.config['SQLALCHEMY_DATABASE_URI'] = (
09          'mysql+pymysql://root:root@localhost/flask_demo'
10          )
11  db = SQLAlchemy(app)                                  #实例化 SQLAlchemy 类
12  #创建数据表类
13  class User(db.Model):
14      id = db.Column(db.Integer,primary_key=True)
15      username = db.Column(db.String(80),unique=True,nullable=False)
16      email = db.Column(db.String(120),unique=True,nullable=False)
17      articles = db.relationship('Article')
18
19      def __repr__(self):
20          return '<User %r>' % self.username
21
22  class Article(db.Model):
23      id = db.Column(db.Integer,primary_key=True)
24      title = db.Column(db.String(80),index=True)
25      content = db.Column(db.Text)
26      user_id = db.Column(db.Integer,db.ForeignKey('user.id'))
27
28      def __repr__(self):
29          return '<Article %r>' % self.title
30
31
32  if __name__ == "__main__":
33      db.create_all()                                   #执行创建命令
```

在上述代码中，User 类（一对多关系中的“一”）添加了一个 articles 属性，这个属性并没有使用 Column 类声明为列，而是使用 db.relationship()来定义关系属性，relationship()参数是另一侧的类名称。当调用 User.articles 时返回多个记录，也就是该用户对应的所有文章。

在 Article 类（一对多关系中的“多”）添加了一个 user_id 属性，通过使用 db.ForeignKey()将其设置为外键。外键（foreign key）是用来在 Article 表中存储 User 表的主键值，以便和 User 表建立联系的关系字段。db.ForeignKey('user.id')中的参数 user 是 User 类所对应的表名，id 则是 user 表的主键。

再次执行命令 python manage.py 文件，flask_demo 数据库中将新增一个 article 表。该 article 表结构的外键如图 6.20 所示。

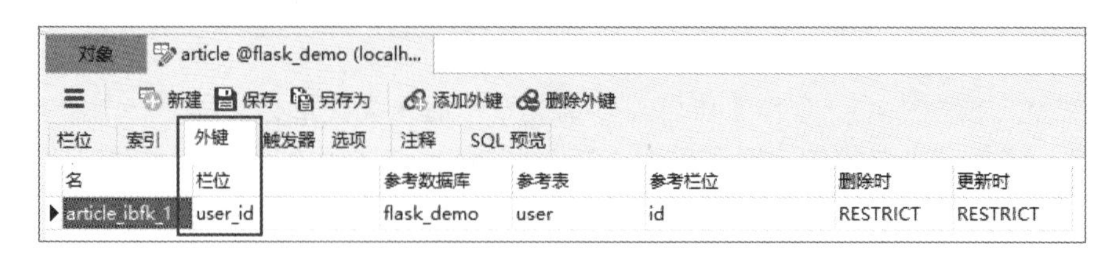

图 6.20 article 表外键

6.7.2 Flask-Migrate 扩展

在实际开发过程中通常需要更新数据表结构。例如，在 user 表中新增一个 gender 字段，则需要在 User 类中添加如下代码：

```
gender = db.Column(db.BOOLEAN,default=True)
```

添加完成后，执行 python manage.py 命令后发现表结构并没有变化，这是因为重新调用 create_all() 方法不会起到更新表或重新创建表的作用。我们需要先使用 drop_all()方法删除表，但是如果这样，表中的数据也会随之消失。SQLAlchemy 的开发者 Michael Bayer 编写了一个数据库迁移工具 Alembic 可以实现数据库的迁移。它可以在不破坏数据的情况下更新数据表结构。

Flask-Migrate 扩展集成了 Alembic，提供了一些 Flask 命令来完成数据迁移。下面介绍如何使用 Flask-Migrate 实现数据迁移。

1．安装 Flask-Migrate

使用 pip 工具来安装 Flask-Migrate，安装方式非常简单，在 venv 虚拟环境下使用如下命令：

```
pip   install   Flask-Migrate
```

Flask-Migrate 提供了一个命令集，使用 db 作为命令集名称，可以执行“flask db --help”命令来查看 Flak-Migrate 的基本使用，如图 6.21 所示。

```
$ flask db --help
Usage: flask db [OPTIONS] COMMAND [ARGS]...

  Perform database migrations.

Options:
  --help  Show this message and exit.

Commands:
  branches   Show current branch points
  current    Display the current revision for each database.
  downgrade  Revert to a previous version
  edit       Edit a revision file
  heads      Show current available heads in the script directory
  history    List changeset scripts in chronological order.
  init       Creates a new migration repository.
  merge      Merge two revisions together, creating a new revision file
  migrate    Autogenerate a new revision file (Alias for 'revision...
  revision   Create a new revision file.
  show       Show the revision denoted by the given symbol.
  stamp      'stamp' the revision table with the given revision; don't run...
  upgrade    Upgrade to a later version
```

图 6.21 Flask-Migrate 常用命令

2. 创建迁移环境

使用 Flask_Migrate 可以创建迁移环境。首先引入 Migrate 类，然后实例化 Migrate 类，代码如下：

```
01  from flask import Flask
02  from flask_sqlalchemy import SQLAlchemy
03  import pymysql
04  from flask_migrate import Migrate                          #新增代码，导入 Migrate
05
06  app = Flask(__name__)                                     #创建 Flask 应用
07  app.config['SQLALCHEMY_TRACK_MODIFICATIONS'] = True
08  app.config['SQLALCHEMY_DATABASE_URI'] = (
09          'mysql+pymysql://root:root@localhost/flask_demo'
10          )
11  db = SQLAlchemy(app)
12  migrate = Migrate(app,db)                                 #新增代码，创建 Migrate 实例
13
14  #创建数据表类
15  class User(db.Model):
16      id = db.Column(db.Integer,primary_key=True)
17      username = db.Column(db.String(80),unique=True,nullable=False)
18      email = db.Column(db.String(120),unique=True,nullable=False)
19      articles = db.relationship('Article')
20
21      def __repr__(self):
22          return '<User %r>' % self.username
23
24  class Article(db.Model):
25      id = db.Column(db.Integer,primary_key=True)
26      title = db.Column(db.String(80),index=True)
27      content = db.Column(db.Text)
28      user_id = db.Column(db.Integer,db.ForeignKey('user.id'))
29
30      def __repr__(self):
31          return '<Article %r>' % self.title
32
33
34  if __name__ == "__main__":
35      db.create_all()                                       #执行创建命令
```

在上述代码中，在实例化 Migrate 类时传入了两个参数，第一个参数是程序实例 app，第二个参数 db 是 SQLAlchemy 类创建的对象。

接下来需要使用 FLASK_APP 环境变量定义如何载入应用。不同的操作系统，命令有所不同。

☑ Windows 系统。

```
set FLASK_APP=manage.py
```

☑ Unix Bash（Linux、Mac 及其他）。

```
export FLASK_APP=manage.py
```

注意

“FLASK_APP=manage.py”之间没有空格。当关闭命令行窗口时，这里的设置失效。下次使用时，需要再次设置 FLASK_APP 环境变量。

准备就绪，开始创建一个迁移环境，执行如下命令：

```
flask db init
```

执行完成后，在项目根目录下自动生成了一个 migrations 文件夹，其中包含了配置文件和迁移版本文件，如图 6.22 所示。

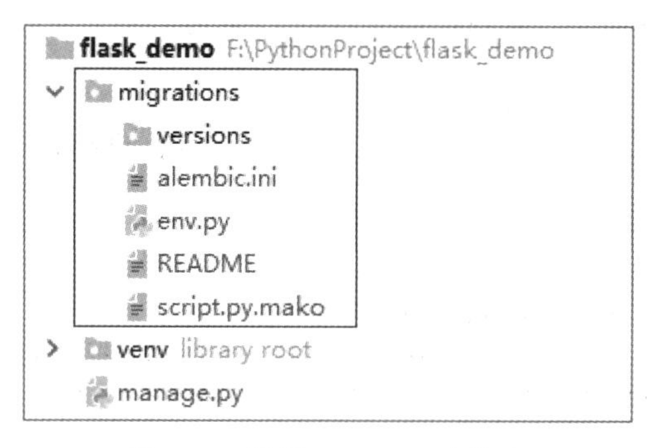

图 6.22 新增 migration 文件夹

3. 生成迁移脚本

创建完迁移环境后，可以执行如下命令，自动生成迁移脚本。

```
flask db  migrate  -m "add gender for user table"
```

执行后会在 migrations/versions/目录下生成一个迁移脚本文件，关键代码如下：

```
01  def upgrade():
02      ###commands auto generated by Alembic - please adjust! ###
03      op.add_column('user', sa.Column('gender', sa.BOOLEAN(), nullable=True))
04      # ###end Alembic commands ###
05
06
07  def downgrade():
08      # ###commands auto generated by Alembic - please adjust! ###
09      op.drop_column('user', 'gender')
10      # ###end Alembic commands ###
```

上述代码中，upgrade()函数主要用于将改动应用到数据库，downgrade()函数主要用于撤销改动。

说明

每一次迁移都会生成新的迁移脚本，而且 Alembic 为每一次迁移都生成了修订版本 ID，所以数据库可以恢复到修改历史中的任意版本。

4．更新数据库

生成迁移脚本后，接下来可以使用如下命令更新数据库。

```
flask  db  upgrad
```

执行后，flask_demo 数据库中将新增一个 alembic_version 表，用于记录当前版本号；修改的 user 表中将新增一个 gender 字段。

说明

迁移环境只需要创建一次，也就是说下次修改表时只需要执行 flask db migrate 和 flask db upgrade 命令。

6.7.3　Flask-Script 扩展

Flask-Script 扩展为 Flask 应用添加了一个命令行解析器，它使 Flask 应用可以通过命令行来运行服务器，自定义 Python shell，以及通过脚本来设置数据库、周期性任务以及其他 Flask 应用本身不提供的功能。

Flask-Script 跟 Flask 工作的方式很相似，通过给 Manage 实例对象定义和添加命令，然后就可以在命令行中调用这些命令了。

可以通过 pip 命令安装 Flask-Script，代码如下：

```
pip install flask_script
```

1．定义并运行命令

首先创建一个 app.py 文件，并在其中创建一个 Manager 对象，Manager 类会记录所有的命令，并处理如何调用这些命令。代码如下：

```
01    from flask_script import Manager
02    from flask import Flask
03
04    app = Flask(__name__)
05    #配置 app
06    app.debug = True
07    manager = Manager(app)
08
09    if __name__ == "__main__":
10        manager.run()
```

调用 manager.run()方法之后，Manager 对象就准备好接收命令行传递的命令了。实例化 Manager 类时需要传递一个 Flask 对象给它，这个参数也可以是一个函数或者可调用对象，只要它们能够返回一个 Flask 对象就可以。

下一步就是创建和添加命令，可以通过以下 3 种方式来创建命令。

☑ 继承 Command 类。

☑ 使用@command 修饰器。

☑ 使用@option 修饰器。

2．继承 Comman 类

从 Flask-Script 中导入 Command 类，然后自定义一个类，令其继承 Command。代码如下：

```
01    from flask_script import Manager,Command
02    from flask import Flask
03
04    app = Flask(__name__)
05    #配置 app
06    app.debug = True
07    manager = Manager(app)
08
09    class Hello(Command):
10        "prints hello word"
11
12        def run(self):
13            print("Hello World!")
14
15    manager.add_command("hello",Hello())
16
17    if __name__ == "__main__":
18        manager.run()
```

上述代码中，manager.add_command()必须在 manager.run()之前执行。接下来就可以执行如下命令：

```
python app.py hello
```

运行结果为：

```
Hello World!
```

也可以直接将 Command 对象传递给 manager.run()，例如：

```
manager.run({'hello' : Hello()})
```

说明

Command 类必须定义一个 run()方法，方法中的位置参数以及可选参数由命令行中输入的参数决定。

下面，结合 Flask_Migrate 实现数据迁移操作。代码如下：

```
01    from flask import Flask
02    from flask_sqlalchemy import SQLAlchemy
03    import pymysql
04    from flask_migrate import Migrate,MigrateCommand
```

```
05    from flask_script import Manager,Shell
06
07
08    app = Flask(__name__)                                      #创建 Flask 应用
09    app.config['SQLALCHEMY_TRACK_MODIFICATIONS'] = True
10    app.config['SQLALCHEMY_DATABASE_URI'] = (
11              'mysql+pymysql://root:root@localhost/flask_demo'
12              )
13    db = SQLAlchemy(app)
14    migrate = Migrate(app,db)
15    manager = Manager(app)                                     #实例化 Manager 类
16    manager.add_command("db",MigrateCommand)                   #新增 db 命令
17
18    #设置 ORM 类
19    class User(db.Model):
20        id = db.Column(db.Integer,primary_key=True)
21        #省略部分代码
22    class Article(db.Model):
23        id = db.Column(db.Integer,primary_key=True)
24        #省略部分代码
25
26    if __name__ == "__main__":
27        manager.run()
```

上述代码中，manager.add_command("db",MigrateCommand)用于创建 db 命令，对应的 Command 类是 Flask_Migrate 中的 MigrateCommand。这样就不再需要使用 flask db 命令实现版本迁移，而是使用如下命令代替：

```
python manage.py db init
python manage.py db migrate
python manage.py db upgrade
```

3．使用@command 修饰器

使用 Manager 实例的 command 方法装饰函数，代码如下：

```
01    from flask_script import Manager
02    from flask import Flask
03
04    app = Flask(__name__)
05    #配置 app
06    app.debug = True
07    manager = Manager(app)
08
09    @manager.command
10    def hello():
11        print("Hello World!")
12
13    if __name__ == "__main__":
14        manager.run()
```

接下来就可以执行如下命令：

```
python app.py hello
```

运行结果为：

```
Hello World!
```

4．使用@option 修饰器

使用 Manager 实例的 command 方法装饰函数，代码如下：

```
01    from flask_script import Manager
02    from flask import Flask
03
04    app = Flask(__name__)
05    #配置 app
06    app.debug = True
07    manager = Manager(app)
08
09    @manager.option("-n","--name",help="Your name")
10    def hello(name):
11        print("hello {}".format(name))
12
13
14    if __name__ == "__main__":
15        manager.run()
```

执行如下命令：

```
python app.py —name=Andy
```

运行结果为：

```
hello Andy
```

5．默认命令

Flask-Script 自身提供了很多默认的命令，例如 Server 和 Shell。下面分别进行介绍。

（1）Server 命令

Server 命令用于运行 Flask 应用服务器，示例代码如下：

```
01    from flask_script import Server,Manager
02    from flask import Flask
03
04    app = Flask(__name__)
05    app.debug = True
06    manager = Manager(app)
07    manager.add_command("runserver",Server())
08
09    @app.route('/')
```

```
10    def hello():
11        return "Hello World!"
12
13    if __name__ == "__main__" :
14        manager.run()
```

调用方式如下：

```
python manage.py runserver
```

通过浏览器访问“127.0.0.1:5000”，运行结果如下：

```
Hello World!
```

Server 命令有许多参数，可以通过 python manager.py runserver -?命令来获取详细帮助信息，也可以在构造函数中重定义默认值。

```
server = Server(host="0.0.0.0", port=9000)
```

大多数情况下，runserver 命令用于开启调试模型运行服务器，以便查找 bug。因此，如果没有在配置文件中特别声明的话，runserver 默认是开启调试模式的；当修改代码时，会自动重载服务器。

（2）Shell 命令

Shell 命令用于打开一个 Python 终端，你可以给它传递一个 make_context 参数，这个参数必须是一个可调用对象，并且返回一个字典。结合 Flask_SQLAlchemy 扩展，可使用 Shell 操作数据库，创建一个 manage_shell.py 文件。代码如下：

```
01    from flask import Flask
02    from flask_sqlalchemy import SQLAlchemy
03    import pymysql
04    from flask_migrate import Migrate,MigrateCommand
05    from flask_script import Manager,Shell
06
07    app = Flask(__name__)                                          #创建 Flask 应用
08    app.config['SQLALCHEMY_TRACK_MODIFICATIONS'] = True
09    app.config['SQLALCHEMY_DATABASE_URI'] = (
10            'mysql+pymysql://root:root@localhost/flask_demo'
11            )
12    db = SQLAlchemy(app)
13    migrate = Migrate(app,db)
14    manager = Manager(app)
15
16    def make_shell_context():
17        return dict(app=app,db=db,User=User,Article=Article)          #返回一个字典
18
19    manager.add_command("shell",Shell(make_context=make_shell_context))
20
21    class User(db.Model):
22        id = db.Column(db.Integer,primary_key=True)
23        #省略部分代码
```

```
24
25  class Article(db.Model):
26      id = db.Column(db.Integer,primary_key=True)
27      #省略部分代码
28
29  if __name__ == "__main__":
30      manager.run()
```

创建完成后，我们就可以使用 Shell 来操作数据库了。首先使用 db.create_all()函数生成数据表 user 和 article，然后使用 db.session.add()新增一个 user 用户和两篇 article 文章，接下来使用 db.session.commit()添加到数据库，如图 6.23 所示。

```
$ python manage_shell.py shell
>>> db
<SQLAlchemy engine=mysql+pymysql://root:***@localhost/flask_demo?charset=utf8>
>>> db.create_all()
>>> user = User(username="Andy",email="mr@mrsoft.com")
>>> db.session.add(user)
>>> db.session.commit()
>>> user
<User 'Andy'>
>>> user.id
1
>>> post1 = Article(user_id=1,title="what is Python")
>>> post2 = Article(user_id=1,title="what is lambda")
>>> db.session.add(post1)
>>> db.session.add(post2)
>>> db.session.commit()
>>> user.articles
[<Article 'what is Python'>, <Article 'what is lambda'>]
```

图 6.23　Shell 模式下操作数据

6.8　小　　结

本章主要介绍 Flask 框架的基础知识。首先介绍 Flask 框架的下载和安装方法，然后通过一个程序直观感受使用 Flask 框架的简单快捷，接下来介绍 Flask 框架的路由、模板、表单和蓝图，最后介绍 Flask 框架的常用扩展。通过本章的学习，读者将深刻体会到 Flask 框架小而美的设计哲学，并学会使用 Flask 框架开发小型 Web 程序。

第 7 章

Flask 框架进阶

了解了 Flask 框架的基础知识以后，我们已经能够开发一个简单的 Web 网站了。但如果想让网站的功能更加完善，用户体验更好，就需要再学习 Flask 的进阶知识。

Flask 虽然是一个轻量级的 Web 开发框架，但是麻雀虽小，五脏俱全，它拥有 MVC 模式的全部组件，包括模型、视图和控制器。在第 6 章 Flask 基础上，本章将详细介绍与 MVC 相关的内容，包括 Flask 的请求和响应、高级模板技术以及与数据库相关的操作。

7.1　Flask 请求

7.1.1　Request 请求对象

如果以 GET 请求访问 URL，例如 URL 是 127.0.0.1:5000/?name=andy&age=18，该如何获取这个 URL 中的参数呢？如果以 POST 请求提交一个表单，又该如何获取表单中各个字段的值呢？

利用 Flask 提供的 Request 请求对象就可以实现这个功能。

Request 请求对象封装了从客户端发来的请求报文，可以从其中获取请求报文中的所有数据。请求解析和响应封装实际上大部分是由 Werkzeug 完成的，Flask 子类化 Werkzeug 的请求（Request）和响应（Response）对象，并添加了和程序相关的特定功能。

Request 请求对象的常用属性和方法如表 7.1 所示。

表 7.1　Request 对象的常用属性和方法

属性或方法	说　明
form	一个字典，存储请求提交的所有表单字段
args	一个字典，存储通过 URL 查询字符串传递的所有参数
values	一个字典，form 和 args 的合集
cookies	一个字典，存储请求的所有 cookie
headers	一个字典，存储请求的所有 HTTP 首部
files	一个字典，存储请求上传的所有文件
get_data()	返回请求主体缓冲的数据
get_json()	返回一个 Python 字典，包含解析请求主体后得到的 JSON
blueprint	处理请求的 Flask 蓝本的名称
endpoint	处理请求的 Flask 端点的名称
method	HTTP 请求方法，可以是 GET 或 POST

续表

属性或方法	说　　明
scheme	URL 方案（http 或 https）
is_secure()	通过安全的连接（HTTPS）发送请求时，返回 True
host	请求定义的主机名，如果客户端定义了端口号，还包括端口号
path	URL 的路径部分
query_string	URL 的查询字符串部分，返回原始二进制值
full_path	URL 的路径和查询字符串部分
url	客户端请求的完整 URL
base_url	同 url，但没有查询字符串部分
remote_addr	客户端的 IP 地址
environ	请求的原始 WSGI 环境字典

1．获取 GET 请求参数

使用 request.args.get()方法可以获取 GET 请求参数。

【例 7.1】 获取 GET 请求参数。（**实例位置：资源包\Code\07\01**）

获取 127.0.0.1:5000/?name=andy&age=18 这个 URL 中的 name 和 age 两个参数。在资源目录下创建一个 run.py 文件，代码如下：

```
01  from flask import Flask,request
02
03  app = Flask(__name__)
04
05  @app.route('/')
06  def index():
07      name = request.args.get('name')
08      age = request.args.get('age')
09      message = f'姓名:{name}\n 年龄:{age}'
10      return message
11
12  if __name__ == '__main__':
13      app.run()
```

在浏览器中访问网址 127.0.0.1:5000/?name=andy&age=18，运行结果如图 7.1 所示。

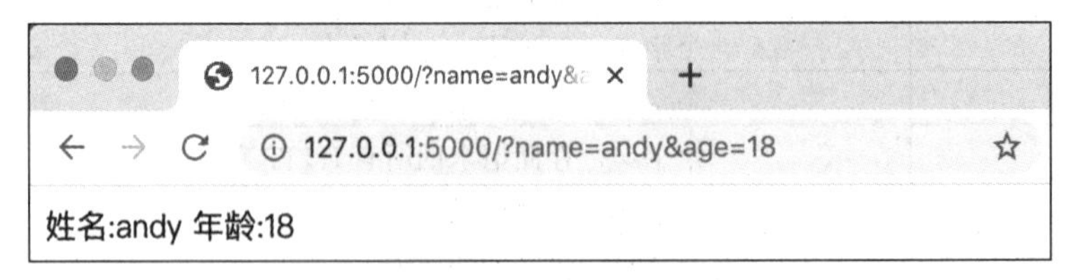

图 7.1　接受 GET 请求参数

2．获取 POST 请求参数

使用 request.args.post()方法可以接收 POST 请求参数。如果接收表单数据，可以使用 form 对象。

【例 7.2】　获取表单提交信息。（**实例位置：资源包\Code\07\02**）

（1）创建一个 run.py 文件，在该文件中定义一个 login 路由，代码如下：

```
01  from flask import Flask,request,render_template
02
03  app = Flask(__name__)
04
05  @app.route('/login',methods=['GET','POST'])
06  def login():
07      if request.method == 'POST':
08          username = request.form['username']
09          password = request.form['password']
10          message = f'用户名是:{username}</br>密码是:{password}'
11          return message
12
13      return render_template('login.html')
14
15  if __name__ == '__main__':
16      app.run(debug=True)
```

（2）创建在 run.py 同级目录下，创建 templates 文件夹。

（3）在 templates 路径下创建 login.html 模板文件，代码如下：

```
01  <!DOCTYPE html>
02  <html lang="en">
03  <head>
04      <meta charset="UTF-8">
05      <title>用户登录</title>
06  </head>
07  <body>
08  <form action="" method="post">
09      <div>
10          <label for="username">用户名</label>
11          <input type="text" id="username" name="username" value="">
12      </div>
13      <div>
14          <label for="password">密码</label>
15          <input type="password" id="password" name="password" value="">
16      </div>
17      <button type="submit">提交</button>
18  </form>
19
20  </body>
21  </html><!DOCTYPE html>
22  <html lang="en">
23  <head>
24      <meta charset="UTF-8">
25      <title>用户登录</title>
```

```
26  </head>
27  <body>
28  <form action="" method="post">
29      <div>
30          <label for="username">用户名</label>
31          <input type="text" id="username" name="username" value="">
32      </div>
33      <div>
34          <label for="password">密码</label>
35          <input type="password" id="password" name="password" value="">
36      </div>
37      <button type="submit">提交</button>
38  </form>
39
40  </body>
41  </html>
```

在浏览器中访问网址 127.0.0.1:5000/login，显示表单页面，运行结果如图 7.2 所示。输入用户名和密码，单击“提交”按钮，运行结果如图 7.3 所示。

图 7.2　表单页面

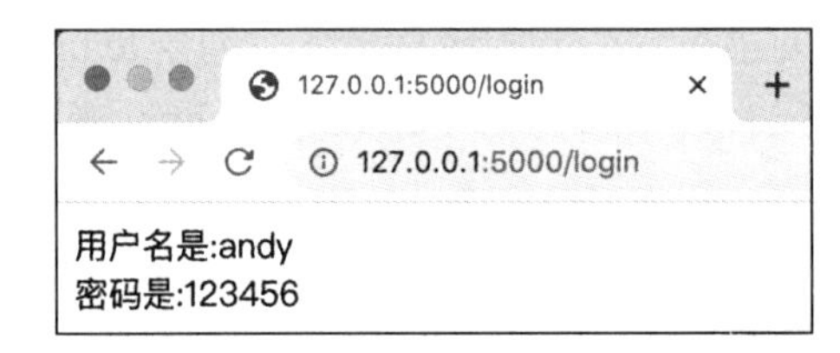

图 7.3　获取表单数据

3．文件上传

在使用 Web 表单时，经常会使用到上传文件功能。request.files 对象可以获取与表单相关的数据。

【例 7.3】　实现上传用户图片功能。（**实例位置：资源包\Code\07\03**）

首先定义一个路由函数 upload()，用于上传图片。然后提交上传的图片，并在另一个路由函数 uploaded_file()中显示图片内容。具体步骤如下：

（1）在 templates 目录下创建文件上传的模板 upload.html，代码如下：

```
01  <!DOCTYPE html>
02  <html lang="en">
03  <head>
04      <meta charset="UTF-8">
05      <title>上传图片</title>
06  </head>
07  <body>
08  <form action="" method="post" enctype="multipart/form-data">
09      <div>
10          <label for="avatar">上传图片</label>
11          <input type="file" id="avatar" name="avatar" value="">
```

```
12        </div>
13        <button type="submit">提交</button>
14    </form>
15
16    </body>
17    </html>
```

上述代码中，Form 表单中设置 enctype="multipart/form-data"，用于上传文件。

（2）创建 upload()路由函数。当接收 GET 请求时，显示模板文件内容。当接收 POST 请求时，上传图片。代码如下：

```
01    @app.route('/upload',methods=['GET','POST'])
02    def upload():
03        """
04        头像上传表单页面
05        :return:
06        """
07        if request.method == 'POST':
08            #接受头像字段
09            avatar = request.files['avatar']
10            #判断文件是否上传，已经上传的文件类型是否正确
11            if avatar and allowed_file(avatar.filename):
12                #生成一个随机文件名
13                filename = random_file(avatar.filename)
14                #保存文件
15                avatar.save(os.path.join(app.config['UPLOAD_FOLDER'], filename))
16                return redirect(url_for('uploaded_file',filename=filename))
17
18        return render_template('upload.html')
```

上述代码中，使用 request.files['avatar']接收表单中 username='avatar'的字段值。然后检测用户是否上传了图片，并且使用 allowed_file()函数检测上传的文件类型是否满足设定的要求。allowed_file()函数的具体代码如下：

```
01    def allowed_file(filename):
02        """
03        判断上传文件类型是否允许
04        :param filename: 文件名
05        :return: 布尔值 True 或 False
06        """
07        return '.' in filename and \
08               filename.rsplit('.', 1)[1] in ALLOWED_EXTENSIONS
```

接下来，使用 random_file()函数为上传的文件重新创建一个随机的不重复的文件名。为什么不能使用上传文件的原始文件名呢？这是因为当上传的路径中存在与正在上传的文件名相同时，它会被当前上传的文件替换掉。此外，还有出于对安全的考虑，防止恶意用户在文件名中嵌入恶意代码。

random_file()函数通过使用 uuid.uuid4()生成一个随机的几乎不可能重复的文件名，然后拼接出一个完整的文件路径。代码如下：

```
01  def random_file(filename):
02      """
03      生成随机文件
04      :param filename: 文件名
05      :return: 随机文件名
06      """
07      #获取文件后缀
08      ext = os.path.splitext(filename)[1]
09      #使用 uuid 生成随机字符
10      new_filename = uuid.uuid4().hex+ext
11      return new_filename
```

准备工作完成后，最后调用 avartar.save()方法将图片存储到相应的路径下。

（3）创建 uploaded_file()路由函数，显示图片内容。代码如下：

```
01  @app.route('/uploads/<filename>')
02  def uploaded_file(filename):
03      """
04      显示上传头像
05      :param filename: 文件名
06      :return: 真实文件路径
07      """
08      return send_from_directory(app.config['UPLOAD_FOLDER'],filename)
```

上述代码中，send_from_directory()函数用于显示静态资源文件。

在浏览器中访问网址 http://127.0.0.1:5000/upload，显示上传图片页面。单击“选择文件”按钮，弹出一个选择框，选择图片后单击“打开”按钮，图片文件名称将显示在“选择文件”按钮右侧，运行效果如图 7.4 所示。

单击“提交”按钮上传文件，如果上传成功，页面将跳转至 upload，并在该页面显示图片内容，运行效果如图 7.5 所示。

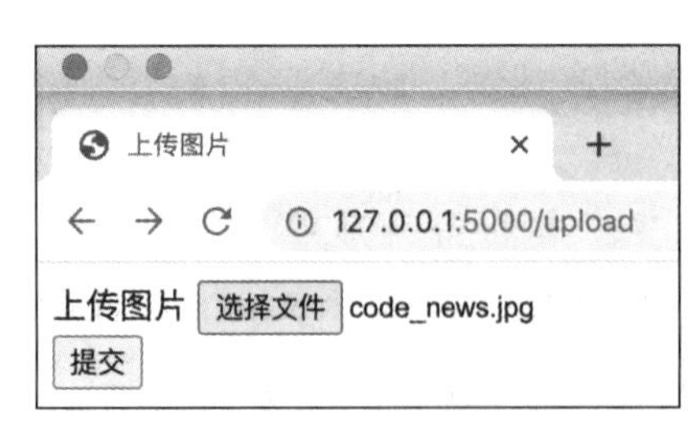

图 7.4　上传图片

图 7.5　显示上传的图片内容

此时，图片被上传到设置的路径下，并创建了一个随机的文件名，如图 7.6 所示。

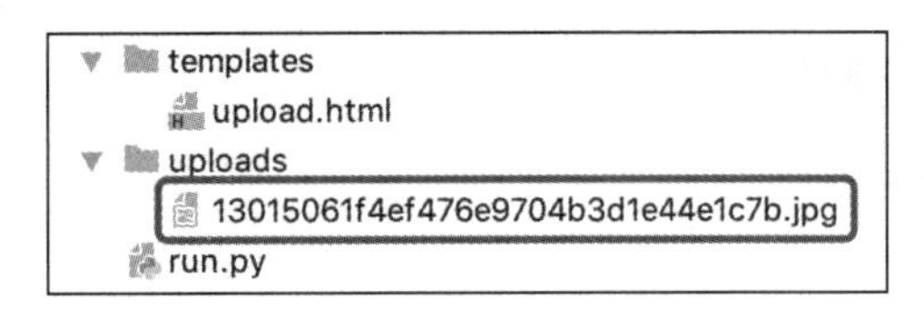

图 7.6　上传图片所在路径

7.1.2　请求钩子

有时需要对请求进行预处理（preprocessing）和后处理（postprocessing），这时可以使用 Flask 提供的请求钩子（Hook），以注册在请求处理的不同阶段执行的处理函数（或称为回调函数，即 Callback）。

Flask 的请求钩子指的是在执行视图函数前后执行的一些函数，用户可以在这些函数里面做一些操作。Flask 利用装饰器提供了 4 种钩子函数。

☑　before_first_request：在处理第一个请求前执行，如链接数据库操作。

☑　before_request：在每次请求前执行，如权限校验。

☑　after_request：每次请求之后调用，前提是没有未处理的异常抛出。

☑　teardown_request：每次请求之后调用，即使有未处理的异常抛出。

下面是请求钩子的一些常见应用场景。

☑　before_first_request：运行程序前需要进行一些程序的初始化操作，比如创建数据库表、添加管理员用户等。这些工作可以放到使用 before_first_request 装饰器注册的函数中。

☑　before_request：比如网站上要记录用户最后在线的时间，可以通过用户最后发送的请求时间来实现。为了避免在每个视图函数都添加更新在线时间的代码，可以仅在使用 before_request 钩子注册的函数中调用这段代码。

☑　after_request：在视图函数中进行数据库操作时，比如更新、插入等操作，之后需要将更改提交到数据库中。提交更改的代码可以放到 after_request 钩子注册的函数中。

下面通过一个实例介绍如何使用请求钩子。

【例 7.4】　使用请求钩子，在执行视图函数前后执行的相应的函数。（**实例位置：资源包\Code\07\04**）

定义一个 index 视图函数，然后定义 before_first_request、before_request、after_request 和 teardown_request 4 个钩子，代码如下：

```
01    from flask import Flask
02
03    app = Flask(__name__)
04
05    @app.route('/')
06    def index():
07        print('视图函数执行')
08        return 'index page'
09
10    #在第一次请求之前运行
11    @app.before_first_request
12    def before_first_request():
```

```
13        print('before_first_request')
14
15    #在每一次请求前都会执行
16    @app.before_request
17    def before_request():
18        print('before_request')
19
20    #在请求之后运行
21    @app.after_request
22    def after_request(response):
23        #response：就是前面的请求处理完毕之后，返回的响应数据，前提是视图函数没有出现异常
24        #response.headers["Content-Type"] = "application/json"
25        print('after_request')
26        return response
27
28    #无论视图函数是否出现异常，每一次请求之后都会调用，会接受一个参数，参数是服务器出现的错误信息
29    @app.teardown_request
30    def teardown_request(error):
31        print('teardown_request: error %s' % error)
32
33    if __name__ == '__main__':
34        app.run(debug=True)
```

第 1 次在浏览器中访问网址 127.0.0.1:5000 时，控制台输出结果如下：

```
before_first_request
before_request
视图函数执行
after_request
teardown_request: error None
```

第 2 次在浏览器中访问网址 127.0.0.1:5000 时，控制台输出结果如下：

```
before_request
视图函数执行
after_request
teardown_request: error None
```

7.2 Flask 响应

7.2.1 Response 响应对象

响应在 Flask 中使用 Response 对象表示，响应报文中的大部分内容由服务器处理，大多数情况下只负责返回主体内容。

当在浏览器中输入一个网址时，Flask 会先判断是否可以找到与请求 URL 相匹配的路由，如果没有则返回 404 响应。如果找到，则调用相应的视图函数。视图函数的返回值构成了响应报文的主体内容。当请求成功时，返回状态码默认为 200。

视图函数可以返回最多由 3 个元素组成的元组：响应主体、状态码和首部字段。其中，首部字段可以为字典，或是两元素元组组成的列表。

例如，最常见的响应可以只包含主体内容，示例代码如下：

```
01    @app.route('/index')
02    def index():
03        return render_template('index.html')
```

此外，还可以返回带状态码的形式。示例代码如下：

```
01    @app.errorhandler(404)
02    def page_note_found(e):
03        return render_template('404.html')
```

有时需要附加或修改某个首部字段。例如，要生成状态码为 3XX 的重定向响应，需要将首部中的 Location 字段设置为重定向的目标 URL。示例代码如下：

```
01    @app.route('/index')
02    def index():
03        return '', 302, {'Location', 'http://www.mingrisoft.com'}
```

当访问 127.0.0.1:5000/hello 时，会重定向到 http://www.mingrisoft.com。在多数情况下，除了响应主体，其他部分通常只需要使用默认值即可。

7.2.2　响应格式

1. MIME 类型

在 HTTP 响应中，数据可以通过多种格式传输。大多数情况下使用 HTML 格式，这也是 Flask 中的默认设置。不同的响应数据格式需要设置不同的 MIME 类型，MIME 类型在首部的 Content-Type 字段中定义。以默认的 HTML 类型为例，Content-Type 内容如下：

```
Content-Type: text/html; charset=utf-8
```

但是在特定的情况下，也会使用其他格式。此时，可以通过 Flask 提供的 make_response()方法生成响应对象，传入响应的主体作为参数，然后使用响应对象的 mimetype 属性设置 MIME 类型。示例代码如下：

```
01    from flask import Flask,make_response
02
03    app = Flask(__name__)
04
05    @app.route('/index')
06    def index():
```

```
07        response = make_response('Hello, World!')
08        response.mimetype = 'text/plain'
09        return response
```

常用的数据格式有纯文本、HTML、XML 和 JSON，它们对应的 MIME 类型如下。

☑ 纯文本：text/plain。

☑ HTML：text/html。

☑ XML：application/xml。

☑ JSON：application/json。

前面已经大量使用过纯文本类型和 HTML 类型，接下来重点介绍另一种常见的数据格式类型——JSON。

2．JSON 数据格式

JSON 指 JavaScript Object Notation（JavaScript 对象表示法），是一种流行的、轻量的数据交换格式。它的出现弥补了 XML 的诸多不足：XML 有较高的重用性，但体积稍大，处理和解析的速度较慢。JSON 轻量，简洁，容易阅读和解析，而且能和 Web 默认的客户端语言 JavaScript 更好地兼容。JSON 的结构基于“键值对的集合”和“有序的值列表”，这两种数据结构类似 Python 中的字典（dictionary）和列表（list）。正是因为这种通用的数据结构，使得 JSON 在同样基于这些结构的编程语言之间交换成为可能。

例如，下面的数据格式就是 JSON 数据类型。

```
{
  "name": "小明",
  "age": 14,
  "gender": True,
  "height": 1.65,
  "grade": null,
  "middle-school": "实验中学",
  "skills": ["JavaScript","Java","Python","Lisp"]
}
```

对于 JSON 格式数据，MIME 类型为 application/json。Flask 通过引入 Python 标准库中的 json 模块为程序提供了 JSON 支持。可以直接从 Flask 中导入 json 对象，然后调用 dumps()方法将字典、列表或元组序列化（serialize）为 JSON 字符串，再使用前面介绍的方法修改 MIME 类型，即可返回 JSON 响应，示例代码如下：

```
01    from flask import Flask, make_response, json
02
03    @app.route('/index')
04    def index():
05        data = { 'name':'小明', 'age':18 }
06        response = make_response(json.dumps(data))
07        response.mimetype = 'application/json'
08        return response
```

不过通常情况下，不直接使用 json 模块的 dumps()、load()等方法，而是使用 Flask 提供的更加方便的 jsonify()函数。通过 jsonify()函数，只要传入数据或参数，它会对传入的参数进行序列化，转换成 JSON 字符串作为响应的主体，然后生成一个响应对象，并且设置正确的 MIME 类型。使用 jsonify 函数的示例代码如下：

```
01    from flask import Flask, jsonify
02
03    @app.route('/index')
04    def index():
05        return jsonify(name="小明",age=18)
```

jsonify()函数接受多种形式的参数，既可以传入普通参数，也可以传入关键字参数。例如：

```
return jsonify({ 'name':'小明', 'age':18 })
```

7.2.3　Cookie 和 Session

1．Cookie 对象

HTTP 是无状态（stateless）协议。一次请求响应结束后，服务器不会留下任何关于对方状态的信息。也就是说，尽管在一个页面登录成功，当跳转到另一个页面时，服务器不会记录当前用户的状态。显然对于大多数 Web 程序来说，这是非常不方便的。为了解决这类问题，就有了 Cookie 技术。Cookie 技术通过在请求和响应报文中添加 Cookie 数据来保存客户端的状态。

Cookie 指 Web 服务器为了存储某些数据（如用户信息）而保存在浏览器上的小型文本数据。浏览器会在一定时间内保存它，并在下一次向同一个服务器发送请求时附带这些数据。Cookie 通常被用来进行用户会话管理。

在 Flask 中，使用 Response 类提供的 set_cookie()方法可以在响应中添加一个 cookie。首先使用 make_response()方法手动生成一个响应对象，传入响应主体作为参数。这个响应对象默认实例化内置的 Response 类。内置的 Response 类的常用属性和方法如表 7.2 所示。

表 7.2　Response 类的常用属性和方法

属性或方法	说　　明
headers	一个 Werkzeug 的 headers 对象，表示响应首部，可以像字典一样操作
status	状态
status_code	状态码，文本类型
mimetype	MIME 类型（仅包括内容类型部分）
set_cookie	用来设置 cookie
get_json	解析为 JSON 数据
is_json	判断是否为 JSON 数据

其中，set_cookie()方法支持使用多个参数来设置 Cookie 选项，如表 7.3 所示。

表 7.3　Cookie 选项的常用属性说明

属　　性	说　　明
key	cookie 的键（名称）
value	cookie 的值
max_age	cookie 被保存的时间，单位为秒。默认在用户会话结束（关闭浏览器）时过期
expires	具体的过期时间，一个 datetime 对象或 UNIX 时间戳
path	下载 cookie 时只有给定的路径可用，默认为整个域名
domain	设置 cookie 可用的域名
secure	如果为 True，只有通过 HTTPS 才可以使用
httponly	如果为 True，禁止客户端 JavaScript 获取 cookie

下同通过一个实例学习如何使用 Cookie。

【例 7.5】　使用 Cookie 判断用户是否登录。（**实例位置：资源包\Code\07\05**）

创建一个 index 路由函数，只有当用户登录后才能访问该页面，否则提示“请先登录”。具体步骤如下。

（1）创建 run.py 文件，在文件中创建 login()登录页面路由。接收用户提交的表单数据，如果用户名和密码都为 mrsoft，则表示登录成功。接下来，将用户名写入 Cookie。代码如下：

```
01  from flask import Flask,request,render_template,make_response
02
03  @app.route('/login',methods=['GET','POST'])
04  def login():
05      #验证表单数据
06      if request.method == 'POST':
07          username = request.form['username']
08          password = request.form['password']
09          if username == 'mrsoft' and password == 'mrsoft':
10              #如果用户名和密码正确，将用户名写入 Cookie
11              response = make_response(('登录成功!'))                #获取 response 对象
12              response.set_cookie('username', username)             #将用户名写入 Cookie
13              return response                                        #返回 response 对象
14      return render_template('login.html')                           #渲染表单页面
```

（2）在 templates 路径下创建 login.html，关键代码如下：

```
01  <form action="" method="post">
02      <div>
03          <label for="username">用户名</label>
04          <input type="text" id="username" name="username" value="">
05      </div>
06      <div>
07          <label for="password">密   码</label>
08          <input type="password" id="password" name="password" value="">
09      </div>
10      <button type="submit">提交</button>
11  </form>
```

在浏览器访问网址 http://127.0.0.1:5000/login，输入用户名 mrsoft 和密码 mrsoft，运行结果如图 7.7 所示。

图 7.7　登录页面

然后单击页面中的“提交”按钮，此时会将用户名写入 Cookie 中。可以通过谷歌浏览器的检查功能查看该 Cookie 值。在该页面中单击鼠标右键，选择谷歌浏览器的“检查”功能，再选择 Network 选项卡，查看请求头信息，如图 7.8 所示。

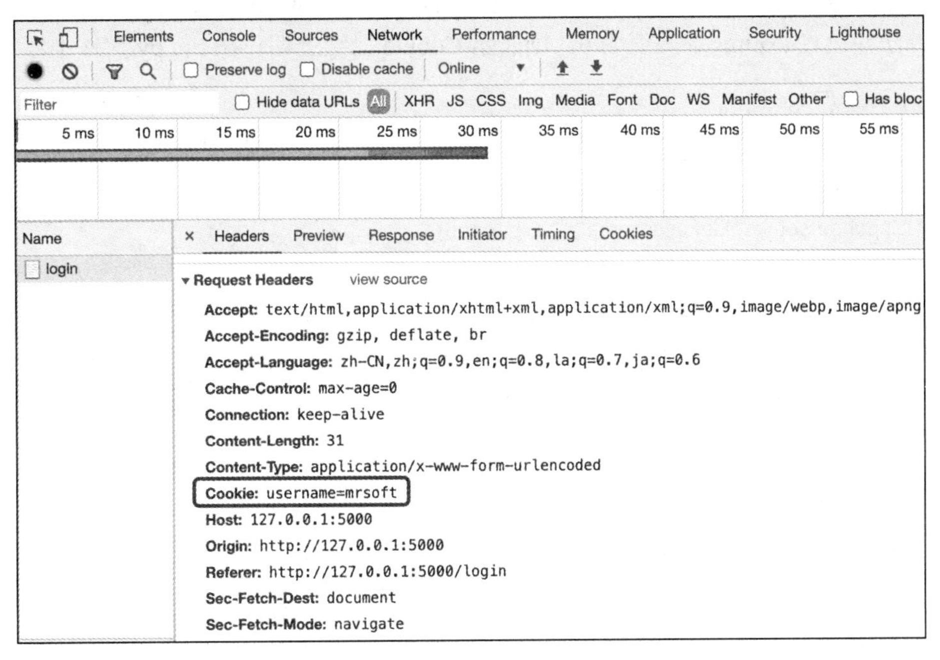

图 7.8　登录页面请求头信息

（3）创建 index()首页视图函数。判断 Cookie 值是否存在，如果存在，则表示用户已经登录，显示“欢迎来到首页!”，否则显示“请先登录!”。在 run.py 文件中添加如下代码：

```
01  @app.route('/')
02  def index():
03      #判断 Cookie 是否存在
04      if request.cookies.get('username'):
05          return '登录成功!'
06      else:
07          return '请先登录!'
```

下面分别查看在未登录时和登录时访问首页的运行效果。

查看未登录的效果时，需要先清除一下 Cookie。在 login()视图函数中，并没有设置 Cookie 的过期时间，则在关闭浏览器时，会自动清除 Cookie。所以先来关闭浏览器，然后再次打开浏览器并访问首页网址“127.0.0.1:5000”，运行结果如图 7.9 所示。

接下来，访问登录页面网址“127.0.0.1:5000/login”，在登录页面输入正确的用户名和密码。此时再次访问首页，运行效果如图 7.10 所示。

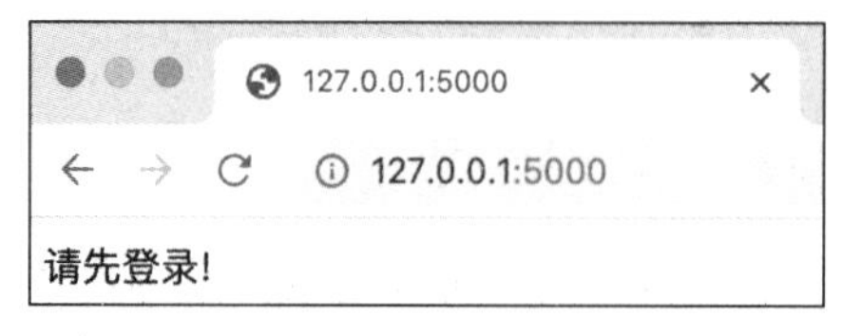

图 7.9　未登录时访问首页效果

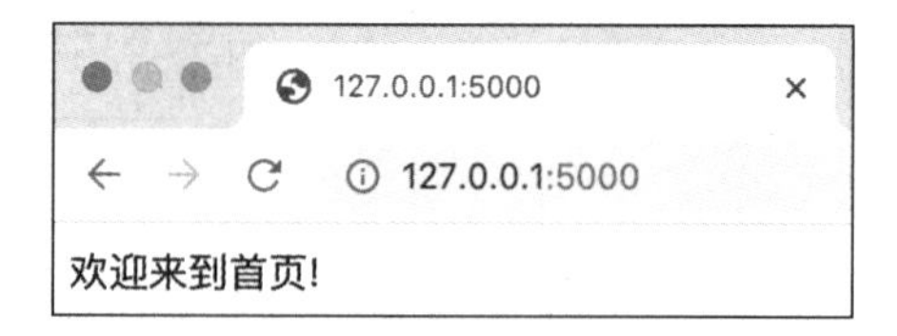

图 7.10　登录后访问首页效果

（4）创建 logout()退出登录视图函数。退出登录时，只需要清除 Cookie 即可。所以，可以调用 set_cookie()方法并设置 expires 参数值为 0，则表示 Cookie 已经过期。在 run.py 文件中添加如下代码：

```
01  @app.route('/logout')
02  def logout():
03      response = make_response(('退出登录!'))
04      #设置 Cookie 过期时间为 0，即删除 Cookie
05      response.set_cookie('username', '', expires=0)
06      return response
```

在浏览器中访问退出登录的网址“127.0.0.1:5000/logout”，运行结果如 7.11 所示。然后再次访问首页，此时页面显示“请先登录！”，表示用户确实已经退出登录。

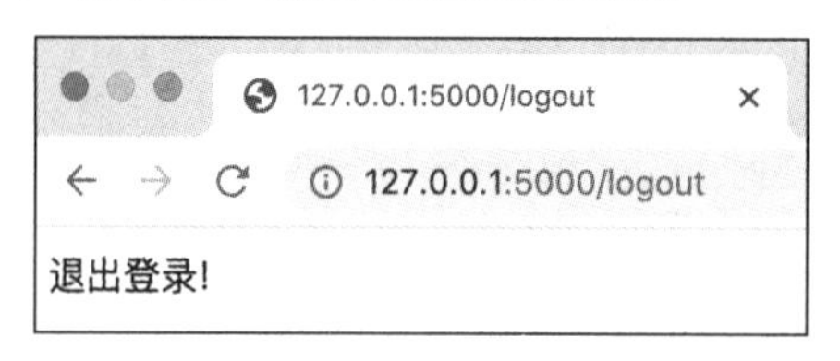

图 7.11　退出登录

2．Session 对象

前面通过 Cookie 判断用户是否登录的功能会带来一个问题，因为在浏览器中手动添加和修改 Cookie 是很容易的事，所以，如果直接把认证信息以明文的方式存储在 Cookie 里，那么恶意用户就可以通过伪造 Cookie 的内容来获得对网站的权限，冒用别人的账户。为了避免这个问题，需要对敏感的 Cookie 内容进行加密。Flask 提供了 Session 对象以对 Cookie 数据加密储存。

Session 指用户会话（user session），又称为对话（dialogue），即服务器和客户端/浏览器之间或桌面程序和用户之间建立的交互活动。

Session 是一种持久网络协议，通过在用户（或用户代理）端和服务器端之间创建关联，起到交换数据包的作用机制。Session 在网络协议（如 telnet 或 FTP）中是非常重要的部分，在不包含会话层（如 UDP）或者是无法长时间驻留会话层（如 HTTP）的传输协议中，会话的维持需要依靠数据传输中的高级别程序。例如，在浏览器和远程主机之间的 HTTP 传输中，HTTP Cookie 就会被用来包含一些相关

的信息，例如 Session ID、参数和权限信息等。

在 Flask 中，Session 对象用来加密 Cookie。默认情况下，它会把数据存储在浏览器上一个名为 Session 的 cookie 里。Session 通过密钥对数据进行签名以加密数据，因此需要先设置一个密钥。这里的密钥就是一个具有一定复杂度和随机性的字符串，可以使用密码生成工具生成随机的秘钥。例如：

```
app.secret_key = 'EjpNVSNQTyGi1VvWECj9TvC/+kq3oujee2kTfQUs8yCM6xX9Yjq52v54g+HVoknA'
```

【例 7.6】 使用 Session 判断用户是否登录。（**实例位置：资源包\Code\07\06**）

使用 Session 方式改写实例 7.5 中判断用户是否登录的功能。修改 run.py 代码，从 Flask 框架中导入 Session，关键代码如下：

```
01  from flask import Flask,request,render_template,make_response,session,redirect,url_for
02
03  app = Flask(__name__)
04  app.secret_key = 'mrsoft12345678'                                    #设置秘钥
05
06  @app.route('/')
07  def index():
08      if session.get('logged_in'):
09          return '欢迎来到首页!'
10      else:
11          return '请先登录!'
12
13  @app.route('/login',methods=['GET','POST'])
14  def login():
15      #验证表单数据
16      if request.method == 'POST':
17          username = request.form['username']
18          password = request.form['password']
19          if username == 'mrsoft' and password == 'mrsoft':
20              session['logged_in'] = True                              #写入 session
21              return redirect(url_for('index'))
22      return render_template('login.html')                             #渲染表单页面
23
24
25  @app.route('/logout')
26  def logout():
27      session.pop('logged_in')
28      return redirect(url_for('login'))
```

上述代码中，login()视图函数用来判断用户输入的用户名和密码是否正确。如果正确，则将 logged_in 写入 Session 中。Session 是一个字典对象，使用“session['logged_in']=True”进行设置。然后在 index()视图函数中使用“session.get('logged_in')”，即字典取值的方式判断用户是否已经登录。最后，在 logout()视图函数中使用“session.pop('logged_in')”，删除该 Session 值。

本实例的运行结果与例 7.5 相同。

7.3 模板进阶知识

7.3.1 模板上下文

Flask 框架有上下文，Jinja2 模板也有上下文。

通常情况下，在渲染模板时调用 render_template()函数向模板中传入变量。此外，还可以使用 set 标签在模板中定义变量，例如：

```
{% set navigation = [('/', 'Home'), ('/about', 'About')] %}
```

也可以将一部分模板数据定义为变量，使用 set 和 endset 标签声明开始和结束。例如：

```
01  {% set navigation %}
02  <li><a href="/">首页</a>
03  <li><a href="/about">关于我们</a>
04  {% endset %}
```

Flask 在模板上下文中提供了一些内置变量，可以在模板中直接使用。这些内置变量及说明如表 7.4 所示。

表 7.4　模板内置全局变量

属　　性	说　　明
config	当前的配置对象
request	当前的请求对象，在已激活的请求环境下可用
session	当前的会话对象，在已激活的请求环境下可用
g	与请求绑定的全局变量，在已激活的请求环境下可用

下面通过一个实例介绍如何使用 Session。

【例 7.7】　使用 Session 判断用户是否登录。（**实例位置：资源包\Code\07\07**）

在模板中判断用户是否登录，如果已经登录，则显示用户名，否则显示“请先登录”。

（1）创建 run.py 文件，在该文件中创建 index()、login()和 logout() 3 个路由函数。关键代码如下：

```
01  @app.route('/')
02  def index():
03      return render_template('index.html')
04
05  @app.route('/login',methods=['GET','POST'])
06  def login():
07      #验证表单数据
08      if request.method == 'POST':
09          username = request.form['username']
10          password = request.form['password']
```

```
11              if username == 'mrsoft' and password == 'mrsoft':
12                  session['username'] = username              #将用户名写入 session
13                  session['logged_in'] = True                 #登录标识写入 session
14                  return redirect(url_for('index'))
15          return render_template('login.html')                #渲染表单页面
16
17      @app.route('/logout')
18      def logout():
19          session.clear()                                     #清除 Session
20          return redirect(url_for('login'))
```

（2）创建 index.html 模板文件，使用 session 变量判断用户是否登录，代码如下：

```
01  <!DOCTYPE html>
02  <html lang="en">
03  <head>
04      <meta charset="UTF-8">
05      <title>用户登录</title>
06  </head>
07  <body>
08  {% if session['logged_in'] %}
09      欢迎{{session['username']}}登录
10  {% else %}
11      请先登录
12  {% endif %}
13  </body>
14  </html>
```

未登录时，访问首页网址 127.0.0.1:5000，运行结果如图 7.12 所示。登录成功后，页面跳转至首页，运行结果如图 7.13 所示。

图 7.12　用户未登录访问首页的效果

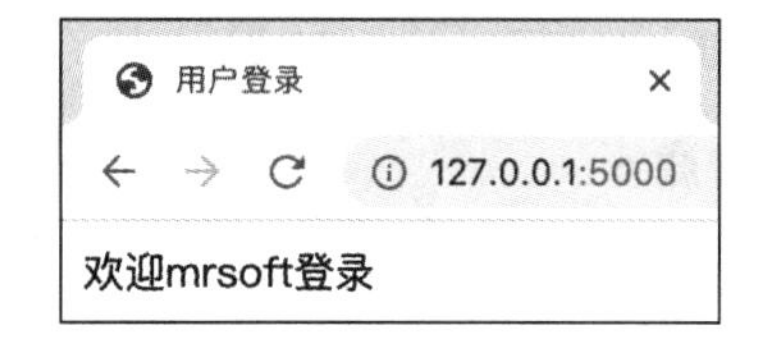

图 7.13　用户登录后访问首页的效果

7.3.2　模板过滤器

第 6 章中已经介绍过一些简单的过滤器，如 safe、trim 等。在 Jinjia2 中还有非常多的过滤器，此外还可以自定义过滤器。

1．内置过滤器

更多常用的内置过滤器如表 7.5 所示。

表 7.5　常用的内置过滤器

过　滤　器	说　　明
default(value, default_ value=u", boolean=False)	设置默认值，默认值作为参数传入，别名为 d
escape(s)	转义 HTML 文本，别名为 e
first(seq)	返回序列的第一个元素
last(seq)	返回序列的最后一个元素
length(object)	返回变量的长度
random(seq)	返回序列中的随机元素
max(value, case_ sensitive= False, attribute= None)	返回序列中的最大值
min(value, case_ sensitive= False, attribute-None)	返回序列中的最小值
unique(value, case_ sensitive= False, attribute= None)	返回序列中不重复的值
wordcount(s)	计算单词数量
tojson(value, indent=None)	将变量值转换为 JSON 格式
truncate(s,length=255,killwords=False,end='...', leeway=None)	截取字符串，常用于显示文章摘要。length 参数设置截取的长度，killwords 参数设置是否截取单词，end 参数设置结尾的符号

例如，模板中的 Article.title 变量如下：

```
Article.title = "明日学院，是吉林省明日科技有限公司倾力打造的在线实用技能学习平台，该平台于 2016 年正式上线，主要为学习者提供海量、优质的课程，课程结构严谨，用户可以根据自身的学习程度，自主安排学习进度。我们的宗旨是，为编程学习者提供一站式服务，培养用户的编程思维"
```

使用 truncate()方法可以截取 Article.title 变量。示例代码如下：

```
{{ Article.title|truncate(10) }}
```

运行效果如下：

```
明日学院，是吉林省明日科技有限公司...
```

2．自定义过滤器

内置的过滤器通常不能满足一些个性的特定需要，因此 Jinja2 还支持自定义过滤器。通常可以使用两种方式创建过滤器，一种是通过 Flask 应用对象的 add_template_filter 方法，另一种是通过 app.template_filter 装饰器来实现自定义过滤器。

【例 7.8】 使用 Flask 应用对象的 add_template_filter 方法定义过滤器，以统计文章的长度。（**实例位置：资源包\Code\07\08**）

创建 run.py 文件，在该文件中定义 count_length()函数，用于统计文章的字数。然后将 count_length()函数添加到 add_template_filter()方法中，作为过滤器使用。关键代码如下：

```
01    def count_length(arg):                                    #实现一个可以求长度的函数
02        return len(arg)
03
04    app = Flask(__name__)
05    app.secret_key = 'mrsoft12345678'                         #设置秘钥
```

```
06  app.add_template_filter(count_length,'count_length')
07
08  @app.route('/')
09  def index():
10      content = """
11      明日学院，是吉林省明日科技有限公司倾力打造的在线实用技能学习平台，该平台于 2016 年正式上
12  线，主要为学习者提供海量、优质的课程，课程结构严谨，用户可以根据自身的学习情况，自主安排学习进
13  度。我们的宗旨是，为编程学习者提供一站式服务，培养用户的编程思维。
14      """
15      return render_template('index.html',content=content)
```

接下来，创建 index.html 模板文件。代码如下：

```
01  <!DOCTYPE html>
02  <html lang="en">
03  <head>
04      <meta charset="UTF-8">
05      <title>用户登录</title>
06  </head>
07  <body>
08  <div>
09      全文共{{ content|count_length }}字
10  </div>
11  <p>
12  {{ content }}
13  </p>
14
15  </body>
16  </html>
```

在浏览器中访问网址“127.0.0.1:5000”，运行结果如图 7.14 所示。

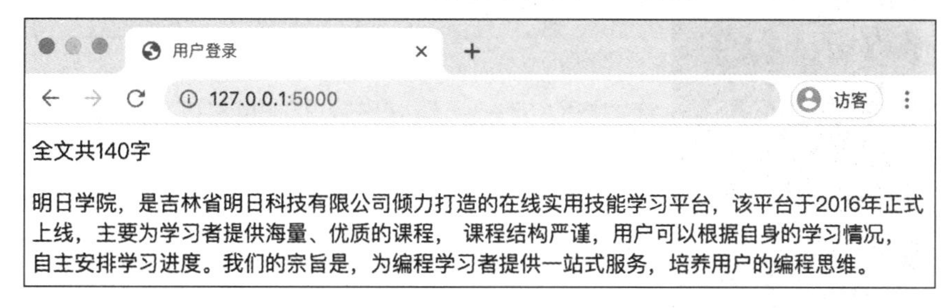

图 7.14 统计文章字数

【例 7.9】 使用 app.template_filter()装饰器定义过滤器，用于统计文章的长度。（**实例位置：资源包\Code\07\09**）

创建 run.py 文件，在该文件中定义 count_length()函数，用于统计文章的字数。然后使用@app.template_filter 装饰器装饰 count_length()函数，关键代码如下：

```
01  @app.template_filter()
02  def count_length(arg):                        #实现一个可以求长度的函数
03      return len(arg)
```

```
04
05  @app.route('/')
06  def index():
07      content = """
08      明日学院，是吉林省明日科技有限公司倾力打造的在线实用技能学习平台，该平台于 2016 年正式上线，主要为学习者提供海量、优质的课程，
09      课程结构严谨，用户可以根据自身的学习情况，自主安排学习进度。我们的宗旨是，为编程学习者提供一站式服务，培养用户的编程思维。
10      """
11      return render_template('index.html',content=content)
```

运行结果与实例 7.8 相同。

7.3.3 局部模板

除了使用函数、过滤器等工具控制模板的输出外，Jinja2 还提供了一些工具来在宏观上组织模板内容。借助这些技术，可以更好地实践 DRY（Don't Repeat Yourself）原则。

在 Web 程序中，通常会为每一类页面编写一个独立的模板。比如主页模板、用户资料页模板、设置页模板等。这些模板可以直接在视图函数中渲染并作为 HTML 响应主体。除了这类模板，还会用到另一类非独立模板，这类模板通常被称为局部模板或次模板，因为它们仅包含部分代码，所以不会在视图函数中直接渲染它，而是插入其他独立模板中。

例如，在后台管理系统中，页面右侧有一个菜单栏，如图 7.15 所示。当各个独立模板中使用同一块 HTML 代码时，可以把这部分代码抽离出来，存储到局部模板中。这样一方面可以避免重复，另一方面也非常便于统一管理。

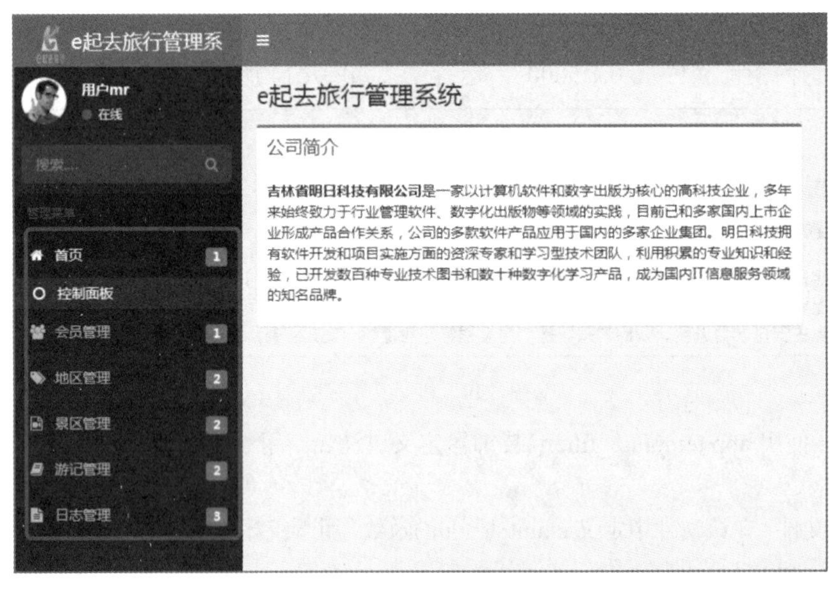

图 7.15 共用局部模板

为了和普通模板区分开，局部模板的命名通常以一个下画线开始。例如，定义一个_left_menu.html

文件作为后台页面的局部模板，然后在每个页面中使用 include 标签引入该模板，代码如下：

```
{% include '_banner.html' %}
```

7.3.4　模板继承

模板继承类似于 Python 中类的继承。Jinja2 允许定义一个基模板（也称作父模板），把网页上的导航栏、页脚等通用内容放在基模板中，而每一个继承基模板的子模板在被渲染时都会自动包含这些部分。使用这种方式可以避免在多个模板中编写重复的代码。

在 Jinja2 中，使用 extends 标签实现子模板对父模板的继承。

【例 7.10】　使用子模板继承父模板。（**实例位置：资源包\Code\07\10**）

使用 Jinja2 的模板继承功能，提取相同内容作为父模板，然后令子模板继承父模板。步骤如下。

（1）创建 run.py 文件，在该文件中定义 3 个路由，包括首页、图书页和联系我们页面。关键代码如下：

```
01  @app.route('/')
02  def index():
03      return render_template('index.html')
04
05  @app.route('/books')
06  def books():
07      return render_template('books.html')
08
09  @app.route('/contact')
10  def about():
11      return render_template('contact.html')
```

（2）创建 base.html 父模板，关键代码如下：

```
01  <!DOCTYPE html>
02  <html lang="en">
03  <head>
04      <meta charset="UTF-8">
05      <link rel="stylesheet" href="/static/css/bootstrap.css">
06      <script src="/static/js/jquery.js"></script>
07      <script src="/static/js/bootstrap.js"></script>
08  </head>
09  <body>
10  {% include '_nav.html' %}
11  {% block   content %}
12
13  {% endblock %}
14  {% include '_footer.html' %}
15  </body>
16  </html>
```

上述代码中，使用 include 标签引入了_nav.html 导航栏和_footer.html 底部信息栏文件。导航栏

_nav.html 的关键代码如下：

```
01  <nav class="navbar navbar-expand-md navbar-dark fixed-top bg-dark">
02          <a class="navbar-brand" href="/">明日学院</a>
03          <button class="navbar-toggler" type="button">
04            <span class="navbar-toggler-icon"></span>
05          </button>
06
07          <div class="collapse navbar-collapse" id="navbarsExampleDefault">
08            <ul class="navbar-nav mr-auto">
09              <li class="nav-item active">
10                <a class="nav-link" href="/books">明日图书 <span class="sr-only">
11                    (current)</span></a>
12              </li>
13              <li class="nav-item">
14                <a class="nav-link" href="/contact">联系我们</a>
15              </li>
16              <li class="nav-item dropdown">
17                <a class="nav-link dropdown-toggle" href="#" id="dropdown01"
18              data-toggle="dropdown" aria-haspopup="True" aria-expanded="False">企业文化</a>
19                <div class="dropdown-menu" aria-labelledby="dropdown01">
20                  <a class="dropdown-item" href="#">公司简介</a>
21                  <a class="dropdown-item" href="#">企业文化</a>
22                  <a class="dropdown-item" href="#">联系我们</a>
23                </div>
24              </li>
25            </ul>
26            <form class="form-inline my-2 my-lg-0">
27              <input class="form-control mr-sm-2" type="text" placeholder="Search"
28                  aria-label="Search">
29              <button class="btn btn-outline-success my-2 my-sm-0" type="submit">
30                  Search</button>
31            </form>
32          </div>
33  </nav>
```

底部信息栏_footer.html 的关键代码如下：

```
01  <footer>
02        <div class="text-muted">
03            吉林省明日科技有限公司 Copyright ©2007-2020, mingrisoft.com, All Rights Reserved
04        </div>
05  </footer>
```

然后使用 block 标签作为占位符，命名为 content。父模板中的占位符，将被子模板中名为 content 的 block 标签内容所替换。

（3）创建 3 个子模板。以首页 index.html 子模板为例，首先使用 extends 继承 base.html 父模板，然后使用 block 标签替换父模板中的 content 内容。代码如下：

```
01  {% extends 'base.html' %}
02  {% block content %}
03  <main role="main">
04    <div class="jumbotron">
05      <div class="container">
06        <h1 class="display-3">欢迎来到明日学院首页！</h1>
07          <p>明日学院，是吉林省明日科技有限公司倾力打造的在线实用技能学习平台，该平台于 2016 年正
08  式上线，主要为学习者提供海量、优质的课程，课程结构严谨，用户可以根据自身的学习情况，自主安排学
09  习进度。我们的宗旨是，为编程学习者提供一站式服务，培养用户的编程思维。
10          </p>
11        <p><a class="btn btn-primary btn-lg" href="#" role="button">Learn more »</a></p>
12      </div>
13    </div>
14  </main>
15  {% endblock %}
```

在浏览器中访问网址 127.0.0.1:5000，运行结果如图 7.16 所示。单击“联系我们”，运行结果如图 7.17 所示。

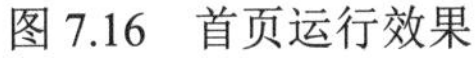
图 7.16　首页运行效果

图 7.17　“联系我们”页面运行效果

7.3.5　消息闪现

在开发过程中，经常需要提示用户操作成功或操作失败。例如，在添加商品信息页面，如果添加成功，应该提示“添加成功”信息，否则提示“添加失败”信息。针对这种需求，Flask 提供了一个非常有用的 flash()函数，它可以用来闪现需要显示给用户的消息。

flash()函数的语法格式如下：

```
flash(message, category)
```

参数说明如下。

☑ message：消息内容。

☑ category：消息类型，用于对不同的消息内容分类处理。

通常在视图函数中调用 flash()函数，传入消息内容即可闪现一条消息。注意，闪现不是在用户的浏览器中弹出一条消息。实际上，使用 flash()函数发送的消息会存储在 Session 中，需要在模板中使用全局函数 get_flashed_messages()获取消息列表，并将其显示出来。

说明

通过 flash()函数发送的消息会存储在 session 对象中，所以需要为程序设置密钥。可以通过 app.secret_key 属性或通过配置变量 SECRET_KEY 进行设置。

【例 7.11】 使用 flash 闪现用户登录成功或失败的消息。（**实例位置：资源包\Code\07\11**）

创建 run.py 文件，在该文件中创建 login()视图函数。关键代码如下:

```
01  from flask import Flask,request,render_template,redirect,url_for,flash
02
03  app = Flask(__name__)
04  app.secret_key = 'mrsoft12345678'                    #设置秘钥
05
06  @app.route('/login',methods=['GET','POST'])
07  def login():
08      #验证表单数据
09      if request.method == 'POST':
10          username = request.form['username']
11          password = request.form['password']
12          if username == 'mrsoft' and password == 'mrsoft':
13              flash('恭喜您登录成功','success')
14          else:
15              flash('用户名或密码错误', 'error')
16          return redirect(url_for('login'))
17      return render_template('login.html')             #渲染表单页面
18
19  if __name__ == '__main__':
20      app.run(debug=True)
```

上述代码中，判断用户输入的用户名和密码是否正确，并且使用 flash()函数闪现消息。如果登录成功，flash()类型为 success，否则为 error。

接下来，创建 index.html 模板文件，代码如下：

```
01  <!DOCTYPE html>
02  <html lang="en">
03  <head>
04      <meta charset="UTF-8">
```

```
05          <style>
06              .error { color: red }
07              .success { color: blue}
08          </style>
09      </head>
10      <body>
11          <div style="padding:20px">
12              {% with messages = get_flashed_messages(with_categories=True) %}
13                {% if messages %}
14                  <ul class=flashes>
15                  {% for category, message in messages %}
16                    <li class="{{ category }}">{{ message }}</li>
17                  {% endfor %}
18                  </ul>
19                {% endif %}
20              {% endwith %}
21              <form action="" method="post">
22                  <div>
23                      <label for="username">用户名</label>
24                      <input type="text" id="username" name="username" value="">
25                  </div>
26                  <div>
27                      <label for="password">密   码</label>
28                      <input type="password" id="password" name="password" value="">
29                  </div>
30                  <button type="submit" class="btn btn-primary">提交</button>
31              </form>
32          </div>
33      </body>
34      </html>
```

上述代码中，使用 get_flashed_messages(with_categories=True)函数获取消息列表，赋值给 messages 变量，并且使用 with 语句限制 messages 变量的作用域。接下来，使用 for 循环显示每一个消息（message）和消息的类型（category）。在模板页面的<head>标签内设置了 category 样式，所以对于不同的消息类型，会显示不同的页面样式效果。

在浏览器中输入网址 http://127.0.0.1:5000/login，当输入的用户名和密码均为 mrsoft 时，表示登录成功，运行效果如图 7.18 所示。否则登录失败，运行效果如图 7.19 所示。

图 7.18　登录成功页面效果

图 7.19　登录失败页面效果

7.3.6 自定义错误页面

用户在浏览网页时，如果服务器无法正常提供信息，或是服务器无法回应且不知原因，就会返回 HTTP 404 或 Not Found 的错误信息。例如，用户访问网站中一个不匹配的路由，Flask 会默认返回如图 7.20 所示内容。

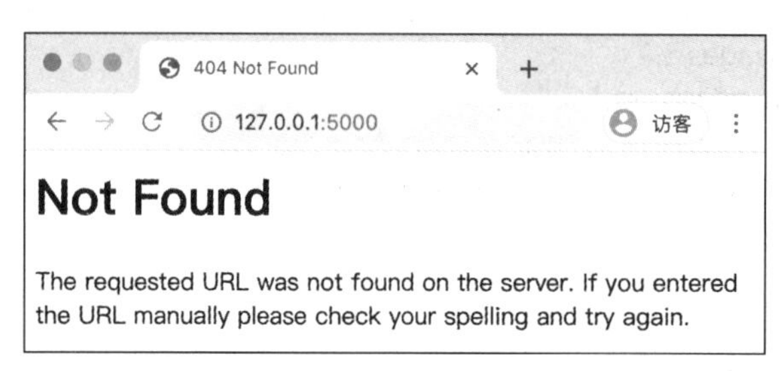

图 7.20 默认 404 错误效果

显然，图 7.20 所示的用户体验较差，那么，应如何使用自定义 404 错误页面以达到较好的用户体验呢？可以注册错误处理函数来自定义错误页面。

【例 7.12】 自定义错误页面。（**实例位置：资源包\Code\07\12**）

错误处理函数和视图函数很相似，返回值将会作为响应的主体，因此先要创建错误页面的模板文件，命名为 404.html。404.html 模板内容代码如下：

```
01  <!DOCTYPE html>
02  <html>
03    <head>
04      <meta charset="utf-8">
05      <title>404 页面</title>
06      <link rel="stylesheet" href="{{url_for('static',filename='css/style.css')}}">
07  </head>
08  <body  class="reader-black-font">
09  <div class="error">
10      <div class="error-block">
11        <img class="main-img" src="{{url_for('static',filename='images/404.png')}}" />
12        <h3>您要找的页面不存在</h3>
13        <div class="sub-title">可能是因为您的链接地址有误。</div>
14        <a class="follow" href="/">返回首页</a>
15     </div>
16  </div>
17  </body>
18  </html>
```

接下来创建 run.py 文件，使用错误处理函数附加 app.errorhandler()装饰器，并传入错误状态码作为参数。错误处理函数本身则需要接收异常类作为参数，并在返回值中注明对应的 HTTP 状态码。当发生错误时，对应的错误处理函数会被调用，它的返回值会作为错误响应的主体。代码如下：

```
01  from flask import Flask ,request ,render_template
02
```

```
03    app = Flask(__name__)                              #实例化 Flask 类
04    app.secret_key = "mrsoft"                          #设置 secret_key
05
06    @app.route("/")
07    def index():
08        '''首页'''
09        return render_template('index.html')
10
11    @app.errorhandler(404)
12    def page_not_found(e):
13        return render_template('404.html'), 404
14
15    if __name__ == "__main__":
16        app.run(debug=True)                            #运行程序
```

在浏览器中访问一个不存在的路由地址，例如 http://127.0.0.1:5000/about，将显示自定义的 404 页面，运行效果如图 7.21 所示。

图 7.21　自定义 404 页面效果

7.4　使用 Flask-SQLAlchemy 管理数据库

扩展 Flask-SQLAlchemy 集成了 SQLAlchemy，它简化了连接数据库服务器、管理数据库操作会话等各类工作，让 Flask 中的数据处理变得更加轻松。

7.4.1　连接数据库服务器

DBMS 通常会提供数据库服务器运行在操作系统中。要连接数据库服务器，首先要为程序指定数据库 URI（Uniform Resource Identifier，统一资源标识符）。数据库 URI 是一串包含各种属性的字符串，其中包含了各种用于连接数据库的信息。

一些常用的 DBMS 及其数据库 URI 格式示例如表 7.6 所示。

表 7.6　常用的 DBMS 及数据库 URI

数据库引擎	URI
MySQL	mysql://username:password@hostname/database
Postgres	postgresql://username:password@hostname/database
SQLite(Unix)	sqlite:////absolute/path/database
SQLite(Windows)	sqlite:///c:/absolute/path/database
MySQL	mysql://username:password@hostname/database

在这些 URI 中，hostname 表示 MySQL 服务器所在的主机，可以是本地主机（localhost），也可以是远程服务器。数据服务器上可以托管多个数据库，因此 database 表示使用的数据库名，username 和 password 表示数据库用户和密码。

示例代码如下：

```
SQLALCHEMY_DATABASE_URI = 'mysql+pymysql://root:root@localhost/mrsoft?charset=utf8mb4'
```

上述配置中，说明如下。

☑　数据库：MySQL。

☑　数据库驱动：PyMySQL。

☑　数据库名：root。

☑　密码：root。

☑　数据库名称：mrsoft。

☑　字符集：utf-8mb4。

7.4.2　定义数据模型

数据模型（Data Model）是数据特征的抽象，它从抽象层次上描述了系统的静态特征、动态行为和约束条件，为数据库系统的信息表示与操作提供一个抽象的框架。在 ORM 中，模型一般是一个 Python 类，类中的属性对应数据库表中的列。

以用户和权限模型为例，示例代码如下：

```
01	class Role(db.Model):
02		__tablename__ = 'roles'
03		id = db.Column(db.Integer, primary_key=True)
04		name = db.Column(db.String(64), unique=True)
```

```
05
06         def __repr__(self):
07             return '<Role %r>' % self.name
08
09     class User(db.Model):
10         __tablename__ = 'users'
11         id = db.Column(db.Integer, primary_key=True)
12         username = db.Column(db.String(64), unique=True, index=True)
13         def __repr__(self):
14             return '<User %r>' % self.username
```

类变量 tablename 定义在数据库中使用的表名。其余的类变量都是该模型的属性，被定义为 db.Column 类的示例。db.Column 类构造函数的第一个参数是数据库列和模型属性的类型。最常用的列类型（字段类型）以及在模型中使用的 Python 类型如表 7.7 所示。

表 7.7　常用的列字段类型

类　型　名	对应的 Python 类型	说　　明
Integer	int	普通整数，一般是 32 位
SmallInteger	int	取值范围小的整数，一般是 16 位
BigInteger	int 或 long	不限制精度的整数
Float	float	浮点数
Numeric	decimal.Decimal	定点数
String	str	变长字符串
Text	str	变长字符串，对较长或不限长度的字符串做了优化
Unicode	unicode	变长 Unicode 字符串
UnicodeText	unicode	变长 Unicode 字符串，对较长或不限长度的字符串做了优化
Boolean	bool	布尔值
Date	datetime.date	日期
Time	datetime.time	时间
DateTime	datetime.datetime	日期和时间
Interval	datetime.timedeta	时间间隔
Enum	str	一组字符串
PickleType	任何 Python 对象	自动化使用 Pickle 序列化
LargeBinary	str	二进制文件

最常用的 SQLAlchemy 列选项如表 7.8 所示。

表 7.8　常用的 SQLAlchemy 列选项

选　项　名	说　　明
primary_key	设为 True，表示该列就是表的主键
unique	设为 True，表示该列不允许出现重复
index	设为 True，表示为该列创建索引，提升查询效率
nullable	设为 True，该列允许使用空值；设为 False，该列不允许使用空值
default	为该列定义默认值

7.4.3 定义关系

在关系型数据库中，数据表之间的关系通常分为 3 种：一对一、一对多和多对多关系。下面举例说明这 3 种数据关系。

☑ 一对一：学生和学号，一个学生只有一个学号，而一个学号只属于一个学生。

☑ 一对多：一个班级有多个学生，一个学生只能属于一个班级。

☑ 多对多：一个老师有多个学生，而一个学生也要多个老师。

3 种数据关系如图 7.22 所示。

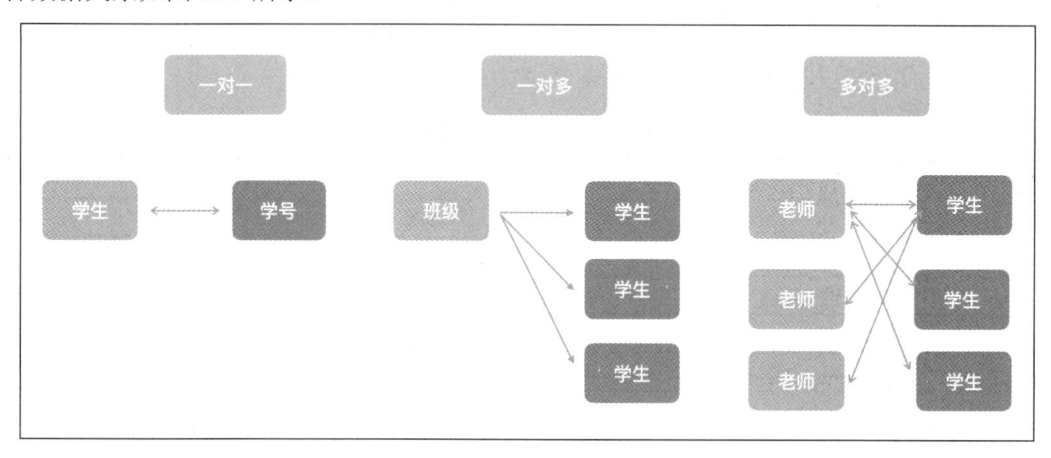

图 7.22　数据表关系

常用的 SQLAlchemy 关系选项如表 7.9 所示。

表 7.9　常用的 SQLAlchemy 关系选项

选 项 名	说　　明
backref	在关系的另一个模型中添加反向引用
primaryjoin	明确指定两个模型之间使用的联结条件，只在模棱两可的关系中需要指定
lazy	指定如何加载相关记录，可选值有 select（首次访问时按需加载）、immediate（源对象加载后加载）、joined（加载记录，但使用联结）、subquery（立即加载，但使用子查询）、noload（永不加载）和 dynamic（不加载记录，但提供加载记录的查询）
uselist	如果设为 False，不使用列表，而使用标量值
order_by	指定关系中记录的排序方式
secondary	指定多对多关系表的名字
secondaryjoin	SQLAlchemy 无法自行决定时，指定多对多关系中的二级联结条件

在上面的用户和角色的例子中，一个 user 只能分配一个 role，一个 role 可以分配给多个 user，所以是一对多的关系，在 user 表中设置外键引用 role 表中的主键。示例代码如下：

```
01  class Role(db.Model):
02      #...
03      users = db.relationship('User', backref='role', lazy='dynamic')
```

```
04
05  class User(UserMixin, db.Model):
06      #...
07      role_id = db.Column(db.Integer, db.ForeignKey('roles.id'))
```

除一对多关系外，还有几种其他的关系类型。一对一关系可以用前面介绍的一对多关系表示，但调用 db.relationship()时要把 uselist 设为 False，把“多”变成“一”。多对一关系也可使用一对多表示，对调两个表即可，或者把外键和 db.relationship()都放在“多”这一侧。最复杂的关系是多对多，需要用到第三张表，这个表称为关系表。

以用户收藏课程为例，一个 user 可以收藏多个 course，而一个 course 可以被多个 user 收藏。所以它们之间是多对多的关系。定义一个多对多关系模型，示例代码如下：

```
01  class User(db.Model,UserMixin):
02      id = db.Column(db.Integer, autoincrement=True, primary_key=True)
03      username = db.Column(db.String(125), nullable=False)
04      #secondary：在多对多关系，指定关联表的名称
05      favorites = db.relationship('Course', secondary='collections',
06                              backref=db.backref('user',lazy='dynamic'), lazy='dynamic')
07
08  class Course(db.Model):
09      course_id = db.Column(db.BigInteger,nullable=False,primary_key=True)
10
11  #创建一个收藏的中间表
12  collections = db.Table('collections',
13      db.Column('user_id', db.Integer, db.ForeignKey('user.id')),
14      db.Column('course_id', db.BigInteger, db.ForeignKey('course.course_id'))
15  )
```

上述代码中，在 User 表中定义了 favorites 关系属性，并在 relationship()方法中添加了如下两个属性。

- ☑ secondary='collections'：指定中间表为 collections。
- ☑ backref=db.backref('user',lazy='dynamic')：设置 backref，添加反向引用，所以在 Course 表中不需要再设置 relationship()关系。

在中间表 colletions 中需要设置 user_id 和 course_id 列属性，并且都设置为外键。

7.4.4　数据库操作

数据库最常见的操作就是 CURD，分别代表创建（Create）、更新（Update）、读取（Retrieve）和删除（Delete）操作。下面分别介绍这几种操作。

1. 创建数据（Create）

在查询内容之前，必须先插入数据。将数据插入数据库的过程分为如下 3 步。

- ☑ 创建 Python 对象。
- ☑ 将其添加到会话中。
- ☑ 提交会话。

这里的会话不是 Flask 会话，而是 Flask-SQLAlchemy，其本质上是数据库事务的增强版本。下面介绍如何新增一个用户，示例代码如下：

```
01  from models import User
02
03  me = User('admin', 'admin@example.com')
04  db.session.add(me)
05  db.session.commit()
```

在将对象添加到会话之前，SQLAlchemy 基本上不打算将其添加到事务中。此时，仍然可以放弃更改。add()方法可以将用户对象添加到会话中，但是并不会提交到数据库。commit()方法才能将会话提交到数据库。

2．读取数据（Retrieve）

添加完数据以后，就可以从数据库中读取数据了。使用模型类提供的 query 属性，然后调用各种过滤方法及查询方法，即可从数据库中读取需要的数据。

通常，一个完整的查询语句格式如下：

```
<模型类>.query.<过滤方法>.<查询方法>
```

例如，查询 User 表中用户名为 mrsoft 的用户信息，示例代码如下：

```
User.query.filter(username='mrsoft').get()
```

上面的示例中，filter()是过滤方法，get()是查询方法。在 Flask-SQLAlchemy 中，常用的查询过滤器如表 7.10 所示，常用的查询方法如表 7.11 所示。

表 7.10　常用的 SQLAlchemy 查询过滤器

过　滤　器	说　　明
filter()	把过滤器添加到原查询上，返回一个新查询
filter_by()	把等值过滤器添加到原查询上，返回一个新查询
limit()	使用指定的值限制原查询返回的结果数量，返回一个新查询
offset()	偏移原查询返回的结果，返回一个新查询
order_by()	根据指定条件对原查询结果进行排序，返回一个新查询
group_by()	根据指定条件对原查询进行分组，返回一个新查询

表 7.11　常用的 SQLAlchemy 查询方法

方　　法	说　　明
all()	以列表形式返回查询的所有结果
first()	返回查询的第一个结果，如果没有结果，返回 None
first_or_404()	返回查询的第一个结果，如果没有结果，则终止请求，返回 404 错误响应
get()	返回指定主键对应的行，如果没有对应的行，返回 None
get_or_404()	返回指定主键对应的行，如果没有对应的行，则终止请求，返回 404 错误响应
count()	返回查询结果的数量
paginate()	返回一个 Paginate 对象，包含指定范围内的结果

在实际的开发过程中，使用的数据查询方式比较多，下面介绍一些比较常用的查询方式。

（1）根据主键查询。在 get()方法中传递主键，示例代码如下：

```
User.query.get(1)
```

（2）精确查询。使用 filter_by()方法设置查询条件，示例代码如下：

```
user = User.query.filter_by(username='mrsoft').first()
```

使用 filter()方法设置查询条件，代码如下：

```
user = User.query.filter(User.username='mrsoft').first()
```

（3）模糊查询。示例代码如下：

```
users = User.query.filter(User.email.endswith('@example.com')).all()
```

（4）逻辑非查询。示例代码如下：

```
user = User.query.filter(User.username != 'mrsoft').first()
```

或者使用 not_条件，示例代码如下：

```
01    from sqlalchemy import not_
02    user = User.query.filter(not_(User.username=='mrsoft')).first()
```

（5）逻辑与查询。示例代码如下：

```
01    from sqlalchemy import and_
02
03    user = User.query.filter(and_(User.username=='mrsoft',
04                                  User.email.endswith('@example.com'))).first()
```

（6）逻辑或查询。示例代码如下：

```
01    from sqlalchemy import or_
02
03    peter = User.query.filter(or_(User.username != 'peter',
04                                  User.email.endswith('@example.com'))).first()
```

（7）查询结果排序。示例代码如下：

```
User.query.order_by(User.username)
```

（8）限制返回数目。示例代码如下：

```
User.query.limit(10).all()
```

3．更新数据（Update）

更新数据非常简单，直接赋值给模型类的字段属性就可以改变字段值，然后调用 commit()方法，提交会话即可。示例代码如下：

```
01    user = User.query.first()
02    user.username = 'guest'
03    db.session.commit()
```

4．删除数据（Delete）

删除数据也非常简单，只需要把插入数据的 add()替换成 delete()即可。示例代码如下：

```
01    user = User.query.first()
02    db.session.delete(user)
03    db.session.commit()
```

7.5　小　　结

本章主要介绍 Flask 框架的进阶知识，进一步展开介绍 MVC 模式在 Flask 框架中的应用。首先介绍 Controler（控制器）相关内容，包括 Flask 框架请求类和响应类，以及 Cookie 和 Session 对象。接下来介绍 View（视图）相关内容，包括常用的模板继承、消息闪现以及 404 错误页面等内容。最后介绍 Model（模型）相关内容，包括使用 Flask-SQLAlchemy 操作数据库等。通过本章的学习，读者将具备使用 Flask 框架开发一个功能完善的项目的能力。

第 8 章

Django 框架基础

Django 是基于 Python 的重量级开源 Web 框架。Django 拥有高度定制的 ORM 和大量的 API，简单灵活的视图编写，优雅的 URL，适于快速开发的模板，以及强大的管理后台，这使得它在 Python Web 开发领域有着无法撼动的地位。Instagram、FireFox、国家地理杂志等著名网站都在使用 Django 进行开发。

8.1 Django 框架简介

Django 是一款用于开发 Web 应用程序的高级 Python 框架，很多知名网站都是使用该框架编写的。虽然 Django 一直占据着 Python Web 开发界的重要地位，但其早期版本中不支持异步，一直困扰着众多的开发者。最新发布的 Django 3.0 版本中，已经可以支持 ASGI 异步编程了。本章就来介绍最新的 Django 3.0 版本。

8.1.1 Django 3.0 版本的新特性

1. Python 版本支持

Django 对 Python 版本的支持一向是很积极的，Django 3.0 只支持 Python 3.6 以上的版本，即 Python 3.6、Python 3.7 和 Python 3.8 等，Django 2.2.X 系列成为了最后一个支持 Python 3.5 的系列。

2. 数据库支持

Django 3.0 在数据库支持方面的最大亮点是正式支持 MariaDB 10.1 及更高版本。对于开发者来说，又多了一种数据库选择。MariaDB 与 MySQL 类似，但是存储引擎类型更多，查询效率更高。

3. ASGI 支持

ASGI 支持可以说是开发者最期待的 Django 3.0 新功能。ASGI 是异步网关协议接口，是介于网络协议服务和 Python 应用之间的标准接口，能够处理多种通用的协议类型，包括 HTTP、HTTP2 和 WebSocket。

Django 3.0 对 ASGI 模式的支持使得 Django 可以作为原生异步应用程序进行运维，原有的 WSGI 模式将围绕每个 Django 调用运行单个事件循环，以使异步处理层与同步服务器兼容。

在这个改造的过程中，每个特性都会经历以下 3 个实现阶段。

☑ Sync-only：只支持同步，也就是当前的情况。

☑ Sync-native：原生同步，同时带有异步封装器。

☑ Async-native：原生异步，同时带同步封装器。

4．模型字段选择的枚举

Django 3.0 可以自定义枚举类型 TextChoices、IntegerChoices 和 Choices 来定义 Field.choices。其中，TextChoices 和 IntegerChoices 类型用于文本和整数字段，Choices 类允许定义其他具体数据类型的兼容枚举。

8.1.2 安装 Django Web 框架

在包含多个项目的复杂工作中，常常会碰到使用不同版本 Python 包的情况，而虚拟环境则会很好地处理各个包之间的隔离问题。virtualenv 是一种虚拟环境，该环境中可以安装 Django。安装命令如下：

```
pip install Django==3.0.4
```

通过以上命令就可以安装 3.0.4 版本的 Django 了，如图 8.1 所示。

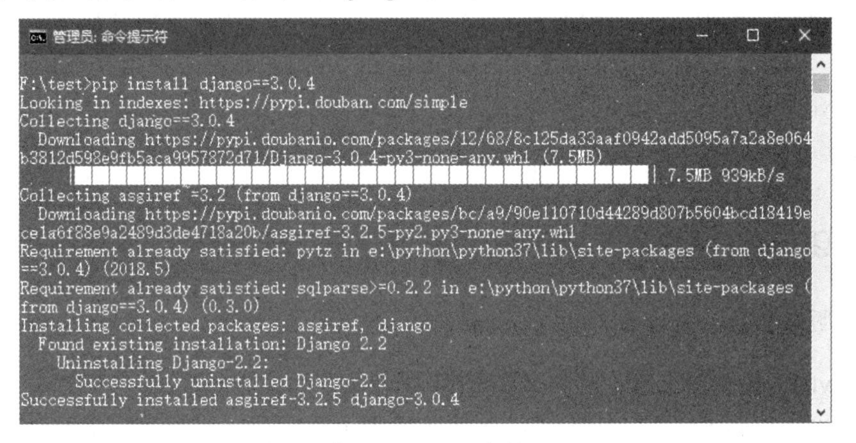

图 8.1　使用 virtualenv 安装 Django

8.2 创 建 项 目

本节将讲解如何在 Django 3.0 中通过命令的方式创建一个项目。

【例 8.1】　使用命令行创建项目。（**实例位置：资源包\Code\08**）

在开始之前，首先需要创建一个保存项目文件的目录，然后在该目录下创建虚拟环境并安装 Django。接下来，需要在虚拟环境中使用 django-admin 命令创建一个项目。

```
django-admin startproject blog
```

使用 Pycharm 打开 blog 项目，查看目录结构，如图 8.2 所示。

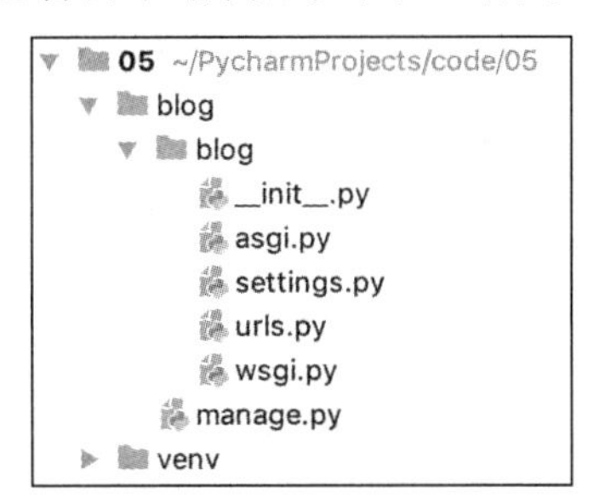

图 8.2　Django 项目目录结构

在生成的目录结构中，venv 目录是虚拟环境，blog 目录是项目名称。项目文件及说明如表 8.1 所示。

表 8.1　Django 项目中的文件及说明

文　件	说　明
manage.py	Django 程序执行的入口，一个可以用各种方式管理 Django 项目的命令行工具
blog/__init__.py	一个空文件，告诉 Python 这个目录是一个 Python 包
blog/asgi.py	项目运行在 ASGI 兼容 Web 服务器上的入口
settings.py	Django 的总配置文件，可以配置 App、数据库、中间件、模板等诸多选项
urls.py	Django 默认的路由配置文件，可以在其中 include 其他路径下的 urls.py
wsgi.py	Django 实现的 WSGI 接口文件，用来处理 Web 请求

创建完项目以后，进入 blog 目录，使用如下命令来运行项目。

```
python manage.py runserver
```

运行命令及运行结果如图 8.3 所示。

```
Terminal:  Local  +
(venv) (base) andy:05 andy$ cd blog
(venv) (base) andy:blog andy$ python manage.py runserver
Watching for file changes with StatReloader
Performing system checks...

System check identified no issues (0 silenced).

You have 17 unapplied migration(s). Your project may not work properly until you apply the migrations for app(s): admin, auth, contenttypes, sessions.
Run 'python manage.py migrate' to apply them.

March 13, 2020 - 01:43:33
Django version 3.0.4, using settings 'blog.settings'
Starting development server at http://127.0.0.1:8000/
Quit the server with CONTROL-C.
```

图 8.3　运行项目

从图 8.3 中可以看到开发服务器已经开始监听 8000 端口的请求了。此时，在浏览器中输入网址 http://127.0.0.1:8000，即可看到一个 Django 首页，如图 8.4 所示。

图 8.4　Django 首页

8.3　创建应用

在 Django 项目中，推荐使用应用来完成不同模块的任务。一个项目中可以包含多个应用，一个应用也可以在多个项目中使用。在 Django 中，每个应用都是一个 Python 包，并且遵循着相同的约定。Django 自带的工具可以生成应用的基础目录结构，这样开发者就能专心写代码，而不需要创建目录了。

在 Django 中创建一个应用非常简单，如果服务已经启动，先按下 Control+c 键关闭服务，然后执行如下命令创建一个 article 应用。

```
python manage.py startapp article
```

此时，blog 目录下又多了一个 article 目录，如图 8.5 所示。

图 8.5　Django 项目的 article 应用目录结构

article 应用的文件及说明如表 8.2 所示。

表 8.2　article 应用目录下的文件及说明

文　件	说　明
__init__.py	一个空文件，告诉 Python 这个目录是一个 Python 包
migrations	执行数据库迁移生成的脚本
admin.py	配置 Django 管理后台的文件
apps.py	单独配置用户添加的每个 app 文件
models.py	创建数据库数据模型对象的文件
tests.py	用来编写测试脚本的文件
views.py	用来编写视图控制器的文件

创建完 article 应用以后，它不会立即生效，还需要在项目配置文件 blog/settings.py 中激活应用。代码如下：

```
01  INSTALLED_APPS = [
02      'django.contrib.admin',
03      'django.contrib.auth',
04      'django.contrib.contenttypes',
05      'django.contrib.sessions',
06      'django.contrib.messages',
07      'django.contrib.staticfiles',
08      'article.apps.ArticleConfig',  #新增代码，激活 article 应用
09  ]
```

通常，INSTALLED_APPS 默认包括了以下 Django 自带应用。

- ☑ django.contrib.admin：管理员站点。
- ☑ django.contrib.auth：认证授权系统。
- ☑ django.contrib.contenttypes：内容类型框架。
- ☑ django.contrib.sessions：会话框架。
- ☑ django.contrib.messages：消息框架。
- ☑ django.contrib.staticfiles：管理静态文件的框架。

这些应用被默认启用是为了给常规项目提供方便。

8.4　数据模型

使用 Django 编写一个数据库驱动的 Web 应用时，第一步就是定义模型（models），也就是数据库结构设计和附加的其他元数据。Django 支持 ORM（对象关系映射），所以可以使用模型类来操作关系型数据库。

1．在应用中添加数据模型

在 article/models.py 文件中，创建 User 模型类和 Article 模型类，关键代码如下：

```
01  from django.db import models                                    #引入 django.db.models 模块
02
03
04  class User(models.Model):
05      """
06      User 模型类，数据模型应该继承于 models.Model 或其子类
07      """
08      id = models.IntegerField(primary_key=True)                  #主键
09      username = models.CharField(max_length=30)                  #用户名，字符串类型
10      email = models.CharField(max_length=30)                     #邮箱，字符串类型
11
12  class Article(models.Model):
13      """
14      Article 模型类，数据模型应该继承于 models.Model 或其子类
15      """
16      id = models.IntegerField(primary_key=True)                  #主键
17      title = models.CharField(max_length=120)                    #标题，字符串类型
18      content = models.TextField()                                #内容，文本类型
19      publish_date = models.DateTimeField()                       #出版时间，日期时间类型
20      user = models.ForeignKey(User, on_delete=models.CASCADE)    #设置外键
```

上述代码中，每个模型属性都指明了 models 下面的一个数据类型，代表了数据库中的一个字段。django.db.models 提供的常见的字段类型如表 8.3 所示。

表 8.3　Django 数据模型中常见的字段类型

字 段 类 型	说　　明
AutoField	一个 id 自增的字段。创建表的过程中，Django 会自动添加一个自增的主键字段
BinaryField	一个保存二进制源数据的字段
BooleanField	一个布尔值字段，需要指明默认值。管理后台中默认呈现为 CheckBox 形式
NullBooleanField	可以为 None 值的布尔值字段
CharField	字符串值字段，必须指明参数的 max_length 值。管理后台中默认呈现为 TextInput 形式
TextField	文本域字段，对于大量文本应该使用 TextField。管理后台中默认呈现为 Textarea 形式
DateField	日期字段，代表 Python 中的 datetime.date 实例。管理后台默认呈现 TextInput 形式
DateTimeField	时间字段，代表 Python 中的 datetime.datetime 实例。管理后台默认呈现 TextInput 形式
EmailField	邮件字段，是 CharField 的实现，用于检查该字段值是否符合邮件地址格式
FileField	上传文件字段，管理后台默认呈现 ClearableFileInput 形式
ImageField	图片上传字段，是 FileField 的实现。管理后台默认呈现 ClearableFileInput 形式
IntegerField	整数值字段，在管理后台默认呈现 NumberInput 或者 TextInput 形式
FloatField	浮点数值字段，在管理后台默认呈现 NumberInput 或者 TextInput 形式
SlugField	只保存字母、数字、下画线和连接符，用于生成 url 的短标签
UUIDField	保存一般统一标识符的字段，代表 Python 中的 UUID 实例，建议提供默认值（default）
ForeignKey	外键关系字段，需要提供外键的模型参数和 on_delete 参数（指定当该模型实例删除时，是否删除关联模型）。如果要外键的模型出现在当前模型的后面，需要在第一个参数中使用单引号，例如'Manufacture'
ManyToManyField	多对多关系字段，与 ForeignKey 类似
OneToOneField	一对一关系字段，常用于扩展其他模型

2．执行数据库迁移

创建完数据模型后，接下来就要执行数据库迁移。Django 支持多种数据库，如 SQLite、MySQL、MariaDB 等，默认情况下使用的就是 SQLite 数据库。可以在项目的配置文件 blog/settings.py 文件中查看，内容如下：

```
01  DATABASES = {
02      'default': {
03          'ENGINE': 'django.db.backends.sqlite3',
04          'NAME': os.path.join(BASE_DIR, 'db.sqlite3'),
05      }
06  }
```

如果想使用更为流行的 MySQL 数据库，则需要修改 settings.py 项目配置文件，修改后的代码如下：

```
01  DATABASES = {
02      'default': {
03          'ENGINE': 'django.db.backends.mysql',
04          'NAME': 'mrsoft',                        #修改数据库名称
05          'USER': 'root',                          #修改数据库用户名
06          'PASSWORD': 'root'                       #修改数据库密码
07      }
08  }
```

上述代码中设置了连接数据库的用户名和密码，并且设置数据库名称为 mrsoft。接下来需要创建一个名为 mrsoft 的数据库。在终端连接数据库，执行以下命令：

```
mysql -u root -p
```

按照提示输入数据库密码，连接成功后，执行如下语句创建数据库。

```
create database mrsoft default character set utf8;
```

接下来，安装 MySQL 数据库的驱动 PyMySQL，命令如下：

```
pip install pymysql
```

然后在 blog\blog__init__.py 文件的行首添加如下代码：

```
01  import pymysql
02  #为实现版本兼容，此处设置 mysqlclient 的版本
03  pymysql.version_info = (1, 3, 13, "final", 0)
04  pymysql.install_as_MySQLdb()
```

然后再执行以下命令，创建数据表。

```
python manage.py makemigrations                  #生成迁移文件
```

运行结果如图 8.6 所示。

```
(venv) (base) andy:blog andy$ python manage.py makemigrations
Migrations for 'article':
  article/migrations/0001_initial.py
    - Create model User
    - Create model Article
```

图 8.6　生成迁移文件

最后，执行如下命令实现数据库迁移。

```
python manage.py migrate                                #迁移数据库，创建新表
```

创建数据表的过程如图 8.7 所示。

```
(venv) (base) andy:blog andy$ python manage.py migrate
Operations to perform:
  Apply all migrations: admin, article, auth, contenttypes, sessions
Running migrations:
  Applying contenttypes.0001_initial... OK
  Applying auth.0001_initial... OK
  Applying admin.0001_initial... OK
  Applying admin.0002_logentry_remove_auto_add... OK
  Applying admin.0003_logentry_add_action_flag_choices... OK
  Applying article.0001_initial... OK
  Applying contenttypes.0002_remove_content_type_name... OK
  Applying auth.0002_alter_permission_name_max_length... OK
  Applying auth.0003_alter_user_email_max_length... OK
  Applying auth.0004_alter_user_username_opts... OK
  Applying auth.0005_alter_user_last_login_null... OK
  Applying auth.0006_require_contenttypes_0002... OK
  Applying auth.0007_alter_validators_add_error_messages... OK
  Applying auth.0008_alter_user_username_max_length... OK
  Applying auth.0009_alter_user_last_name_max_length... OK
  Applying auth.0010_alter_group_name_max_length... OK
  Applying auth.0011_update_proxy_permissions... OK
  Applying sessions.0001_initial... OK
```

图 8.7　创建数据表

创建完成后，即可在数据库中查看这两张数据表了。Django 会默认按照“app 名称+下画线+模型类名称小写”的形式创建数据表，对于上面这两个模型，Django 创建了如下表。

☑　User 类对应 article_user 表。

☑　Article 类对应 article_article 表。

在数据库管理软件中查看创建的数据表，效果如图 8.8 所示。

说明

其他数据表由 Django 内置的模块创建生成。

迁移是非常强大的功能，它能让你在开发过程中持续地改变数据库结构，而不需要重新删除和创建表；专注于使数据库平滑升级，而不会丢失数据。实现数据迁移、改变模型，通常需要以下 3 步。

☑　编辑 models.py 文件，改变模型。

Objects

Name	Rows	Data Length	Engine
article_article	0	16.00 KB	InnoDB
article_user	0	16.00 KB	InnoDB
auth_group	0	16.00 KB	InnoDB
auth_group_permissions	0	16.00 KB	InnoDB
auth_permission	32	16.00 KB	InnoDB
auth_user	0	16.00 KB	InnoDB
auth_user_groups	0	16.00 KB	InnoDB
auth_user_user_permissions	0	16.00 KB	InnoDB
django_admin_log	0	16.00 KB	InnoDB
django_content_type	8	16.00 KB	InnoDB
django_migrations	18	16.00 KB	InnoDB
django_session	0	16.00 KB	InnoDB

图 8.8　查看创建的数据表

☑　运行 python manage.py makemigrations 命令，为模型的改变生成迁移文件。

☑　运行 python manage.py migrate，实现数据库迁移。

数据库迁移被分解成生成和应用两个命令，是为了能够在代码控制系统上提交迁移数据并使其能在多个应用里使用。这不仅仅会让开发更加简单，也给别的开发者和生产环境中的使用带来方便。

3. 了解 Django 数据 API

让我们进入交互式 Python 命令行，尝试一下 Django 创建的各种 API。通过以下命令打开 Python 命令行：

```
python manage.py shell
```

运行效果如图 8.9 所示。

```
(venv) (base) andy:blog andy$ python manage.py shell
Python 3.8.0 (v3.8.0:fa919fdf25, Oct 14 2019, 10:23:27)
[Clang 6.0 (clang-600.0.57)] on darwin
Type "help", "copyright", "credits" or "license" for more information.
(InteractiveConsole)
>>>
```

图 8.9　进入交互模式

说明

以下所有命令均是在 shell 交互模式下执行的。

导入数据模型命令如下：

```
from  article.models  import  User, Article  #导入 User 和 Article 两个类
```

（1）添加数据

添加数据有以下两种方法。

方法 1：

```
user1 = User.objects.create(id=1,username="andy",email="mr@mrsoft.com")
```

方法 2：

```
user2=User(id=2,username="zhangsan",email="zhansan@mrsoft.com")
user2.save()   #必须调用 save()才能写入数据库
```

输入命令如图 8.10 所示。

```
(venv) (base) andy:blog andy$ python manage.py shell
Python 3.8.0 (v3.8.0:fa919fdf25, Oct 14 2019, 10:23:27)
[Clang 6.0 (clang-600.0.57)] on darwin
Type "help", "copyright", "credits" or "license" for more information.
(InteractiveConsole)
>>> from article.models import User, Article
>>> user1 = User.objects.create(id=1,username="andy",email="mr@mrsoft.com")
>>> user2=User(id=2,username="zhangsan",email="zhansan@mrsoft.com")
>>> user2.save()
```

图 8.10　新增数据命令

运行完成后，user 表会新增两条记录，运行结果如图 8.11 所示。

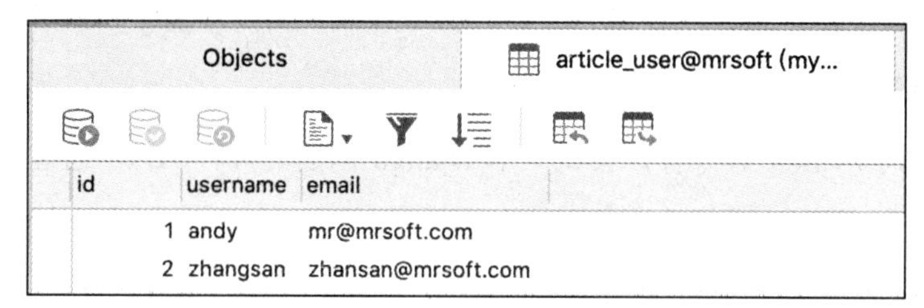

图 8.11　新增数据效果

（2）查询数据

查询 User 表的所有数据，命令如下：

```
User.objects.all()
```

返回结果是 QuerySet 对象，运行结果如下：

```
<QuerySet [<User: User object (1)>, <User: User object (2)>]>
```

可以遍历 QuerySet 对象，获取每一个用户的详细信息，如图 8.12 所示。

```
>>> User.objects.all()
<QuerySet [<User: User object (1)>, <User: User object (2)>]>
>>> users = User.objects.all()
>>> for user in users:
...     print(f'{user.id},{user.username}')
...
1,andy
2,zhangsan
```

图 8.12　遍历 User 表中所有记录

查询 User 表单数据，可以使用如下命令：

```
User.objects.first()                          #获取第一条记录
Person.objects.get(id=1)                      #括号内需要加入确定的条件，因为 get()方法只返回一个确定值
```

此外，还可以根据指定的条件查询数据，例如：

```
User.objects.filter(username__exact='andy')   #指定 username 字段值必须为 andy
User.objects.filter(username__iexact='andy')  #不区分大小写，查找值必须为 andy，如 Andy、anDy
User.objects.filter(id__gt=1)                 #查找所有 id 值大于 1 的
User.objects.filter(id__lt=100)               #查找所有 id 值小于 100 的
#过滤出所有 username 字段值包含'n'的记录，然后按照 id 进行升序排序
User.objects.filter(username__contains='n').order_by('id')
#过滤出所有 username 字段值包含'n'的记录，不区分大小写
User.objects.filter(username__icontains='n')
```

（3）修改查询到的数据

修改之前需要查询的数据或者数据集，然后对响应的字段进行赋值。代码如下：

```
user = User.objects.get(id=1)
user.username = '安迪'
user.save()
```

注意

必须调用 save()方法才能保存到数据库中。

运行完成以后，user 表中 id 为 1 的记录 username 字段值将会被修改，运行结果如图 8.13 所示。

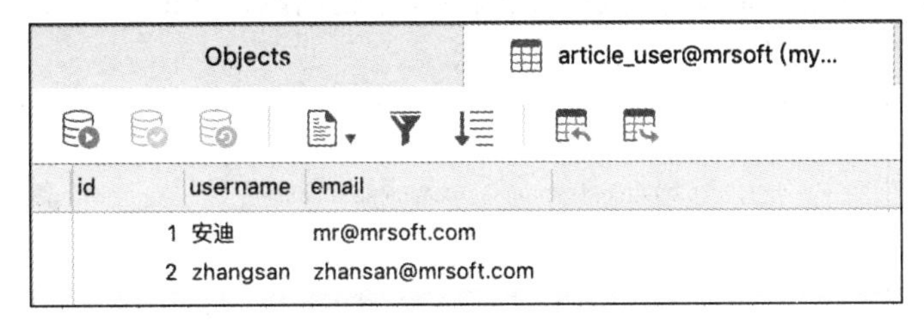

图 8.13　修改 user 表记录

（4）删除数据

与修改数据类似，删除数据同样需要先查找到对应的数据，然后进行删除。代码如下：

```
User.objects.get(id=1).delete()
```

多学两招

由于数据删除后将无法恢复，所以大多数情况下不应直接删除数据库中的数据，而应在定义数据模型时添加一个 status 字段，并设置为 Bool 类型（值为 True 和 False），以标记该数据是否是可用状态。在删除该数据时，将其值设置为 False 即可。

8.5 管理后台

Django 提供了一个非常强大的管理后台，只需要几行命令就可以生成一个后台管理系统。

在终端执行以下命令，可创建一个管理员账号。

```
python manage.py createsuperuser   #按照提示输入账户和密码，密码强度符合一定的规则要求
```

效果如图 8.14 所示。

```
(venv) (base) andy:blog andy$ python manage.py createsuperuser
Username (leave blank to use 'andy'): mrsoft
Email address: mr@mrsoft.com
Password:
Password (again):
The password is too similar to the username.
This password is too short. It must contain at least 8 characters.
Bypass password validation and create user anyway? [y/N]: y
Superuser created successfully.
```

图 8.14　为 Django 项目管理员创建账户和密码

说明

如果用户名和密码相同，Django 会提示相关信息。此外，Django 会提示密码至少需要 8 个字符，但是用户可以忽略这些提示。

创建完成后，接下来重新启动服务器，在浏览器中访问网址 http://127.0.0.1:8000/admin，即可访问 Django 提供的项目后台登录页面，如图 8.15 所示。

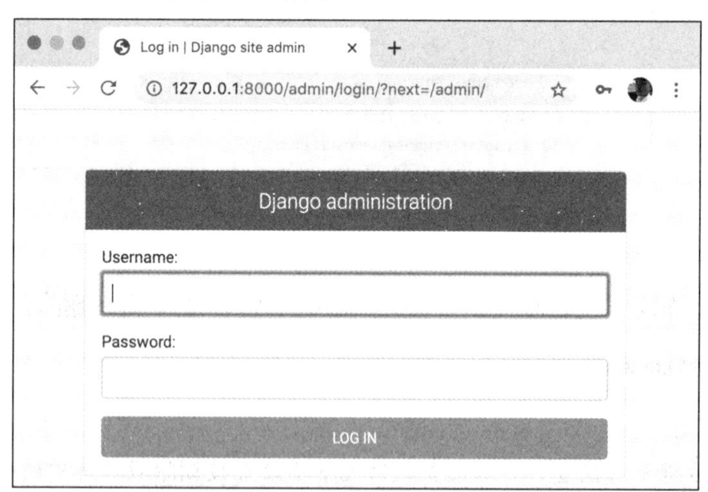

图 8.15　Django 项目后台登录页面

使用刚刚创建的用户名和密码登录，即可看到后台的管理界面，如图 8.16 所示。

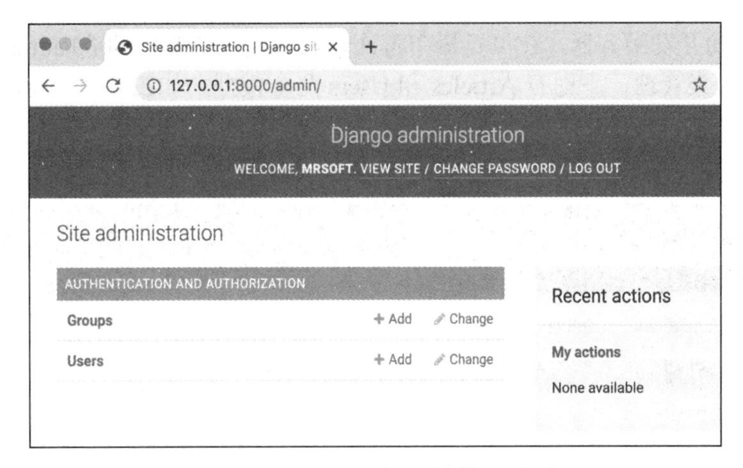

图 8.16　Django 项目后台管理界面

定义好数据模型，就可以配置管理后台了。修改 article/admin.py 配置文件，在 admin.py 文件中创建 UserAdmin 和 ArticleAdmin 后台控制模型类，并全部继承自 admin.ModelAdmin 类。设置属性，最后将数据模型绑定到管理后台。代码如下：

```
01  from django.contrib import admin
02  from article.models import User,Article
03
04  class UserAdmin(admin.ModelAdmin):
05      """
06      创建 UserAdmin 类，继承于 admin.ModelAdmin
07      """
08      #配置展示列表，在 User 版块下的列表展示
09      list_display = ('username', 'email')
10      #配置过滤查询字段，在 User 版块下右侧过滤框
11      list_filter = ('username', 'email')
12      #配置可以搜索的字段，在 User 版块下右侧搜索框
13      search_fields = (['username','email'])
14
15  class ArticleAdmin(admin.ModelAdmin):
16      """
17      创建 UserAdmin 类，继承于 admin.ModelAdmin
18      """
19      #配置展示列表，在 User 版块下的列表展示
20      list_display = ('title', 'content','publish_date')
21      #配置过滤查询字段，在 User 版块下右侧过滤框
22      list_filter = ('title',)                        #list_filter 应该是列表或元组
23      #配置可以搜索的字段，在 User 版块下右侧搜索框
24      search_fields = ('title',)                      #search_fields 应该是列表或元组
25
26  #绑定 User 模型到 UserAdmin 管理后台
27  admin.site.register(User, UserAdmin)
28  #绑定 Article 模型到 ArticleAdmin 管理后台
29  admin.site.register(Article, ArticleAdmin)
```

配置完成后，启动开发服务器，在浏览器中再次输入网址 127.0.0.1:8000/admin/，将会在后台面板中新增一个 ARTICLE 类管理，下面有 Articles 和 Users 两个模型，如图 8.17 所示。

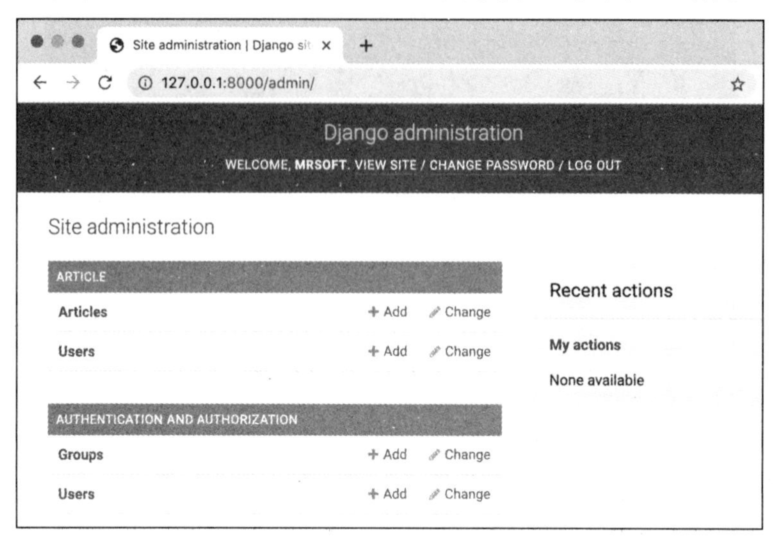

图 8.17 后台配置模型

选中一个模型，可以实现对模型的增、删、改、查等相应操作。例如，单击 Articles 模型右侧的 Add 按钮，即可执行新增文章信息的操作，如图 8.18 所示。

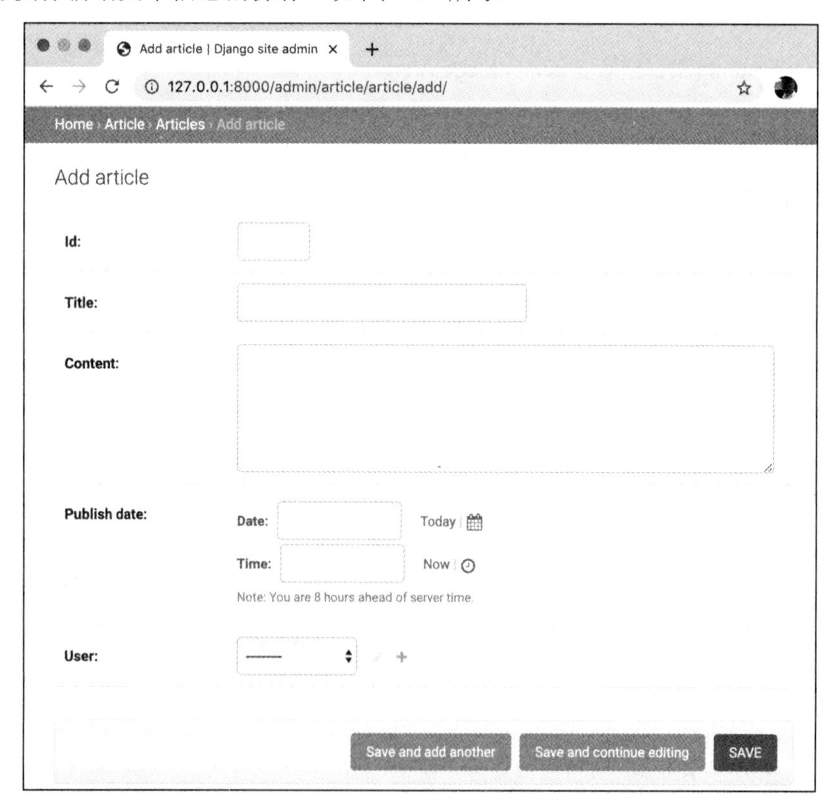

图 8.18 新增文章

说明

在新增文章页面，会显示 User 选项。因为一个用户可以发布多篇文章，而一篇文章只属于一个用户，所以 User 类和 Article 类是一对多的关系。在创建数据模型时，通过在 Article 类中设置“user = models.ForeignKey(User, on_delete=models.CASCADE)”，即可实现模型的一对多关系。

8.6　路　　由

URL 是 Web 服务的入口，用户通过浏览器发送过来的任何请求，都会发送到指定的 URL 地址中，然后服务器会将响应返回给浏览器。路由（urls）就是用来处理 URL 和函数之间关系的调度器。

Django 的路由流程如下。

（1）查找全局 urlpatterns 变量，即 blog/urls.py 文件中定义的 urlpatterns 变量。

（2）按照先后顺序，对 URL 逐一匹配 urlpatterns 列表中的每个元素。

（3）找到第一个匹配时停止查找，根据匹配结果执行对应的处理函数。

（4）如果没有找到匹配或出现异常，Django 进行错误处理。

1．Django 支持的路由形式

Django 支持的路由形式有 3 种。

（1）精确字符串格式，即一个精确 URL 匹配一个操作函数。这是最简单的形式，适合对静态 URL 的响应。URL 字符串可以不以“/”开头，但要以“/”结尾，例如：

```
path('admin/', admin.site.urls),
path('articles/', views.article_list),
```

（2）路径转换器格式。在匹配 URL 同时，通过 URL 进行参数获取和传递。语法格式如下：

```
<类型: 变量名>,articles/<int:year>/
```

例如：

```
path('articles/<int:year>/', views.year_archive),
path('articles/<int:year>/<int:month>/', views.month_archive),
path('articles/<int:year>/<int:month>/<slug:slug>/', views.article_detail)
```

表 8.4 提供了一些常用的格式转换类型说明。

表 8.4　格式转换类型说明

格式类型	说　明
str	匹配除分隔符（/）外的非空字符，默认类型<year>等价于<str:year>
int	匹配 0 和正整数
slug	匹配字母、数字、横杠、下画线组成的字符串，str 的子集
uuid	匹配格式化的 UUID，如 075194d3-6885-417e-a8a8-6c931e272f00
path	匹配任何非空字符串，包括路径分隔符，是全集

【例 8.2】 定义路由并创建路由函数。（**实例位置：资源包\Code\08**）

在 blog/urls.py 文件中创建路由，代码如下：

```
01  from django.contrib import admin
02  from django.urls import path,re_path                    #导入 path 和 re_path
03  from . import views                                     #导入自定义的 views 模块
04
05  urlpatterns = [
06      path('admin/', admin.site.urls),
07      path('articles/', views.article_list),
08      path('articles/<int:year>/', views.year_archive),
09      path('articles/<int:year>/<int:month>/', views.month_archive),
10      path('articles/<int:year>/<int:month>/<slug:slug>/', views.article_detail)
11  ]
```

上述代码从当前目录中导入了 views.py 文件，接下来在当前目录下创建 views.py 文件。在 views.py 文件中创建路由中的函数，代码如下：

```
01  from django.http import HttpResponse
02
03  def article_list(request):
04      return HttpResponse('article_list 函数')
05
06  def year_archive(request,year):
07      return HttpResponse(f'year_archive 函数接受参数 year:{year}')
08
09  def month_archive(request,year,month):
10      return HttpResponse(f'month_archive 函数接受参数 year:{year},month:{month}')
11
12  def article_detail(request,year,month,slug):
13      return HttpResponse(f'article_detail 函数接受参数
14                              year:{year},month:{month},slug:{slug}')
```

启动服务，在浏览器中输入网址 http://127.0.0.1:8000/articles/，结果如下：

```
article_list 函数
```

输入网址 http://127.0.0.1:8000/articles/2020/，结果如下：

```
year_archive 函数接受参数 year:2020
```

输入网址 http://127.0.0.1:8000/articles/2020/05，结果如下：

```
month_archive 函数接受参数 year:2020,month:5
```

输入网址 http://127.0.0.1:8000/articles/2020/05/python/，结果如下：

```
article_detail 函数接受参数 year:2020,month:5,slug:python
```

（3）正则表达式格式。如果路径和转化器语法不能很好地定义 URL 模式，也可以使用正则表达式。使用正则表达式定义路由时，需要使用 re_path()而不是 path()。

在 Python 正则表达式中，命名正则表达式组的语法格式如下：

```
(?P<name>pattern)
```

其中，name 是组名，pattern 是要匹配的模式。

下面用正则表达式重写前面定义的路由，代码如下：

```
01  from django.urls import path, re_path
02
03  from . import views
04
05  urlpatterns = [
06      path('articles/list/', views.article_list),
07      re_path(r'^articles/(?P<year>[0-9]{4})/$', views.year_archive),
08      re_path(r'^articles/(?P<year>[0-9]{4})/(?P<month>[0-9]{2})/$',
09              views.month_archive),
10      re_path(r'^articles/(?P<year>[0-9]{4})/(?P<month>[0-9]{2})/(?P<slug>[\w-]+)/$',
11               views.article_detail),
12  ]
```

注意

正则匹配使用的“?P”中，字母 P 需要大写。

2．使用 include 包含路由

在开发过程中，随着项目复杂度增加，定义的路由也会越来越多。如果全部路由都定义在 blog/urls.py 文件的 urlpatterns 变量中，代码会特别凌乱。此时，可以将前缀内容相同的路由设置为一组，然后使用 include()函数包含分组的路由。

例如，将 blog/urls.py 文件中包含“articles/”前缀的路由作为一组，修改 blog/urls.py 文件，代码如下：

```
01  from django.urls import path,include                    #导入 path 和 include
02
03  urlpatterns = [
04      path('admin/', admin.site.urls),
05      path('articles/', include('article.urls'))
06  ]
```

在上面的代码中，使用 include()函数引入了 article.urls 模块，所以需要在 article 目录下创建一个 urls.py 文件，代码如下：

```
01  from django.urls import path                            #导入 path
02  from . import views                                     #导入自定义的 views 模块
03
04  urlpatterns = [
05  path('', views.article_list),
06  path('<int:year>/', views.year_archive),
```

```
07    path('<int:year>/<int:month>/', views.month_archive),
08    path('<int:year>/<int:month>/<slug:slug>/', views.article_detail)]
```

接下来，需要在 article 目录下创建一个 views.py 文件，代码如下：

```
01    from django.http import HttpResponse
02
03    def article_list(request):
04        return HttpResponse('article_list 函数')
05
06    def year_archive(request,year):
07        return HttpResponse(f'year_archive 函数接受参数 year:{year}')
08
09    def month_archive(request,year,month):
10        return HttpResponse(f'month_archive 函数接受参数 year:{year},month:{month}')
11
12    def article_detail(request,year,month,slug):
13        return HttpResponse(f'article_detail 函数接受参数 year:{year},month:{month},slug:{slug}')
14
15    def article_re(request,year):
16        return HttpResponse(f"正则表达式 year is{year}")
```

8.7 视　　图

视图（views）函数（或类）简称视图，它是一个简单的 Python 函数（或类），接受 request 并且返回 HttpResponse 对象。根据视图函数的类型，Django 视图可以分为 FBV（基于函数的视图）和 CBV（基于类的视图）。

1. FBV——基于函数的视图

下面通过一个实例来介绍 FBV。

【例 8.3】　创建获取当前日期的视图函数。（**实例位置：资源包\Code\08**）

（1）定义路由。在 article/urls.py 文件中定义路由，代码如下：

```
01    from django.urls import path                        #导入 path
02    from . import views                                 #导入自定义的 views 模块
03
04    urlpatterns = [
05        path('', views.article_list),
06        path('<int:year>/', views.year_archive),
07        path('<int:year>/<int:month>/', views.month_archive),
08        path('<int:year>/<int:month>/<slug:slug>/', views.article_detail),
09        path('current',views.get_current_datetime)
10    ]
```

（2）创建视图函数。在 article/views.py 文件中创建一个名为 get_current_datetime()视图函数，代码

如下：

```
01    from django.http import HttpResponse
02    from datetime import datetime
03
04    def get_current_datetime(request):                    #定义一个视图方法，必须带有请求对象作为参数
05        today = datetime.today()                          #请求的时间
06        formatted_today = today.strftime('%Y-%m-%d')
07        html = f"<html><body>今天是{formatted_today}</body></html>" #生成 html 代码
08        return HttpResponse(html)                         #将响应对象返回，数据为生成的 html 代码
```

上面的代码定义了一个函数，返回了一个 HttpResponse 对象，这就是 Django 的 FBV（Function-Based View，基于函数的视图）。每个视图函数都要有一个 HttpRequest 对象作为参数，用来接收来自客户端的请求，并且必须返回一个 HttpResponse 对象，作为响应返回给客户端。运行结果如图 8.19 所示。

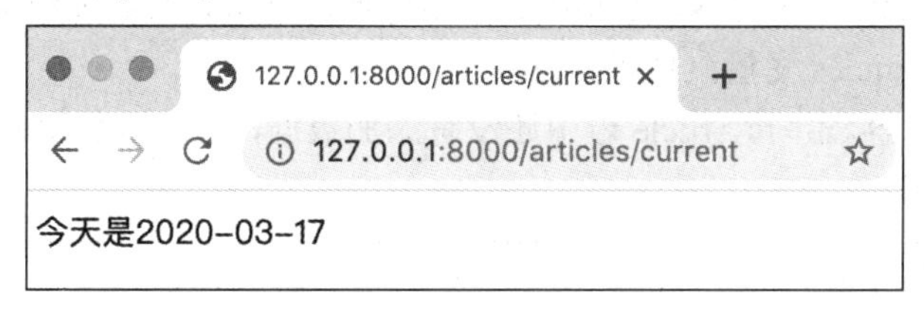

图 8.19　视图函数运行结果

django.http 模块下有诸多继承自 HttpReponse 的对象，其中大部分在开发中会经常用到。例如，在查询不到数据时，返回给客户端一个 HTTP 404 的错误页面，提示“Page not found”错误信息。

2. CBV——基于类的视图

CBV（Class-Based View，基于类的视图）非常简单，用法和基于函数的视图大同小异。首先定义一个类视图，这个类视图需要继承自基础的类视图。所有的类视图都继承自 views.View，如 TemplateView、ListView 等。示例代码如下：

```
01    from django.views import View
02
03    class ArticleForm(View):
04        def get(self, request, *args, **kwargs):          #定义 GET 请求的方法
05            return HttpResponse("返回 GET 请求响应")
06
07        def post(self, request, *args, **kwargs):         #定义 POST 请求的方法
08            return HttpResponse("返回 POST 请求响应")
```

当发送 GET 请求时，自动调用 get()方法；当发送 POST 请求时，自动调用 post()方法。

8.8　Django 模板

在例 8.3 中，视图函数返回了一个 HttpResponse 对象，页面设计都是写在视图函数的代码里的。

如果修改页面的样式，就需要编辑 Python 代码。Django 提供了一种更加简单的方式，那就是使用 Django 的模板系统，只要创建一个视图，就可以将页面设计从代码中分离出来。

下面通过一个实例介绍如何使用 Django 模板。

【例 8.4】 创建并渲染模板。（**实例位置：资源包\Code\08**）

（1）渲染模板。在 Django 中，可以使用 render()函数来渲染模板。代码如下：

```
01    from django.shortcuts import render
02    from article.models import Article,User
03
04    def article_list(request):
05        articles = Article.objects.all()                                    #从 Article 表中获取数据
06        return render(request,'article_list.html',{"articles": articles})   #渲染模板
```

上述代码中，从 Article 表中获取全部数据，然后使用 render()函数渲染模板，设置模板文件为 article_list.html，并传递 articles 变量到模板。

（2）后台添加文章内容。由于 Article 表中还没有添加数据，所以需要管理员登录后台，添加 Article 模型数据，如图 8.20 所示。

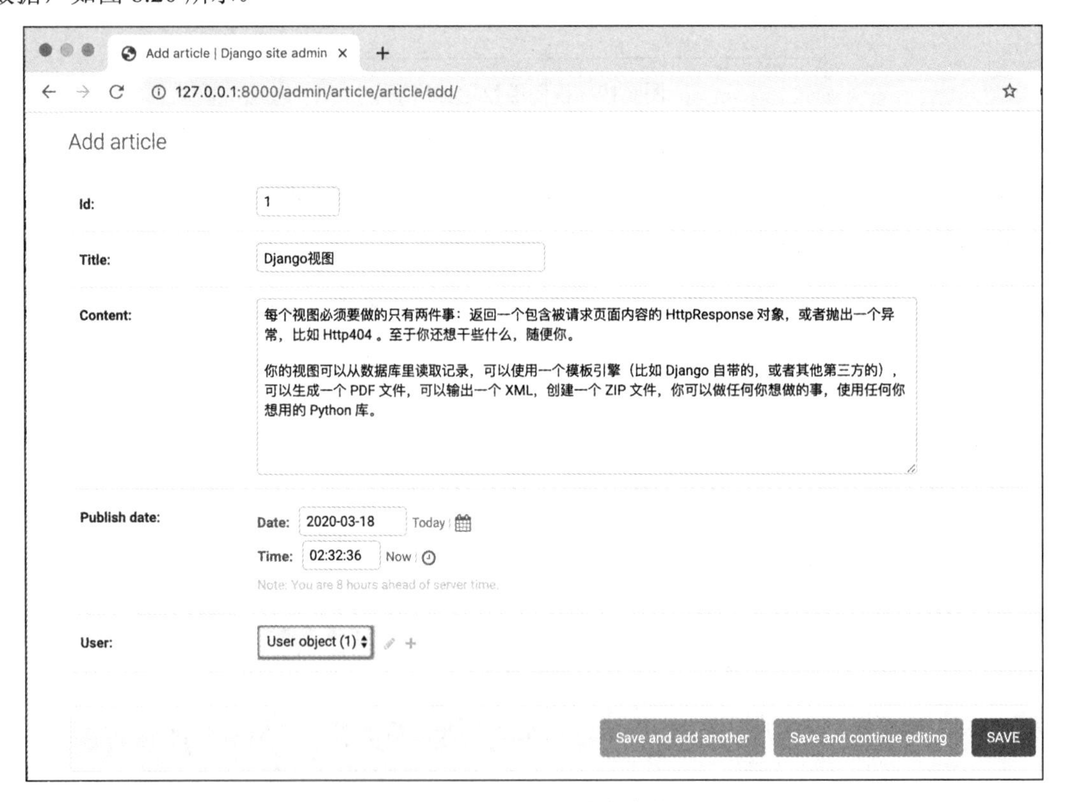

图 8.20 后台添加文章内容数据

（3）创建模板文件。Django 默认的模板文件路径为 article/templates/，所以需要在 blog/article 目录下创建 templates 文件夹作为模板文件路径。由于 render()函数中设置模板路径为 article_list.html。模板文件目录结构如图 8.21 所示。

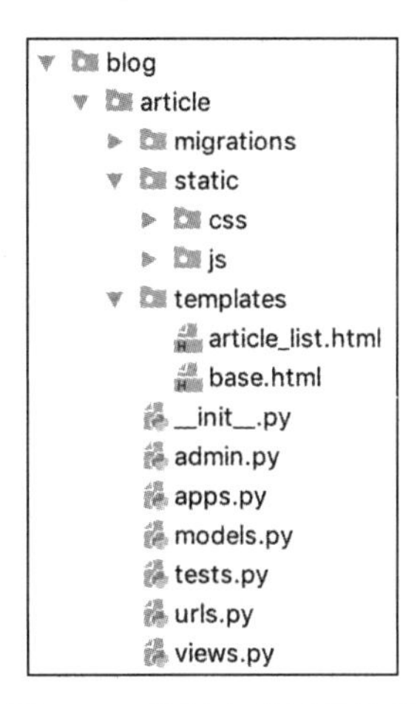

图 8.21　模板文件目录结构

在模板文件路径中，新增了一个 base.html 文件。可将其作为父模板，它包含了所有模板的通用信息。在这个文件中，可以引入相同的头部信息和导航栏信息等。base.html 代码如下：

```
01  <!DOCTYPE html>
02  <html lang="en">
03  <head>
04      <meta charset="UTF-8">
05      <title>{% block title %}{% endblock %}</title>
06      {% load static %}
07      <link rel="stylesheet" type="text/css" href="{% static 'css/bootstrap.css' %}">
08      <script src="{% static 'js/jquery.js' %}"></script>
09      <script src="{% static 'js/bootstrap.js' %}"></script>
10  </head>
11  <body class="container">
12  <nav class="navbar navbar-expand-sm bg-primary navbar-dark">
13   <!--  省略部分导航栏代码  -->
14  </nav>
15   {% block content %}{% endblock %}
16  </body>
17  </html>
```

上述代码中，使用了 block 标签“{% block %}”，它相当于一个占位符，所有的 {% block %} 标签告诉模板引擎，子模板可以重载这些部分。此外，使用“{% load static %}”引入静态文件路径，即 article/static/路径。

接下来，创建 article_list.html 文件作为子模板，代码如下：

```
01  {% extends "base.html" %}
02  {% block title %}文章列表{% endblock %}
03  {% block content %}
04  <div style="margin-top:20px">
05      <h3>文章列表</h3>
06      <table class="table table-bordered ">
07         <thead>
```

```
08                <tr>
09                    <th>文章 ID</th>
10                    <th>作者</th>
11                    <th>标题</th>
12                    <th>发布时间</th>
13                </tr>
14            </thead>
15            <tbody>
16                {% for article in articles %}
17                    <tr>
18                        <td>{{ article.id }}</td>
19                        <td>{{ article.user.username }}</td>
20                        <td>{{ article.title }}</td>
21                        <td>{{ article.publish_date | date:'Y-m-d' }}</td>
22                    </tr>
23                {% endfor %}
24            </tbody>
25        </table>
26    </div>
27    {% endblock %}
```

Django 模板引擎使用“{%%}”来描述 Python 语句，以区别于 html 标签；使用“{{}}”来描述 Python 变量。上面代码中的标签及说明如表 8.5 所示。

表 8.5　Django 模板引擎中的标签及说明

标　签	说　明
{% extends 'base.html'%}	扩展一个父模板
{%block title%}	指定父模板中的一段代码块，此处为 title，在父模板中定义 title 代码块，可以在子模板中重写该代码块。block 标签必须是封闭的，要由“{% endblock %}”结尾
{{article.title}}	获取变量的值
{% for story in story_list %} {% endfor %}	和 Python 中的 for 循环用法相似，必须是封闭的

在浏览器中输入网址 http://127.0.0.1:8000/articles/，运行效果如图 8.22 所示。

图 8.22　图书列表页效果

此外，模板中的“|”是过滤器。Django 模板的过滤器非常实用，可对返回的变量值做一些特殊处理。常用的过滤器及其作用如下。

☑ {{value|default:"nothing"}}：用来指定默认值。
☑ {{value|length}}：用来计算返回的列表或者字符串长度。
☑ {{value|lower}}：用来将返回的数据变为小写字母。
☑ {{value|date}}：用来将日期格式转换为字符串格式。
☑ {{value|safe}}：不使用转义。
☑ {{value|filesizeformat}}：用来将数字转换成人类可读的文件大小，如 13KB、128MB 等。
☑ {{value|truncatewords:30}}：对返回的字符串取固定的长度，此处为 30 个字符。

8.9　表　　单

Web 开发过程中，经常使用 HTML 表单（forms）来实现服务器与用户之间的交互功能。通常的流程是在模板中编写 HTML 表单页面，然后提交表单到视图函数，接下来在视图函数中对表单数据进行验证。编写数据验证规则是一个很麻烦的过程。设想一下，一个表单拥有十多个数据字段，每个字段都有不同的验证规则，如果全都使用手工的方式进行验证，其效率和正确性将无法得到保障。有鉴于此，Django 提供了一个表单类功能，以面向对象的方式，直接使用 Python 代码生成 HTML 表单代码，通过它可以快速地处理与表单相关的内容。

下面通过一个实例来介绍如何使用 Django 中的表单类。

【例 8.5】　创建表单类，并实现表单验证功能。（**实例位置：资源包\Code\08**）

（1）创建表单类。在 blog/article 目录下创建 forms.py 文件。代码如下：

```
01  from django import forms
02
03  class LoginForm(forms.Form):
04      username = forms.CharField(
05          label='姓名',
06          required=True,
07          min_length=3,
08          max_length=10,
09          widget=forms.TextInput(attrs={'class': 'form-control'}),
10          error_messages={
11              'required': '用户名不能为空',
12              'min_length': '长度不能小于 5 个字符',
13              'max_length': '长度不能超过 10 个字符',
14          }
15      )
16      email = forms.CharField(
17          label='邮箱',
18          required=True,
19          max_length=50,
20          widget=forms.TextInput(attrs={'class': 'form-control'}),
```

```
21                error_messages={
22                    'required': '邮箱不能为空',
23                    'max_length': '长度不能超过 50 个字符',
24                }
25        )
```

上述代码中创建了一个 LoginForm 类，该类需要继承自 forms.Form 类。LoginForm 类中有两个类属性：username 和 email。它们分别对应着 Form 表中的用户名和邮箱字段。由于这两个字段都是字符类型数据，所以使用 forms.CharField()类初始化。此外，forms 类中还有其他的内置字段属性，如 IntegerField（整数类型）、FloatField（浮点数类型）、DateField（日期类型）等。

在 forms.CharField()类初始化时，可以设置验证规则，如 required=True 表示该字段为必填字段，min_length 表示最小长度等。当用户填写的数据不满足设置的规则时，输出 error_messages 中对应的错误提示信息。此外，还可以通过 widget 参数来设置表单中字段的样式。

LoginForm 类将呈现为下面的 HTML 代码。

```
01    <div class="form-group">
02       <label>姓名:</label>
03       <input type="text" name="username" class="form-control" maxlength="10" minlength="3" required id=
"id_username">
04
05    </div>
06    <div class="form-group">
07       <label>邮箱:</label>
08       <input type="text" name="email" class="form-control" maxlength="50" required id="id_email">
09
10    </div>
```

（2）创建路由。在 article/urls.py 文件中创建路由。代码如下：

```
01    from django.urls import path                #导入 path
02    from . import views                         #导入自定义的 views 模块
03
04    urlpatterns = [
05        path('login',views.LoginFormView.as_view())
06    ]
```

当在浏览器中访问 http://127.0.0.1:8000/articles/login 时，调用 article/views.py 文件中的 LoginForm 类中的对应方法。这是一个基于类的视图，所以需要使用视图类.as_veiw()方法返回一个 view 函数。

（3）创建基于类的视图函数。在 article/views.py 文件中创建 LoginFormView 类，定义 get 和 post()方法，分别对应 GET 和 POST 请求，代码如下：

```
01    class LoginFormView(View):
02        def get(self,request,*args,**kwargs):
03            """
04            定义 GET 请求的方法 GET 请求
05            """
06            return render(request,'login.html',{'form':LoginForm()})
07
```

```
08          def post(self,request,*args,**kwargs):
09              """
10              定义 POST 请求的方法 POST 请求
11              """
12              #将请求数据填充到 LoginForm 实例中
13              form = LoginForm(request.POST)
14              #判断是否为有效表单
15              if form.is_valid():
16                  #使用 form.cleaned_data 获取请求的数据
17                  username = form.cleaned_data['username']
18                  email = form.cleaned_data['email']
19                  #页面跳转至欢迎页面
20                  #return HttpResponseRedirect('/articles/welcome',username=username)
21                  return HttpResponse(f'用户名:{username} ，邮箱:{email}')
22              else:
23                  return render(request, 'login.html', {'form': form})
```

上述代码中，get()方法实现的功能比较简单，主要用于渲染模板页面，并且传递参数 form，即 LoginForm 类的实例。

提交表单时，会调用 post()方法。post()方法首先实例化 LoginForm 类，并接受 request.POST 作为参数。接下来，调用 is_valid()方法验证用户在表单中输入的字段内容是否满足设置的验证规则。如果验证通过，则通过 cleaned_data 属性获取相应的表单字段信息，并使用 HttpResponse()输出表单字段内容。如果验证失败，则在页面中显示错误信息。

（4）创建模板文件。在 article/templates/目录下创建 login.html 文件，代码如下：

```
01  {% extends "base.html" %}
02  {% block title %}登录页面{% endblock %}
03  {% block content %}
04    <style type="text/css">
05        .errorlist {color:red}
06    </style>
07  <div class="container" style="margin-top:50px">
08      <form action="" method="post">
09          {% csrf_token %}
10          <div class="form-group">
11              <label>{{ form.username.label }}:</label>
12              {{ form.username }}
13              {{ form.username.errors }}
14          </div>
15          <div class="form-group">
16              <label>{{ form.email.label }}:</label>
17              {{ form.email }}
18              {{ form.email.errors }}
19          </div>
20          <button type="submit" class="btn btn-primary">提交</button>
21      </form>
22  </div>
23  {% endblock %}
```

在模板文件中，使用 form.field_name 来获取相应字段的信息，并通过 form.field_name.errors 来获取字段验证失败的提示信息。此外，使用模板标签“{% csrf_token %}”解决了 Form 表单提交出现跨站请求伪造攻击的情况。

接下来，在浏览器中访问网址 http://127.0.0.1:8000/articles/login，运行效果如图 8.23 所示。

图 8.23　在 Django 项目中创建表单

8.10　小　　结

本章主要介绍了 Django 3.0 框架的基础知识，并从实际应用出发，完成了一个简单的应用。首先介绍了 Django 3.0 框架的新特性，然后安装 Django 3.0 框架；接下来创建项目、创建应用，并根据 MVC 模型展开介绍 Django 框架，包括创建模型、创建路由和创建视图；最后完成一个简单的 Web 表单应用。通过本章的学习，读者将会对 Django 3.0 框架有一个基本的认识，掌握 Django 框架的基础知识，为后续 Django 框架的学习打下良好的基础。

第 9 章

Django 框架进阶

学习了 Django 框架的基础知识后，虽然可以完成简单的 Web 开发任务，但却还不足以开发一个完整的 Web 项目。由于 Django 框架特别注重组件的重用性、可插拔性、敏捷开发和 DRY 法则（Don't Repeat Yourself），通过简单的配置即可完成很多复杂的功能。可以说，对 Django 框架了解越多，编写的代码就越少。本章将在第 8 章的基础上，继续学习 Django 框架的进阶知识。

9.1 Session 会话

由于 HTTP 是无状态的，所以大多数网站都需要使用 Session 来存储用户的登录状态。Django 为我们提供了一个通用的 Session 框架，并且可以使用多种保存 Session 数据的方式。

☑ 保存到数据库。

☑ 保存到缓存。

☑ 保存到文件。

☑ 保存到 Cookie。

通常情况下，Session 数据保存在数据库中。

Django 完全支持匿名会话。会话框架允许在每个站点访问者的基础上存储和检索任意数据。它将数据存储在服务器端，并抽象发送和接收 Cookie。Cookie 包含会话 ID，而不是数据本身。

9.1.1 启用会话

Django 通过一个内置中间件来实现会话功能。要启用会话就要先启用该中间件。编辑 settings.py 中的 MIDDLEWARE 设置，设置方式如下：

```
01  MIDDLEWARE = [
02      'django.contrib.sessions.middleware.SessionMiddleware',
03  ]
```

默认情况下，使用 django-admin startproject 命令创建项目时会默认创建 Session。

如果不想使用会话功能，在 settings 文件中将 SessionMiddleware 从 MIDDLEWARE 中删除，将 django.contrib.sessions 从 INSTALLED_APPS 中删除即可。

9.1.2 配置会话引擎

默认情况下，Django 将会话数据保存在数据库内。当然，也可以将数据保存在文件系统或缓存内。

1. 基于数据库的会话

确保在 INSTALLED_APPS 设置中 django.contrib.sessions 存在，然后运行 manage.py migrate 命令，在数据库内创建 sessions 表。

2. 基于缓存的会话

为了提高性能，通常会将 Session 保存在缓存中。但是首先需要先配置好缓存。

如果定义有多个缓存，Django 将使用默认的那个。如果用其他的缓存，需要将 SESSION_CACHE_ALIAS 参数设置为对应的缓存的名字。

配置好缓存后，可以选择以下两种保存数据的方法。

☑ 一是将 SESSION_ENGINE 设置为 django.contrib.sessions.backends.cache，简单地对会话进行保存。这种方法不是很可靠：当缓存数据存满时，将清除部分数据；遇到缓存服务器重启时，数据将丢失。

☑ 为了数据安全保障，可以将 SESSION_ENGINE 设置为 django.contrib.sessions.backends.cached_db。这种方式在每次缓存时会同时将数据在数据库内写一份。当缓存不可用时，会话会从数据库内读取数据。

两种方法都很迅速，但第一种缓存方式更快一些，因为它忽略了数据的持久性。如果使用缓存+数据库的方式，还需要对数据库进行配置。

3. 基于文件的会话

将 SESSION_ENGINE 设置为 django.contrib.sessions.backends.file。同时，必须正确配置 SESSION_FILE_PATH（默认使用 tempfile.gettempdir()方法的返回值，就像/tmp 目录），确保文件存储目录及 Web 服务器对该目录具有读写权限。

4. 基于 Cookie 的会话

将 SESSION_ENGINE 设置为 django.contrib.sessions.backends.signed_cookies。Django 将使用加密签名工具和安全秘钥设置保存会话的 cookie。

注意

建议将 SESSION_COOKIE_HTTPONLY 设置为 True，阻止 JavaScript 对会话数据的访问，以提高安全性。

9.1.3 会话对象的常用方法

当会话中间件启用后，传递给视图 request 参数的 HttpRequest 对象将包含一个 session 属性，这个

属性的值是一个类似字典的对象。request.session 对象的常用方法如下。

- ☑ request.session['key'] = 123：设置或者更新 key 的值。
- ☑ request.session.setdefault('key',123)：设置 key 的值，存在则不设置，相当于设置默认值。
- ☑ request.session['key']：获取 Session 中指定 key 的值。
- ☑ request.session.get('key',None)：获取 Session 中指定 key 的值，如果不存在，赋值默认值。
- ☑ request.session.pop('key')：删除 Session 中弹出指定 key。
- ☑ del request.session['key']：删除 Session 中指定 key 的值。
- ☑ request.session.delete("session_key")：删除当前用户的所有 Session 数据。
- ☑ request.session.clear()：清除用户的 Session 数据。
- ☑ request.session.flush()：删除当前 Session 数据并删除会话 Cookie。
- ☑ request.session.session_key：获取用户 Session 的随机字符串。
- ☑ request.session.clear_expired()：将所有 Session 失效日期小于当前日期的数据删除。
- ☑ request.session.exists("session_key")：检查用户 Session 的随机字符串在数据库中是否存在。
- ☑ request.session.keys()：获取 Session 所有的键。
- ☑ request.session.values()：获取 Session 所有的值。
- ☑ request.session.items()：获取 Session 所有的键值对。
- ☑ request.session.iterkeys()：获取 Session 所有键的可迭代对象。
- ☑ request.session.itervalues()：获取 Session 所有值的可迭代对象。
- ☑ request.session.iteritems()：获取 Session 所有键值对的可迭代对象。
- ☑ request.session.set_expiry(value)：设置 Session 的过期时间。value 参数说明如下：
  - ➢ 整数，表示 Session 会在对应秒数后失效。
  - ➢ datatime 或 timedelta，表示 Session 会在设置时间后失效。
  - ➢ 0，表示用户关闭浏览器时 Session 就会失效。
  - ➢ None，表示 Session 依赖于全局 Session 失效策略。

9.1.4　使用会话实现登录功能

Session 可以记录用户的登录与行为数据，所以在用户登录页面，当用户填写正确的用户名和密码后，需要将用户登录成功的信息写入 Session。当用户访问其他页面时，例如访问购物车页面，如果该 Session 信息存在，则表示用户已经登录，可以执行加入购物车操作，否则页面将跳转至登录页面。

【例 9.1】　使用会话实现登录功能。（**实例位置：资源包\Code\09\01**）

首先使用 shell 命令创建一个用户，然后在登录页面中使用该用户登录，登录成功后，将登录成功信息写入 Session 中。步骤如下。

（1）执行下面的命令进入 shell 模式。

```
python manage.py shell
```

在 shell 模式中，使用 create_user()方法创建一个新用户，命令如下：

```
>>> from django.contrib.auth.models import User
>>> User.objects.create_user(username='andy', password='mrsoft')
<User: andy>
```

上述命令中，创建了一个用户名为 andy，密码为 mrsoft 的用户。接下来，使用 Django 框架提供的 authenticate()方法验证用户名和密码是否正确。命令如下：

```
>>> from django.contrib.auth import authenticate
>>> user = authenticate(username='andy',password='123456')
>>> user
>>> user = authenticate(username='andy',password='mrsoft')
>>> user
<User: andy>
```

上述代码中，当传递错误的用户名和密码时，authenticate()函数将返回 None；当传递正确的用户名和密码时，返回 user 对象。

（2）修改用户登录表单。打开 blog/article/forms.py 文件，在表单中添加对密码的验证，关键代码如下：

```
01  class LoginForm(forms.Form):
02      username = forms.CharField(
03          label='姓名',
04          required=True,
05          min_length=3,
06          max_length=10,
07          widget=forms.TextInput(attrs={
08              'class': 'form-control',
09              'placeholder':"请输入用户名"
10          }),
11          error_messages={
12              'required': '用户名不能为空',
13              'min_length': '长度不能少于 3 个字符',
14              'max_length': '长度不能超过 10 个字符',
15          }
16      )
17
18      password = forms.CharField(
19          label='密码',
20          required=True,
21          min_length = 6,
22          max_length = 50,
23          widget=forms.PasswordInput(attrs={
24              'class': 'form-control mb-0',
25              'placeholder':"请输入密码"
26          }),
```

```
27              error_messages={
28                  'required': '用户名不能为空',
29                  'min_length': '长度不能少于 6 个字符',
30                  'max_length': '长度不能超过 50 个字符',
31              }
32          )
```

（3）修改登录的路由函数。打开 blog/article/views.py 文件，修改 LoginFormView 类文件，关键代码如下：

```
01  from django.contrib.auth import authenticate, login
02  from django.contrib import messages
03
04  class LoginFormView(View):
05
06      def post(self,request,*args,**kwargs):
07          """
08          定义 POST 请求的方法
09          """
10          #将请求数据填充到 LoginForm 实例中
11          form = LoginForm(request.POST)
12          #判断是否为有效表单
13          if form.is_valid():
14              #使用 form.cleaned_data 获取请求的数据
15              username = form.cleaned_data['username']
16              password = form.cleaned_data['password']
17              user = authenticate(request, username=username, password=password)#授权校验
18              if user is not None:                          #校验成功，获得返回用户信息
19                  login(request, user)                      #登录用户，设置登录 session
20                  return HttpResponseRedirect('/articles/')
21              else:
22                  #提示错误信息
23                  messages.add_message(request, messages.WARNING, '用户名和密码不匹配')
24
25          return render(request, 'login.html', {'form': form})        #渲染模板
```

上述代码中，当用户提交表单时，会执行 post()方法。首先实例化 LoginForm 类，如果 form.is_valid()函数返回 True，则表示用户填写的用户名和密码符合验证规则，否则提示相应的错误信息。接下来，获取用户提交的用户名和密码，然后使用 authenticate()函数判断用户名和密码是否与数据库中的用户名和密码一致。如果一致，表示登录成功，调用 login()函数将登录用户信息写入 Session 中。

（4）修改模板文件。打开 blog/article/templates/login.html 文件，修改关键代码如下：

```
01  <div class="container" style="margin-top:50px">
02      {% if messages %}
03        {% for message in messages %}
04          <div class="alert alert-{{ message.tags }} alert-dismissible fade show"
```

```
05                    role="alert">
06                  <strong>{{ message }}</strong>
07                  <button type="button" class="close" data-dismiss="alert" aria-label="Close">
08                    <span aria-hidden="True">&times;</span>
09                  </button>
10                </div>
11              {% endfor %}
12          {% endif %}
13          <form action="" method="post">
14                {% csrf_token %}
15                <div class="form-group">
16                  <label>{{ form.username.label }}:</label>
17                  {{ form.username }}
18                  {{ form.username.errors }}
19                </div>
20                <div class="form-group">
21                  <label>{{ form.password.label }}:</label>
22                  {{ form.password }}
23                  {{ form.password.errors }}
24                </div>
25                <button type="submit" class="btn btn-primary">提交</button>
26          </form>
27      </div>
```

在浏览器中输入网址 127.0.0.1:8000/articles/login，当输入错误的用户名或密码时，运行效果如图 9.1 所示。当输入正确的用户名和密码时，页面将跳转至文章列表页，运行效果如图 9.2 所示。

图 9.1　用户名或密码输入错误

图 9.2　文章列表页效果

9.1.5　退出登录

用户登录成功后，会将用户信息写入 Session。那么，当用户退出时，只需要清除 Session 信息即可。Django 框架自带的权限管理模块提供了一个 logout()方法，调用该方法即可实现退出功能。步骤如下。

（1）创建路由。在 blog/article/urls.py 文件中，添加如下代码。

```
01  urlpatterns = [
02      path('logout',views.logout),
03  ]
```

（2）在 blog/article/views.py 文件中，创建 logout()函数，关键代码如下：

```
01  from django.contrib.auth import authenticate, login, logout as django_logout
02
03  def logout(request):
04      """
05      退出登录
06      """
07      django_logout(request)                    #清除 response 的 cookie 和 django_session 中记录
08      return HttpResponseRedirect('/login')
```

上述代码中，由于创建的函数名是 logout()，为避免与 Django 模块自带的 logout()函数冲突，所以在导入 django.contrib.auth 中的 logout()函数时，使用 as 语句为其设置了一个别名 django_logout。

在浏览器中输入网址 127.0.0.1:8000/articles/logout，用户退出登录，页面跳转至登录页。

9.1.6　登录验证

在 Web 开发过程中，某些页面不希望用户匿名访问，如购物车页面、个人中心页面等只允许已经登录的用户去访问。Django 框架为此提供了一个非常简单的实现方式——login_required 装饰器。

【例 9.2】　验证用户是否登录。（**实例位置：资源包\Code\09\02**）

以文章列表页为例，当用户在未登录状态下访问网址 127.0.0.1:8000/articles 时，会显示文章列表内容。现在需要用户登录后才能访问该页面，否则将跳转至登录页面。实现步骤如下。

修改视图函数，添加验证用户是否登录功能。在 blog/article/views.py 文件中，添加如下代码：

```
01    from django.contrib.auth.decorators import login_required
02
03    @login_required
04    def article_list(request):
05        articles = Article.objects.all()                                   #从 Article 表中获取数据
06        return render(request,'article_list.html',{"articles": articles})    #渲染模板
```

上述代码中，从 Django 框架的权限模块中引入 login_required 装饰器。然后对需要用户登录验证的视图函数使用该装饰器。

接下来，退出当前用户。再次访问网址 127.0.0.1:8000/articles，页面运行效果如图 9.3 所示。

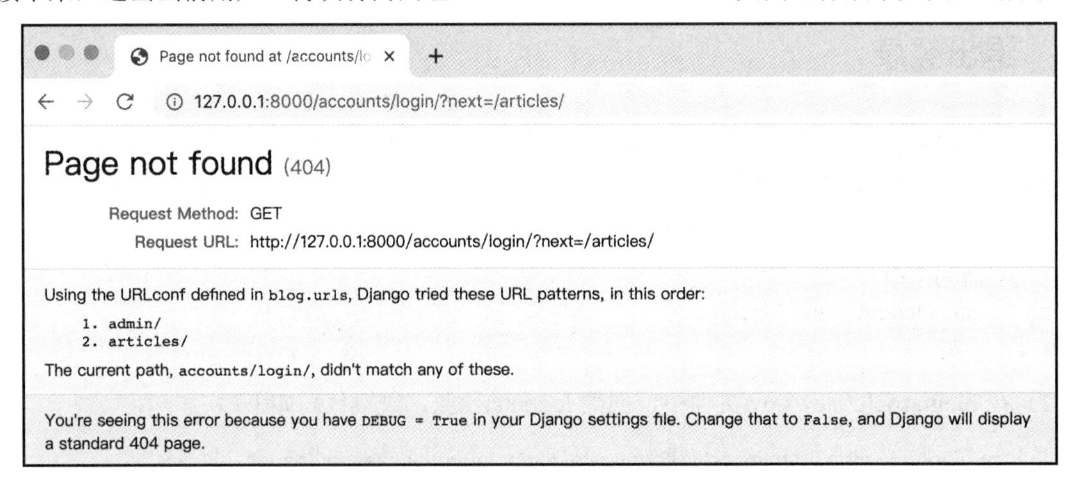

图 9.3　未登录时访问文章列表页效果

从图 9.3 中可以发现，页面已经发生跳转，且跳转默认为/accounts/login 路径，所以还需要在 blog/blog/settings.py 文件中设置页面跳转的路径。代码如下:

```
#没有登录时跳转的 URL
LOGIN_URL = '/articles/login'
```

再次访问网址 127.0.0.1:8000/articles，页面将跳转至登录页面。

9.2　ModelForm

前面学习的例子都属于数据库驱动的应用，Django 的模型与表单紧密相连。例如，在 models.py 文件中创建了一个 User 模型，它包括用户名和密码字段；在 forms.py 文中创建了一个 LoginForm 类，它对用户名和密码进行验证。显然，这种做法十分冗余。基于这个原因，Django 提供了一个辅助类，可利用 Django 的 ORM 模型创建 Form，即 ModelForm。

ModelForm 是 Django 中基于 Model 定制表单的方法，可以提高 Model 的复用性。使用时 Django

会根据 django.db.models.Field 自动转换为 django.forms.Field（用于表单前端展示和后端验证）。

9.2.1　使用 ModelForm

ModelForm 通过 Meta 把 db.Field 自动转换为 forms.Field，其中涉及以下几步转化。

☑　validators 不变。

☑　添加 widget 属性，即前端的渲染方式。

☑　修改 Model 包含的字段，通过 fields 来控制显示指定字段或者通过 exclude 来排除指定字段。

☑　修改错误信息。

下面使用 ModelForm 类替换 Form 表单类。修改如下：

```
01  from django.forms import ModelForm,TextInput,DateInput,Textarea
02
03  class User(models.Model):
04      """
05      User 模型类，数据模型应该继承于 models.Model 或其子类
06      """
07      id = models.IntegerField(primary_key=True)                    #主键
08      username = models.CharField(max_length=30)                    #用户名，字符串类型
09      email = models.CharField(max_length=30)                       #邮箱，字符串类型
10
11      def __repr__(self):
12          return User.username
13
14
15  class Article(models.Model):
16      """
17      Article 模型类，数据模型应该继承于 models.Model 或其子类
18      """
19      id = models.IntegerField(primary_key=True)                    #主键
20      title = models.CharField(max_length=20,verbose_name='标题')    #标题，字符串类型
21      content = models.TextField(verbose_name='内容')                #内容，文本类型
22      publish_date = models.DateTimeField(verbose_name='发布日期')   #出版时间，日期时间类型
23      user = models.ForeignKey(User, on_delete=models.CASCADE)      #设置外键
24
25      def __repr__(self):
26          return Article.title
27
28  class UserModelForm(ModelForm):
29      class Meta:
30          model = User
31          fields = "__all__"
32
33  class ArticleModelForm(ModelForm):
34      content = forms.CharField(
35          label ='内容',
```

```
36              widget=forms.Textarea(attrs={'class': "form-control"}),
37              min_length=10,
38              error_messages={
39                  'required': '内容不能为空',
40                  'min_length': '长度不能少于 10 个字符',
41              }
42          )
43      class Meta:
44          model = Article
45          fields = ['title', 'content','publish_date']
46          widgets = {
47              'title': TextInput(attrs={'class': "form-control"}),
48              'publish_date': DateInput(attrs={'class': "form-control",
49                                               'placeholder': "YYYY-MM-DD"}),
50          }
51          error_messages = {
52              'title': {
53                  'required': "标题不能为空",
54                  'max_length': '长度不能超过 20 个字符',
55              },
56              'publish_date': {
57                  'required': "日期时间不能为空",
58                  'invalid': '请输入正确的日期格式'
59              }
60          }
```

在 models.py 文件中，新增的 UserModelForm()和 ArticleModelForm()两个类都继承自 ModleForm。Meta 类的属性说明如下。

☑ model：关联的 ORM 模型。

☑ fileds：表单中使用的字段列表。

☑ widgets：同 Form 类的 widgets。

☑ error_messages：验证错误的信息。

说明

当某些字段属性在 Meta 类中无法定义时，就需要在 Form 中另外定义字段。例如，在 ArticleForm 中重新定义 Article 表的 Content 字段。

9.2.2 字段类型

生成的 Form 类中将具有和指定模型字段对应的表单字段，顺序为 fields 属性列表中指定的顺序。每个模型字段有一个对应的默认表单字段。例如，模型中的 CharField 字段可表现成表单中的 CharField，模型中的 ManyToManyField 字段可表现成 MultipleChoiceField 字段。完整的映射关系如表 9.1 所示。

表 9.1 模型字段和表单字段的映射关系

模 型 字 段	表 单 字 段
AutoField	在 Form 类中无法使用
BigAutoField	在 Form 类中无法使用
BigIntegerField	IntegerField，最小-9223372036854775808，最大 9223372036854775807
BooleanField	BooleanField
CharField	CharField，同样的最大长度限制。如果 model 设置了 null=True，Form 将使用 empty_value
CommaSeparatedIntegerField	CharField
DateField	DateField
DateTimeField	DateTimeField
DecimalField	DecimalField
EmailField	EmailField
FileField	FileField
FilePathField	FilePathField
FloatField	FloatField
ForeignKey	ModelChoiceField
ImageField	ImageField
IntegerField	IntegerField
IPAddressField	IPAddressField
GenericIPAddressField	GenericIPAddressField
ManyToManyField	ModelMultipleChoiceField
NullBooleanField	NullBooleanField
PositiveIntegerField	IntegerField
PositiveSmallIntegerField	IntegerField
SlugField	SlugField
SmallIntegerField	IntegerField
TextField	CharField，并带有 widget=forms.Textarea 参数
TimeField	TimeField
URLField	URLField

可以看出，Django 在设计 model 字段和表单字段时存在大量的相似和重复之处。ManyToManyField 和 ForeignKey 字段类型属于特殊情况。

☑ ForeignKey 被映射成为表单类的 django.forms.ModelChoiceField，它的选项是一个模型的 QuerySet，也就是可以选择的对象的列表，但是只能选择一个。

☑ ManyToManyField 被映射成为表单类的 django.forms.ModelMultipleChoiceField，它的选项也是一个模型的 QuerySet，也就是可以选择的对象的列表，且可以同时选择多个。

同时，在表单属性设置上，还有如下一些映射关系。

☑ 如果模型字段设置 blank=True，那么表单字段的 required 设置为 False。否则，required=True。

☑ 表单字段的 label 属性根据模型字段的 verbose_name 属性设置，并将第一个字母大写。

☑ 如果模型的某个字段设置了 editable=False 属性，那么表单类中将不会出现该字段。表单字段的 help_text 设置为模型字段的 help_text。

☑ 如果模型字段设置了 choices 参数，那么表单字段的 widget 属性将设置成 Select 框，其选项来自模型字段的 choices。选单中通常会包含一个空选项，并且作为默认选择。如果该字段是必选的，则会强制用户选择一个选项。如果模型字段具有 default 参数，则不会添加空选项到选单中。

9.2.3 ModelForm 的验证

验证 ModelForm 主要分两步：验证表单和验证模型实例。

与普通的表单验证类似，模型表单的验证也是调用 is_valid()方法或访问 errors 属性。模型的验证（Model.full_clean()）紧跟在表单的 clean()方法调用之后。通常情况下，我们使用 Django 内置的验证器。如果需要，可以重写模型表单的 clean()来提供额外的验证，方法和普通的表单一样。

下面创建一个视图函数，然后验证 ModelForm 类。创建视图函数，代码如下：

```
01  @login_required
02  def add_article(request):
03      if request.method == 'GET':
04          form = ArticleModelForm()                                    #实例化表单类
05      else:
06          form = ArticleModelForm(request.POST)
07          if form.is_valid():
08              return HttpResponse(f'验证成功')
09      return render(request, 'add_article.html', {'form': form})      #渲染模板
```

创建 add_article.html 模板页面，代码如下：

```
01  {% extends "base.html" %}
02  {% block title %}添加文章{% endblock %}
03  {% block content %}
04  <style>
05      .errorlist {float: right;}
06      .errorlist li {color: red;}
07  </style>
08  <div style="margin-top:20px">
09      <h3>添加文章</h3>
10      <form class="mt-4" action="" method="post">
11          {% csrf_token %}
12          {{ form }}
13          <div style="padding-top:20px">
14              <button type="submit" class="btn btn-primary">登录</button>
15          </div>
16      </form>
17  </div>
18  {% endblock %}
```

在浏览器中访问网址 127.0.0.1:8000/articles/add，当填写的内容不满足设置规则时，运行结果如图 9.4

所示。当填写的内容满足验证条件时，将输出“验证成功”提示。

图 9.4　验证错误

9.2.4　save()方法

每个 ModelForm 都有一个 save()方法。此方法根据绑定到表单的数据创建并保存数据库对象。ModelForm 的子类可以接受现有的模型实例作为关键字参数实例。如果提供了此参数，则 save()将更新该实例。如果未提供，则 save()将创建指定模型的新实例。在 shell 中示例代码如下：

```
>>> from myapp.models import Article
>>> from myapp.forms import ArticleForm
>>> f = ArticleForm(request.POST)
>>> new_article = f.save()
>>> a = Article.objects.get(pk=1)
>>> f = ArticleForm(request.POST, instance=a)
>>> f.save()
```

调用 save()方法时，通过添加 commit=False 可以避免立即储存，可通过后续的修改或补充，得到完整的 Model 实例后再储存到数据库。

如果初始化时传入了 instance，那么调用 save()时会用 ModelForm 中定义过的字段值覆盖传入实例的相应字段，并写入数据库。save()同样会帮你储存 ManyToManyField，如果调用 save()时使用了 commit=False，那么 ManyToManyField 的储存需要等该条目存入数据库之后手动调用 ModelForm 的 save_m2m()方法。示例代码如下：

```
#创建一个表单实例，传递 POST 数据
```

```
>>> f = AuthorForm(request.POST)
#创建一个新的实例，但是不保存
>>> new_author = f.save(commit=False)
#修改实例属性
>>> new_author.some_field = 'some_value'
#保存实例
>>> new_author.save()
#保存多对多类型数据
>>> f.save_m2m()
```

仅当使用 save(commit = False)时才需要调用 save_m2m()。当在表单上使用 save()时，所有数据（包括多对多数据）都将被保存，而无须任何其他方法调用。例如：

```
#创建一个表单实例，传递 POST 数据
>>> a = Author()
>>> f = AuthorForm(request.POST, instance=a)
#创建并保存一个新的实例
>>> new_author = f.save()
```

除了 save()和 save_m2m()方法之外，ModelForm 的工作方式与任何其他表单形式完全相同。例如，is_valid()方法用于检查有效性，is_multipart()方法用于确定表单是否需要分段文件上传（以及是否必须将 request.FILES 传递给表单）等。

9.2.5 ModelForm 的字段选择

强烈建议使用 ModelForm 的 fields 属性，在赋值列表内将要使用的字段逐个添加进去，这样做的好处是安全可靠。然而，有时候字段太多，或者我们想偷懒，也可以使用更简单的方法：__all__和 exclude。

将 fields 属性的值设为__all__，表示将映射的模型中的全部字段都添加到表单类中来。示例代码如下：

```
01    from django.forms import ModelForm
02
03    class AuthorForm(ModelForm):
04        class Meta:
05            model = Author
06            fields = '__all__'
```

exclude 属性表示将 model 中除 exclude 属性中列出的字段之外的所有字段，添加到表单类中作为表单字段。示例代码如下：

```
01    class PartialAuthorForm(ModelForm):
02        class Meta:
03            model = Author
04            exclude = ['title']
```

因为 Author 模型包含 name、birth_date 和 title 3 个字段，上面的例子会让 birth_date 和 name 出现在表单中。

9.3　Model 进阶

多表关联是模型层的重要功能之一，最常见的关联关系包括一对一、一对多和多对多。Django 提供了一套基于关联字段的解决方案，分别用于设置关联属性 OneToOneField、ForeignKey 和 ManyToManyField。

9.3.1　一对一（OneToOneField）

一对一关系类型的定义如下：

```
class OneToOneField(to, on_delete, parent_link=False, **options)[source]
```

从概念上讲，一对一关系非常类似于具有 unique=True 属性的外键关系，但是反向关联对象只有一个。这种关系类型多数用于当一个模型需要从别的模型扩展而来的情况。例如，Django 自带 auth 模块的 User 用户表，如果想在自己的项目里创建用户模型，又想方便地使用 Django 的认证功能，那么一个比较好的方案就是在用户模型里使用一对一关系，添加一个与 auth 模块 User 模型的关联字段。

下面通过餐厅和地址的例子来介绍一对一模型。餐厅必须在某个具体的位置，而该具体位置只能有一个餐厅，所以它们之间是一对一模型。定义模型的代码如下：

```
01    from django.db import models
02
03    class Place(models.Model):
04        name = models.CharField(max_length=50)
05        address = models.CharField(max_length=80)
06
07        def __str__(self):
08            return "%s the place" % self.name
09
10    class Restaurant(models.Model):
11        place = models.OneToOneField(
12            Place,
13            on_delete=models.CASCADE,
14            primary_key=True,
15        )
16        serves_hot_dogs = models.BooleanField(default=False)
17        serves_pizza = models.BooleanField(default=False)
18
19        def __str__(self):
20            return "%s the restaurant" % self.place.name
```

上述代码中，在餐厅模型（Restaurant）中定义了 models.OneToOneField()方法，第 1 个参数 Place 表示关联的模型；第 2 个参数 one_delete 表示删除时关系，models.CASCADE 表示级联删除，即删除 Place 的同时会删除 Restaurant；第 3 个参数 primary_key 表示设置主键。

下面使用 Shell 命令执行一对一操作。

创建一组 Place 模型数据，示例代码如下：

```
>>> p1 = Place(name='肯德基', address='人民广场 88 号')
>>> p1.save()
>>> p2 = Place(name='麦当劳', address='人名广场 99 号')
>>> p2.save()
```

创建一组 Restaurant 模型数据，传递 parent 对象作为这个对象的主键。示例代码如下：

```
>>> r = Restaurant(place=p1, serves_hot_dogs=True, serves_pizza=False)
>>> r.save()
```

一个 Restaurant 对象可以获取它的地点，示例代码如下：

```
>>> r.place
<Place: 肯德基 the place>
```

一个 Place 对象可以获取它的餐厅，示例代码如下：

```
>>> p1.restaurant
<Restaurant: 肯德基 the restaurant>
```

现在 p2 还没有和 Restaurant 关联，所以使用 try…except 语句检测异常，示例代码如下：

```
>>> from django.core.exceptions import ObjectDoesNotExist
>>> try:
>>>         p2.restaurant
>>> except ObjectDoesNotExist:
>>>         print("There is no restaurant here.")
There is no restaurant here.
```

也可以使用 hasattr 属性来避免捕获异常，示例代码如下：

```
>>> hasattr(p2, 'restaurant')
False
```

使用分配符号设置地点。由于地点是餐厅的主键，因此保存将创建一个新餐厅，示例代码如下：

```
>>> r.place = p2
>>> r.save()
>>> p2.restaurant
<Restaurant: 麦当劳 the restaurant>
>>> r.place
<Place: 麦当劳 the place>
```

反向设置 Place，示例代码如下：

```
>>> p1.restaurant = r
>>> p1.restaurant
<Restaurant: 肯德基 the restaurant>
```

请注意，必须先保存一个对象，然后才能将其分配给一对一关系。例如，创建一个未保存位置的餐厅会引发 ValueError，示例代码如下：

```
>>> p3 = Place(name='Demon Dogs', address='944 W. Fullerton')
>>> Restaurant.objects.create(place=p3, serves_hot_dogs=True, serves_pizza=False)
Traceback (most recent call last):
...
ValueError: save() prohibited to prevent data loss due to unsaved related object 'place'.
```

Restaurant.objects.all()返回餐厅，而不是地点。示例代码如下：

```
>>> Restaurant.objects.all()
<QuerySet [<Restaurant: 肯德基 the restaurant>, <Restaurant: 麦当劳 the restaurant>]>
```

Place.objects.all()返回所有 Places，无论它们是否有 Restaurants。示例代码如下：

```
>>> Place.objects.all ('name')
<QuerySet [<Place: 肯德基 the place>, <Place: 麦当劳 the place>]>
```

也可以使用跨关系的查询来查询模型，示例代码如下：

```
>>> Restaurant.objects.get(place=p1)
<Restaurant: Demon Dogs the restaurant>
>>> Restaurant.objects.get(place__pk=1)
<Restaurant: Demon Dogs the restaurant>
>>> Restaurant.objects.filter(place__name__startswith="Demon")
<QuerySet [<Restaurant: Demon Dogs the restaurant>]>
>>> Restaurant.objects.exclude(place__address__contains="Ashland")
<QuerySet [<Restaurant: Demon Dogs the restaurant>]>
```

反向也同样适用，示例代码如下：

```
>>> Place.objects.get(pk=1)
<Place: Demon Dogs the place>
>>> Place.objects.get(restaurant__place=p1)
<Place: Demon Dogs the place>
>>> Place.objects.get(restaurant=r)
<Place: Demon Dogs the place>
>>> Place.objects.get(restaurant__place__name__startswith="Demon")
<Place: Demon Dogs the place>
```

9.3.2　多对一（ForeignKey）

多对一和一对多是相同的模型，只是表述不同。以班主任和学生为例，班主任和学生的关系是一对多的关系，而学生和班主任的关系就是多对一的关系。

多对一的关系，通常被称为外键。外键字段类的定义如下：

```
class ForeignKey(to, on_delete, **options)[source]
```

外键需要两个位置参数：一个是关联的模型，另一个是 on_delete 选项。外键要定义在“多”的一方。

下面以新闻报道的文章和记者为例，一篇文章（Article）有一个记者（Reporte），而一个记者可以发布多篇文章，所以文章和作者之间的关系就是多对一的关系。模型的定义如下：

```
01  from django.db import models
02
03  class Reporter(models.Model):
04      first_name = models.CharField(max_length=30)
05      last_name = models.CharField(max_length=30)
06      email = models.EmailField()
07
08      def __str__(self):
09          return "%s %s" % (self.first_name, self.last_name)
10
11  class Article(models.Model):
12      headline = models.CharField(max_length=100)
13      pub_date = models.DateField()
14      reporter = models.ForeignKey(Reporter, on_delete=models.CASCADE)
15
16      def __str__(self):
17          return self.headline
18
19      class Meta:
20          ordering = ['headline']
```

上述代码中，在“多”的一侧（Article）定义 ForeignKey()，关联 Reporter。

下面使用 Shell 命令执行多对一操作。

创建一组 Reporter 对象，示例代码如下：

```
>>> r = Reporter(first_name='John', last_name='Smith', email='john@example.com')
>>> r.save()
>>> r2 = Reporter(first_name='Paul', last_name='Jones', email='paul@example.com')
>>> r2.save()
```

创建一组文章对象，示例代码如下：

```
>>> from datetime import date
>>> a = Article(id=None, headline="This is a test", pub_date=date(2005, 7, 27), reporter=r)
>>> a.save()
>>> a.reporter.id
1
>>> a.reporter
<Reporter: John Smith>
```

请注意，必须先保存一个对象，然后才能将其分配给外键关系。例如，使用未保存的 Reporter 创建文章会引发 ValueError，示例代码如下：

```
>>> r3 = Reporter(first_name='John', last_name='Smith', email='john@example.com')
>>> Article.objects.create(headline="This is a test", pub_date=date(2005, 7, 27), reporter=r3)
```

```
Traceback (most recent call last):
...
ValueError: save() prohibited to prevent data loss due to unsaved related object 'reporter'.
```

文章对象可以访问其相关的 Reporter 对象，示例代码如下：

```
>>> r = a.reporter
```

通过 Reporter 对象创建文章，示例代码如下：

```
>>> new_article = r.article_set.create(headline="John's second story", pub_date=date(2005, 7, 29))
>>> new_article
<Article: John's second story>
>>> new_article.reporter
<Reporter: John Smith>
>>> new_article.reporter.id
1
```

创建新文章，示例代码如下：

```
>>> new_article2 = Article.objects.create(headline="Paul's story",
pub_date=date(2006, 1, 17), reporter=r)
>>> new_article2.reporter
<Reporter: John Smith>
>>> new_article2.reporter.id
1
>>> r.article_set.all()
<QuerySet [<Article: John's second story>, <Article: Paul's story>, <Article: This is a test>]>
```

将同一篇文章添加到其他文章集中，并检查其是否移动，示例代码如下：

```
>>> r2.article_set.add(new_article2)
>>> new_article2.reporter.id
2
>>> new_article2.reporter
<Reporter: Paul Jones>
```

添加错误类型的对象会引发 TypeError，示例代码如下：

```
>>> r.article_set.add(r2)
Traceback (most recent call last):
...
TypeError: 'Article' instance expected, got <Reporter: Paul Jones>
>>> r.article_set.all()
<QuerySet [<Article: John's second story>, <Article: This is a test>]>
>>> r2.article_set.all()
<QuerySet [<Article: Paul's story>]>
>>> r.article_set.count()
2
>>> r2.article_set.count()
1
```

请注意，在最后一个示例中，文章已从 John 转到 Paul。相关管理人员也支持字段查找，API 会根据需要自动遵循关系。通常使用双下画线分隔关系，例如要查找 headline 字段，可以使用 headline__作为过滤条件，示例代码如下：

```
>>> r.article_set.filter(headline__startswith='This')
<QuerySet [<Article: This is a test>]>
#查找所有名字为"John"的记者的所有文章
>>> Article.objects.filter(reporter__first_name='John')
<QuerySet [<Article: John's second story>, <Article: This is a test>]>
```

也可以使用完全匹配，示例代码如下：

```
>>> Article.objects.filter(reporter__first_name='John')
<QuerySet [<Article: John's second story>, <Article: This is a test>]>
```

也可以查询多个条件，这将转换为 WHERE 子句中的 AND 条件，示例代码如下：

```
>>> Article.objects.filter(reporter__first_name='John', reporter__last_name='Smith')
<QuerySet [<Article: John's second story>, <Article: This is a test>]>
```

对于相关查找，可以提供主键值或显式传递相关对象，示例代码如下：

```
>>> Article.objects.filter(reporter__pk=1)
<QuerySet [<Article: John's second story>, <Article: This is a test>]>
>>> Article.objects.filter(reporter=1)
<QuerySet [<Article: John's second story>, <Article: This is a test>]>
>>> Article.objects.filter(reporter=r)
<QuerySet [<Article: John's second story>, <Article: This is a test>]>
>>> Article.objects.filter(reporter__in=[1,2]).distinct()
<QuerySet [<Article: John's second story>, <Article: Paul's story>, <Article: This is a test>]>
>>> Article.objects.filter(reporter__in=[r,r2]).distinct()
<QuerySet [<Article: John's second story>, <Article: Paul's story>, <Article: This is a test>]>
```

还可以使用查询集代替实例的列表，示例代码如下：

```
>>> Article.objects.filter(reporter__in=Reporter.objects.filter(
first_name='John')).distinct()
<QuerySet [<Article: John's second story>, <Article: This is a test>]>
```

也支持反向查询，示例代码如下：

```
>>> Reporter.objects.filter(article__pk=1)
<QuerySet [<Reporter: John Smith>]>
>>> Reporter.objects.filter(article=1)
<QuerySet [<Reporter: John Smith>]>
>>> Reporter.objects.filter(article=a)
<QuerySet [<Reporter: John Smith>]>
>>> Reporter.objects.filter(article__headline__startswith='This')
<QuerySet [<Reporter: John Smith>, <Reporter: John Smith>, <Reporter: John Smith>]>
>>> Reporter.objects.filter(article__headline__startswith='This').distinct()
<QuerySet [<Reporter: John Smith>]>
```

反向计数可以与 distinct()结合使用，示例如下：

```
>>> Reporter.objects.filter(article__headline__startswith='This').count()
3
>>> Reporter.objects.filter(article__headline__startswith='This').distinct().count()
1
```

查询可以转向自身，示例如下：

```
>>> Reporter.objects.filter(article__reporter__first_name__startswith='John')
<QuerySet [<Reporter: John Smith>, <Reporter: John Smith>, <Reporter: John Smith>, <Reporter: John Smith>]>
>>> Reporter.objects.filter(article__reporter__first_name__startswith='John').distinct()
<QuerySet [<Reporter: John Smith>]>
>>> Reporter.objects.filter(article__reporter=r).distinct()
<QuerySet [<Reporter: John Smith>]>
```

如果删除记者，则他的文章将被删除（假设 ForeignKey 是在 django.db.models.ForeignKey.on_delete 设置为 CASCADE 的情况下定义的，这是默认设置），示例代码如下：

```
>>> Article.objects.all()
<QuerySet [<Article: John's second story>, <Article: Paul's story>, <Article: This is a test>]>
>>> Reporter.objects.order_by('first_name')
<QuerySet [<Reporter: John Smith>, <Reporter: Paul Jones>]>
>>> r2.delete()
>>> Article.objects.all()
<QuerySet [<Article: John's second story>, <Article: This is a test>]>
>>> Reporter.objects.order_by('first_name')
<QuerySet [<Reporter: John Smith>]>
```

也可以在查询中使用 JOIN 删除，示例代码如下：

```
>>> Reporter.objects.filter(article__headline__startswith='This').delete()
>>> Reporter.objects.all()
<QuerySet []>
>>> Article.objects.all()
<QuerySet []>
```

9.3.3　多对多（ManyToManyField）

多对多关系在数据库中也是非常常见的关系类型。比如一本书可以有好几个作者，一个作者也可以写好几本书。多对多的字段可以定义在任何一方，一般定义在符合人们思维习惯的一方，且不要同时定义。

要定义多对多关系，需要使用 ManyToManyField，语法格式如下：

```
class ManyToManyField(to, **options)[source]
```

多对多关系需要一个位置参数——关联的对象模型，它的用法和外键多对一基本类似。

下面通过文章和出版模型为例，说明如何使用多对多模型。

一篇文章（Article）可以在多个出版对象（Publication）中发布，一个出版对象可以具有多个文章对象。它们之间是多对多的关系，模型的定义如下：

```
01  from django.db import models
02
03  class Publication(models.Model):
04      title = models.CharField(max_length=30)
05
06      class Meta:
07          ordering = ['title']
08
09      def __str__(self):
10          return self.title
11
12  class Article(models.Model):
13      headline = models.CharField(max_length=100)
14      publications = models.ManyToManyField(Publication)
15
16      class Meta:
17          ordering = ['headline']
18
19      def __str__(self):
20          return self.headline
```

上述代码中，在 Article 模型中使用了 ManyToManyField()定义多对多关系。

下面使用 Shell 命令执行多对多操作。

创建一组 Publication 对象，示例代码如下：

```
>>> p1 = Publication(title='The Python Journal')
>>> p1.save()
>>> p2 = Publication(title='Science News')
>>> p2.save()
>>> p3 = Publication(title='Science Weekly')
>>> p3.save()
```

创建 Article 对象，示例代码如下：

```
>>> a1 = Article(headline='Django lets you build Web apps easily')
```

在将其保存之前，无法将其与 Publication 对象相关联，示例代码如下：

```
>>> a1.publications.add(p1)
Traceback (most recent call last):
...
ValueError: "<Article: Django lets you build Web apps easily>" needs to have a value for field "id" before this many-to-many relationship can be used.
```

保存对象，示例代码如下：

```
>>> a1.save()
```

管理 Areticle 对象和 Publication 对象，示例代码如下：

```
>>> a1.publications.add(p1)
```

创建另一个 Article 对象，并将其设置为出现在 Publications 中，示例代码如下：

```
>>> a2 = Article(headline='NASA uses Python')
>>> a2.save()
>>> a2.publications.add(p1, p2)
>>> a2.publications.add(p3)
```

再次添加是可以的，它不会重复该关系，示例代码如下：

```
>>> a2.publications.add(p3)
```

添加错误类型的对象会引发 TypeError，示例代码如下：

```
>>> a2.publications.add(a1)
Traceback (most recent call last):
...
TypeError: 'Publication' instance expected
```

使用 create()创建出版物并将其添加到文章，示例代码如下：

```
>>> new_publication = a2.publications.create(title='Highlights for Children')
```

Article 对象可以访问其相关的 Publication 对象，示例代码如下：

```
>>> a1.publications.all()
<QuerySet [<Publication: The Python Journal>]>
>>> a2.publications.all()
<QuerySet [<Publication: Highlights for Children>, <Publication: Science News>, <Publication: Science Weekly>,
<Publication: The Python Journal>]>
```

Publication 对象可以访问其相关的 Article 对象，示例代码如下：

```
>>> p2.article_set.all()
<QuerySet [<Article: NASA uses Python>]>
>>> p1.article_set.all()
<QuerySet [<Article: Django lets you build Web apps easily>, <Article: NASA uses Python>]>
>>> Publication.objects.get(id=4).article_set.all()
<QuerySet [<Article: NASA uses Python>]>
```

可以使用跨关系的查询来查询多对多关系，示例代码如下：

```
>>> Article.objects.filter(publications__id=1)
<QuerySet [<Article: Django lets you build Web apps easily>, <Article: NASA uses Python>]>
>>> Article.objects.filter(publications__pk=1)
<QuerySet [<Article: Django lets you build Web apps easily>, <Article: NASA uses Python>]>
>>> Article.objects.filter(publications=1)
<QuerySet [<Article: Django lets you build Web apps easily>, <Article: NASA uses Python>]>
>>> Article.objects.filter(publications=p1)
```

```
<QuerySet [<Article: Django lets you build Web apps easily>, <Article: NASA uses Python>]>
>>> Article.objects.filter(publications__title__startswith="Science")
<QuerySet [<Article: NASA uses Python>, <Article: NASA uses Python>]>
>>> Article.objects.filter(publications__title__startswith="Science").distinct()
<QuerySet [<Article: NASA uses Python>]>
```

count()函数也支持 distinct()函数，示例代码如下：

```
>>> Article.objects.filter(publications__title__startswith="Science").count()
2
>>> Article.objects.filter(publications__title__startswith="Science").distinct().count()
1
>>> Article.objects.filter(publications__in=[1,2]).distinct()
<QuerySet [<Article: Django lets you build Web apps easily>, <Article: NASA uses Python>]>
>>> Article.objects.filter(publications__in=[p1,p2]).distinct()
<QuerySet [<Article: Django lets you build Web apps easily>, <Article: NASA uses Python>]>
```

如果删除 Publication 对象，则其 Article 将无法访问它，示例代码如下：

```
>>> p1.delete()
>>> Publication.objects.all()
<QuerySet [<Publication: Highlights for Children>, <Publication: Science News>, <Publication: Science
Weekly>]>
>>> a1 = Article.objects.get(pk=1)
>>> a1.publications.all()
<QuerySet []>
```

如果删除 Article，则其 Publication 也将无法访问，示例代码如下：

```
>>> a2.delete()
>>> Article.objects.all()
<QuerySet [<Article: Django lets you build Web apps easily>]>
>>> p2.article_set.all()
<QuerySet []>
```

9.4 ModelAdmin 的属性

如果只是在 admin 中简单地展示及管理模型，那么在 admin.py 模块中使用 admin.site.register 注册模型即可，示例如下：

```
01    from django.contrib import admin
02    from myproject.myapp.models import Author
03
04    admin.site.register(Author)
```

但是，很多时候为满足业务需求，需要对 admin 进行各种深度定制。这时，就需要使用 Django 为我们提供的 ModelAdmin 类了。ModelAdmin 类是一个模型在 admin 页面里的展示方法。通过设置

ModelAdmin 内置的属性，就可以满足大多数需求。

真正用来定制 admin 的方法，大部分都集中在这些 ModelAdmin 内置的属性上。

ModelAdmin 非常灵活，它有许多内置属性，帮助我们自定义 admin 的界面和功能。所有的属性都定义在 ModelAdmin 的子类中，示例如下：

```
01  from django.contrib import admin
02
03  class AuthorAdmin(admin.ModelAdmin):
04      date_hierarchy = 'pub_date'
```

9.4.1　ModelAdmin.fields

fields 属性定义添加数据时要显示的字段。如果没有对 field 选项进行定义，那么 Django 将按照模型定义中的顺序，每一行显示一个字段的方式，逐个显示所有的非 AutoField 和 editable=True 的字段。

例如，在 blog/article/admin.py 文件中，为 ArticleAdmin 模型类定义 fields 属性，代码如下：

```
01  class ArticleAdmin(admin.ModelAdmin):
02      #显示字段
03      fields = ('id','title','content','publish_date')
```

新增数据的页面中，会按照 fields 中指定的顺序显示。运行效果如图 9.5 所示。

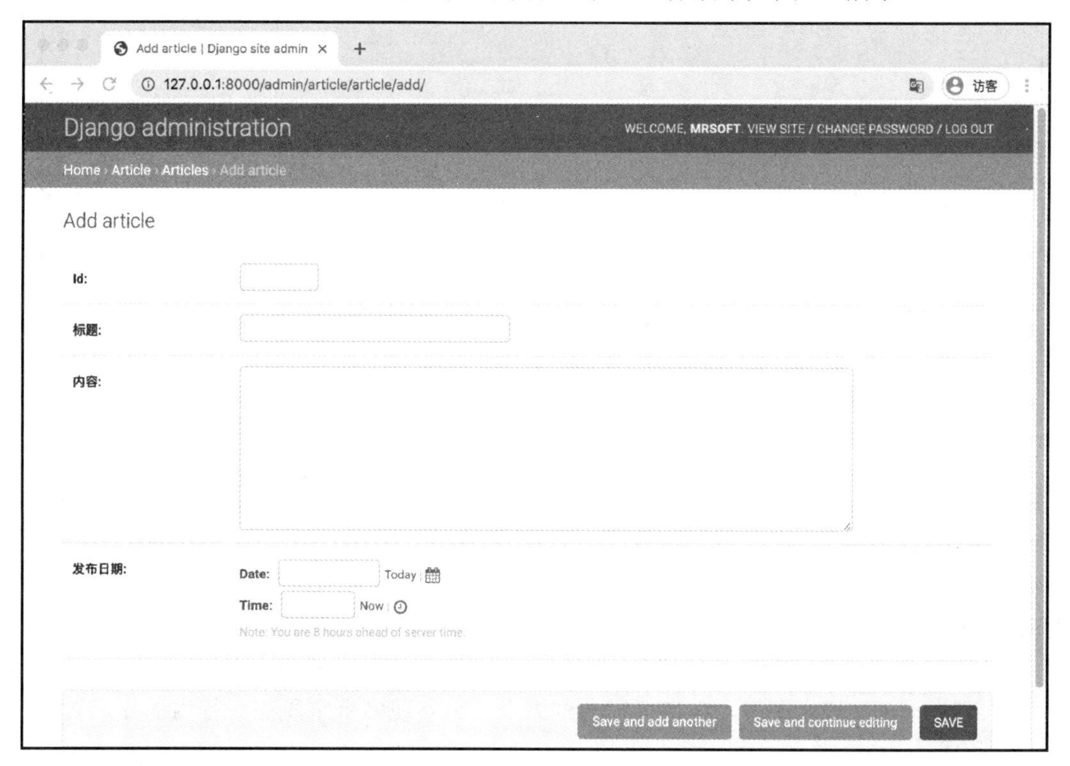

图 9.5　显示 fields 字段

此外，可以通过组合元组的方式，让某些字段在同一行内显示。例如，将 id 和 title 显示在同一行内，而 content 显示在下一行。示例代码如下：

```
01    class ArticleAdmin(admin.ModelAdmin):
02        """
03        创建 ArticleAdmin 类，继承于 admin.ModelAdmin
04        """
05        #显示字段
06        fields = (('id','title'),'content','publish_date')
```

运行效果如图 9.6 所示。

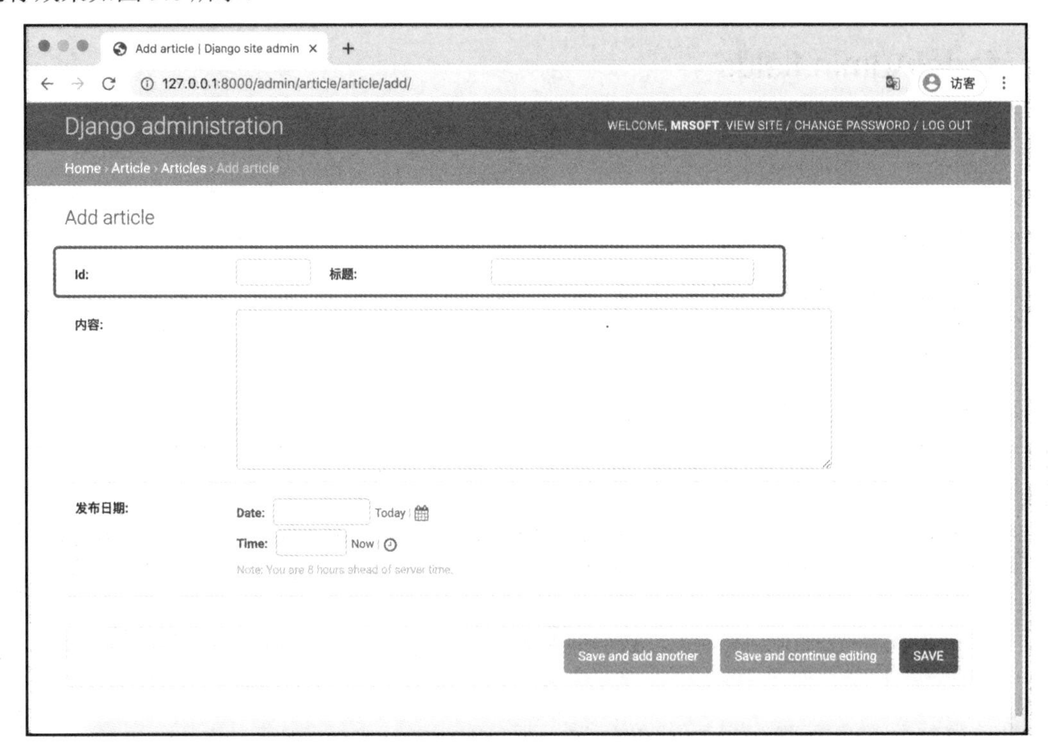

图 9.6　字段显示在一行

9.4.2　ModelAdmin.fieldset

fieldsets 可根据字段对页面进行分组显示或布局。fieldsets 是一个二元元组的列表，每个二元元组代表一个<fieldset>，是整个 form 的一部分。二元元组的格式为“(name,field_options)”，name 是一个表示该 filedset 标题的字符串，field_options 是一个包含在该 filedset 内的字段列表。

在 filed_options 字典内，可以使用下面这些关键字。

☑　fields：一个必填的元组，包含要在 fieldset 中显示的字段。fileds 可以包含 readonly_fields 的值，作为只读字段。同样，它也可以通过组合元组实现多个字段在一行内的显示效果。例如：

```
{
'fields': (('id', 'title'), 'content'),
}
```

☑ classes：一个包含额外 CSS 类的元组。两个比较有用的样式是 collaspe 和 wide，前者将 fieldsets 折叠起来，后者让它具备更宽的水平空间。例如：

```
{
'classes': ('wide', 'extrapretty'),
}
```

☑ description：一个可选的额外的说明文本，放置在每个 fieldset 的顶部。这里并没有对 description 的 HTML 语法进行转义，因此可能有时候会造成一些莫名其妙的显示。要忽略 HTML 的影响，需要使用 django.utils.html.escape()手动转义。例如：

```
01  class ArticleAdmin(admin.ModelAdmin):
02      """
03      创建 ArticleAdmin 类，继承于 admin.ModelAdmin
04      """
05
06      fieldsets = (
07          ('Main', {
08              'fields': ('id', 'title', 'publish_date')
09          }),
10          ('Advance', {
11              'classes': ('collapse',),
12              'fields': ('content',),
13          })
14      )
```

fieldsets 字段将页面分为 Main 和 Advance 两个布局。在 Advance 内部，设置 classes 样式为 collaps，会折叠 Advance 内部的字段。运行效果如图 9.7 所示。

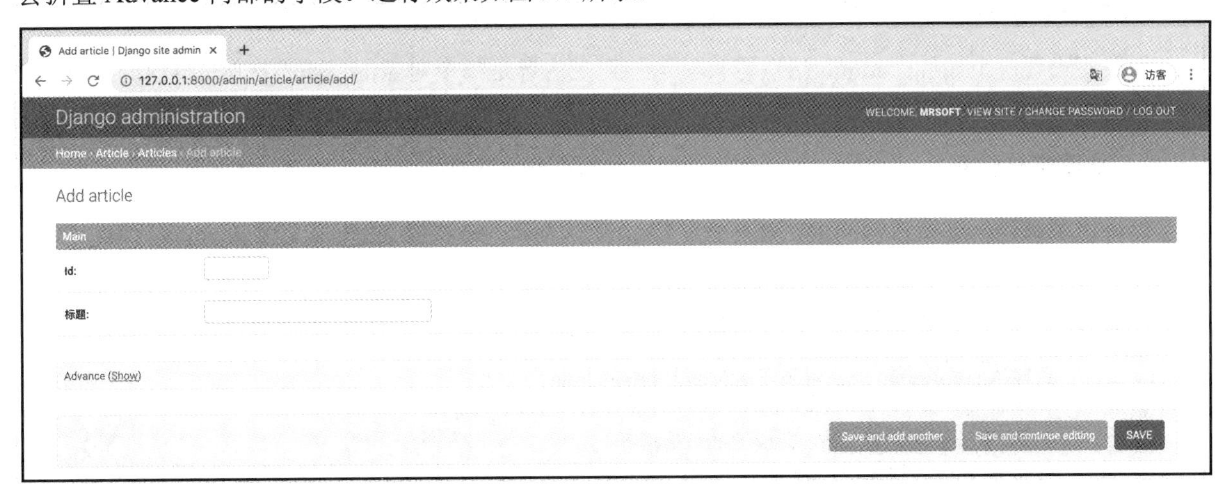

图 9.7　使用 fieldset 布局

单击 Show 选项，将展开显示 Advance 部分的字段内容，运行效果如图 9.8 所示。

图 9.8　显示隐藏内容

9.4.3　ModelAdmin.list_display

list_display 可指定显示在列表页面上的字段，是一个很常用也很重要的技巧。例如：

```
list_display = ('first_name', 'last_name')
```

如果不设置这个属性，admin 站点将只显示一列，内容是每个对象的__str__()方法返回的内容。在 list_display 中，可以设置 4 种值：模型字段、函数、ModelAdmin 的属性以及模型的属性。

1．设置模型字段

设置模型字段，示例代码如下：

```
01
02  class ArticleAdmin(admin.ModelAdmin):
03      """
04      创建 ArticleAdmin 类，继承于 admin.ModelAdmin
05      """
06      #配置展示列表，在 User 版块下的列表展示
07      list_display = ('title', 'content','publish_date')
```

运行结果如图 9.9 所示。

2．设置函数

设置一个函数，它接收一个模型实例作为参数，示例代码如下：

```
01  def upper_case_name(obj):
02      return ("%s %s" % (obj.id, obj.title)).upper()
03
04  class ArticleAdmin(admin.ModelAdmin):
05      """
06      创建 ArticleAdmin 类，继承于 admin.ModelAdmin
07      """
08      list_display = (upper_case_name,)
09
10  upper_case_name.short_description = 'Name'
```

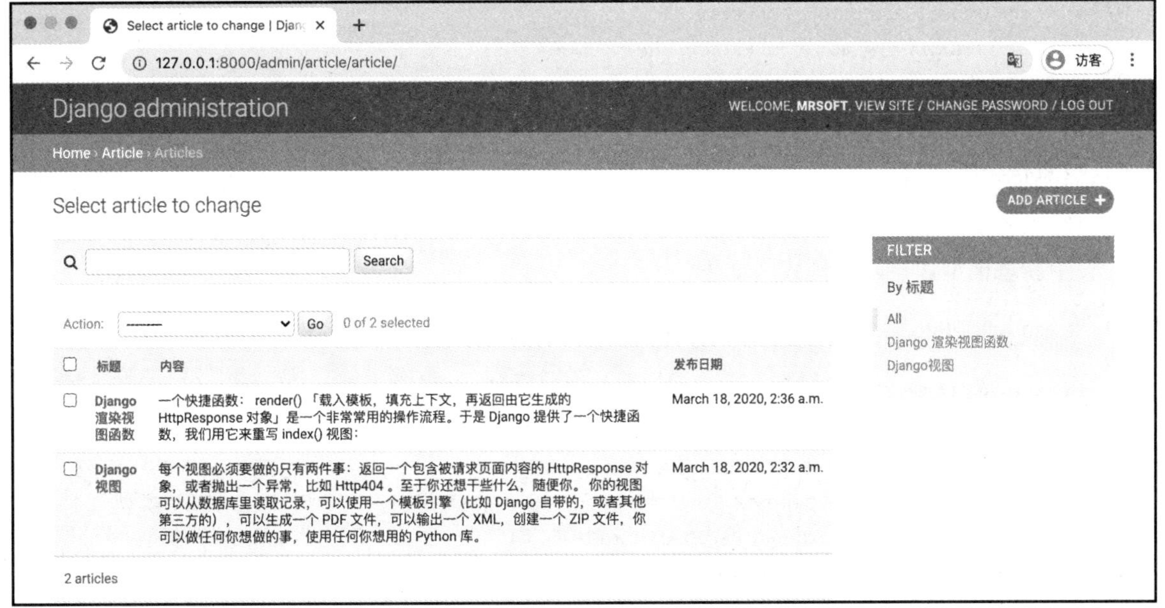

图 9.9　list_display 设置为模型字段名

运行效果如图 9.10 所示。

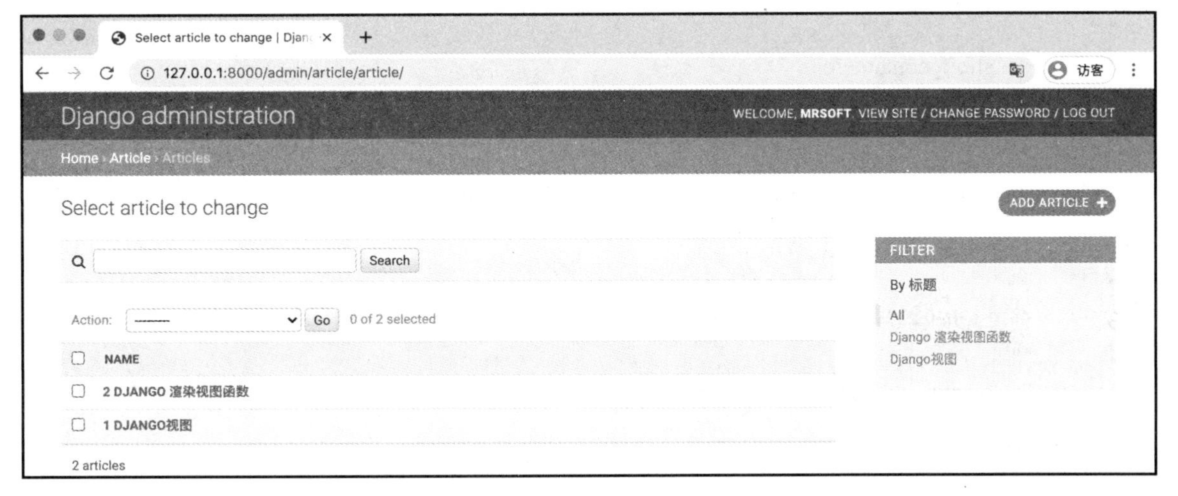

图 9.10　list_display 设置为函数

3．设置 ModelAdmin 的属性

类似函数调用，通过反射获取函数名，换了种写法而已，示例代码如下：

```
01  class ArticleAdmin(admin.ModelAdmin):
02      """
03      创建 ArticleAdmin 类，继承于 admin.ModelAdmin
04      """
05      list_display = ('upper_case_name',)
06
07      def upper_case_name(self, obj):
08          return ("%s %s" % (obj.id, obj.title)).upper()
09
10      upper_case_name.short_description = 'Name'
```

4．设置模型的属性

类似第二种，但是此处的 self 是模型实例，引用的是模型的属性。在 blog/article/models.py 文件的 Article 类中新增模型属性，示例代码如下：

```
01  class Article(models.Model):
02      """
03      Article 模型类，数据模型应该继承于 models.Model 或其子类
04      """
05      id = models.IntegerField(primary_key=True)                      #主键
06      title = models.CharField(max_length=20,verbose_name='标题')      #标题，字符串类型
07      content = models.TextField(verbose_name='内容')                 #内容，文本类型
08      publish_date = models.DateTimeField(verbose_name='发布日期')     #出版时间，日期时间类型
09      user = models.ForeignKey(User, on_delete=models.CASCADE)       #设置外键
10
11      def __repr__(self):
12          return Article.title
13
14      def short_content(self):
15          return self.content[:50]
16      short_content.short_description = 'content'
```

在 blog/article/admin.py 文件 ArticleAdmin 类的 list_display 属性中设置 short_content，示例代码如下：

```
01  class ArticleAdmin(admin.ModelAdmin):
02      """
03      创建 ArticleAdmin 类，继承于 admin.ModelAdmin
04      """
05      list_display = ('id','title','short_content')
```

运行效果如图 9.11 所示。

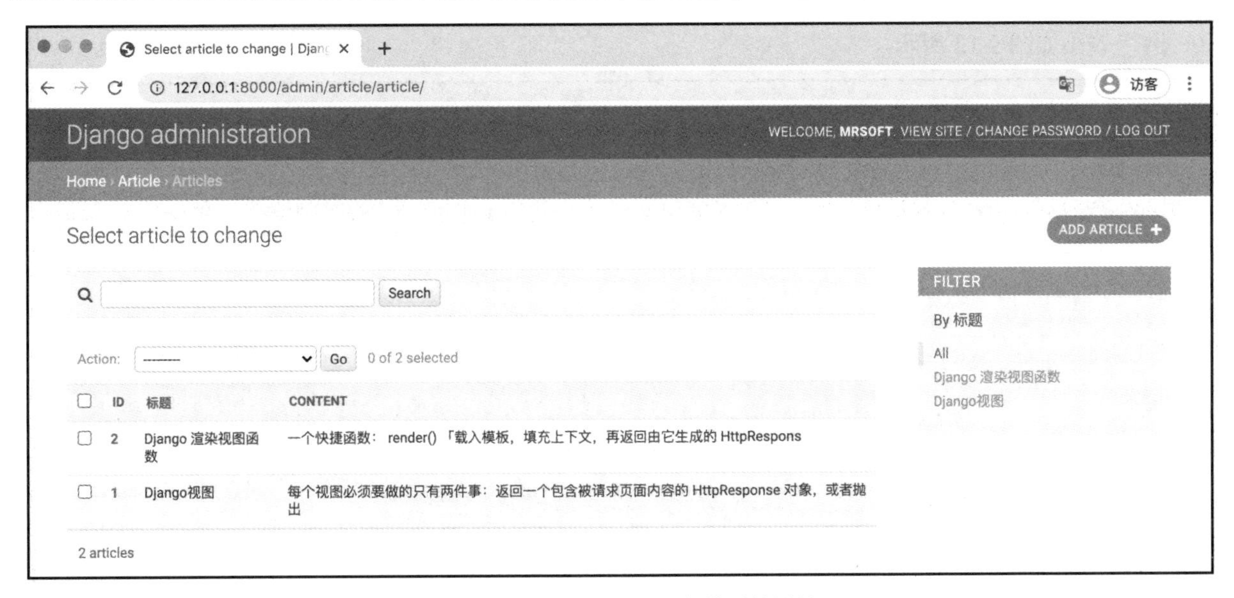

图 9.11　list_display 设置为模型的属性

下面是对 list_display 属性的一些特别提醒。

☑　对于 Foreignkey 字段，显示的将是其__str__()方法的值。

☑　不支持 ManyToMany 字段。如果非要显示它，需要自定义方法。

☑　对于 BooleanField 或 NullBooleanField 字段，会用 on/off 图标代替 True/False。

☑　如果给 list_display 提供的值是一个模型的、ModelAdmin 的或者可调用的方法，默认情况下会自动对返回结果进行 HTML 转义。

9.4.4　ModelAdmin.list_display_links

ModelAdmin.list_display_links 指定用于链接修改页面的字段。通常情况下，list_display 列表的第一个元素被作为指向目标修改页面的超链接点。使用 list_display_links 可以修改这一默认配置。

☑　如果设置为 None，则取消链接，无法跳转到目标修改页面。

☑　或者设置为一个字段的元组或列表（和 list_display 的格式一样），其中的每个元素都是一个指向修改页面的链接。可以指定和 list_display 一样多的元素个数，Django 不关系它的多少。唯一需要注意的是，如果要使用 list_display_links，必须先设置 list_display。

下面示例代码中通过 id 和 title 都可以单击并跳转到修改页面。代码如下：

```
01  class ArticleAdmin(admin.ModelAdmin):
02      """
03      创建 ArticleAdmin 类，继承于 admin.ModelAdmin
04      """
05      #配置展示列表，在 User 版块下列表展示
06      list_display = ('id','title', 'content','publish_date')
07      list_display_links = ('id','title')
```

运行效果如图 9.12 所示。

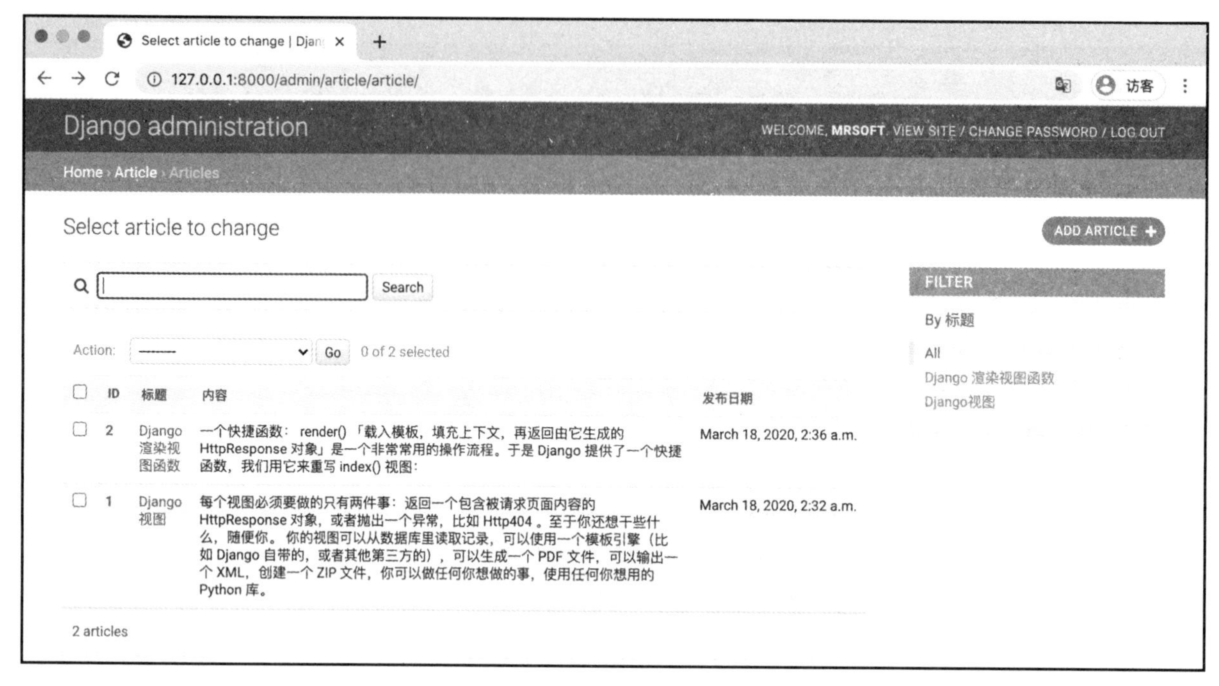

图 9.12　设置跳转链接

9.4.5　ModelAdmin.list_editable

list_editable 可指定在修改列表页面中哪些字段可以被编辑。指定的字段将显示为编辑框，可修改后直接批量保存。

需要注意以下方面。

☑　不能将 list_display 中没有的元素设置为 list_editable。

☑　不能将 list_display_links 中的元素设置为 list_editable。因为不能编辑没显示的字段或者作为超链接的字段。

示例代码如下：

```
01  class ArticleAdmin(admin.ModelAdmin):
02      """
03      创建 ArticleAdmin 类，继承于 admin.ModelAdmin
04      """
05      #配置展示列表，在 User 版块下的列表展示
06      list_display = ('id','title','publish_date')
07      list_display_links = ('id',)
08      list_editable = ('title', 'publish_date')
```

上述代码中，将'id'和'title'字段作为可编辑字段，运行结果如图 9.13 所示。

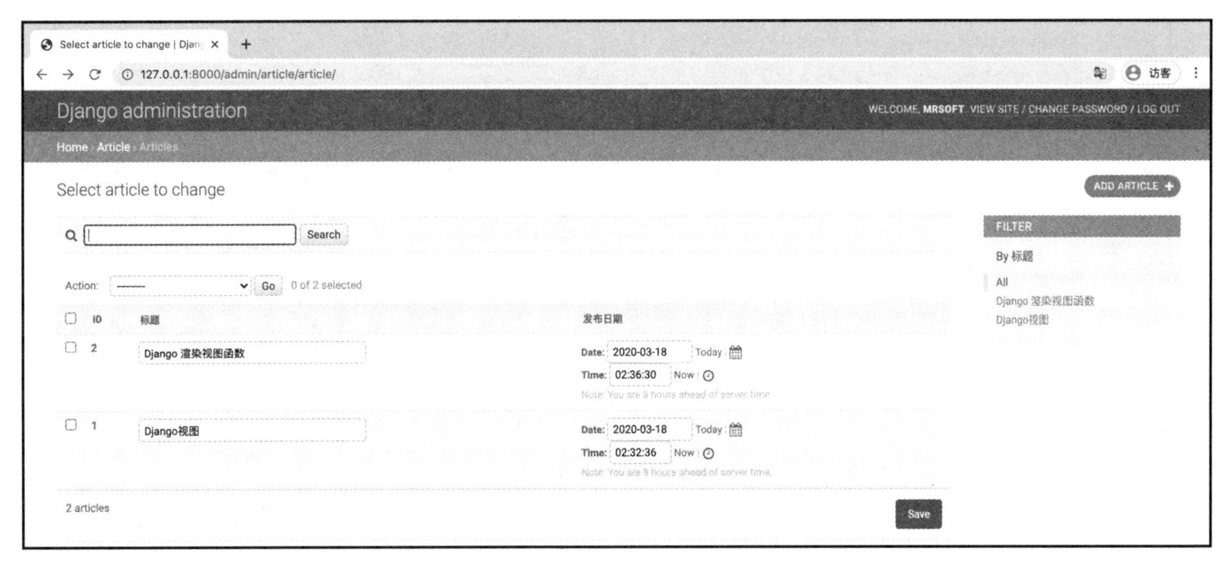

图 9.13　设置可编辑字段

9.4.6　ModelAdmin.list_filter

list_filter 属性用于激活修改列表页面的右侧边栏，并对列表元素进行过滤。list_filter 必须是一个元组或列表，其元素类型可以是字段名或 django.contrib.admin.SimpleListFilter。

1．设置字段名

字段必须是 BooleanField、CharField、DateField、DateTimeField、IntegerField、ForeignKey 或者 ManyToManyField 中的一种。例如：

```
01  class ArticleAdmin(admin.ModelAdmin):
02      """
03      创建 ArticleAdmin 类，继承于 admin.ModelAdmin
04      """
05      #配置过滤查询字段，在 User 版块下右侧过滤框
06      list_filter = ('title',)   #list_filter 应该是列表或元组
```

运行结果如图 9.14 所示。

也可以利用双下画线进行跨表关联，例如，根据 User 模型的 username 条件过滤，示例代码如下：

```
01  class ArticleAdmin(admin.ModelAdmin):
02      """
03      创建 ArticleAdmin 类，继承于 admin.ModelAdmin
04      """
05      list_filter = ('title','user__username')   #list_filter 应该是列表或元组
```

运行结果如图 9.15 所示。

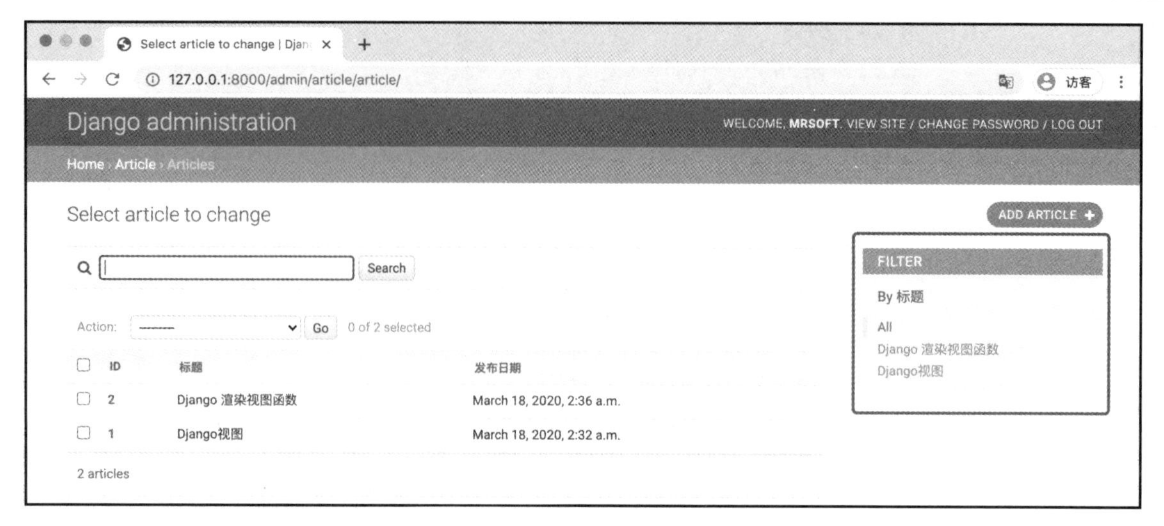

图 9.14　设置 title 过滤条件

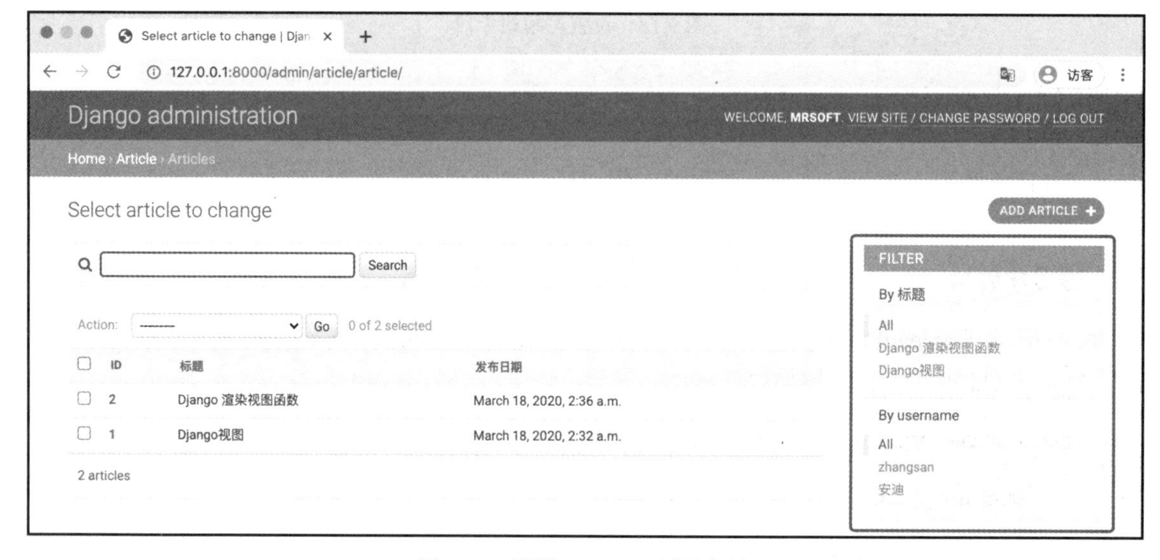

图 9.15　设置 username 过滤条件

2．继承 django.contrib.admin.SimpleListFilter 类

继承 django.contrib.admin.SimpleListFilter 类时，需要给这个类提供 title 和 parameter_name 的值，并重写 lookups()和 queryset()方法。代码如下：

```
01  class PublishYearFilter(admin.SimpleListFilter):
02      #提供一个可读的标题
03      title = _('发布年份')
04
05      #用于 URL 查询的参数
06      parameter_name = 'year'
07
08      def lookups(self, request, model_admin):
09          """
```

```
10              重写 lookups()方法，返回一个二维元组。元组的第一个元素是用于 URL 查询的真实值，
11              这个值会被 self.value()方法获取，并作为 queryset()方法的选择条件；
12              第二个元素则是可读的，显示在 admin 页面右边侧栏的过滤选项
13              """
14              return (
15                  ('2020', _('2020 年')),
16                  ('2019', _('2019 年')),
17              )
18
19          def queryset(self, request, queryset):
20              """
21              重写 queryset()方法，根据 self.value()方法获取的条件值的不同，执行具体的查询操作，
22              并返回相应的结果。
23              """
24              if self.value() == '2019':
25                  return queryset.filter(publish_date__gte=date(2019, 1, 1),
26                                         publish_date__lte=date(2019, 12, 31))
27              if self.value() == '2020':
28                  return queryset.filter(publish_date__gte=date(2020, 1, 1),
29                                         publish_date__lte=date(2020, 12, 31))
30
31      class ArticleAdmin(admin.ModelAdmin):
32          """
33          创建 ArticleAdmin 类，继承于 admin.ModelAdmin
34          """
35          #配置过滤查询字段，在 User 版块下右侧过滤框
36          list_filter = ('title','user__username',PublishYearFilter)
```

运行结果如图 9.16 所示。

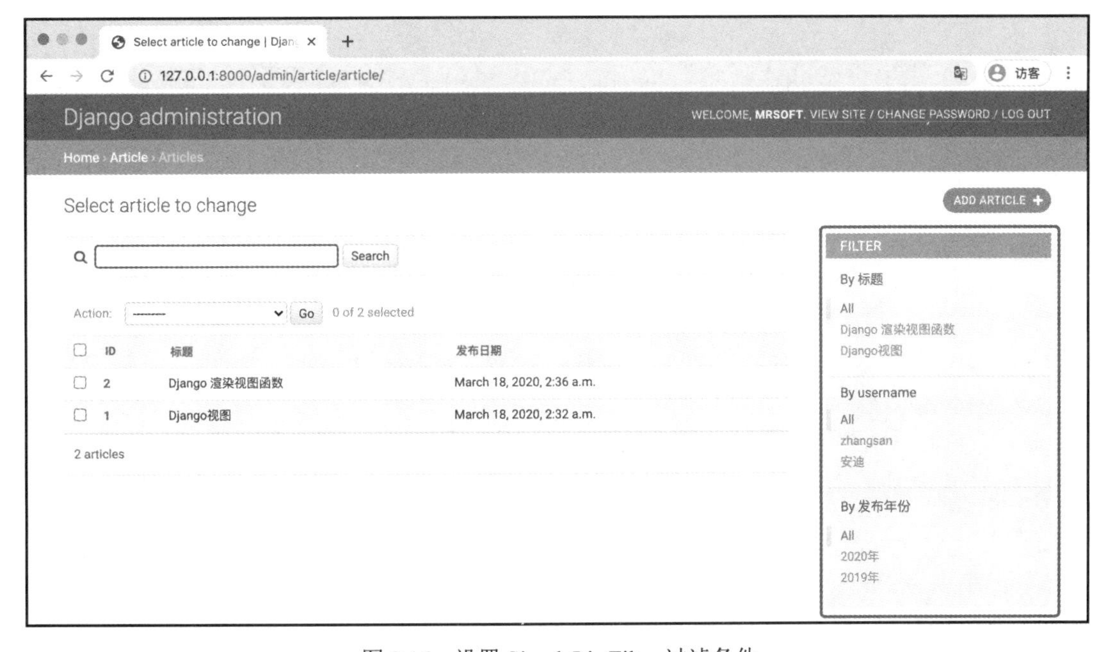

图 9.16　设置 SimpleListFilter 过滤条件

9.5 小　　结

本章主要介绍了 Django 框架的进阶知识。首先介绍了 Session 会话，并使用 Session 会话完成用户登录、用户退出和登录验证的功能。接下来介绍了 Django 中的 ModelForm，通过使用 ModelForm 来简化 Model 类和 Form 类。然后介绍了 Model 进阶知识，主要包括一对一、多对一和多对多这 3 种模型关系。最后，介绍了 Django 自带后台的 ModelAdmin 属性配置。通过本章的学习，读者将深刻体会到 Django 框架大而全的特点，即通过极少的代码可完成通用的复杂功能，会为后续使用 Django 框架开发项目打下良好的基础。

第 10 章

Tornado 框架基础

Tornado 是一个 Python Web 框架和异步网络库，起初由 FriendFeed 开发。通过使用非阻塞网络 I/O，Tornado 可以支撑上万级的连接，处理长连接、WebSockets 和其他需要与每个用户保持长久连接的应用。

10.1 认识 Tornado

10.1.1 Tornado 简介

Tornado 是使用 Python 编写的一个强大的、可扩展的 Web 服务器。它在处理庞大的网络流量时表现得足够强健，同时在创建和编写时有着足够的轻量级，并能够被用在大量的应用和工具中。

Tornado 起初是由 FriendFeed 开发的网络服务框架，当 FriendFeed 被 Facebook 收购后得以开源。Tornado 在设计之初就考虑到了性能因素，旨在解决 C10K 问题，这样的设计使得其成为一个拥有高性能的框架。此外，它还具有处理安全性、用户验证、社交网络以及与外部服务（如数据库和网站 API）进行异步交互的特性。

多学两招

C10K 问题指的是优化网络套接字来处理客户端的请求时产生的问题。之所以被称为 C10K，是为了描述并发地处理 10k 数量级的连接数。

Tornado 大体上可以被分为 4 个主要部分。

- ☑ Web 框架，包括创建 Web 应用的 RequestHandler 类，还有很多其他支持的类。
- ☑ HTTP（HTTPServer 和 AsyncHTTPClient）的客户端和服务器端实现。
- ☑ 异步网络库（IOLoop 和 IOStream），为 HTTP 组件提供构建模块，也可以用来实现其他协议。
- ☑ 协程库（tornado.gen），允许以比链式回调更直接的方式编写异步代码。

10.1.2 安装 Tornado

可以使用 pip 工具安装 Tornado。在 venv 虚拟环境下，输入如下命令可安装 Tornado 5.0.2 版本。

```
pip install tornado==5.0.2
```

安装成功后，使用如下命令可显示所有安装的包。

```
pip list
```

运行结果如下：

```
Package         Version
------------- -------
pip             19.0.3
setuptools      40.8.0
tornado         5.0.2
```

10.2　第一个 Tornado 程序

下面来编写第一个 Tornado 程序。

【例 10.1】　编写 Tornado 程序，在网页中输出“Hello World!”。（**实例位置：资源包\Code\10\01**）

创建一个名为 hello.py 的 Python 文件，代码如下：

```
01  import tornado.ioloop                                #导入 ioloop  模块
02  import tornado.web                                   #导入 web  模块
03
04  class MainHandler(tornado.web.RequestHandler):
05      ''' GET 请求  '''
06      def get(self):
07          self.write("Hello World !")                  #输出字符串
08
09  def make_app():
10      ''' 创建 Tornado 应用  '''
11      return tornado.web.Application([
12          (r"/", MainHandler),                         #设置路由
13      ])
14
15  if __name__ == "__main__":
16      app = make_app()                                 #创建 Tornado 应用
17      app.listen(8888)                                 #设置监听端口
18      print('Starting server on port 8888...')         #输出提示信息
19      tornado.ioloop.IOLoop.current().start()          #启动服务
```

运行 hello.py 文件，命令如下：

```
python   hello.py
```

在浏览器中输入 127.0.0.1:8888，运行结果如图 10.1 所示。

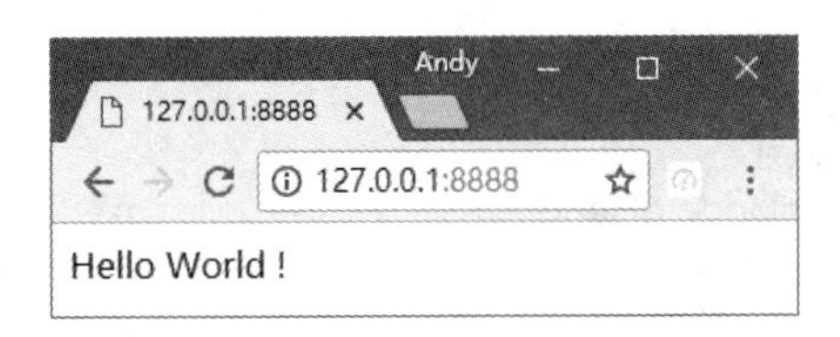

图 10.1　输出“Hello World!”

在 hello.py 文件中，通过简单的几行代码就可以在浏览器中输出“Hello World!”。那么 Tornado 是如何做到的呢？下面来介绍一下 app.py 文件中的代码含义。

☑ 第 1～2 行，导入 Tornado 的 ioloop 和 web 模块。ioloop 是主事件循环模块，web 是 Web 框架模块。
☑ 第 4～7 行，定义一个 MainHandler 类，在该类下定义 get()方法，用于接收 GET 请求操作。
☑ 第 9～13 行，定义 make_app()函数，用于创建 Tornado 应用，并且设置路由信息。
☑ 第 15～19 行，在“if__name__=='__main__'”下调用 make_app()方法创建 Tornado 应用，并使用 listen()方法设置监听端口，调用 ioloop 模块下的 start()方法启动服务。

以上就是创建 Tornado 程序的基本流程。

10.3　路　　由

在第一个 Tornado 程序中，访问 http://127.0.0.1/时，程序会执行 MainHandler 类的 get()方法，这是因为在 make_app()函数中设置了如下代码：

```
tornado.web.Application([
    (r"/", MainHandler),                              #设置路由
])
```

上述代码中，Application()的格式如下：

```
tornado.web.Application(handlers=None,default_host=None,transforms=None,**settings)
```

下面重点介绍一下和路由相关的第一个参数 handlers（处理器）。它是一个由元组组成的列表，每个元组的第一个元素是一个用于匹配的正则表达式，第二个元素是一个 RequestHanlder 类。在 hello.py 中，我们只指定了一个正则表达式“/”对应 MainHandler，此外还可以根据需要指定任意多个。例如：

```
tornado.web.Application(handlers =[
    (r"/", MainHandler),
    (r"/index", IndexHandler),
    (r"/shop", ShopHandler),
])
```

Tornado 在元组中使用正则表达式来匹配 HTTP 请求的路径。这个路径是 URL 中主机名后面的部分，不包括查询字符串和锚点。Tornado 把这些正则表达式看作已经包含了行开始和结束锚点（即，字

符串"/"被看作"^/$")。例如：

```
tornado.web.Application(handlers =[
(r'/question/update/(\d+)', QuestionUpdateHandler),          #更新问题
(r'/question/detail/(\d+)', QuestionDetailHandler),          #问题详情
(r'/question/delete/(\d+)', QuestionDeleteHandler),          #删除问题
(r'/question/filter/(\w+)', QuestionFilterHandler),          #过滤问题
(r'/pics/(.*?)$', StaticFileHandler),                        #静态文件
])
```

10.4 HTTP 方法

Tornado 同样支持 HTTP 方法。在 hello.py 文件中定义了一个 MainHandler 类，使其继承 tornado.web.RequestHandler 父类。RequestHandler 提供了如下方法：

```
RequestHandler.get(*args, **kwargs)
RequestHandler.head(*args, **kwargs)
RequestHandler.post(*args, **kwargs)
RequestHandler.delete(*args, **kwargs)
RequestHandler.patch(*args, **kwargs)
RequestHandler.put(*args, **kwargs)
RequestHandler.options(*args, **kwargs)
```

所以，只需在自定义的操作类中创建对应方法，即可实现增、删、改、查等功能。

【例 10.2】 创建一个既可以接收 GET 请求，又可以接收 POST 请求的 LoginHandler 类。（**实例位置：资源包\Code\10\02**）

创建 login.py 文件，在 login.py 文件中创建 LoginHandler 类，关键代码如下：

```
01  import tornado.ioloop                                          #导入 ioloop 模块
02  import tornado.web                                             #导入 web 模块
03
04
05  class MainHandler(tornado.web.RequestHandler):
06      ''' GET 请求 '''
07      def get(self):
08          self.write("Hello World !")                            #输出字符串
09
10  class LoginHandler(tornado.web.RequestHandler):
11      def get(self):
12          self.write("This is login page")
13
14      def post(self):
15          username = self.get_argument('username', '')           #接收用户名参数
16          password = self.get_argument('password', '')           #接收密码参数
```

```
17              self.write("username is {}, password is {}".format(username,password ))
18
19  def make_app():
20      ''' 创建 Tornado 应用 '''
21      return tornado.web.Application(
22          handlers =[
23              (r"/", MainHandler),                          #设置路由
24              (r"/login",LoginHandler)],                    #设置登录页路由
25          debug = True                                      #开启调试模式
26      )
27
28  if __name__ == "__main__":
29      app = make_app()                                      #创建 Tornado 应用
30      app.listen(8888)                                      #设置监听端口
31      print('Starting server on port 8888...')              #输出提示信息
32      tornado.ioloop.IOLoop.current().start()               #启动服务
```

在浏览器中访问 127.0.0.1:8888/login，即以 GET 方式请求服务器，运行效果如图 10.2 所示。

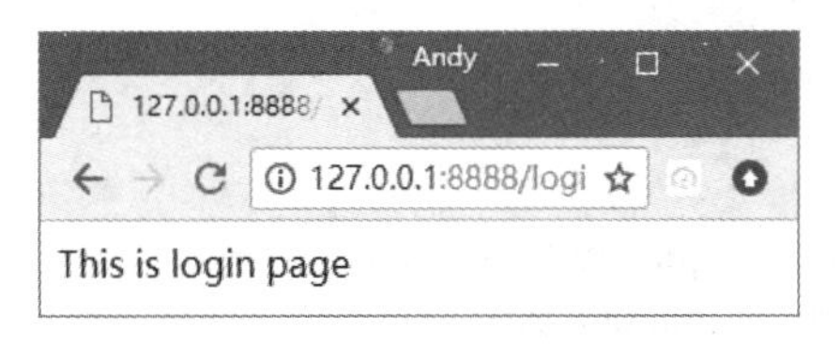

图 10.2 GET 方式请求效果

接下来，打开另一个终端窗口，使用 cURL 工具测试 POST 请求，运行结果如图 10.3 所示。

图 10.3 POST 方式请求效果

说明

cURL 是一个利用 URL 语法在命令行下工作的文件传输工具，使用 cURL 前需要读者先安装 cURL 并配置环境变量。

10.5 模　　板

Flask 和 Django 框架有模板，Tornado 自身也提供了一个轻量级、快速并且灵活的模板语言在 tornado.template 模块中。使用模板可以简化 Web 页面，并且提高代码的可读性。

10.5.1 渲染模板

使用模板时，需要先在应用中设置 template_path 模板路径，然后使用 render()函数渲染模板。

【例 10.3】 创建登录页面模板。（**实例位置：资源包\Code\10\03**）

在 make_app()函数中设置模板路径，即可实现模板功能，代码如下：

```
01  import tornado.ioloop                                                  #导入 ioloop 模块
02  import tornado.web                                                     #导入 web 模块
03  import os
04
05  class MainHandler(tornado.web.RequestHandler):
06      ''' GET 请求 '''
07      def get(self):
08          self.write("Hello World !")                                    #输出字符串
09
10  class LoginHandler(tornado.web.RequestHandler):
11      def get(self):
12          self.render('login.html')
13
14      def post(self):
15          username = self.get_argument('username', '')                   #接收用户名参数
16          password = self.get_argument('password', '')                   #接收密码参数
17          self.write("username is {}, password is {}".format(username,password ))
18
19  def make_app():
20      ''' 创建 Tornado 应用 '''
21      return tornado.web.Application(
22          handlers =[
23              (r"/", MainHandler),                                       #设置路由
24              (r"/login",LoginHandler)],                                 #设置登录页路由
25          debug = True,                                                  #开启调试模式
26          template_path=os.path.join(os.path.dirname(__file__), "templates"),  #设置模板路径
27      )
28
29  if __name__ == "__main__":
30      app = make_app()                                                   #创建 Tornado 应用
31      app.listen(8888)                                                   #设置监听端口
32      print('Starting server on port 8888...')                           #输出提示信息
33      tornado.ioloop.IOLoop.current().start()                            #启动服务
```

上述代码中，将 template_path 模板路径设置为与当前路径同级的 templates 文件夹。

创建 templates 文件夹，在该文件夹下创建一个 login.html 文件，其关键代码如下：

```
01  <form class="form-horizontal" action="" method="post">
02    <div class="form-group">
03      <label for="username" class="col-sm-2 control-label">用户名</label>
04      <div class="col-sm-10">
```

```
05                <input type="text" class="form-control" id="username" name="username" placeholder="请输入用户名">
06            </div>
07        </div>
08        <div class="form-group">
09            <label for="password" class="col-sm-2 control-label">密　码</label>
10            <div class="col-sm-10">
11                <input type="password" class="form-control" id="password" name="password" placeholder="请输入密码">
12            </div>
13        </div>
14        <div class="form-group">
15            <div class="col-sm-offset-2 col-sm-10">
16                <button type="submit" class="btn btn-primary">登录</button>
17            </div>
18        </div>
19    </form>
```

在上述模板代码中创建了一个 Form 表单，包含用户名和密码两个字段。当单击“登录”按钮时，表单提交到 login.html 当前页面。

使用 render()函数渲染模板，关键代码如下：

```
01    class LoginHandler(tornado.web.RequestHandler):
02        def get(self):
03            self.render('login.html')
```

在上述代码中，render()函数的参数 index.html 对应着 templates/index.html 文件。

在浏览器中访问 http://127.0.0.1:8888/loign，运行效果如图 10.4 所示。

在登录页面中，输入用户名 mrsoft，输入密码 123456，然后单击“登录”按钮提交表单，运行效果如图 10.5 所示。

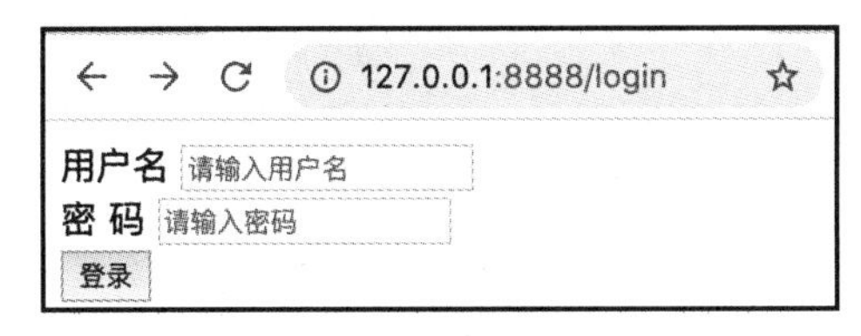

图 10.4　登录页面

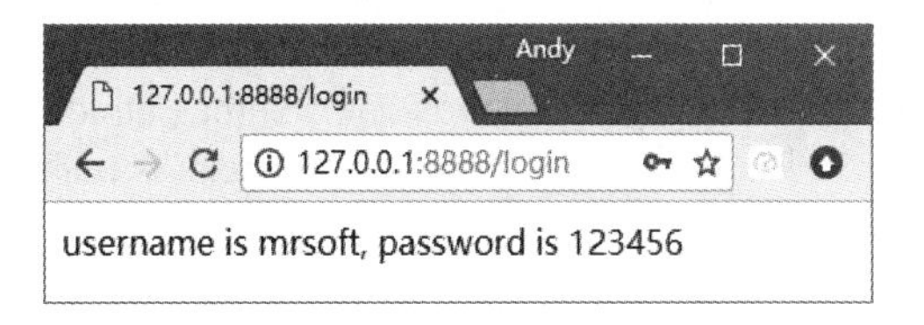

图 10.5　接收用户提交的内容

10.5.2　模板语法

一个 Tornado 模板仅仅是用一些标记把 Python 控制序列和表达式嵌入 HTML（或者任意其他文本格式）的文件中。Tornado 模板支持控制语句（control statements）和表达式（expressions）。控制语句被包含在“{%”和“%}”中间，例如“{%　if len(items)>2　%}”；表达式被包含在“{{”和“}}”之间，例如“{{　items[0]　}}”。

控制语句和 Python 语句类似，同样支持 if、for、while 语句和 try 语句，这些都必须使用“{% end %}”来标识结束。例如：

```
01  <html>
02      <head>
03          <title>{{ title }}</title>
04      </head>
05      <body>
06        <ul>
07          {% for item in items %}
08              <li>{{ escape(item) }}</li>
09          {% end %}
10        </ul>
11      </body>
12    </html>
```

10.5.3 提供静态文件

当编写 Web 应用时，总会使用到 CSS 样式表、JavaScript 文件和图像等静态资源文件。不需要为每个文件编写独立处理函数的“静态内容”，Tornado 提供了几个有用的捷径来使其变得容易。

【例 10.4】 使用 Bootstrap 美化登录页面。（**实例位置：资源包\Code\10\04**）

（1）设置静态资源文件路径。向 Application 类的构造函数传递一个名为 static_path 的参数，Tornado 将从文件系统的某个特定位置提供静态文件。关键代码如下：

```
01  def make_app():
02      ''' 创建 Tornado 应用 '''
03      return tornado.web.Application(
04          handlers =[
05              (r"/", MainHandler),                                          #设置路由
06              (r"/login",LoginHandler)],                                    #设置登录页路由
07          debug = True,                                                     #开启调试模式
08          static_path=os.path.join(os.path.dirname(__file__), "static"),    #设置静态资源路径
09          template_path=os.path.join(os.path.dirname(__file__), "templates"), #设置模板路径
10      )
```

上述代码中，在当前应用目录下创建一个名为 static 的子目录作为 static_path 的参数。接下来，在当前目录下创建一个 static 文件夹，将 Bootstrap 资源文件放置在该目录下。

（2）引入静态资源文件。Tornado 模板模块提供了一个叫作 static_url 的函数来生成 static 目录下文件的 URL。在 login.html 中使用 static_url 函数引入静态资源文件的关键代码如下：

```
01  <!DOCTYPE html>
02  <html lang="en">
03  <head>
04      <meta charset="UTF-8">
05      <title>登录页面</title>
06      <link rel="stylesheet" href="{{ static_url('css/bootstrap.css') }}">
07      <script src="{{ static_url('js/bootstrap.js') }}"></script>
08  </head>
```

上述代码中，static_url()函数生成了 URL 的值，并渲染输出类似下面的代码：

```
<link rel="stylesheet" href="/static/css/bootstrap.css ">
```

运行结果如图 10.6 所示。

图 10.6　使用 Bootstrap 美化页面

10.6　异步与协程

Tornado 是一个可定制的非阻塞式异步加载框架，为了充分利用 Tornado 的特性，我们来回顾一下异步与协程的基础知识。

10.6.1　基本概念

在介绍异步编程之前，我们先来了解一下与之相关的一些基本概念。

1. 阻塞

程序未得到所需计算资源时被挂起的状态称之为阻塞。

程序在等待某个操作完成期间，自身无法继续干别的事情，则称该程序在该操作上是阻塞的。常见的阻塞形式有网络 I/O 阻塞、磁盘 I/O 阻塞、用户输入阻塞等。

阻塞是无处不在的，包括 CPU 切换上下文时，所有的进程都无法真正干事情，它们也会被阻塞。

2. 非阻塞

程序在等待某操作过程中，自身不被阻塞，可以继续运行干别的事情，则称该程序在该操作上是非阻塞的。

非阻塞并不是在任何程序级别、任何情况下都可以存在的。仅当程序封装的级别可以囊括独立的子程序单元时，它才可能存在非阻塞状态。非阻塞的存在是因为阻塞存在，正因为某个操作阻塞导致的耗时与效率低下，我们才要把它变成非阻塞的。

阻塞与非阻塞的区别如图 10.7 所示。

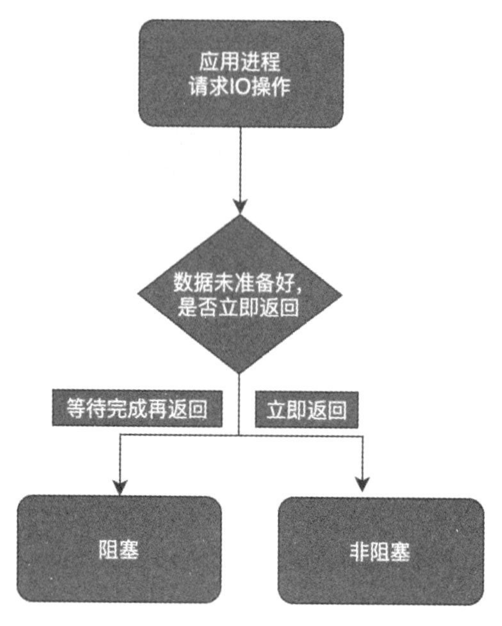

图 10.7 阻塞与非阻塞的区别

3. 同步

不同程序单元为了完成某个任务，在执行过程中需要靠某种通信方式来协调一致，称这些程序单元是同步执行的。例如，购物系统中更新商品库存，需要用“行锁”作为通信信号，让不同的更新请求强制排队顺序执行，因此更新库存的操作是同步的。

简言之，同步意味着有序。

4. 异步

异步是指为完成某个任务，不同程序单元之间过程中无须通信协调，也能完成任务的方式。

不相关的程序单元之间可以是异步的。例如，爬虫下载网页，调度程序调用下载程序后，即可调度其他任务，而无须与该下载任务保持通信以协调行为；不同网页的下载、保存等操作都是无关的，也无须相互通知协调。这些异步操作的完成时刻并不确定。

同步和异步的区别如图 10.8 所示。

5. 并发

并发描述的是程序的组织结构，指程序要被设计成多个可独立执行的子任务，以利用有限的计算资源使多个任务可以被实时地或近乎实时地执行。

6. 并行

并行描述的是程序的执行状态，指多个任务同时被执行，以利用富余计算资源（多核 CPU）加速完成多个任务。

并发提供了一种程序组织结构方式，让问题的解决方案可以并行执行，但并行执行不是必须的。

并发与并行的区别如图 10.9 所示。

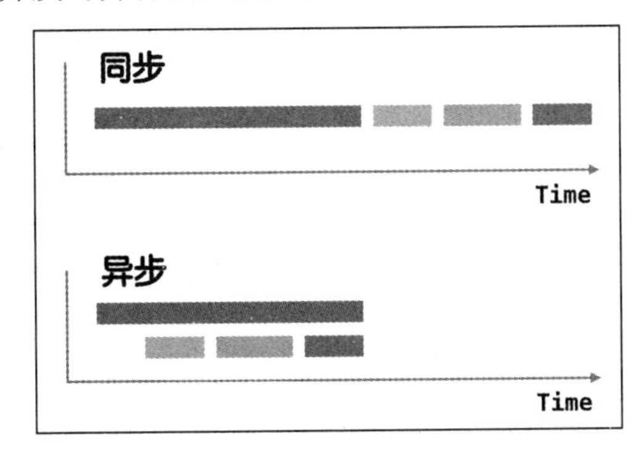

图 10.8　同步和异步的区别

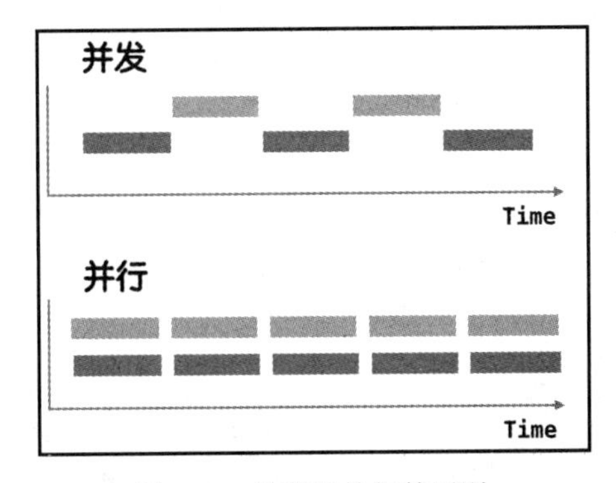

图 10.9　并发和并行的区别

接下来，对以上概念进行一个总结。

☑　并行是为了利用多核，加速多任务完成的进度。

☑　并发是为了让独立的子任务都有机会被尽快执行，但不一定能加速整体进度。

☑　非阻塞是为了提高程序整体执行效率。

☑　异步是一种高效组织非阻塞任务的方式。

要支持并发，必须拆分为多任务，不同任务间相对而言才有阻塞/非阻塞、同步/异步等区分。所以，并发、异步、非阻塞 3 个词总是如影随形，同时出现。

10.6.2　asyncio 模块

asyncio 是 Python 用来编写并发代码的内置库，使用 async/await 语法。

asyncio 被用作多个提供高性能 Python 异步框架的基础，包括网络和网站服务、数据库连接库、分布式任务队列等。

asyncio 往往是构建 IO 密集型和高层级结构化网络代码的最佳选择。

asyncio 提供了一组高层级 API，用于以下任务执行。

☑　并发地运行 Python 协程，并对其执行过程实现完全控制。

☑　执行网络 IO 和 IPC。

☑　控制子进程。

☑　通过队列实现分布式任务。

☑　同步并发代码。

此外，还有一些低层级 API 用以支持库和框架的开发者实现。

☑　创建和管理事件循环，以提供异步 API，用于网络化、运行子进程、处理 OS 信号等。

☑　使用 transports 实现高效率协议。

☑　通过 async/await 语法桥接基于回调的库和代码。

下面通过一个例子介绍 asyncio 的基本使用，代码如下：

```
01	import asyncio
02
```

```
03  async def worker_1():
04      print('worker_1 start')
05      await asyncio.sleep(1)
06      print('worker_1 done')
07
08  async def worker_2():
09      print('worker_2 start')
10      await asyncio.sleep(2)
11      print('worker_2 done')
12
13  async def main():
14      task1 = asyncio.create_task(worker_1())
15      task2 = asyncio.create_task(worker_2())
16      print('before await')
17      await task1
18      print('awaited worker_1')
19      await task2
20      print('awaited worker_2')
21
22  if __name__ == "__main__":
23      asyncio.run(main())
```

上述代码中，执行步骤如下。

（1）调用 asyncio.run(main())，程序进入 main()函数，开启事件循环。

（2）task1 和 task2 任务被创建，并进入事件循环，等待运行，输出“before await”。

（3）await task1 执行，用户选择从当前的主任务中切出，事件调度器开始调度 worker_1。

（4）worker_1 开始运行，运行到 await asyncio.sleep(1)时，从当前任务切出，事件调度器开始调度 worker_2。

（5）worker_2 开始运行，运行到 await asyncio.sleep(2)时，从当前任务切出，事件调度器从这个时候开始暂停调度，

（6）1s 后，worker_1 的 sleep 完成，事件调度器将控制权重新传给 task_1，输出“worker_1 done”，task_1 完成任务，从事件循环中退出。

（7）await task1 完成后，事件调度器将控制器传给主任务，输出“awaited worker_1”，然后在 await task2 处继续等待；2s 后，worker_2 的 sleep 完成，事件调度器将控制权重新传给 task_2，输出“worker_2 done”，task_2 完成任务，从事件循环中退出。

（8）主任务输出“awaited worker_2”，协程全任务结束，事件循环结束。

输出结果如下：

```
before await
worker_1 start
worker_2 start
worker_1 done
awaited worker_1
worker_2 done
awaited worker_2
```

10.6.3 Tornado 框架的 gen 模块

Tornado 框架使用 tornado.gen 实现基于生成器的协程程序。协程程序提供了一种在异步环境中工作比链接回调更简单的方法。使用协程的代码在技术上是异步的，但它是作为单个生成器而不是单独的函数集合编写的。

例如，一个基于协程的处理程序代码如下：

```
01 from tornado import gen
02
03 class GenAsyncHandler(RequestHandler):
04     @gen.coroutine
05     def get(self):
06         http_client = AsyncHTTPClient()
07         response = yield http_client.fetch("http://example.com")
08         do_something_with_response(response)
09         self.render("template.html")
```

上述代码中，@gen.coroutine 是异步生成器的装饰器，带有此修饰符的函数将返回 Future 对象。

还可以生成其他可扩展对象的列表或字典，这些对象将同时启动并并行运行，结果列表或字典将在完成后返回。示例代码如下：

```
01 @gen.coroutine
02 def get(self):
03     http_client = AsyncHTTPClient()
04     response1, response2 = yield [http_client.fetch(url1),
05                                   http_client.fetch(url2)]
06     response_dict = yield dict(response3=http_client.fetch(url3),
07                                response4=http_client.fetch(url4))
08     response3 = response_dict['response3']
09     response4 = response_dict['response4']
```

此外，如果引发异常，可以使用 gen.Return()将其值参数作为协程的结果返回。示例代码如下：

```
01 @gen.coroutine
02 def fetch_json(url):
03     response = yield AsyncHTTPClient().fetch(url)
04     raise gen.Return(json_decode(response.body))
```

10.7 操作 MySQL 数据库

Tornado-MySQL 是对 PyMySQL 异步化的一个第三方库，使用它可以在 Tornado 框架中操作 MySQL 数据库。

10.7.1　安装 Tornado-MySQL

可以使用 pip 安装 Tornado-MySQL，命令如下：

```
pip   install   Tornado-MySQL
```

说明

如果 MySQL 版本大于 8.0，连接 MySQL 时会提示如下错误。

```
tornado_mysql.err.OperationalError: (2003, "Can't connect to MySQL server on '127.0.0.1' (255)")
```

此时需要在虚拟环境下找到 Tornado-MySQL 安装包路径，如/venv/lib/python3.8/site-packages/tornado_mysql，修改 tornado_mysql 下的 charset.py 文件，新增如下代码：

```
#charset.py
_charsets.add(Charset(244, 'utf8mb4', 'utf8mb4_german2_ci', ''))
_charsets.add(Charset(245, 'utf8mb4', 'utf8mb4_croatian_ci', ''))
_charsets.add(Charset(246, 'utf8mb4', 'utf8mb4_unicode_520_ci', ''))
_charsets.add(Charset(247, 'utf8mb4', 'utf8mb4_vietnamese_ci', ''))
_charsets.add(Charset(248, 'gb18030', 'gb18030_chinese_ci', 'Yes'))
_charsets.add(Charset(249, 'gb18030', 'gb18030_bin', ''))
_charsets.add(Charset(250, 'gb18030', 'gb18030_unicode_520_ci', ''))
_charsets.add(Charset(255, 'utf8mb4', 'utf8mb4_0900_ai_ci', ''))
```

10.7.2　Tornado-MySQL 的基本应用

下面通过一个实例学习如何使用 Tornado-MySQL 连接 MySQL 数据库。

【例 10.5】　使用 Tornado-MySQL 连接 MySQL。（**实例位置：资源包\Code\10\05**）

首先导入 Tornado-MySQL 库，使用 tornado.gen 创建基于生成器的协程程序，在协程程序中调用 tornado_mysql.connect()函数来连接 MySQL 数据库，代码如下：

```
01    from tornado import ioloop, gen
02    import tornado_mysql
03
04    @gen.coroutine
05    def main():
06        conn = yield tornado_mysql.connect(host='127.0.0.1', port=3306, user='root',
07                                           passwd='root', db='mysql')
08        cur = conn.cursor()
09        yield cur.execute("SELECT Host,User FROM user")
10        for row in cur:
11            print(row)
12        cur.close()
```

```
13        conn.close()
14
15    ioloop.IOLoop.current().run_sync(main)
```

上述代码中，调用 tornado_mysql 的 connect()方法连接 MySQL 数据库。connect()方法的主要参数及说明如下。

☑ host：主机名。

☑ port：端口号。

☑ user：数据库用户名。

☑ passwd：数据库密码。

☑ db：数据库名称。

connect()方法返回 conn 连接对象，conn.cursor()方法返回 cur 游标对象。接下来，调用 cur.execute()方法来执行 SQL 语句，执行完毕后，先调用 cur.close()方法关闭游标，最后再调用 conn.close()方法关闭连接。

以上就是 Tornado-MySQL 操作 MySQL 数据库的基本流程，与 PyMySQL 的使用流程类似，这里就不再赘述，更多应用方法读者可参照本书第 14 章 Tornado 框架开发项目。

10.8　操作 Redis 数据库

为了充分发挥 Tornado 框架的异步效果，Tornado 经常会与非关系型数据库结合使用，其中应用比较广泛的非关系型数据库就是 Redis。

Redis（Remote Dictionary Server），即远程字典服务，是一个开源的，使用 ANSI C 语言所编写，支持网络，可基于内存亦可持久化的日志型、Key-Value 数据库（与 Python 中的字典数据类似），并提供多种语言的 API。

它通常被称为数据结构服务器，因为值（value）可以是字符串（String）、哈希（Hash）、列表（list）、集合（sets）和有序集合（sorted sets）等类型。

10.8.1　安装 Redis 数据库

以 Windows 系统为例，在浏览器中访问网址“https://github.com/microsoftarchive/redis/releases”，然后下载 Redis-x64-3.2.100.msi 版本，如图 10.10 所示。

说明

Redis 数据库的安装文件下载完成后，根据提示默认安装即可。

Redis 数据库安装完成以后，在 Redis 数据库所在的目录下，打开 redis-cli.exe 启动 Redis 命令行窗口。在窗口中输入 set a demo，表示向数据库中写入 key 为 a、value 为 demo 的数据，按 Enter 键后显示 ok，表示写入成功。然后输入“get a”，表示获取 key 为 a 的数据，按 Enter 键后显示对应的数据，如图 10.11 所示。

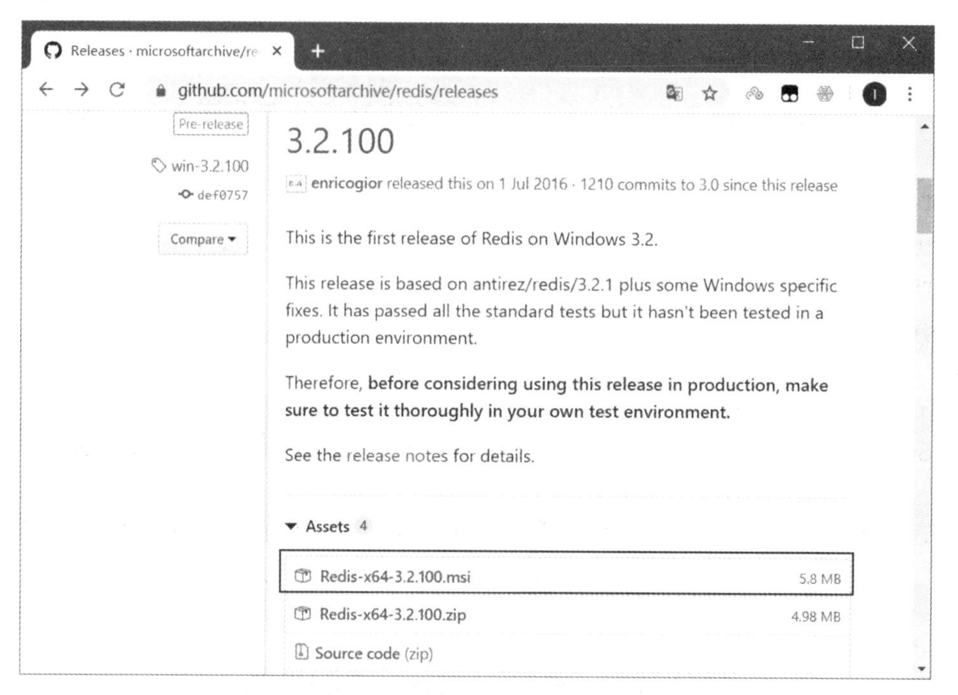

图 10.10　下载 Redis 数据库安装文件

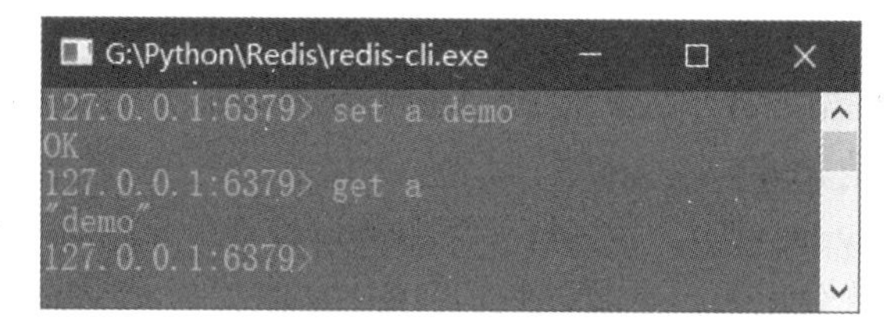

图 10.11　测试 Redis 数据库

关于 Redis 数据库的其他命令，可以参考 https://redis.io/commands 官方地址。

在默认情况下，Redis 数据库是不提供可视化窗口工具的。如果需要查看 Redis 的数据结构，可以在 https://redisdesktop.com/pricing 官方地址中下载并安装 Redis Desktop Manager。安装完成以后启动 Redis Desktop Manager 可视化窗体，单击左上角的“连接到 Redis 服务器”按钮，接着在连接设置中设置连接名字。如果在安装 Redis 数据库时没有修改默认地址（127.0.0.1）与端口号（6379），直接单击左下角的“测试连接”按钮，将弹出“连接 Redis 服务器成功”提示窗口，此时单击“确定”按钮即可，如图 10.12 所示。

Redis 服务器的连接创建完成以后，单击左侧的连接名称 Redis_Connect，即可查询 Redis 数据库中的数据，如图 10.13 所示。

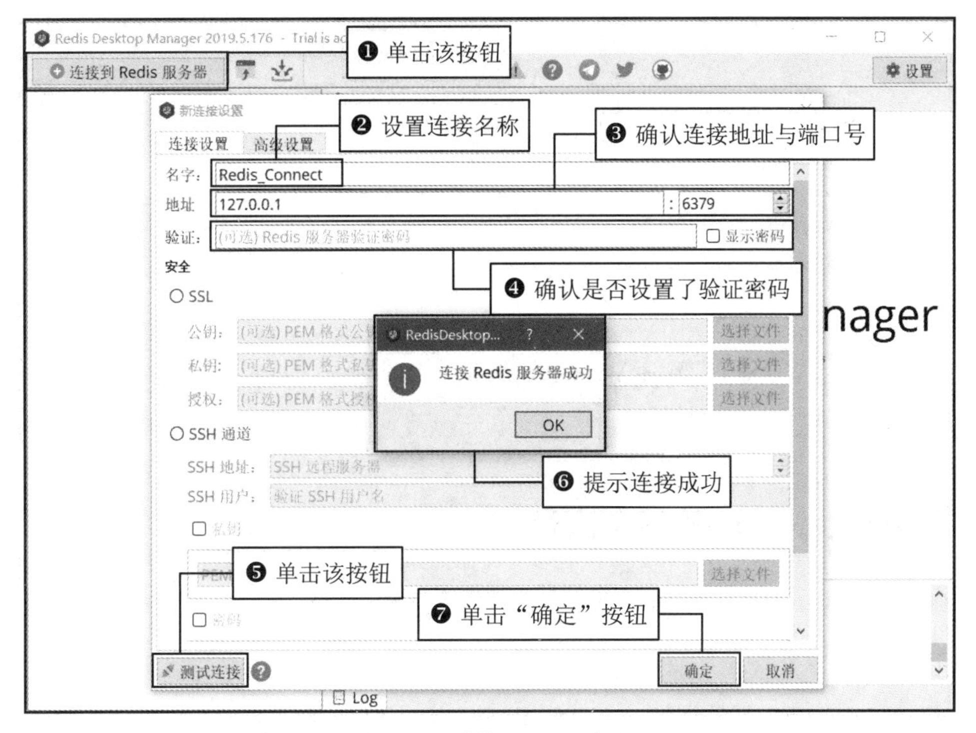

图 10.12　连接 Redis 服务器

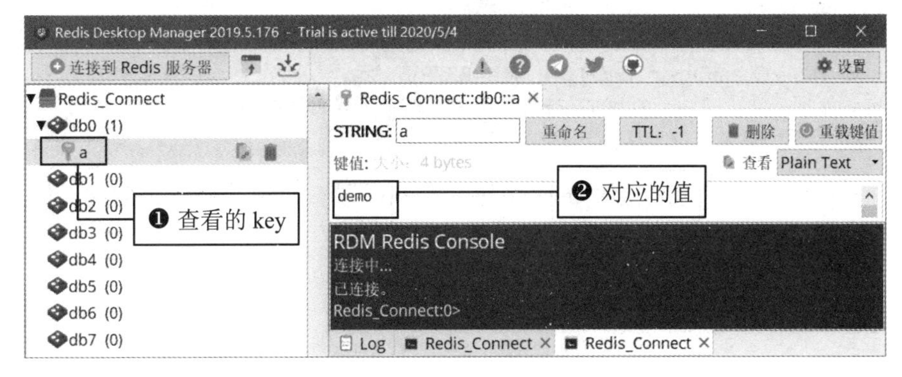

图 10.13　查看数据

10.8.2　安装 Tornado-Redis

Tornado-Redis 是一个 Tornado 框架可用的异步 Redis 客户端，它是一个第三方库包，可以使用如下命令进行安装。

```
pip   install   tornado_redis
```

安装完成后，运行如下命令可查看安装版本。

```
pip list
```

运行结果如下：

```
Package          Version
-------------    -------
pip              20.0.2
setuptools       46.1.3
tornado          5.0.2
tornado-MySQL    0.5.1
tornado-redis    2.4.18
wheel            0.34.2
```

说明

Tornado 5.0.2 以上版本与 Tornado_redis 不兼容，会提示“ImportError: cannot import name 'stack_context' from 'tornado'”错误。

10.8.3 Tornado-Redis 的基本应用

下面介绍如何使用 Tornado-Redis 连接 Redis 数据库。

1．普通连接方式

首先导入 tornadoredis，然后调用 tornadoredis 的 Client()方法连接客户端。示例代码如下：

```
01    import tornadoredis
02
03    c = tornadoredis.Client(host="127.0.0.1",port=6379)
04    #测试是否连接成功，编写一个 key，并查看 Redis 数据库是否存在该 key
05    c.set("name","andy")
```

上述代码中，Client()方法需要接收 host 主机名和 port 端口号两个参数。Redis 数据库默认的端口号为 6379。接下来调用 set()方法来设置 key-value 键值对。

说明

如果运行上述代码时提示如下错误：

```
TypeError: __init__() got an unexpected keyword argument 'io_loop'
```

此时需要在虚拟环境下找到 Tornado-MySQL 安装包路径，如/venv/lib/python3.8/site-packages/tornadoredis，并修改 tornadoredis 下的 client.py 文件。找到如下代码：

```
self._stream = IOStream(sock, io_loop=self._io_loop)
```

修改为：

```
self._stream = IOStream(sock)
```

运行上述代码，然后启动 Redis 命令行窗口，运行结果如下：

```
127.0.0.1:6379> get name
"andy"
```

2．连接池连接方式

首先导入 tornadoredis，然后调用 tornadoredis 的 ConnectionPool()方法连接客户端。示例代码如下：

```
01    import tornadoredis
02    CONNECTION_POOL = tornadoredis.ConnectionPool(max_connections=100,
03                                                       wait_for_available=True)
04    c = tornadoredis.Client(host="127.0.0.1", port="6379", connection_pool=CONNECTION_POOL)
05    #测试是否连接成功，编写一个 key，并查看 Redis 数据库是否存在该 key
06    c.set("age",18)
```

运行上述代码，然后启动 Redis 命令行窗口，运行结果如下：

```
127.0.0.1:6379> get age
"18"
```

以上就是 Tornado-Redis 连接 Redis 数据库的两种方式，更多应用方法读者可参照本书第 14 章 Tornado 框架开发项目介绍。

10.9　小　　结

本章主要介绍了 Tornado 框架的基础知识。首先，介绍了 Tornado 框架的安装方法、路由、HTTP 方法和模板等基础知识。由于 Tornado 框架是一个异步框架，为了更好地发挥异步编程的特性，接下来重点介绍了异步与协程的基础知识以及如何在 Tornado 框架中使用异步模块。最后，介绍在 Torando 框架中如何操作 MySQL 数据库和 Redis 数据。通过本章的学习，读者将会了解 Tornado 框架的优势及使用场景，并学会使用 Tornado 框架开发基础功能。

第 11 章

FastAPI 框架基础

REST（Representational State Transfer），即表现层状态转换，是由 Roy Thomas Fielding 博士于 2000 年在他的博士论文中提出来的一种万维网软件架构风格，目的是便于不同软件/程序在网络（例如互联网）中互相传递信息。

表现层状态转换是基于超文本传输协议（HTTP）的一组约束和属性，是一种设计提供万维网络服务的软件构建风格。符合或兼容于这种架构风格（简称为 REST 或 RESTful）的网络服务，允许客户端发出以统一资源标识符访问和操作网络资源的请求，而与预先定义好的无状态操作集一致化。因此表现层状态转换提供了在互联网络的计算系统之间，彼此资源可交互使用的协作性质（interoperability）。本章将介绍如何使用 FastAPI 框架快速构建 REST API。

11.1 认识 FastAPI

11.1.1 FastAPI 简介

FastAPI 是一个快速、高性能的 Web 框架，基于标准 Python 类型提示，使用 Python 3.6+ 构建 API。FastAPI 具备如下特点。

- ☑ 高性能：与 NodeJS 和 Go 相当，拥有高性能，是现有最快的 Python 开发框架之一。
- ☑ 快速编码：将功能开发速度提高约 2～3 倍。
- ☑ 更少的 Bug：减少约 40%的人为（开发人员）错误。
- ☑ 直观：更好的编辑支持，可智能感知并补全多处代码（IntelliSense），减少调试时间。
- ☑ 简单：方便使用和学习，减少阅读文档的时间。
- ☑ 简洁：最小化代码重复，每个参数可以声明多个要素。更少的错误。
- ☑ Robust：获取便于生产的代码，带自动交互式文档。
- ☑ 基于标准：基于 API 的开放标准 OpenAPI（以前称为 Swagger）和 JSON Schema，并完全兼容。

FastAPI 要求 Python 3.6 版本及其以上。此外，FastAPI 依赖于 Starlette 和 Pydantic 两个包。

- ☑ Starlette：用于 Web 相关部分。
- ☑ Pydantic：用于数据相关部分。

11.1.2　安装 FastAPI

FastAPI 的安装非常简单，在虚拟环境下使用 pip 安装 FastAPI，命令如下：

```
pip install fastapi
```

由于 FastAPI 启动依赖于 Uvicorn，还需要安装 Uvicorn，命令如下：

```
pip install uvicorn
```

11.2　第一个 FastAPI 程序

下面通过一个实例来学习如何使用 FastAPI 框架。

【例 11.1】　输出“Hello World!”。（**实例位置：资源包\Code\11\01**）

在资源目录下创建一个 main.py 文件，代码如下：

```
01  from fastapi import FastAPI
02  app = FastAPI()
03
04  @app.get("/")
05  def read_root():
06      return {"Hello": "World"}
07
08  @app.get("/items/{item_id}")
09  def read_item(item_id: int, q: str = None):
10      return {"item_id": item_id, "q": q}
```

那么，这段代码做了什么？

☑　第 1 行：导入了 FastAPI 类。

☑　第 2 行：创建该类的一个实例。

☑　第 4 行：使用 app()装饰器告诉 FastAPI 什么样的 URL 能触发被装饰函数的执行。

☑　第 8 行：从 URL 中接收参数。

接下来，使用 uvicorn 启动服务，命令如下：

```
uvicorn main:app --reload
```

上述命令中，参数及说明如下。

☑　main：main.py 文件。

☑　app：在 main.py 内部创建的对象，通过 app = FastAPI()创建。

☑　--reload：使服务在代码更改后重新启动，仅在开发时使用。

启动服务，结果如下：

```
INFO:     Uvicorn running on 127.0.0.1:8000 (Press CTRL+C to quit)
INFO:     Started reloader process [4092]
INFO:     Started server process [4094]
INFO:     Waiting for application startup.
INFO:     Application startup complete.
```

启动服务后，已经创建了一个 API。

☑ 在路由“/”和“/items/{item_id}”中接收 HTTP 请求。

☑ 两个路径都执行 GET 操作（也称为 HTTP_方法_）。

☑ 路径“/items/{item_id}”有一个路径参数 item_id，一般是一个 int。

☑ 路径“/items/{item_id}”有一个可选的 str 类型的查询参数 q。

在浏览器中输入网址“127.0.0.1:8000”，匹配到 read_root()函数，返回一个 JSON 响应，运行结果如图 11.1 所示。在浏览器中输入网址“127.0.0.1:8000/items/5?q=somequery”，运行结果如图 11.2 所示。

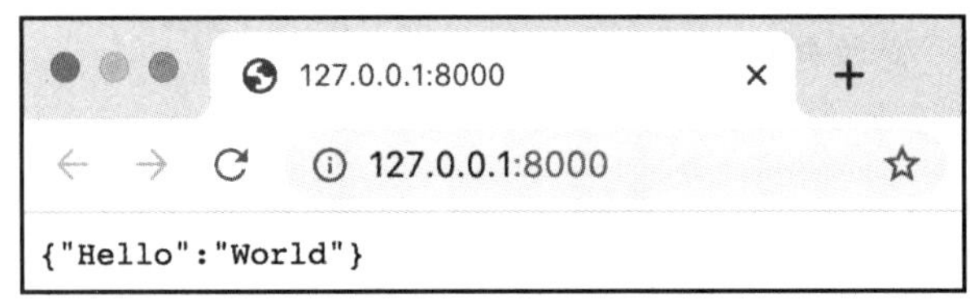

图 11.1　read_root()函数的输出结果

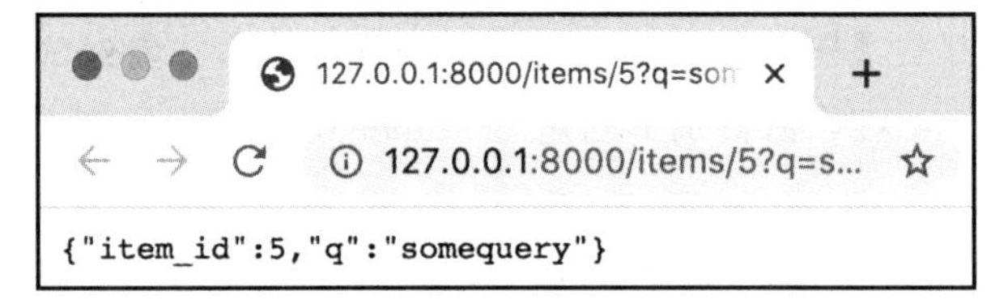

图 11.2　read_item()函数的输出结果

多学两招

如果需要用到异步 async/await 功能，应使用 async def，示例如下：

```
01    @app.get("/")
02    async def read_root():
03        return {"Hello": "World"}
```

11.3　API 文档

FastAPI 提供了两种 API 文档形式：交互式 API 文档和备用 API 文档。

11.3.1　交互式 API 文档

在浏览器中输入网址 127.0.0.1:8000/docs，将显示自动交互式 API 文档，如图 11.3 所示。

单击“/items/{item_id}”选项，会展开该 URL 信息，单击 Try it out 按钮，可以填写 item_id 和 q 参数。填写完成后单击 Execute 按钮，运行结果如图 11.4 所示。

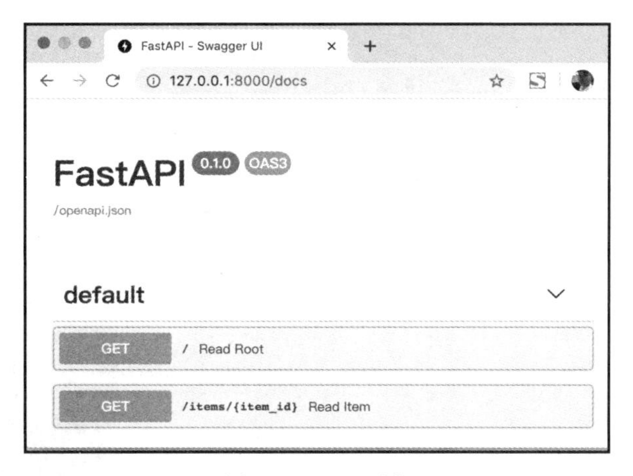

图 11.3　API 列表

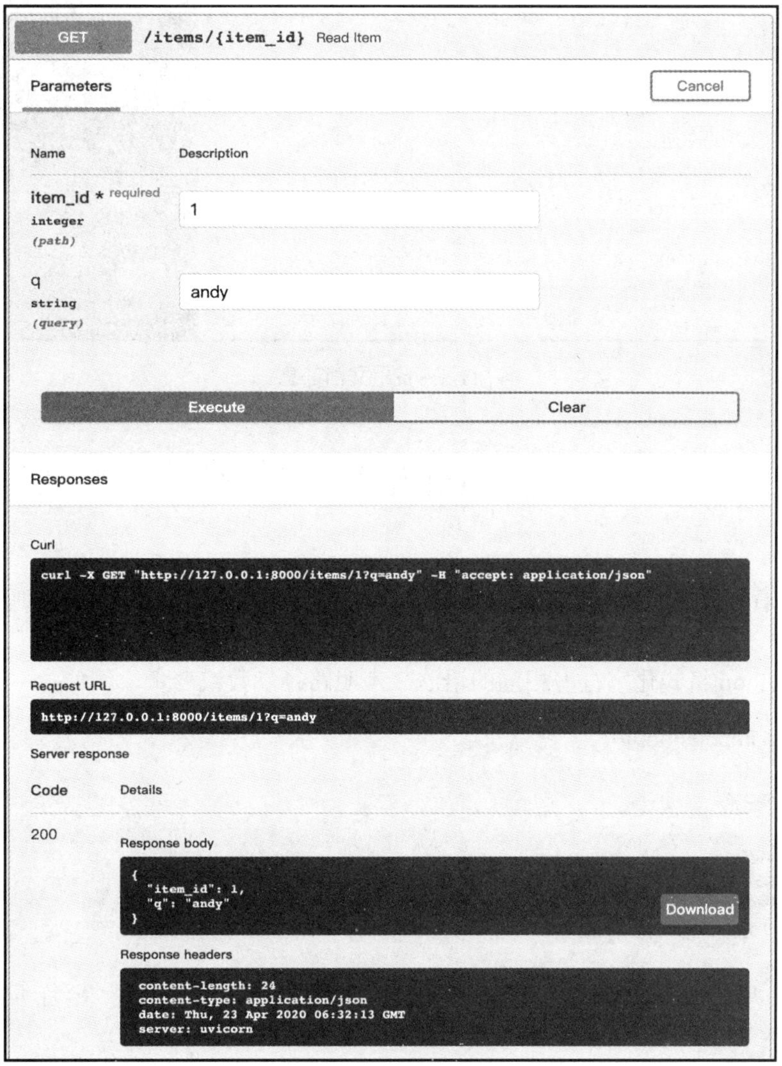

GET /items/{item_id} Read Item

Parameters　Cancel

Name　Description

item_id * required
integer
(path)
1

q
string
(query)
andy

Execute　Clear

Responses

Curl

```
curl -X GET "http://127.0.0.1:8000/items/1?q=andy" -H "accept: application/json"
```

Request URL

```
http://127.0.0.1:8000/items/1?q=andy
```

Server response

Code　Details

200

Response body

```
{
  "item_id": 1,
  "q": "andy"
}
```

Download

Response headers

```
content-length: 24
content-type: application/json
date: Thu, 23 Apr 2020 06:32:13 GMT
server: uvicorn
```

图 11.4　返回响应

11.3.2　备用 API 文档

在浏览器中输入网址“127.0.0.1:8000/redoc”，将显示备用的自动文档，如图 11.5 所示。

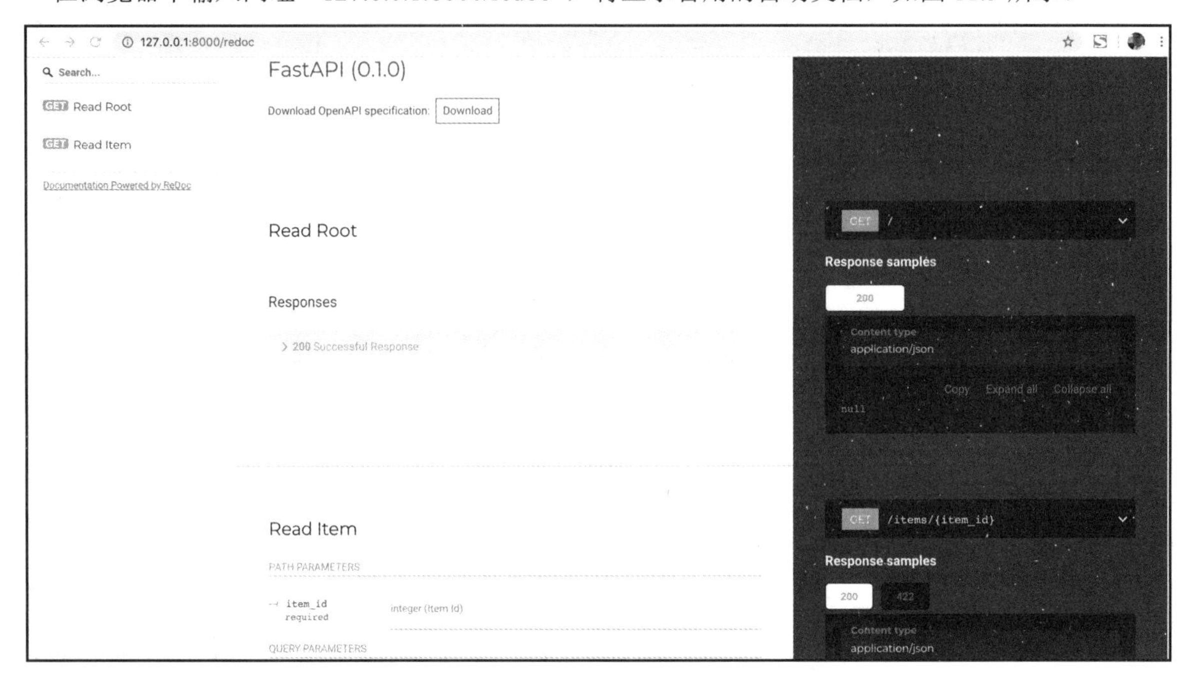

图 11.5　备用文档信息

11.4　Path 路径参数

11.4.1　声明路径参数

可以使用与 Python 格式化字符串相同的语法来声明路径参数或变量，例如：

```
01    from fastapi import FastAPI
02
03    app = FastAPI()
04
05    @app.get("/items/{item_id}")
06    async def read_item(item_id):
07        return {"item_id": item_id}
```

路径参数 item_id 的值会作为参数 item_id 传递到 read_item()视图函数。运行上述示例，然后跳转到 127.0.0.1:8000/items/foo，将会显示如下响应：

```
{"item_id":"foo"}
```

11.4.2　路径参数的类型与转换

路径参数有多种类型，如 int、str、float 等。可以使用标准的 Python 类型注释在函数中声明路径参数的类型，代码如下：

```
01  from fastapi import FastAPI
02
03  app = FastAPI()
04
05  @app.get("/items/{item_id}")
06  async def read_item(item_id: int):
07      return {"item_id": item_id}
```

在上述示例中，item_id 被声明为 int 类型。

说明

设置路径参数的类型，可以提供编辑器支持，包括错误检查、完整性检查等。

此外，可以转换路径参数类型。例如，在浏览器中输入网址 127.0.0.1:8000/items/3，将会显示如下响应：

```
{"item_id":3}
```

说明

指明函数接收并返回的参数是 3，是 Python 中的 int 类型，而不是字符串"3"。因此，只要有了类型检查，FastAPI 会自动提供请求“解析”。

11.4.3　数据类型校验

运行 11.4.2 小节代码时，如果在浏览器中输入网址 127.0.0.1:8000/items/foo，将会显示一个友好的 HTTP 错误页，示例如下：

```
01  {
02      "detail": [
03          {
04              "loc": [
05                  "path",
06                  "item_id"
07              ],
08              "msg": "value is not a valid integer",
09              "type": "type_error.integer"
10          }
11      ]
12  }
```

错误的原因在于路径参数 item_id 的值 foo 是字符串类型，而不是 int 类型。同样，当提供一个 float 类型的值时也会报错。例如，输入网址 127.0.0.1:8000/items/4.2，会提示同样的错误。

说明

FastAPI 还可提供数据验证。请注意，该错误也清楚地指出了验证未通过的地方。在开发和调试与 API 交互的代码时，这非常有用。

在浏览器中访问 127.0.0.1:8000/docs，将会在 API 交互文档中显示参数类型，如图 11.6 所示。

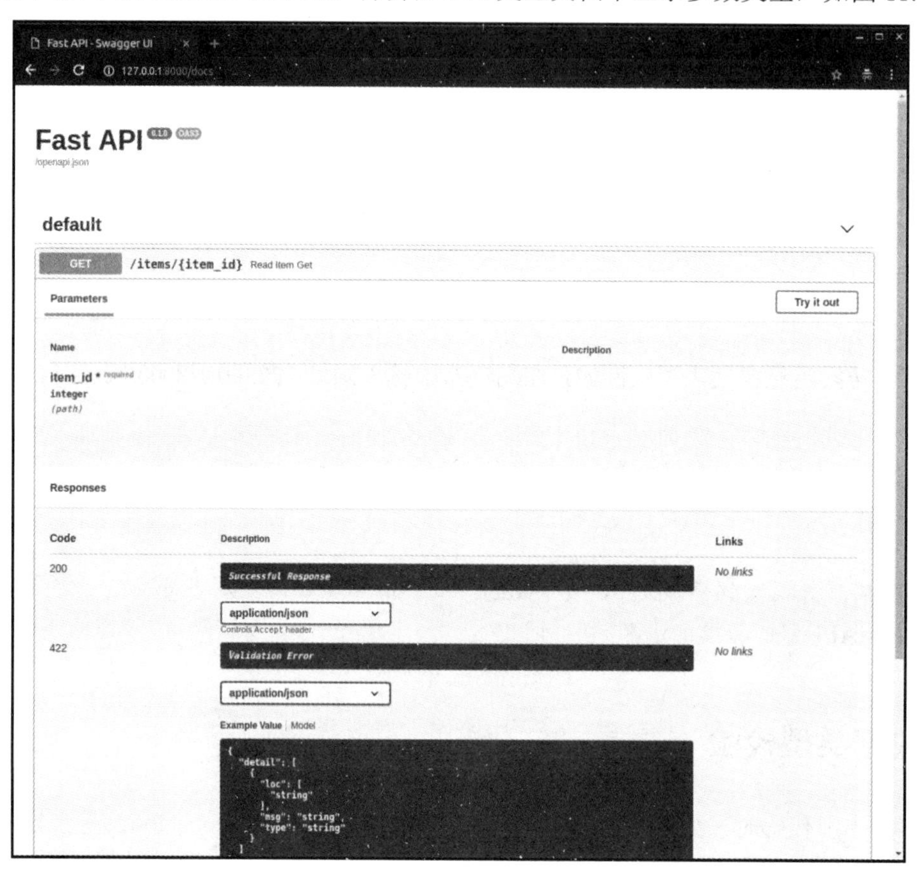

图 11.6　API 文档中显示参数类型

11.4.4　指定路径顺序

在创建路径操作时，会发现一些路径是固定的，例如/users/me，可获取有关当前用户的数据；还有一些路径是变化的，例如/users/{user_id}，可通过某些用户 ID 来获取特定用户的数据。

【例 11.2】　指定路径顺序。（**实例位置：资源包\Code\11\02**）

由于路径操作是按顺序评估的，因此需要确保/users/me 路径在/users/{user_id}路径之前已声明。否则，/users/{user_id}的路径也将匹配/users/me，认为它正在接收参数 user_id，其值为 me。

创建 main.py 文件，代码如下：

```
01    from fastapi import FastAPI
02
03    app = FastAPI()
04
05    @app.get("/users/me")
06    async def read_user_me():
07        return {"user_id": "the current user"}
08
09    @app.get("/users/{user_id}")
10    async def read_user(user_id: str):
11        return {"user_id": user_id}
```

在浏览器中输入网址 127.0.0.1:8000/users/me，运行结果如图 11.7 所示；输入网址 127.0.0.1:8000/users/1，运行结果如图 11.8 所示。

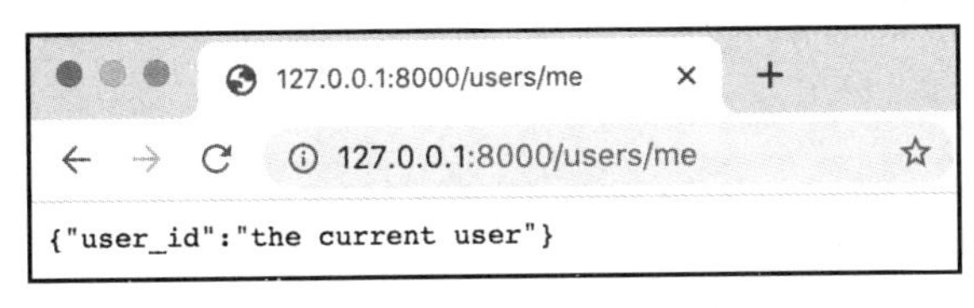

图 11.7　访问 users/me 运行结果

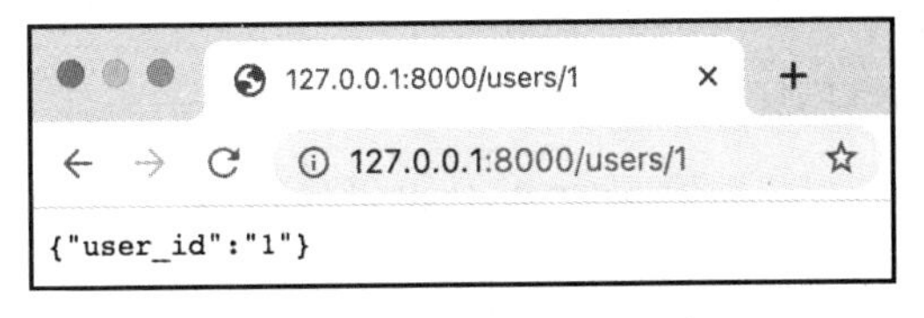

图 11.8　访问 users/1 运行结果

11.5　Query 查询参数

11.5.1　Query 参数

当声明不属于路径参数的其他函数参数时，FastAPI 会将其自动解释为 Query 参数，也就是查询参数。Query 参数就是 URL 地址中“?”之后的一系列 key-value 键值对，每组键值对用“&”分割开来。

声明 Query 参数的示例代码如下：

```
01    from fastapi import FastAPI
02
03    app = FastAPI()
04
05    @app.get("/items/")
06    async def read_item(skip: int = 0, limit: int = 10):
07        return fake_items_db[skip : skip + limit]
```

例如，在下面的 URL 中：

```
127.0.0.1:8000/items/?skip=0&limit=10
```

Query 参数如下。

☑　skip：值为 0。

☑　limit：值为 10。

由于它们都是 URL 的一部分，所以本质上它们都是字符串。当需要使用 Python 类型来声明 Query 参数时（如上面的例子需要用到 int），它们就会被转换为相应的类型并且依据这个类型来验证传入参数。

适用于 Path 参数的所有过程，也适用于 Query 参数，包括编辑器支持、数据解析、数据验证和自动文档。

11.5.2 设置 Query 参数

Query 参数类不是 path 中固定的一部分，它们是可选的，并且可以有默认值。

在上面的例子中，可以看到 Query 参数拥有默认值 skip=0 和 limit=10。

那么，如果访问到下面这个 URL：

```
127.0.0.1:8000/items/
```

将执行以下相同操作：

```
127.0.0.1:8000/items/?skip=0&limit=10
```

但是，如果跳转到下面的地址：

```
127.0.0.1:8000/items/?skip=20
```

视图函数中 Query 参数的值如下。

- ☑ skip=20：URL 中设定的值。
- ☑ limit=10：默认的值。

同样，也可以声明可选的 Query 参数，将其默认值设置为 None 即可，示例代码如下：

```
01	from fastapi import FastAPI
02
03	app = FastAPI()
04
05	@app.get("/items/{item_id}")
06	async def read_item(item_id: str, q: str = None):
07		if q:
08			return {"item_id": item_id, "q": q}
09		return {"item_id": item_id}
```

在这个例子中，函数参数 q 是可选的查询参数，默认值是 None。

注意

Path 参数声明为整数。FastAPI 足够灵活去区分 item_id 是路径参数，并且 q 是一个查询参数。

11.5.3 Query 参数类型转换

如果将查询参数声明为 bool 类型，那么传入的参数会被转换，例如：

```
01  from fastapi import FastAPI
02
03  app = FastAPI()
04
05  @app.get("/items/{item_id}")
06  async def read_item(item_id: str, q: str = None, short: bool = False):
07      item = {"item_id": item_id}
08      if q:
09          item.update({"q": q})
10      if not short:
11          item.update(
12              {"description": "This is an amazing item that has a long description"}
13          )
14      return item
```

在这个例子中，如果访问代码的网址：

```
127.0.0.1:8000/items/foo?short=1
```

或访问：

```
127.0.0.1:8000/items/foo?short=True
```

或访问：

```
127.0.0.1:8000/items/foo?short=true
```

或访问：

```
127.0.0.1:8000/items/foo?short=on
```

或访问：

```
127.0.0.1:8000/items/foo?short=yes
```

或者其他类型的变量，视图函数将会把 Query 参数 short 转换为 True 或者 False。

11.5.4　同时使用 Path 参数和 Query 参数

可以同时声明多个 Path 参数和 Query 参数，FastAPI 会分别区分参数。此外，并不需要在声明它们时按照指定的顺序，因为这些参数可以被参数名检测到。

下面通过一个实例来学习如何同时使用 Path 参数和 Query 参数。

【例 11.3】　同时使用 Path 参数和 Query 参数。（**实例位置：资源包\Code\11\03**）

```
01  from fastapi import FastAPI
02
03  app = FastAPI()
04
05  @app.get("/users/{user_id}/items/{item_id}")
06  async def read_user_item(
07      user_id: int, item_id: str, q: str = None, short: bool = False ):
```

```
08        item = {"item_id": item_id, "owner_id": user_id}
09        if q:
10            item.update({"q": q})
11        if not short:
12            item.update(
13                {"description": "This is an amazing item that has a long description"}
14            )
15        return item
```

使用交互式 API 文档添加参数的页面如图 11.9 所示，单击 Execute 按钮，运行结果如图 11.10 所示。

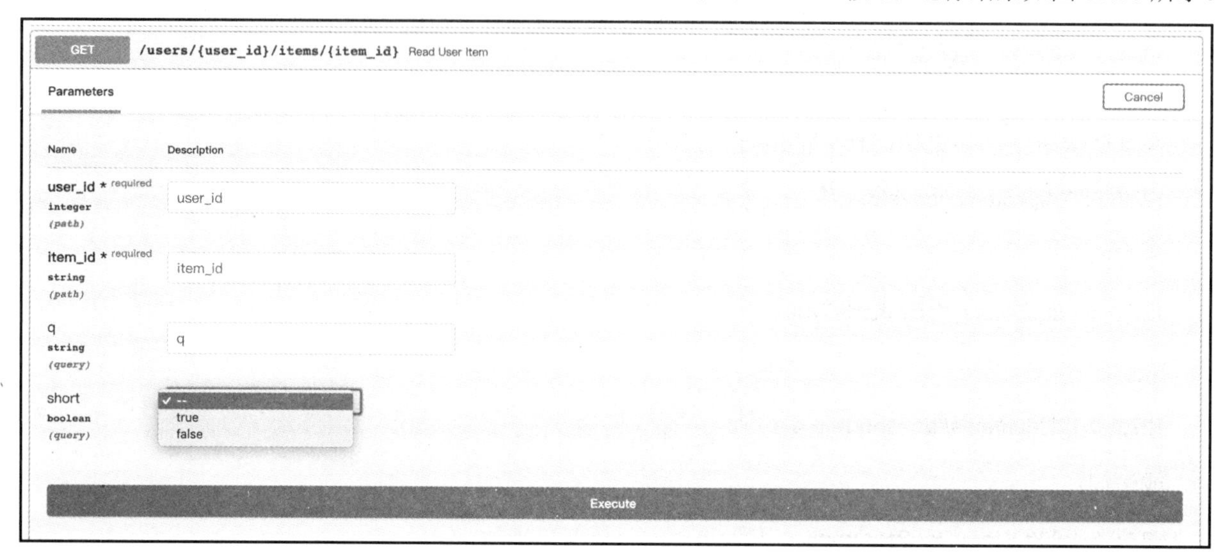

图 11.9　添加请求参数

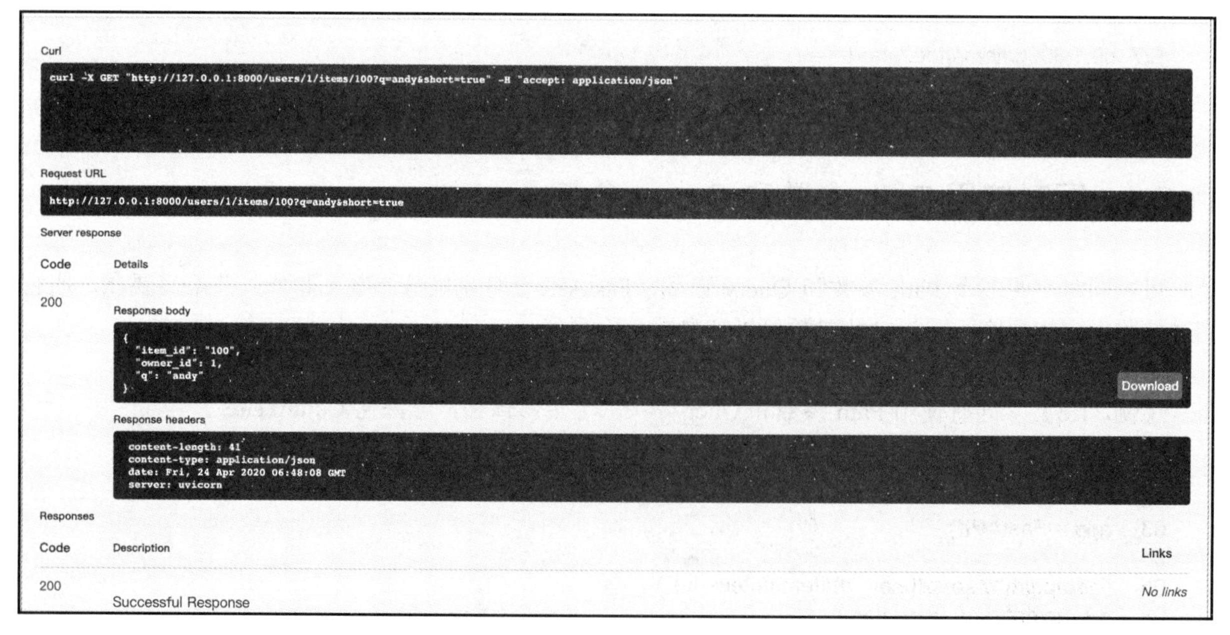

图 11.10　返回响应

11.5.5　必需的查询参数

当需要定义一个查询参数，而且这个参数必须传入时，就不能再为这个参数定义任意的默认值。示例代码如下：

```
01    from fastapi import FastAPI
02
03    app = FastAPI()
04
05    @app.get("/items/{item_id}")
06    async def read_user_item(item_id: str, needy: str):
07        item = {"item_id": item_id, "needy": needy}
08        return item
```

这里，查询参数 needy 是 str 类型的必需查询参数。打开浏览器，访问 URL：

```
127.0.0.1:8000/items/foo-item
```

在没有加入必需查询参数 needy 时，将会提示如下错误：

```
01    {
02        "detail": [
03            {
04                "loc": [
05                    "query",
06                    "needy"
07                ],
08                "msg": "field required",
09                "type": "value_error.missing"
10            }
11        ]
12    }
```

报错显示 needy 是必需的查询参数，需要在 URL 中预先设定。

现在访问如下路径：

```
127.0.0.1:8000/items/foo-item?needy=sooooneedy
```

浏览器不报错，显示如下:

```
{
    "item_id": "foo-item",
    "needy": "sooooneedy"
}
```

当然，可以根据需要定义一些参数，可以具有默认值，也可以是可选传入参数。示例代码如下：

```
01    from fastapi import FastAPI
02
03    app = FastAPI()
```

```
04
05    @app.get("/items/{item_id}")
06    async def read_user_item(item_id: str, needy: str, skip: int = 0, limit: int = None):
07        item = {"item_id": item_id, "needy": needy, "skip": skip, "limit": limit}
08        return item
```

在上面的代码中有 3 个查询参数。

☑ needy：必须传入参数，且类型为 str。

☑ skip：类型为 int 且默认值为 0。

☑ limit：可选传入参数 int。

11.6 Request Body 请求体

11.6.1 什么是请求体

将数据从客户端（例如浏览器）发送到 API 时，可以将其作为请求体发送。请求体是客户端发送到 API 的数据，响应体是 API 发送到客户端的数据。API 几乎总是必须发送一个响应体，但是客户端并不需要一直发送请求体。

定义请求体需要使用 pydantic 模型，不能通过 GET 请求发送请求体。发送请求体数据，必须使用以下几种方法之一。

☑ POST（最常见）。

☑ PUT。

☑ DELETE。

☑ PATCH。

11.6.2 创建数据模型

（1）定义模型。需要从 pydantic 中导入 BaseModel，代码如下：

```
import BaseModel from pydantic
```

（2）创建模型。声明数据模型为一个类，且该类继承自 BaseModel，代码如下：

```
01    from pydantic import BaseModel
02
03    class Item(BaseModel):
04        name: str
05        description: str = None
06        price: float
07        tax: float = None
```

和 Query 参数一样：数据类型的属性如果不是必需的话，可以拥有一个默认值。否则，该属性就

是必需的。使用 None 可以让该属性变为可选的。

上面的模型 Item 可声明一个 JSON 对象（或 Pythondict），例如：

```
01  {
02      "name": "Foo",
03      "description": "An optional description",
04      "price": 45.2,
05      "tax": 3.5
06  }
```

description 和 tax 属性是可选的（因为有默认值 None），所以下面这个 JSON 对象也是有效的。

```
01  {
02      "name": "Foo",
03      "price": 45.2
04  }
```

（3）将模型定义为参数。将上面定义的模型添加到路径操作中，和定义 Path 和 Query 参数的方式一样，代码如下：

```
01  from fastapi import FastAPI
02  from pydantic import BaseModel
03
04  class Item(BaseModel):
05      name: str
06      description: str = None
07      price: float
08      tax: float = None
09
10  app = FastAPI()
11
12  @app.post("/items/")
13  async def create_item(item: Item):
14      return item
```

声明参数的类型为创建的模型 Item 类。

11.6.3　使用 Request Body 的好处

通过定义 Python 类型为 pydantic 的 model，FastAPI 将会：

☑ 将请求的正文读取为 JSON 类型。
☑ 转换相应的类型（如果需要）。
☑ 验证数据。如果数据无效，它将返回一个清晰的错误，指出错误数据的确切位置和来源。
☑ 在参数 item 中提供接收的数据。
☑ 这些 Schemas 将是生成的 OpenAPI Schema 的一部分，并由自动文档 UI 使用。

模型的 JSON Schema 将成为 OpenAPI 生成模式的一部分，显示在交互式 API 文档中，并可在需要的路径操作的 API 文档中使用，如图 11.11 所示。

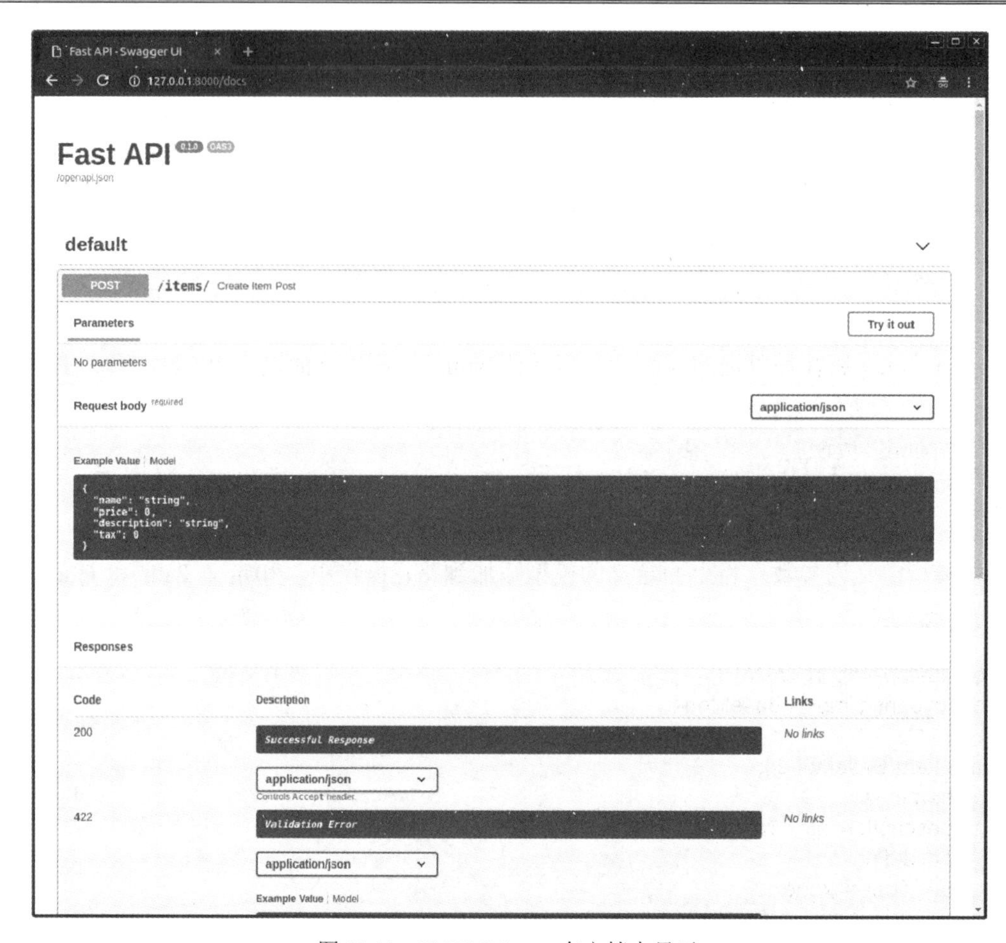

图 11.11　JSON Schema 在文档中显示

11.6.4　同时定义 Path 参数、Query 参数和请求 Request Body 参数

下面通过一个实例介绍如何同时定义 Path 参数、Query 参数和请求体参数。

【例 11.4】　同时定义 Path 参数、Query 参数和请求体参数。（**实例位置：资源包\Code\11\04**）

创建 create_item()函数，传递 Path 参数 item_id、Query 参数 q 和请求体参数 Item，代码如下：

```
01  from fastapi import FastAPI
02  from pydantic import BaseModel
03
04  class Item(BaseModel):
05      name: str
06      description: str = None
07      price: float
08      tax: float = None
09
10  app = FastAPI()
11
12  @app.put("/items/{item_id}")
13  async def create_item(item_id: int, item: Item, q: str = None):
14      result = {"item_id": item_id, **item.dict()}
```

```
15        if q:
16            result.update({"q": q})
17        return result
```

FastAPI 的识别过程如下。

☑　如果在 path 中声明了该参数，它将用作 path 参数。
☑　如果参数是单一类型（如 int、float、str、str、bool 等），它将被解释为 query 参数。
☑　如果参数声明为 pydantic 模型的类型，它将被解释为请求体。

在交互式 API 文档中添加参数，单击 Execute 按钮，运行结果如图 11.12 所示。

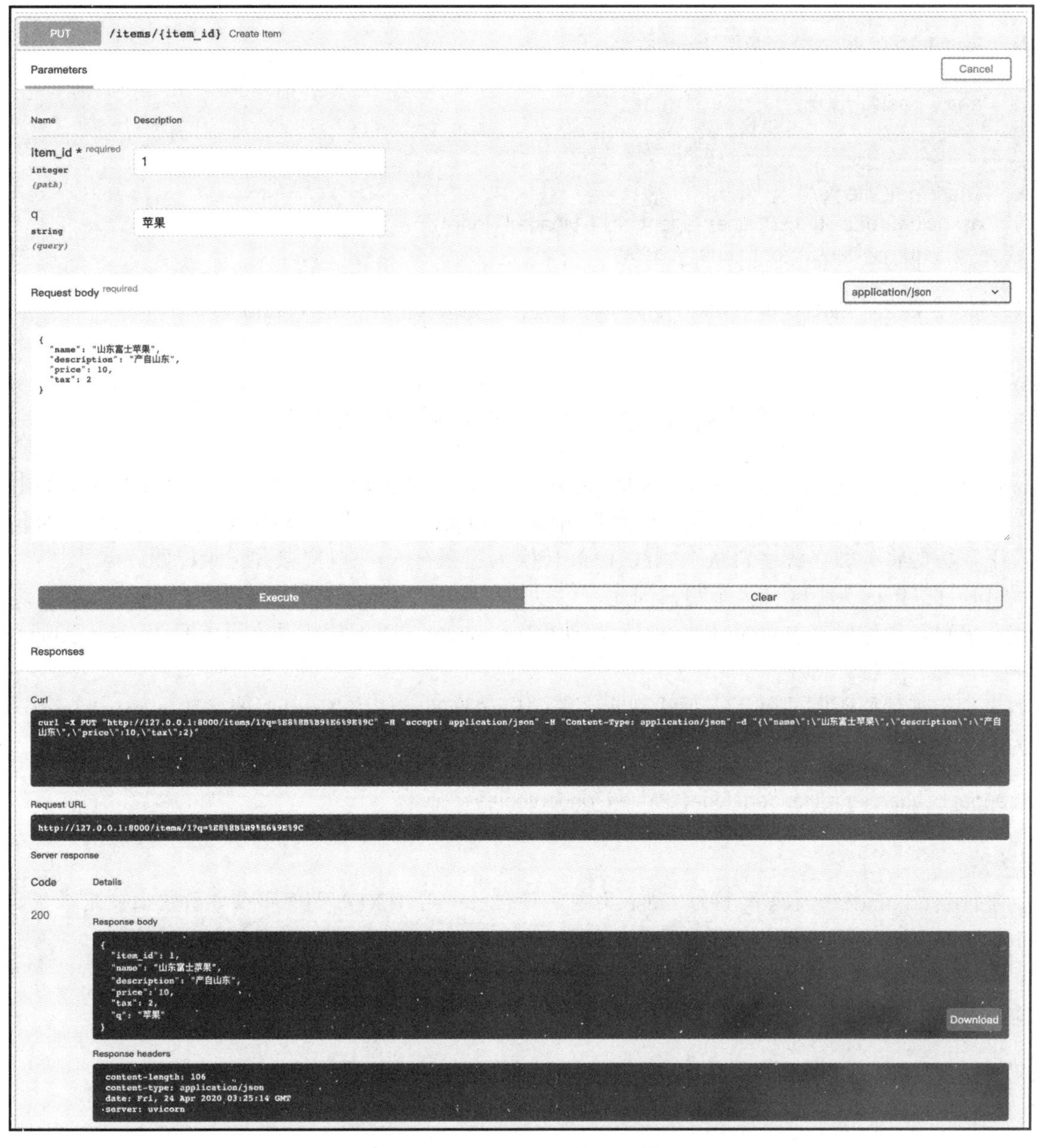

图 11.12　添加多个参数响应结果

11.7 Header 请求头参数

FastAPI 使用 Header 类可以获取到 Header 参数。首先导入 Header 类，代码如下：

```
from fastapi import FastAPI, Header
```

接下来，声明 Header 参数。第一个值是默认值，可以传递所有其他验证或注释参数，例如：

```
01    from fastapi import FastAPI, Header
02
03    app = FastAPI()
04
05
06    @app.get("/items/")
07    async def read_items(*, user_agent: str = Header(None)):
08        return {"User-Agent": user_agent}
```

Header 是 Path、Query 和 Cookie 的姐妹类，它同样继承自相同的 Param 类。

注意

声明 cookies 时需要使用 Cookie 方法，否则参数会被解释为查询参数。

Header 除了提供 Path、Query 和 Cookie 之外，还具有一些额外的功能。大多数标准标头都由“连字符”（也称为“减号”）（“-”）分隔。但是像 user-agent 这样的变量在 Python 中是无效的。因此，默认情况下，标题将参数名称字符从下画线（_）转换为连字符（-）以提取并记录标题。

另外，HTTP 标头不区分大小写，因此，可以使用标准 Python 样式（也称为 snake_case）声明它们。因此，可以像通常在 Python 代码中那样使用 user_agent，而无须将首字母大写为 User_Agent 或类似名称。

如果由于某种原因需要禁用下画线到连字符的自动转换，请将 Header 的参数 convert_underscores 设置为 False。例如：

```
strange_header: str = Header(None, convert_underscores=False)
```

注意

将 convert_underscores 设置为 False 之前，请记住一些 HTTP 代理和服务器禁止使用带下画线的标头。

11.8 Form 表单数据

当需要接收表单字段而不是 JSON 时，可以使用 Form 类。使用 Form 类需要先安装 python-multipart，

安装命令如下：

```
pip install python-multipart
```

首先，从 FastAPI 中导入 Form，代码如下：

```
from fastapi import FastAPI, Form
```

接下来创建 Form 参数，和之前创建 Body 和 Query 参数的方法一样，代码如下：

```
01  from fastapi import FastAPI, Form
02
03  app = FastAPI()
04
05  @app.post("/login/")
06  async def login(*,
07          username: str = Form(...),
08          password: str = Form(...)
09  ):
10          return {"username": username}
```

例如，以一种可以使用 OAuth2 规范的方式（称为“密码流”）发送“用户名”和“密码”作为表单字段。规范要求这些字段必须准确命名为“用户名”和“密码”，并作为表单字段而不是 JSON 发送。

使用 Form 可以声明与 Body 相同的元数据，验证以及 Query、Path 和 Cookie。

说明

Form 是一个类，直接继承自 Body。要声明表单主体，需要明确地使用 Form。因为没有它，参数将被解释为查询参数或主体（JSON）参数。

HTML 表单（<form> </ form>）将数据发送到服务器时，通常会对该数据使用“特殊”编码，这与 JSON 不同。FastAPI 将确保从正确的位置（而不是 JSON）读取数据。

多学两招

☑ 表单中的数据通常使用“媒体类型”application/x-www-form-urlencoded 进行编码。

☑ 当表单包含文件时，将被编码为 multipart/form-data。

可以在路径操作中声明多个 Form 参数，但是不能声明以 JSON 形式接收的 Body 字段。这是因为：请求将使用 application/x-www-form-urlencoded，而不是 application/json 的 urlencoded。这不是 FastAPI 的限制，而是 HTTP 协议的一部分。

11.9　操作 MySQL 数据库

FastAPI 不需要安装 SQL 数据库，但却可以操作任何关系型数据库。下面通过一个实例来介绍一下如何使用 FastAPI 结合 SQLAlchemy 操作 MySQL 数据库。

【例 11.5】 操作 MySQL 数据库。(**实例位置：资源包\Code\11\05**)

为了提高代码的可读性，使用如图 11.13 所示的目录结构拆分代码。

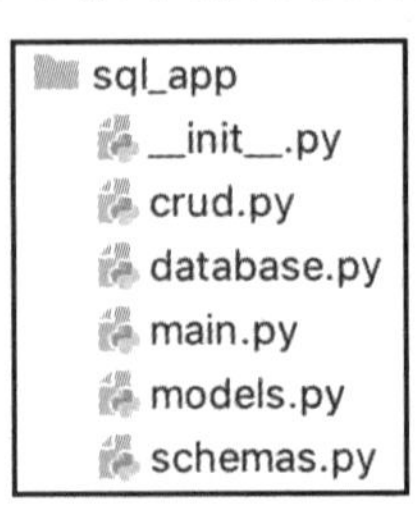

图 11.13 目录结构

执行如下步骤实现该功能。

（1）安装 SQLAlchemy，命令如下：

```
pip install sqlalchemy
```

（2）创建 MySQL 数据库，命名为 fastapi。使用 MySQL 命令行的方式创建 fastapi 数据库，代码如下：

```
CREATE DATABASE fastapi DEFAULT CHARACTER SET utf8mb4 COLLATE utf8mb4_unicode_ci;
```

（3）使用 SQLAlchemy 连接 MySQL。在 database.py 文件中编写如下代码：

```
01    from sqlalchemy import create_engine
02    from sqlalchemy.ext.declarative import declarative_base
03    from sqlalchemy.orm import sessionmaker
04
05    #数据库连接配置
06    SQLALCHEMY_DATABASE_URI = (
07                "mysql+pymysql://root:root@localhost/fastapi?charset=utf8mb4"
08    )
09    #创建引擎
10    engine = create_engine(SQLALCHEMY_DATABASE_URI)
11    #创建数据库会话
12    SessionLocal = sessionmaker(autocommit=False, autoflush=False, bind=engine)
13    #声明基类
14    Base = declarative_base()
```

上述代码中，SQLALCHEMY_DATABASE_URI 参数用于配置 MySQL 数据库连接信息，格式如下：

```
"mysql+pymysql://用户名:密码@主机名/数据库名?charset=utf8mb4"
```

（4）创建数据模型。在 models.py 文件中编写如下代码：

```
01    from sqlalchemy import Boolean, Column, ForeignKey, Integer, String
02    from sqlalchemy.orm import relationship
03
04    from .database import Base
```

```
05
06  #定义 User 类
07  class User(Base):
08      __tablename__ = "users"                                              #定义表名
09      #定义属性
10      id = Column(Integer, primary_key=True, index=True)
11      email = Column(String(255), unique=True, index=True)
12      hashed_password = Column(String(255))
13      is_active = Column(Boolean, default=True)
14      items = relationship("Item", back_populates="owner")                 #关联 Item 表
15
16  #定义 Item 类
17  class Item(Base):
18      __tablename__ = "items"                                              #定义表名
19      #定义属性
20      id = Column(Integer, primary_key=True, index=True)
21      title = Column(String(255), index=True)
22      description = Column(String(255), index=True)
23      owner_id = Column(Integer, ForeignKey("users.id"))
24      owner = relationship("User", back_populates="items")                 #关联 User 表
```

（5）创建 Pydantic 模型。在 schemas.py 文件中编写如下代码：

```
01  from typing import List
02
03  from pydantic import BaseModel
04
05  class ItemBase(BaseModel):
06      title: str
07      description: str = None
08
09  class ItemCreate(ItemBase):
10      pass
11
12  class Item(ItemBase):
13      id: int
14      owner_id: int
15
16      class Config:
17          orm_mode = True
18
19  class UserBase(BaseModel):
20      email: str
21
22  class UserCreate(UserBase):
23      password: str
24
25
```

```
26  class User(UserBase):
27      id: int
28      is_active: bool
29      items: List[Item] = []
30
31      class Config:
32          orm_mode = True
```

上述代码中，设置 orm_mode 属性是为了实现 ORM 表关联。

（6）创建 CRUD 工具集。在 crud.py 文件中编写如下代码：

```
01  from sqlalchemy.orm import Session
02  from . import models, schemas
03
04  def get_user(db: Session, user_id: int):
05      """
06      根据 id 获取用户信息
07      :param db: 数据库会话
08      :param user_id: 用户 id
09      :return: 用户信息
10      """
11      return db.query(models.User).filter(models.User.id == user_id).first()
12
13  def get_user_by_email(db: Session, email: str):
14      """
15      根据 email 获取用户信息
16      :param db: 数据库会话
17      :param email: 用户 email
18      :return: 用户信息
19      """
20      return db.query(models.User).filter(models.User.email == email).first()
21
22  def get_users(db: Session, skip: int = 0, limit: int = 100):
23      """
24      获取特定数量的用户
25      :param db: 数据库会话
26      :param skip: 开始位置
27      :param limit: 限制数量
28      :return: 用户信息列表
29      """
30      return db.query(models.User).offset(skip).limit(limit).all()
31
32
33  def create_user(db: Session, user: schemas.UserCreate):
34      """
35      创建用户
36      :param db: 数据库会话
37      :param user: 用户模型
```

```
38        :return: 根据 email 和 password 登录用户信息
39        """
40        fake_hashed_password = user.password + "notreallyhashed"
41        db_user = models.User(email=user.email, hashed_password=fake_hashed_password)
42        db.add(db_user)                    #添加到会话
43        db.commit()                        #提交到数据库
44        db.refresh(db_user)                #刷新数据库
45        return db_user
46
47    def get_items(db: Session, skip: int = 0, limit: int = 100):
48        """
49        获取指定数量的 item
50        :param db: 数据库会话
51        :param skip: 开始位置
52        :param limit: 限制数量
53        :return: item 列表
54        """
55        return db.query(models.Item).offset(skip).limit(limit).all()
56
57    def create_user_item(db: Session, item: schemas.ItemCreate, user_id: int):
58        """
59        创建用户 item
60        :param db: 数据库会话
61        :param item: Item 对象
62        :param user_id: 用户 id
63        :return: Item 模型对象
64        """
65        db_item = models.Item(**item.dict(), owner_id=user_id)
66        db.add(db_item)
67        db.commit()
68        db.refresh(db_item)
69        return db_item
```

（7）创建 FastAPI 应用。在 main.py 文件中编写如下代码：

```
01    from typing import List
02
03    from fastapi import Depends, FastAPI, HTTPException
04    from sqlalchemy.orm import Session
05
06    from . import crud, models, schemas
07    from .database import SessionLocal, engine
08
09    models.Base.metadata.create_all(bind=engine)
10
11    app = FastAPI()
12
13    #依赖
```

```
14  def get_db():
15      try:
16          db = SessionLocal()
17          yield db
18      finally:
19          db.close()
20
21  @app.post("/users/", response_model=schemas.User)
22  def create_user(user: schemas.UserCreate, db: Session = Depends(get_db)):
23      #根据 email 查找用户
24      db_user = crud.get_user_by_email(db, email=user.email)
25      #如果用户存在，提示该邮箱已经被注册
26      if db_user:
27          raise HTTPException(status_code=400, detail="Email already registered")
28      #返回创建的 user 对象
29      return crud.create_user(db=db, user=user)
30
31  @app.get("/users/", response_model=List[schemas.User])
32  def read_users(skip: int = 0, limit: int = 100, db: Session = Depends(get_db)):
33      #读取指定数量用户
34      users = crud.get_users(db, skip=skip, limit=limit)
35      return users
36
37  @app.get("/users/{user_id}", response_model=schemas.User)
38  def read_user(user_id: int, db: Session = Depends(get_db)):
39      #获取当前 id 的用户信息
40      db_user = crud.get_user(db, user_id=user_id)
41      #如果没有信息，提示用户不存在
42      if db_user is None:
43          raise HTTPException(status_code=404, detail="User not found")
44      return db_user
45
46
47  @app.post("/users/{user_id}/items/", response_model=schemas.Item)
48  def create_item_for_user(
49      user_id: int, item: schemas.ItemCreate, db: Session = Depends(get_db)
50  ):
51      #创建该用户的 items
52      return crud.create_user_item(db=db, item=item, user_id=user_id)
53
54  @app.get("/items/", response_model=List[schemas.Item])
55  def read_items(skip: int = 0, limit: int = 100, db: Session = Depends(get_db)):
56      #获取所有 items
57      items = crud.get_items(db, skip=skip, limit=limit)
58      return items
```

在 sql_app 同级目录，执行如下命令：

```
uvicorn  sql_app.main:app  --reload
```

运行成功后，fastapi 数据库中将新建 users 和 items 两张表，如图 11.14 所示。

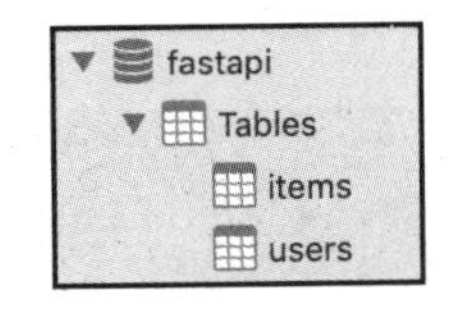

图 11.14　新建数据表

在浏览器中输入网址 127.0.0.1:8000/docs，进入 FastAPI 交互文档。选择 POST/users/创建用户，单击 Try it out 按钮，输入邮箱和密码，运行结果如图 11.15 所示。

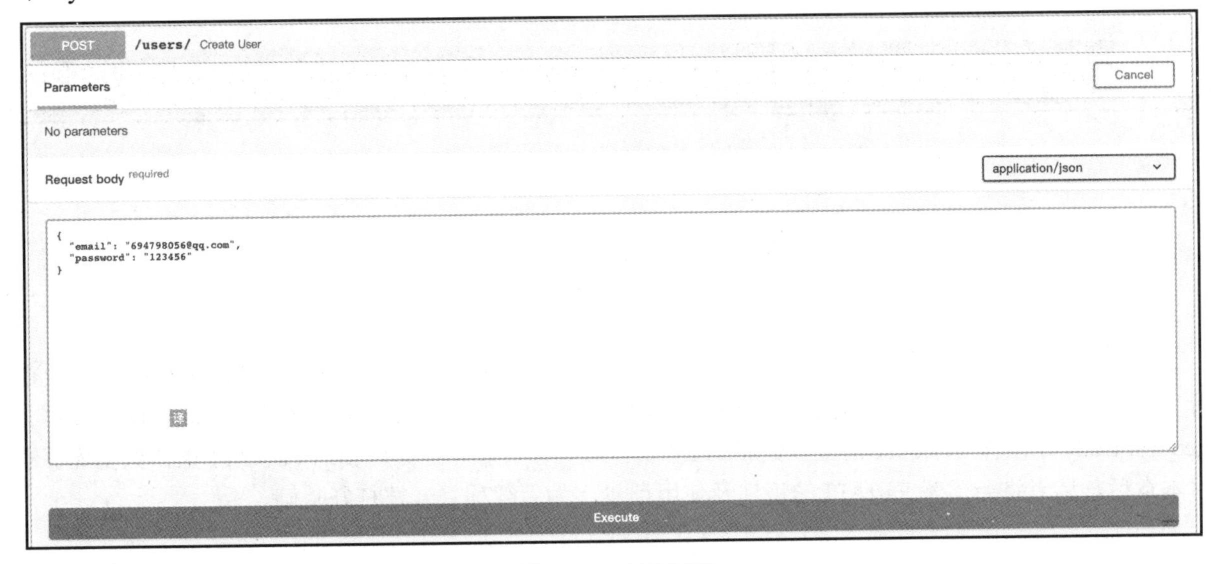

图 11.15　创建用户

单击 Execute 按钮，将在 user 表中新增一条数据。在交互式 API 文档中，选择 GET/users/{user_id}，单击 Try it out 按钮，在 user_id 字段输入“1”，单击 Execute 按钮，运行结果如图 11.16 所示。如果在 user_id 字段输入一个 user 表中不存在的 id 值，运行效果如图 11.17 所示。

图 11.16　获取用户信息

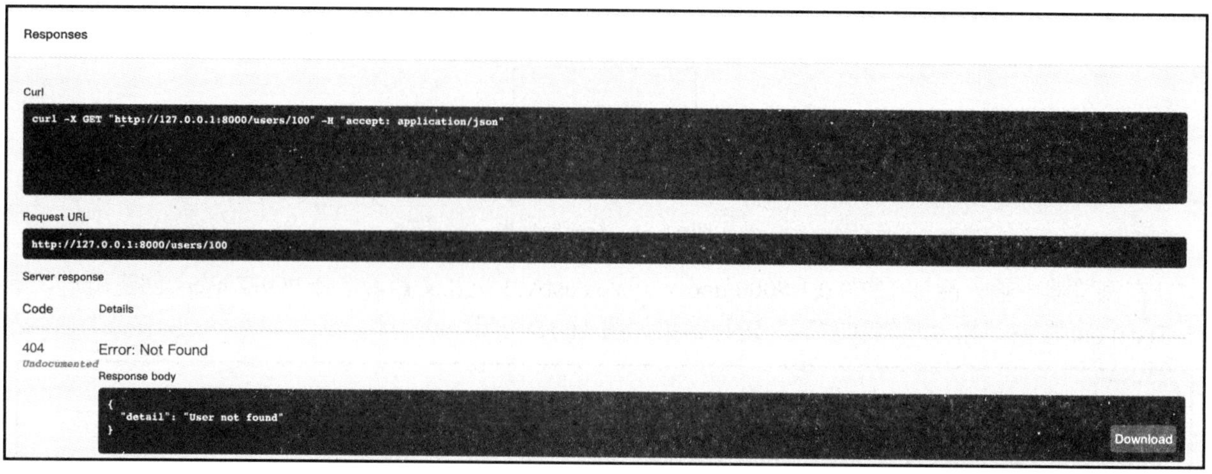

Responses

Curl

```
curl -X GET "http://127.0.0.1:8000/users/100" -H "accept: application/json"
```

Request URL

```
http://127.0.0.1:8000/users/100
```

Server response

Code Details

404 Error: Not Found

Undocumented

Response body

```
{
  "detail": "User not found"
}
```

Download

图 11.17　用户信息不存在

11.10　小　　结

本章主要介绍 FastAPI 的基础知识。首先介绍如何安装 FastAPI、编写第一个 FastAPI 程序以及查看 API 文档；接下来，介绍 FastAPI 中比较常用的请求形式，包括 Path 路径参数、Query 查询参数、Request Body 请求体、Header 请求参数和 Form 表单数据；最后介绍如何使用 FaskAPI 操作数据库。学习本章后，读者将会了解 FastAPI 的特性及使用场景，为后续项目开发打好基础。

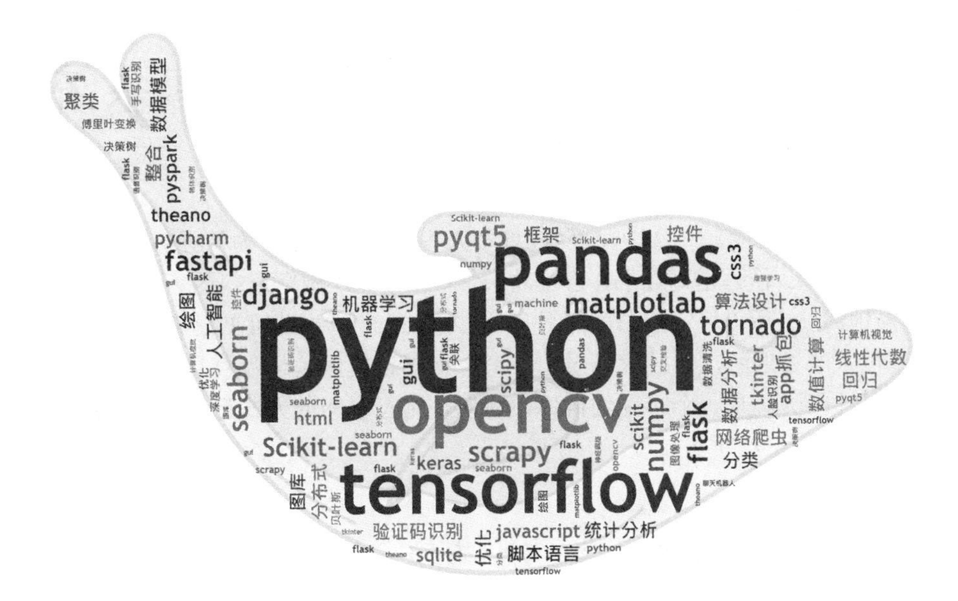

第 3 篇　项目实战

本篇主要介绍 4 个完整的实战项目：Flask 框架开发好记星博客系统、Django 框架开发智慧星学生管理系统、Tornado 框架开发 BBS 社区系统和 FastAPI 框架开发看图猜成语微信小程序。书中按照“需求分析→系统设计→数据库设计→各模块实现”的开发流程进行介绍，带领读者一步步亲身体验项目开发的全过程。通过 4 个实战项目，读者可快速掌握四大框架的使用方法，了解软件工程的设计思想，并领悟如何进行软件项目的实践开发。

第 12 章

Flask 框架开发好记星博客系统

杨绛在《钱钟书是怎样做读书笔记的》一文中写到:“许多人说,钱钟书记忆力特强,过目不忘。他本人却并不以为自己有那么‘神’。他只是好读书,肯下功夫,不仅读,还做笔记;不仅读一遍两遍,还会读三遍四遍,笔记上不断地添补。所以他读的书虽然很多,也不易遗忘。”由此可见记笔记的重要性。

对于程序员而言,编程技术浩如烟海,新技术又层出不穷,对知识快速消化吸收且不易遗忘的最佳方式就是记录学习笔记。而程序员又是一个特别的群体,喜欢使用互联网的方式记录笔记,所以本章带领大家开发一个基于 Flask 的好记星博客系统。

12.1 需求分析

好记星博客系统应具有以下功能。

☑ 完整的用户管理模块,包括用户登录和退出登录等功能。

☑ 完整的博客管理模块,包括添加博客、编辑博客、删除博客等。

☑ 完善的会员权限管理,只有登录的用户才能访问控制台及管理博客。

☑ 响应式布局,用户在 Web 端和移动端都能达到较好的阅读体验。

12.2 系统功能设计

12.2.1 系统功能结构

好记星博客系统的功能结构主要包括两部分:用户管理和博客管理。详细的功能结构如图 12.1 所示。

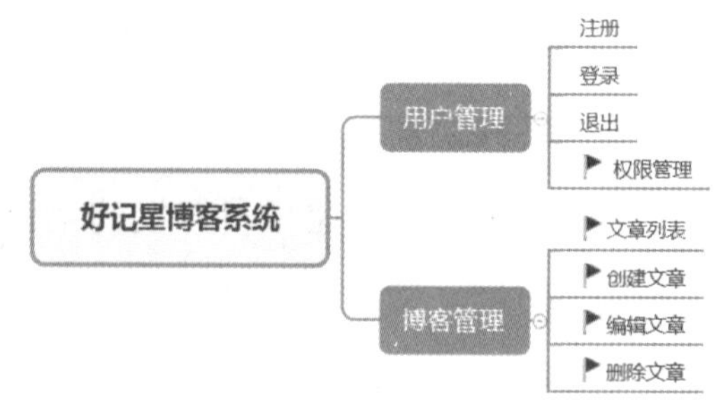

图 12.1 系统功能结构

12.2.2　系统业务流程

用户访问好记星博客系统项目时，可以使用游客的身份浏览博客首页，以及博客内容。如果需要管理博客（如添加博客、编辑博客等），就必须先注册为网站会员，登录网站后才能执行相应的操作。系统业务流程图如图 12.2 所示。

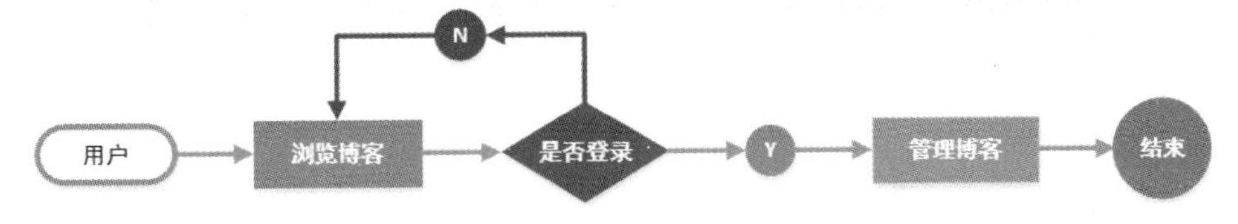

图 12.2　系统业务流程图

12.2.3　系统预览

用户首次使用好记星博客系统时，可以访问博客首页，运行效果如图 12.3 所示。单击每篇博客右侧的“查看全文”按钮，可以查看博客文章内容，运行效果如图 12.4 所示。用户输入用户名和密码登录后，可以进入控制台管理博客，运行效果如图 12.5 所示。

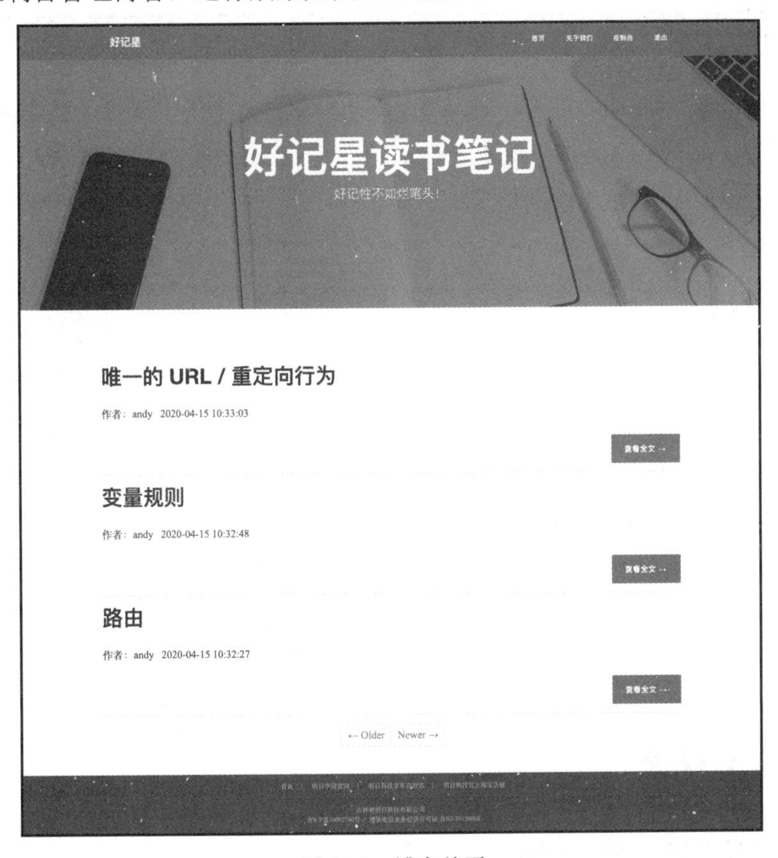

图 12.3　博客首页

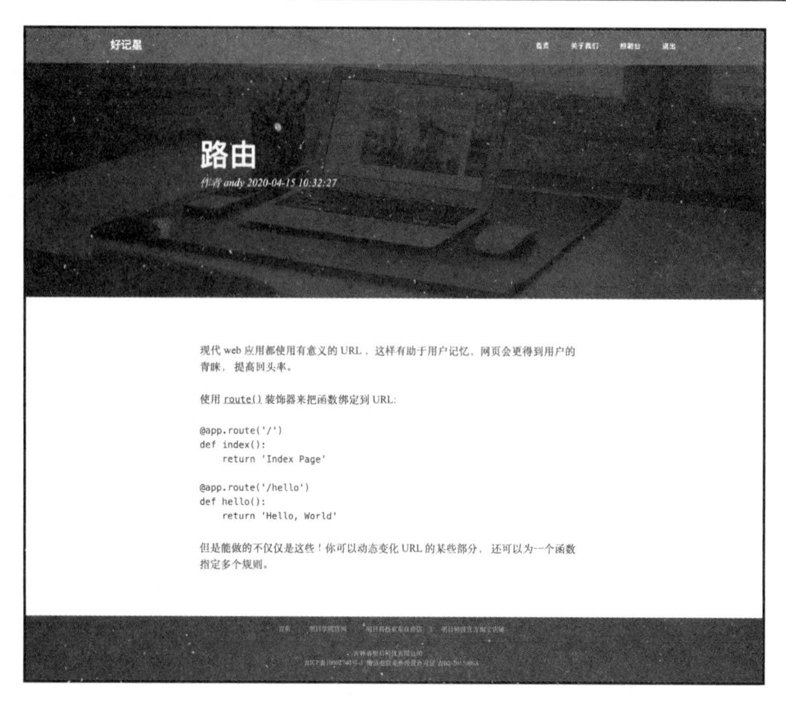

图 12.4　博客详情页面

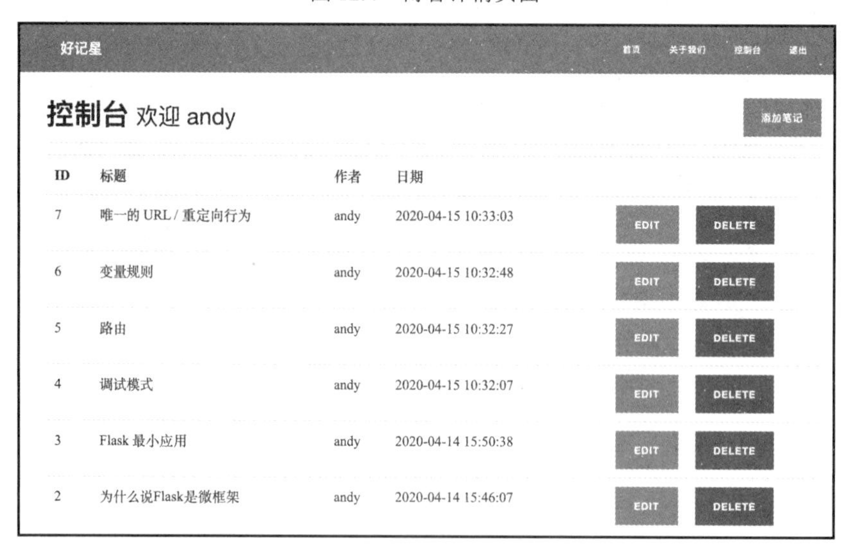

图 12.5　博客管理后台页面

12.3　系统开发必备

12.3.1　系统开发环境

本系统的软件开发及运行环境具体如下。

- ☑ 操作系统：Windows 7 及以上。
- ☑ 开发工具：PyCharm。
- ☑ 数据库：MySQL+PyMySQL 驱动。
- ☑ Web 框架：Flask。
- ☑ 第三方模块：WTForms，passlib。

12.3.2　文件夹组织结构

好记星博客系统项目的入口文件为 manage.py，在入口文件中引入所需要的各种包文件。文件夹组织结构如图 12.6 所示。

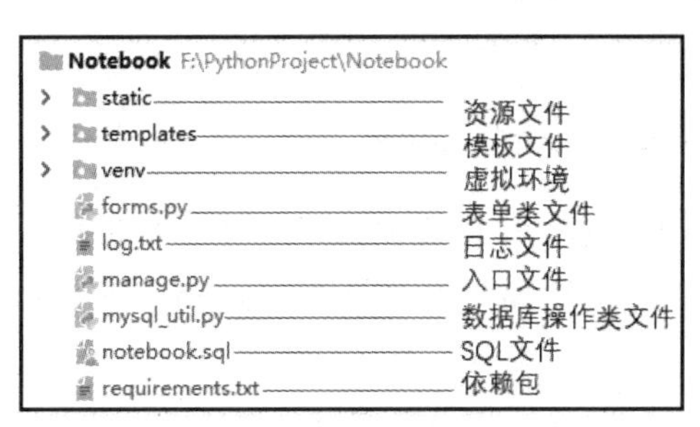

图 12.6　项目文件结构

12.4　数据库设计

12.4.1　数据库概要说明

本项目采用 MySQL 数据库，数据库名称为 notebook。读者可以使用 MySQL 命令行方式或 MySQL 可视化管理工具（如 Navicat）创建数据库。使用命令行方式如下：

```
create database notebook default character set utf8;
```

12.4.2　创建数据表

本项目主要涉及用户和博客两部分，所以在 notebook 数据库中创建如下两个表。

- ☑ users：用户表，用于存储用户信息。
- ☑ articles：博客表，用于存储博客信息。

创建这两个数据表的 SQL 语句如下：

```
01  DROP TABLE IF EXISTS users;
02  CREATE TABLE users (
03      id int(8) NOT NULL AUTO_INCREMENT,
```

```
04      username varchar(255) DEFAULT NULL,
05      email varchar(255) DEFAULT NULL,
06      password varchar(255) DEFAULT NULL,
07      PRIMARY KEY (id)
08    ) ENGINE=InnoDB DEFAULT CHARSET=utf8;
09
10    DROP TABLE IF EXISTS articles;
11    CREATE TABLE articles (
12      id int(8) NOT NULL AUTO_INCREMENT,
13      title varchar(255) DEFAULT NULL,
14      content text,
15      author varchar(255) DEFAULT NULL,
16      create_date datetime DEFAULT NULL,
17      PRIMARY KEY (id)
18    ) ENGINE=InnoDB DEFAULT CHARSET=utf8;
```

读者可以在 MySQL 命令行或 MySQL 可视化管理工具（如 Navicat）下执行上述 SQL 语句，创建数据表。创建完成后，users 表数据结构如图 12.7 所示。articles 表数据结构如图 12.8 所示。

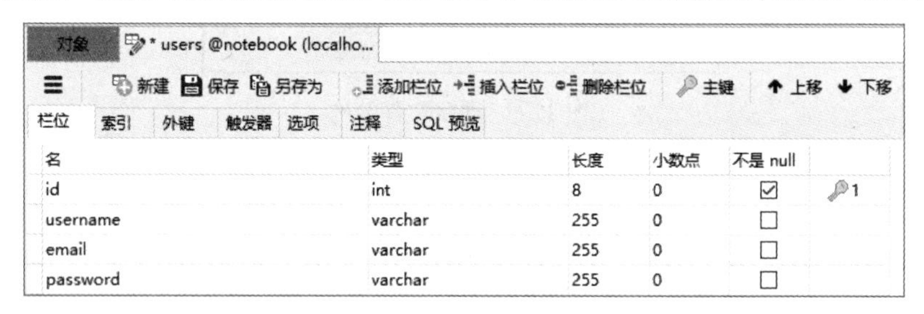

图 12.7　users 表数据结构

对象　* articles @notebook (local...

新建　保存　另存为　添加栏位　插入栏位　删除栏位　主键　上移　下移

栏位　索引　外键　触发器　选项　注释　SQL 预览

名	类型	长度	小数点	不是 null	
id	int	8	0	☑	1
title	varchar	255	0	☐	
content	text	0	0	☐	
author	varchar	255	0	☐	
create_date	datetime	0	0	☐	

图 12.8　articles 表数据结构

12.4.3　数据库操作类

在本项目中使用 PyMySQL 驱动来操作数据库，并实现对博客的增、删、改、查功能。每次执行数据表操作时都需要遵循如下流程：连接数据库→执行 SQL 语句→关闭数据库。

为了复用代码，我们单独创建一个 mysql_util.py 文件，文件中包含一个 MysqlUtil 类，用于实现基本的增删改查方法，代码如下：（**代码位置：资源包\Code\12\Notebook\mysql_util.py**）

```
01  import pymysql                                      #引入 pymysql 模块
02  import traceback                                    #引入 Python 中的 traceback 模块，跟踪错误
03  import sys                                          #引入 sys 模块
04
05  class MysqlUtil():
06      def __init__(self):
07          '''
08              初始化方法，连接数据库
09          '''
10          host = '127.0.0.1'                          #主机名
11          user = 'root'                               #数据库用户名
12          password = 'andy123456'                     #数据库密码
13          database = 'notebook'                       #数据库名称
14          self.db = pymysql.connect(
15                  host=host,user=user,password=password,db=database
16                  )                                   #建立连接
17          #设置游标，并将游标设置为字典类型
18          self.cursor = self.db.cursor(cursor=pymysql.cursors.DictCursor)
19
20      def insert(self, sql):
21          '''
22              插入数据库
23              sql:插入数据库的 SQL 语句
24          '''
25          try:
26              #执行 SQL 语句
27              self.cursor.execute(sql)
28              #提交到数据库执行
29              self.db.commit()
30          except Exception:                           #方法一：捕获所有异常
31              #如果发生异常，则回滚
32              print("发生异常", Exception)
33              self.db.rollback()
34          finally:
35              #最终关闭数据库连接
36              self.db.close()
37
38      def fetchone(self, sql):
39          '''
40              查询数据库：单个结果集
41              fetchone(): 该方法获取下一个查询结果集。结果集是一个对象
42          '''
43          try:
44              #执行 SQL 语句
45              self.cursor.execute(sql)
46              result = self.cursor.fetchone()
47          except:                                     #方法二：采用 traceback 模块查看异常
48              #输出异常信息
```

```
49                  traceback.print_exc()
50                  #如果发生异常，则回滚
51                  self.db.rollback()
52              finally:
53                  #最终关闭数据库连接
54                  self.db.close()
55              return result
56
57          def fetchall(self, sql):
58              '''
59                  查询数据库：多个结果集
60                  fetchall(): 接收全部的返回结果行
61              '''
62              try:
63                  #执行 SQL 语句
64                  self.cursor.execute(sql)
65                  results = self.cursor.fetchall()
66              except:                                 #方法三：采用 sys 模块回溯最后的异常
67                  #输出异常信息
68                  info = sys.exc_info()
69                  print(info[0], ":", info[1])
70                  #如果发生异常，则回滚
71                  self.db.rollback()
72              finally:
73                  #最终关闭数据库连接
74                  self.db.close()
75              return results
76
77          def delete(self, sql):
78              '''
79                  删除结果集
80              '''
81              try:
82                  #执行 SQL 语句
83                  self.cursor.execute(sql)
84                  self.db.commit()
85              except:                                 #把异常保存到日志文件中，并分析这些异常
86                  #将错误日志输入目录文件中
87                  f = open("\log.txt", 'a')
88                  traceback.print_exc(file=f)
89                  f.flush()
90                  f.close()
91                  #如果发生异常，则回滚
92                  self.db.rollback()
93              finally:
94                  #最终关闭数据库连接
95                  self.db.close()
```

```
96
97      def update(self, sql):
98          '''
99              更新结果集
100         '''
101         try:
102             #执行 SQL 语句
103             self.cursor.execute(sql)
104             self.db.commit()
105         except:
106             #如果发生异常，则回滚
107             self.db.rollback()
108         finally:
109             #最终关闭数据库连接
110             self.db.close()
```

在使用 MysqlUtil 类时，我们只需要引入 MysqlUtil 类，实例化该类，并调用相应方法即可。

12.5　用户模块设计

用户模块主要包括 4 部分功能：用户注册、用户登录、退出登录和用户权限管理。这里的用户权限管理是指，只有登录后用户才能访问某些页面（如控制台）。下面来分别介绍每个功能的实现方法。

12.5.1　用户登录功能实现

用户登录功能主要用于实现网站的会员登录。用户需要填写正确的用户名和密码，单击“登录”按钮，即可实现会员登录。如果没有输入账户或者密码，都将给予错误提示。另外，输入账号和密码长度错误也将给予错误提示。登录流程如图 12.9 所示。

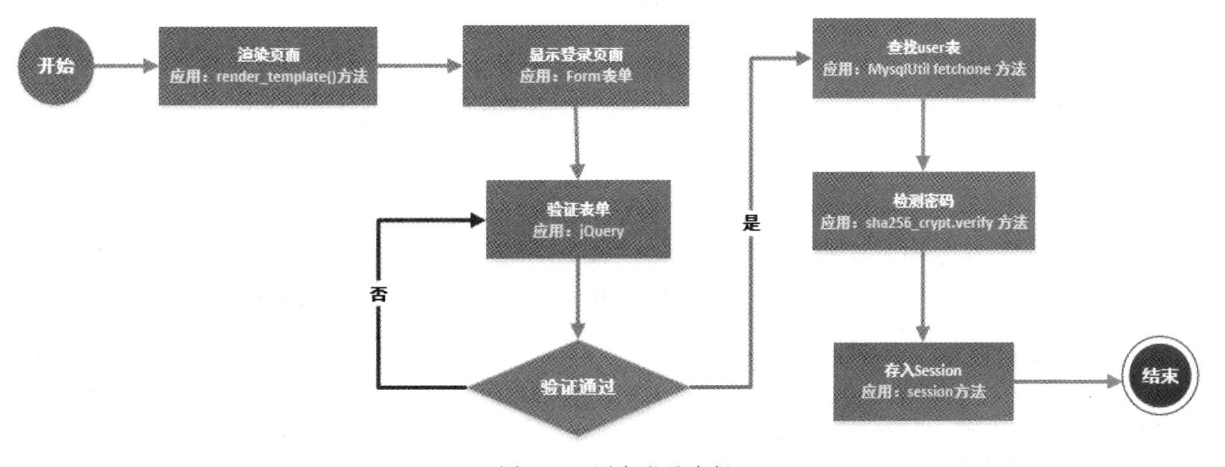

图 12.9　用户登录流程

1. 创建表单类

用户验证的规则较多，我们使用 flask_wtf 模块来实现验证功能。创建 forms.py 文件，在该文件中创建一个 LoginForm 类，关键代码如下：（**代码位置：资源包\Code\12\Notebook\forms.py**）

```
01  from wtforms import Form, StringField, TextAreaField, PasswordField
02  from wtforms.validators import DataRequired,Length,ValidationError
03  from flask_wtf import FlaskForm
04  from mysql_util import MysqlUtil
05
06  #创建登录表单类
07  class LoginForm(FlaskForm):
08      username = StringField(
09          '用户名',
10          validators=[
11              DataRequired(message='请输入用户名'),
12              Length(min=4, max=25,message='长度在 4-25 个字符之间')
13          ]
14      )
15      password = PasswordField(
16          '密码',
17          validators = [
18              DataRequired(message='密码不能为空'),
19              Length(min=6,max=20,message='长度在 6-20 个字符之间'),
20          ]
21      )
22
23      def validate_username(self,field):
24          #根据用户名查找 user 表中记录
25          sql = "SELECT * FROM users   WHERE username = '%s'" % (field.data)
26          db = MysqlUtil()                          #实例化数据库操作类
27          result = db.fetchone(sql)                 #获取一条记录
28          if not result:
29              raise ValidationError("用户名不存在")
```

上述代码中，在 LoginForm 中定义了 username 和 password 字段，它们分别对应着登录页面表单中的用户名和密码。此外，使用 validate_字段名函数对 username 字段添加自定义验证规则，判断用户名是否存在。

2. 创建模板文件

在/templates/路径下创建 login.html 模板文件。使用 form.username 和 form.password 显示用户名和密码元素，具体代码如下：（**代码位置：资源包\Code\12\Notebook\templates\login.html**）

```
01  {% extends 'layout.html' %}
02
03  {% block body %}
04  <div class="container content">
05      <div class="card bg-light" style="width:600px;margin:auto">
```

```
06          <article class="card-body mx-auto" style="width:400px">
07              <h4 class="card-title mt-3 text-center">用户登录</h4>
08              {% from "includes/_formhelpers.html" import render_field %}
09              <form method="POST" action="">
10                {{ form.csrf_token }}
11                <div class="form-group">
12                  {{render_field(form.username, class_="form-control")}}
13                </div>
14                <div class="form-group">
15                  {{render_field(form.password, class_="form-control")}}
16                </div>
17                <div class="form-group">
18                  <button type="submit" class="btn btn-primary btn-block"> 登录 </button>
19                </div>
20              </form>
21          </article>
22      </div>
23  </div>
24  {% endblock %}
```

上述代码中，form 表单内使用 form.csrf_token 来生成一个隐藏域 token，用于防止用户 CSRF 攻击。然后通过 form.username 和 form.password 来显示用户名和密码元素。

3．实现登录功能

当用户填写登录信息后，如果验证全部通过，需要将登录标识和 username 写入 Session 中，为后面判断用户是否登录做准备。此外，还需要在用户访问/login 路由时，判断用户是否已经登录。如果用户之前已经登录过，那么则不需要再次登录，而是直接跳转到控制台。关键代码如下：（**代码位置：资源包\Code\12\Notebook\manage.py**）

```
01  @app.route('/login', methods=['GET', 'POST'])
02  def login():
03      if "logged_in" in session:                          #如果已经登录，则直接跳转到控制台
04          return redirect(url_for("dashboard"))
05
06      form = LoginForm(request.form)                      #实例化表单类
07      if form.validate_on_submit():                       #如果提交表单，并且字段验证通过
08          #从表单中获取字段
09          username = request.form['username']
10          password_candidate = request.form['password']
11          #根据用户名查找 user 表中记录
12          sql = "SELECT * FROM users  WHERE username = '%s'" % (username)
13          db = MysqlUtil()                                #实例化数据库操作类
14          result = db.fetchone(sql)                       #获取一条记录
15          password = result['password']                   #用户填写的密码
16          #对比用户填写的密码和数据库中记录的密码是否一致
17          #调用 verify 方法验证，如果为真，验证通过
18          if sha256_crypt.verify(password_candidate, password):
19              #写入 session
```

```
20                  session['logged_in'] = True
21                  session['username'] = username
22                  flash('登录成功！', 'success')                  #闪存信息
23                  return redirect(url_for('dashboard'))           #跳转到控制台
24              else:                                              #如果密码错误
25                  flash('用户名和密码不匹配！', 'danger')          #闪存信息
26
27          return render_template('login.html',form=form)
```

上述代码中，首先判断 logged_in（登录标识）是否存在于 Session 中。如果存在，则说明用户已经登录，直接跳转到控制台。如果不存在，使用 form.validate_on_submit()函数验证用户提交信息是否满足设定条件。通过验证后，判断用户提交的密码和数据库中的密码是否匹配，使用 sha256_crypt.verify()进行判断。verify()方法第一个参数是用户输入的密码，第二个参数是数据库中加密后的密码，如果返回 True，则表示密码相同，否则表示密码不同。

登录时，用户名不存在的页面效果如图 12.10 所示，用户名和密码不匹配的页面效果如图 12.11 所示，登录成功后页面将跳转至控制台管理页。

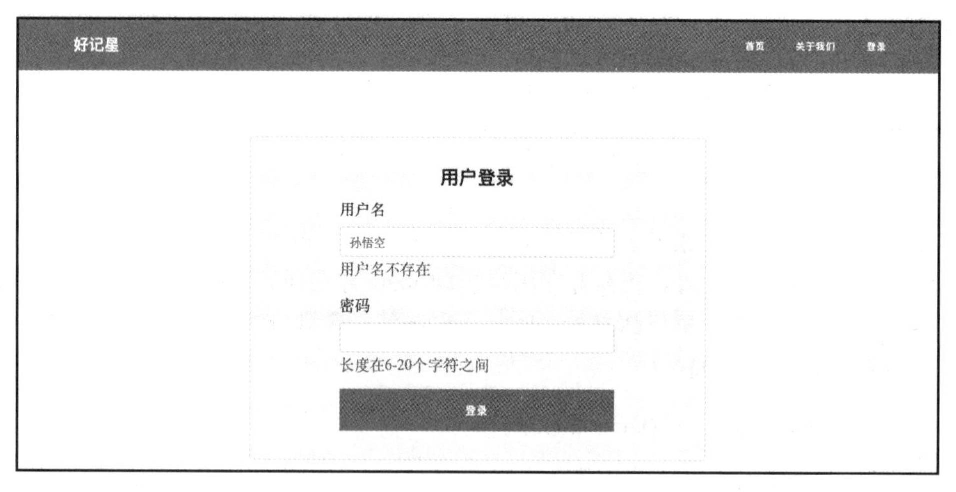

图 12.10　用户名不存在

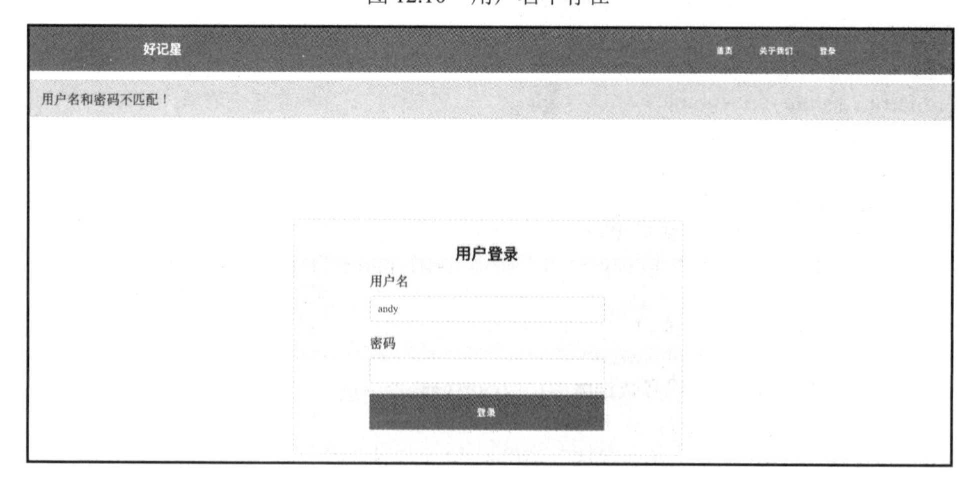

图 12.11　用户名和密码不匹配

12.5.2　退出登录功能实现

退出登录功能的实现比较简单，只要清空登录时 Session 中的值即可。使用 session.clear()函数来实现该功能，具体代码如下：（**代码位置：资源包\Code\12\Notebook\manage.py**）

```
01    #退出
02    @app.route('/logout')
03    @is_logged_in
04    def logout():
05        session.clear()
06        flash('您已成功退出', 'success')                    #闪存信息
07        return redirect(url_for('login'))                 #跳转到登录页面
```

退出成功后，页面跳转到登录页面，运行效果如图 12.12 所示。

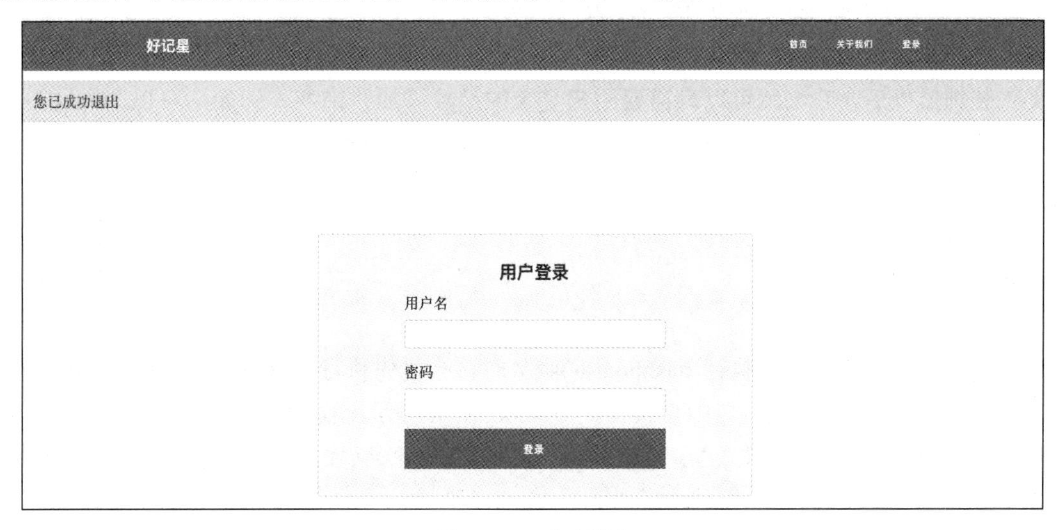

图 12.12　成功退出

12.5.3　用户权限管理功能实现

好记星博客系统项目中，需要用户登录后才能访问的路由及说明如下。

☑　/dashboard：控制台。

☑　/add_article：添加博客。

☑　/edit_article：编辑博客。

☑　/delete_article：删除博客。

☑　/logout：退出登录。

对于这些路由，需要在每一个方法中都添加如下代码：（**代码位置：资源包\Code\12\Notebook\manage.py**）

```
01    if 'logged_in' not in session:                          #如果用户没有登录
02          return redirect(url_for('login'))                 #跳转到登录页面
```

如果需要用户登录才能访问的页面很多，显然这种方式不够优雅。在此，可以使用装饰器的方式来简化代码。在 manage.py 文件中实现一个 is_logged_in 装饰器。代码如下：（**代码位置：资源包\Code\12\Notebook\manage.py**）

```
01    #如果用户已经登录
02    def is_logged_in(f):
03          @wraps(f)
04          def wrap(*args, **kwargs):
05                if 'logged_in' in session:                  #判断用户是否登录
06                      return f(*args, **kwargs)             #如果登录，继续执行被装饰的函数
07                else:                                       #如果没有登录，提示无权访问
08                      flash('无权访问，请先登录', 'danger')
09                      return redirect(url_for('login'))
10          return wrap
```

定义完装饰器以后，我们就可以为需要用户登录的函数添加装饰器。例如，可以为 dashborad()函数添加装饰器，关键代码如下：（**代码位置：资源包\Code\12\Notebook\manage.py**）

```
01    @app.route('/dashboard')
02    @is_logged_in
03    def dashboard():
04          pass
```

通过使用装饰器的方式，当执行 dashboard()函数时，会优先执行 is_logged_in()函数判断用户是否登录。如果用户没有登录，在浏览器中直接访问/dashboard 并提示无权访问，运行结果如图 12.13 所示。

图 12.13　未登录提示无权访问

12.6　博客模块设计

博客模块主要包括 4 部分功能：博客列表、添加博客、编辑博客和删除博客。用户必须登录后才能执行相应的操作，所以在每一个方法前添加@is_logged_in 装饰器来判断用户是否登录，如果没有登录，则跳转到登录页面。下面来分别介绍每个功能的实现方法。

12.6.1　博客列表功能实现

在控制台的博客列表页面中，需要展示该用户的所有博客信息。实现该功能的代码如下：（**代码位置：资源包\Code\12\Notebook\manage.py**）

```
01  #控制台
02  @app.route('/dashboard')
03  @is_logged_in
04  def dashboard():
05      db = MysqlUtil()                          #实例化数据库操作类
06      sql = "SELECT * FROM articles WHERE author = '%s' ORDER BY create_date DESC" % (session
['username'])                                   #根据用户名查找用户博客信息，并根据时间降序排序
07      result = db.fetchall(sql)                 #查找所有博客
08      if result:                                #如果博客存在，赋值给 articles 变量
09          return render_template('dashboard.html', articles=result)
10      else:                                     #如果博客不存在，提示暂无博客
11          msg = '暂无博客信息'
12          return render_template('dashboard.html', msg=msg)
```

在上述代码中，需要注意的地方就是使用 session 函数来获取用户名。如果用户登录成功，使用 session['username'] = username 将 username 存入 Session。所以，此时可以使用 session('username')来获取用户姓名。

接下来，创建模板文件，关键代码如下：（**代码位置：资源包\Code\12\Notebook\templates\dashboard.html**）

```
01  {% for article in articles %}
02    <tr>
03      <td>{{article.id}}</td>
04      <td>{{article.title}}</td>
05      <td>{{article.author}}</td>
06      <td>{{article.create_date}}</td>
07      <td><a href="edit_article/{{article.id}}" class="btn btn-default pull-right">
08              Edit</a></td>
09      <td>
10        <form action="{{url_for('delete_article', id=article.id)}}" method="post">
```

```
11                <input type="hidden" name="_method" value="DELETE">
12                <input type="submit" value="Delete" class="btn btn-danger">
13            </form>
14        </td>
15    </tr>
16 {% endfor %}
```

上述代码中，articles 变量表示所有博客对象，通过使用 for 标签来遍历每一个博客对象。运行效果如图 12.14 所示。

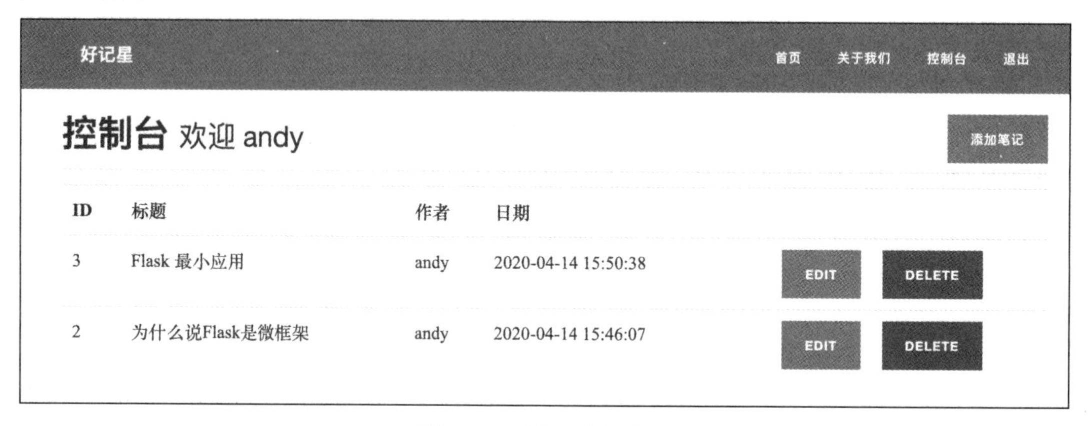

图 12.14　博客列表页面

12.6.2　添加博客功能实现

在控制台列表页面单击“添加博客”按钮，即可进入添加博客页面。在该页面中，用户需要填写博客标题和博客内容。实现该功能的关键代码如下：（**代码位置：资源包\Code\12\Notebook\manage.py**）

```
01 #添加博客
02 @app.route('/add_article', methods=['GET', 'POST'])
03 @is_logged_in
04 def add_article():
05     form = ArticleForm(request.form)                        #实例化 ArticleForm 表单类
06     if request.method == 'POST' and form.validate():         #如果用户提交表单，并且表单验证通过
07         #获取表单字段内容
08         title = form.title.data
09         content = form.content.data
10         author = session['username']
11         create_date = time.strftime("%Y-%m-%d %H:%M:%S", time.localtime())
12         db = MysqlUtil()                                     #实例化数据库操作类
13         #插入数据的 SQL 语句
14         sql = "INSERT INTO articles(title,content,author,create_date) \
15               VALUES ('%s', '%s', '%s','%s')" % (title,content,author,create_date)
16         db.insert(sql)
17         flash('创建成功', 'success')                          #闪存信息
```

```
18              return redirect(url_for('dashboard'))               #跳转到控制台
19          return render_template('add_article.html', form=form)    #渲染模板
```

上述代码中，接收表单的字段只包含标题和内容，此外，还需要使用 session()函数来获取用户名，使用 time 模块来获取当前时间。

在填写博客内容时，我们使用了 CKEditor 编辑器替换普通的 Text 文本框。CKEditor 编辑器和普通 textarea 文本框的对比效果如图 12.15 所示。

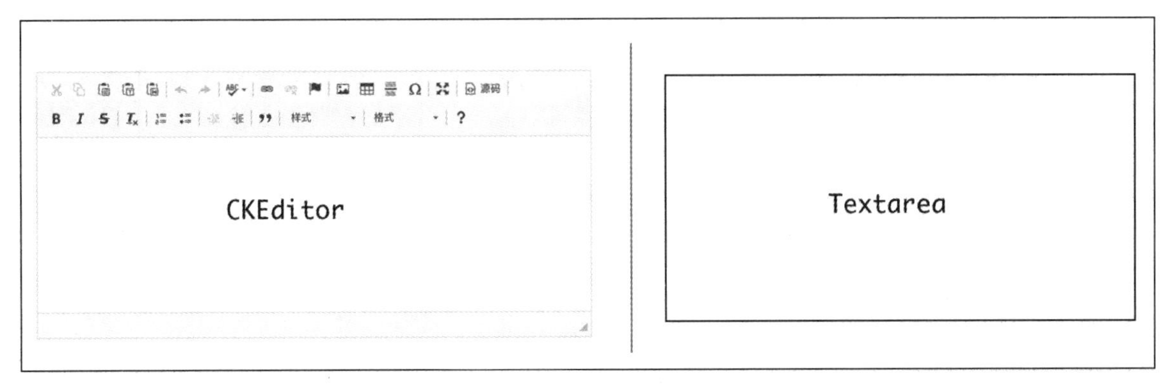

图 12.15　CKEditor 和 Textarea 效果对比

在 add_article.html 模板中使用 CKEditor 的关键代码如下：（**代码位置：资源包\Code\12\Notebook\templates\add_article.html**）

```
01  {% block body %}
02    <h1>添加博客</h1>
03    {% from "includes/_formhelpers.html" import render_field %}
04    <form method="POST" action="">
05      <div class="form-group">
06        {{ render_field(form.title, class_="form-control") }}
07      </div>
08      <div class="form-group">
09        {{ render_field(form.content, class_="form-control content-text", id="editor") }}
10      </div>
11      <p><input class="btn btn-primary" type="submit" value="提交">
12    </form>
13
14      <script src="//cdn.ckeditor.com/4.11.2/standard/ckeditor.js"></script>
15      <script type="text/javascript">
16        CKEDITOR.replace( 'editor')
17      </script>
18  {% endblock %}
```

上述代码中，首先在 Form 表单的文本域中设置 id="editor"，然后引入 ckeditor.js，最后在 JavaScript 中使用 CKEDITOR.replace()函数进行关联。replace 函数的参数就是表单中文本域字段的 ID 值。

添加博客的运行效果如图 12.16 所示。

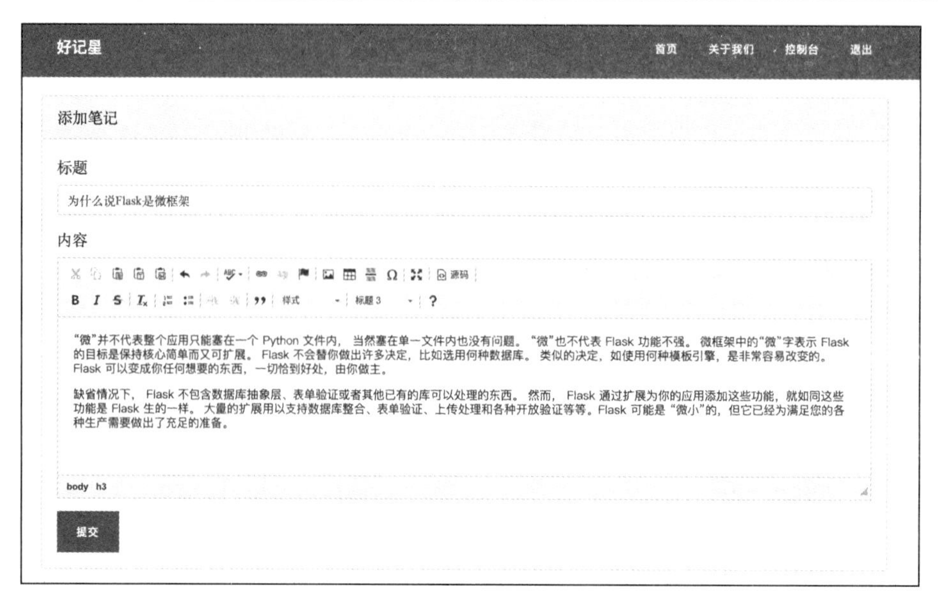

图 12.16　添加博客

12.6.3　编辑博客功能实现

在控制台列表中，单击博客标题右侧的 Edit 按钮，即可根据博客的 ID 进入该博客的编辑页面。编辑页面和新增页面类似，只是编辑页面需要展示被编辑博客的标题和内容。实现该功能的关键代码如下：（**代码位置：资源包\Code\12\Notebook\manage.py**）

```
01  #编辑博客
02  @app.route('/edit_article/<string:id>', methods=['GET', 'POST'])
03  @is_logged_in
04  def edit_article(id):
05      db = MysqlUtil()                                          #实例化数据库操作类
06      fetch_sql = "SELECT * FROM articles WHERE id = '%s' and author = '%s'" %
07                  (id,session['username'])                      #根据博客 ID 查找博客信息
08      article = db.fetchone(fetch_sql)                          #查找一条记录
09      #检测博客不存在的情况
10      if not article:
11          flash('ID 错误', 'danger')                            #闪存信息
12          return redirect(url_for('dashboard'))
13      #获取表单
14      form = ArticleForm(request.form)
15      if request.method == 'POST' and form.validate():          #如果用户提交表单，并且表单验证通过
16          #获取表单字段内容
17          title = request.form['title']
18          content = request.form['content']
19          update_sql = "UPDATE articles SET title='%s', content='%s' WHERE id='%s' and author =
'%s'" % (title, content, id,session['username'])
20          db = MysqlUtil()                                      #实例化数据库操作类
21          db.update(update_sql)                                 #更新数据的 SQL 语句
```

```
22              flash('更改成功', 'success')                          #闪存信息
23              return redirect(url_for('dashboard'))                 #跳转到控制台
24
25          #从数据库中获取表单字段的值
26          form.title.data = article['title']
27          form.content.data = article['content']
28          return render_template('edit_article.html', form=form)    #渲染模板
```

上述代码中，首先根据博客的 ID 查找 articles 表中博客的信息，如果 articles 表中没有此 ID，则提示错误信息。接下来，判断用户是否提交表单，并且表单验证通过。如果同时满足以上两个条件，则修改该 ID 对应的博客信息，并跳转到控制台，否则获取博客信息后渲染模板。

编辑博客的运行效果如图 12.17 所示。

图 12.17　编辑博客

12.6.4　删除博客功能实现

在控制台列表中，单击博客标题右侧的 Delete 按钮，即可根据博客 ID 删除该博客。删除成功后，页面跳转到控制台。实现该功能的关键代码如下：（**代码位置：资源包\Code\12\Notebook\manage.py**）

```
01  #删除博客
02  @app.route('/delete_article/<string:id>', methods=['POST'])
03  @is_logged_in
04  def delete_article(id):
05      db = MysqlUtil()                                #实例化数据库操作类
```

```
06    sql = "DELETE FROM articles WHERE id = '%s' and author = '%s'" %
07        (id,session['username'])                    #执行删除博客的 SQL 语句
08    db.delete(sql)                                  #删除数据库
09    flash('删除成功', 'success')                     #闪存信息
10    return redirect(url_for('dashboard'))           #跳转到控制台
```

12.7 小　　结

本章主要使用 Flask 开发一个在线学习笔记的博客系统。在该项目中，我们首先介绍博客系统的用户模块，主要包括用户注册、登录、退出登录和权限管理功能。接下来，介绍博客模块的增、删、改、查功能。本项目中使用了很多开发中常用的模块和方法，例如，使用 WTFomrs 模块验证表单，使用 passlib 模块对密码加密，使用装饰器判断用户是否登录等。通过本章的学习，希望读者能够了解 Flask 的开发流程并掌握 Web 开发中常用的模块。

第 13 章

Django 框架开发智慧星学生管理系统

学生管理系统是针对学校的大量业务处理工作而开发的管理软件，主要用于学生信息和学生分数的管理。总体任务是实现学生信息关系的科学化、系统化、规范化和自动化，方便教务人员使用计算机对学生各种信息进行日常管理，如查询、修改、增加、删除等，此外还涉及学生自主查询成绩等功能。

13.1 需求分析

智慧星学生管理系统包含 3 个角色，分别是后台管理员、老师和学生。智慧星学生管理系统具备以下功能。

☑ 后台管理员拥有本系统的最高权限，可以创建分组、设定权限、管理老师信息等。
☑ 老师具备登录后台功能，并且可以修改原始密码。
☑ 老师具备管理学生功能，可以添加、删除、修改和查询学生信息。
☑ 老师具备管理成绩功能，可以添加、删除、修改和查询成绩信息。
☑ 老师具备批量上传功能，可以批量上传学生信息，批量上传成绩信息等。
☑ 学生具备登录功能，并且可以修改原始密码。
☑ 学生具备查看成绩功能，可以查看所有参与考试的成绩。

13.2 系统功能设计

13.2.1 系统功能结构

智慧星学生管理系统的功能结构如图 13.1 所示。

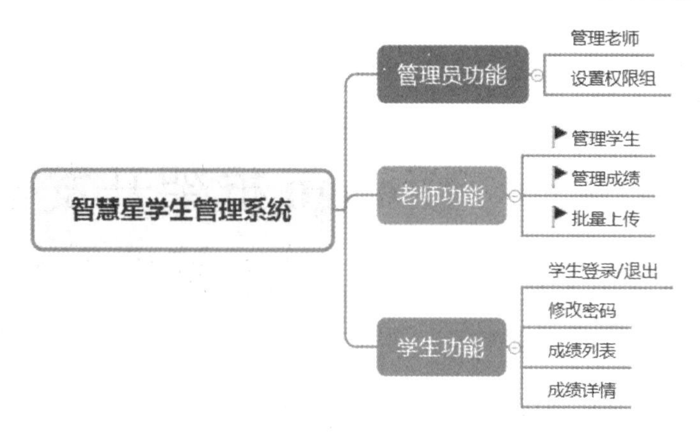

图 13.1　智慧星学生管理系统功能结构

13.2.2　系统业务流程

智慧星学生管理系统的业务流程如图 13.2 所示。

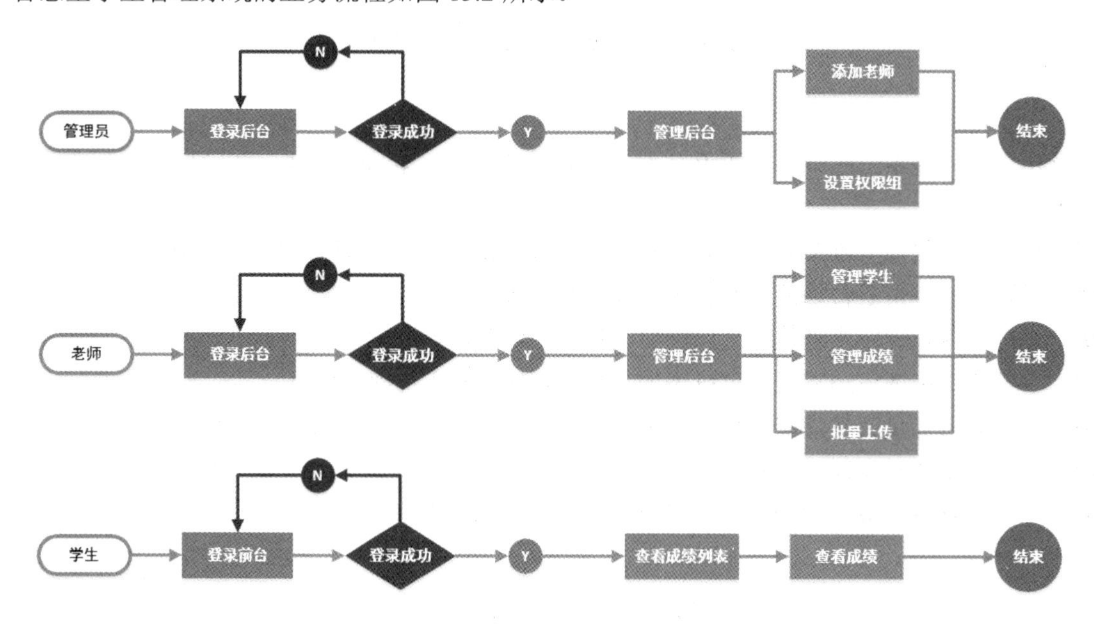

图 13.2　智慧星学生管理系统业务流程

13.2.3　系统预览

智慧星学生管理系统分为前台和后台。前台主要用于学生账户查询成绩，后台系统主要用于老师账户上传学生信息和成绩信息，以及管理员账户添加老师信息和设置权限组。

在前台登录页面，学生账户通过学号和密码登录成功后，进入前台首页，首页主要展示该学生的所有成绩信息，如图 13.3 所示。单击某门课程考试选项，即可查看该门课程成绩信息，如图 13.4 所示。

在后台登录页面，老师账户通过邮箱和密码登录成功后，即可进入老师管理页面，如图 13.5 所示。

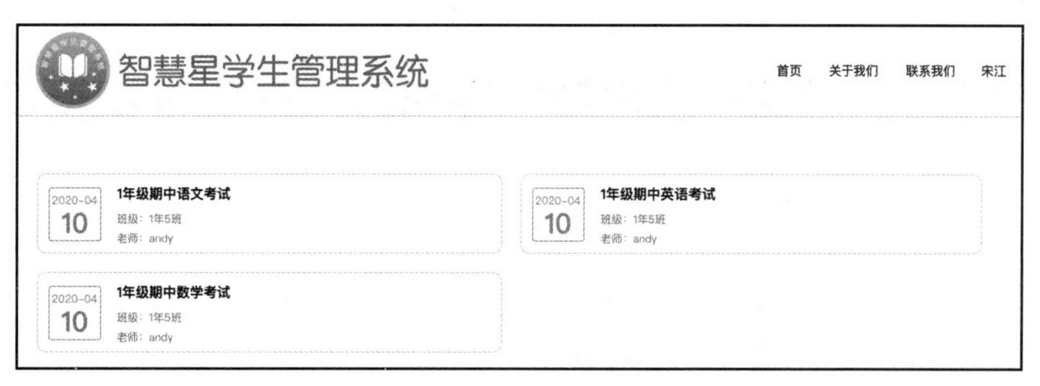

图 13.3　学生成绩列表页

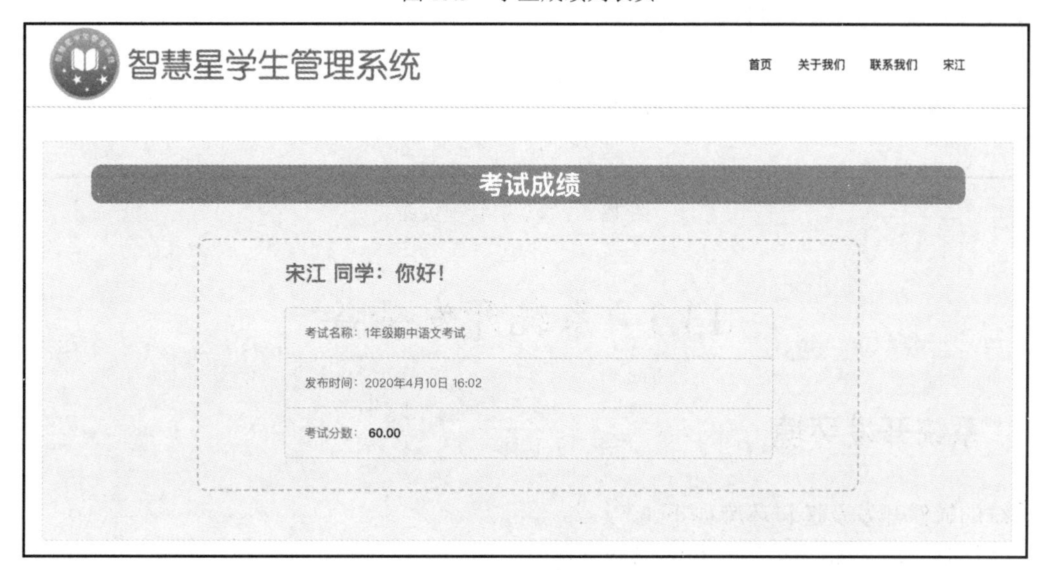

图 13.4　学生成绩详情页

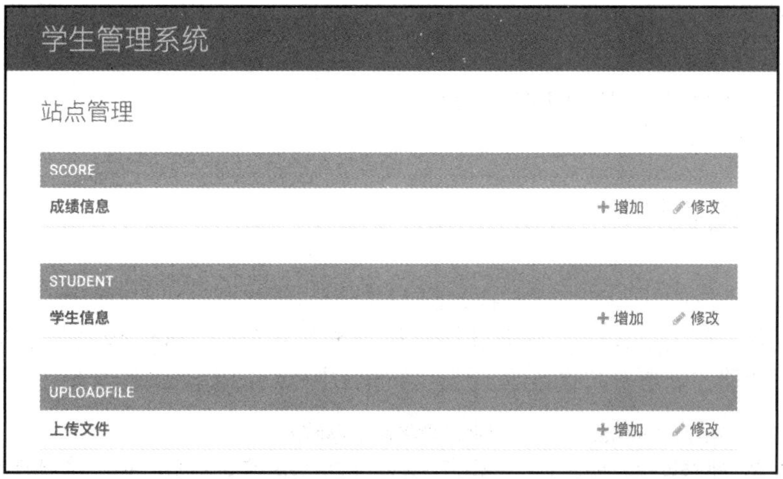

学生管理系统

站点管理

SCORE

成绩信息　＋增加　修改

STUDENT

学生信息　＋增加　修改

UPLOADFILE

上传文件　＋增加　修改

图 13.5　老师管理页面

在后台登录页面，管理员账户通过邮箱和密码登录成功后，即可进入管理员管理页面，如图 13.6

所示。

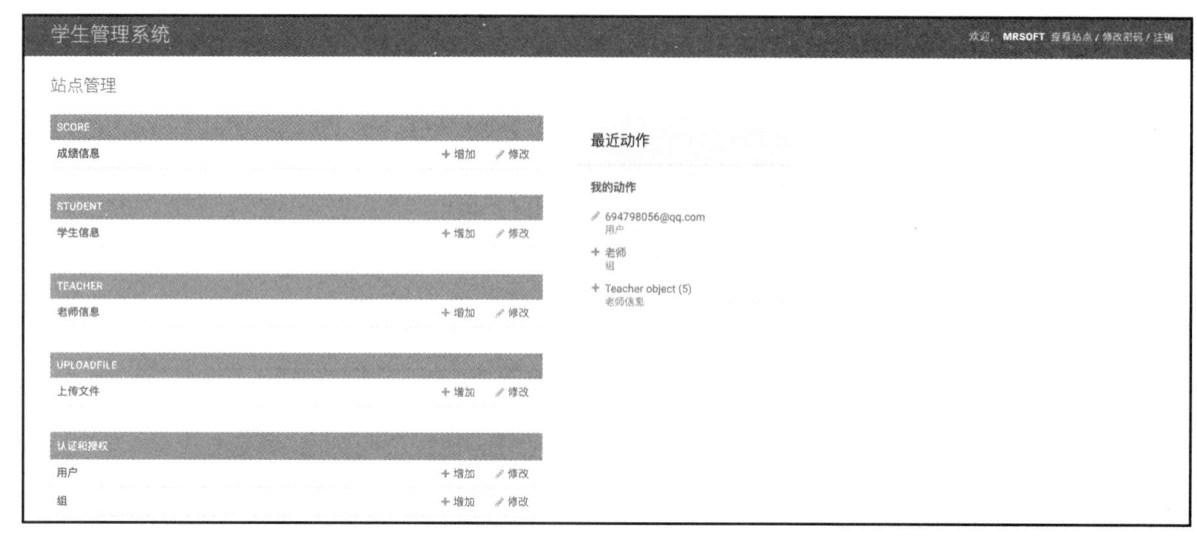

图 13.6　管理员管理页面

13.3　系统开发必备

13.3.1　系统开发环境

本系统的软件开发及运行环境如下。

- ☑ 操作系统：Windows 7 及以上、Linux。
- ☑ 虚拟环境：VirtualEnv。
- ☑ 数据库和驱动：MySQL + PyMySQL。
- ☑ 开发工具：PyCharm。
- ☑ 开发框架：Django 3 + Bootstrap + jQuery。
- ☑ 浏览器：Chrome 浏览器。

13.3.2　文件夹组织结构

智慧星学生管理系统的文件夹组织结构如图 13.7 所示。

智慧星学生管理系统使用 Django 框架进行开发，该框架中的 manage.py 提供了众多管理命令接口，以方便执行数据库迁移和静态资源收集等工作。本项目中使用的主要命令如下：

```
python manage.py makemigrations             #生成数据库迁移脚本
python manage.py migrate                    #根据 makemigrations 命令生成的脚本，创建或修改数据库表结构
python manage.py migrate migrate_name       #回滚到指定迁移版本
python manage.py collectstatic              #生成静态资源目录，根据 settings.py 中的 STATIC_ROOT 设置
python manage.py shell                      #打开 Django 解释器，引入项目包
```

```
python manage.py dbshell               #打开 Django 数据库连接，执行原生 SQL 命令
python manage.py startproject          #创建一个 Django 项目
python manage.py startapp              #创建一个 app
python manage.py createsuperuser       #创建一个管理员超级用户，使用 django.contrib.auth 认证
python manage.py runserver             #运行开发服务器
```

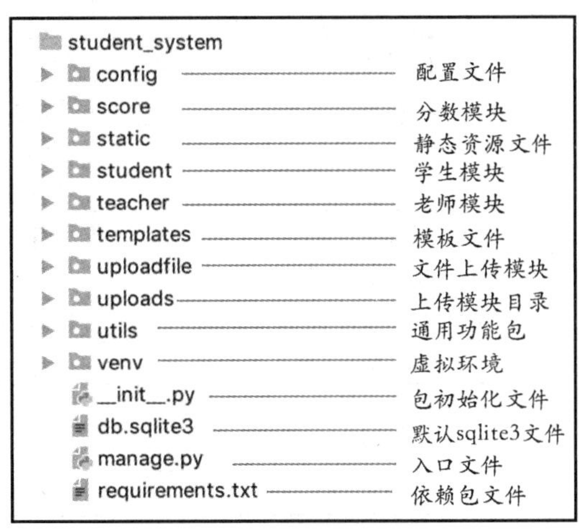

图 13.7　文件夹组织结构

13.4　数据库设计

13.4.1　数据库概要说明

智慧星学生管理系统使用 MySQL 数据库来存储数据，数据库名为 student_system，共包含 14 张数据表，其中以 auth 和 django 为前缀的表都是 Django 框架自动创建的表，其余为用户需要创建的数据表。数据库表结构如图 13.8 所示。

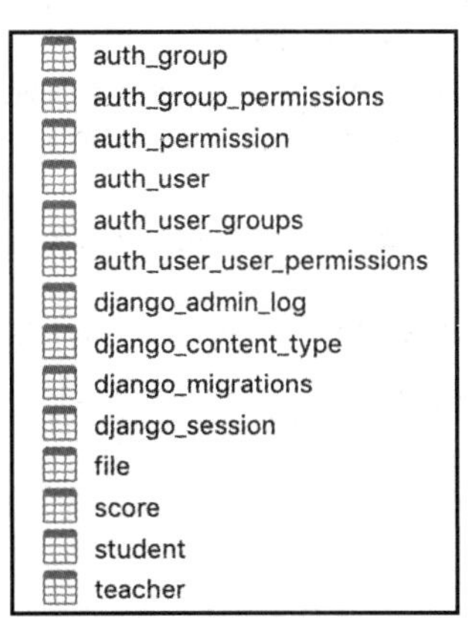

图 13.8　数据库表结构

student_system 数据库中的数据表对应的中文表名及主要作用如表 13.1 所示。

表 13.1　student_system 数据库中的数据表及作用

英 文 表 名	中 文 表 名	描　　述
auth_group	授权组表	Django 默认的授权组
auth_group_permissions	授权组权限表	Django 默认的授权组权限信息
auth_permission	授权权限表	Django 默认的权限信息
auth_user	授权用户表	Django 默认的用户授权信息
auth_user_groups	授权用户组表	Django 默认的用户组信息
auth_user_user_permissions	授权用户权限表	Django 默认的用户权限信息
django_admin_log	Django 日志表	保存 Django 管理员登录日志
django_content_type	Django content type 表	保存 Django 默认的 content type
django_migrations	Django 迁移表	保存 Django 的数据库迁移记录
django_session	Django session 表	保存 Django 默认的授权等 session 记录
file	上传文件表	保存上传的文件信息
score	分数表	保存学生分数
student	学生表	保存学生信息
teacher	老师表	保存老师信息

13.4.2　数据表模型

Django 框架自带的 ORM 可以满足绝大多数数据库开发的需求，在没有达到一定的数量级时，完全不需要担心 ORM 为项目带来的瓶颈。下面是智慧星学生管理系统中使用 ORM 管理一个学生模块的数据模型，关键代码如下：（**代码位置：资源包\Code\13\student_system\student\models.py**）

```
01  class Student(CreateUpdateMixin):
02      student_num = models.CharField(max_length=10,unique=True,verbose_name='学号')
03      name = models.CharField(max_length=20,help_text='name/姓名',
04                              verbose_name='姓名')
05      gender = models.CharField(max_length=32, choices=(('male','男'),
06          ('female','女')), default='男',help_text='gender/性别',verbose_name='性别')
07      phone = models.CharField(max_length=11,
08                              help_text='phone/联系电话',verbose_name='联系电话')
09      birthday = models.DateField(verbose_name='出生日期')
10      #user 表一对一关联
11      user = models.OneToOneField(User, on_delete=models.CASCADE)
12      #teacher 表一对多关联
13      teacher = models.ForeignKey(Teacher, on_delete=models.CASCADE)  #设置外键
14
15      def __str__(self):
16          return self.name
17
18      def teacher_name(self):
19          """
20          获取老师姓名
21          """
22          self.verbose_name = '老师姓名'
```

```
23            return self.teacher.name
24        teacher_name.short_description = '老师姓名'
25
26        def class_name(self):
27            """
28            获取班级名称
29            """
30            return self.teacher.class_name
31        class_name.short_description = '班级名称'
32
33        class Meta:
34            db_table = "student"
35            verbose_name_plural = "学生信息"
36            verbose_name = "学生信息"
```

上述代码中，使用 models.OneToOneField 实现 student 表和 auth_user 表的一对一关联，使用 models.ForeignKey 实现 student 表和 teacher 表的一对多关联。此外，数据表中的其他表之间也存在关联关系，关键数据表的 ER 图如图 13.9 所示。

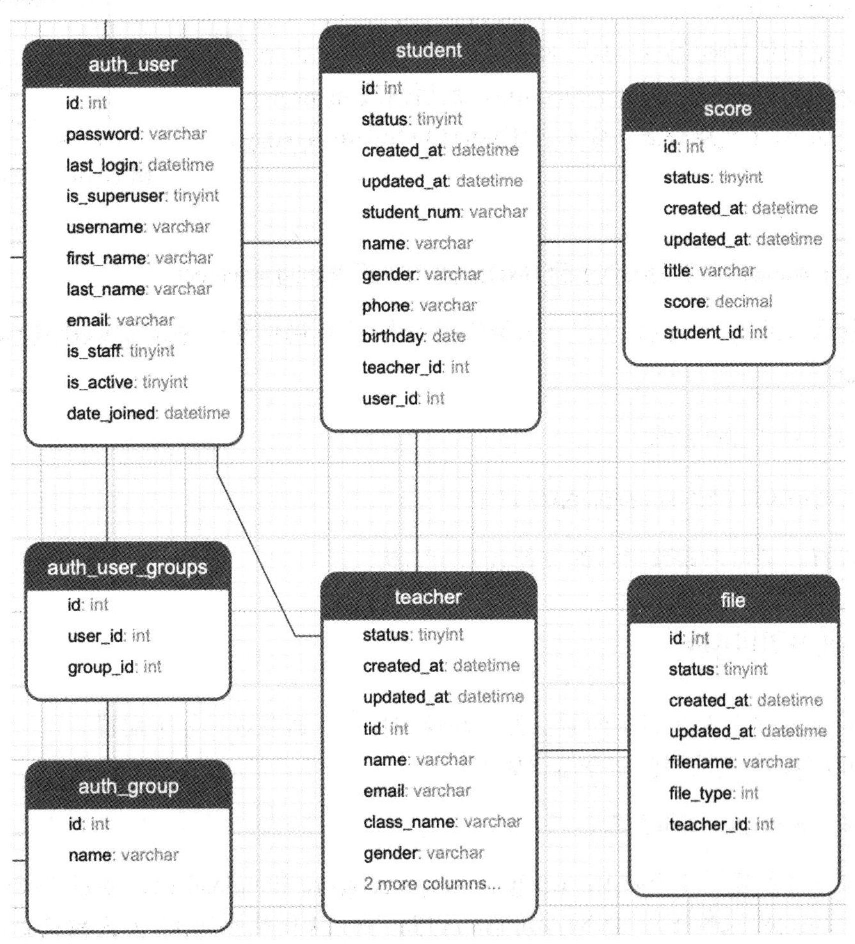

图 13.9　关键数据表 ER 图

说明

为了充分利用 Django 自带的用户模块，本项目在添加老师信息和学生信息时，会同时将其写入 auth_user 表。由于 auth_user 表中的 username 字段是唯一的，为了防止老师或学生重名，在添加老师信息时，将老师的邮箱作为 auth_user 表的 username；在添加学生信息时，将学生的学号作为 auth_user 表的 username。

13.5 公共模块设计

13.5.1 修改目录结构

使用 Django 命令创建项目时，会生成一个与项目同名的全局配置文件目录，如图 13.10 所示。

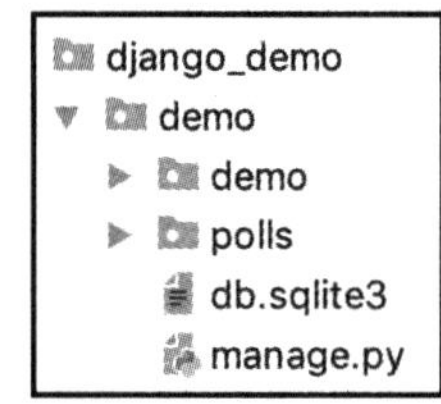

图 13.10 全局配置文件目录

这样的目录结构稍显晦涩，可以将 demo 作为顶级目录，将全局配置目录 demo/demo 重新命名为 demo/config，然后修改 manage.py 文件，关键代码如下：（**代码位置：资源包\Code\13\student_system\manage.py**）

```
def main():
    os.environ.setdefault('DJANGO_SETTINGS_MODULE', 'config.settings')
```

接下来，修改 config.settings 文件，关键代码如下：（**代码位置：资源包\Code\13\student_system\config\settings.py**）

```
ROOT_URLCONF = 'config.urls'
...
WSGI_APPLICATION = 'config.wsgi.application'
```

通过以上设置，就可以修改项目的文件夹组织结构。

13.5.2 配置 settings

config/settings.py 文件是项目的配置文件，在该文件中，需要进行如下配置。

（1）创建应用。创建应用的命令格式如下：

```
django-admin   startapp   应用名称
```

在本项目中主要创建了 4 个应用：teacher、student、score 和 uploadfile。创建完成以后，需要将应用名称写入 settings.py 文件中的 INSTALLED_APPS 中。关键代码如下：（**代码位置：资源包\Code\13\student_system\config\settings.py**）

```
01  INSTALLED_APPS = [
02      'django.contrib.admin',
03      'django.contrib.auth',
04      'django.contrib.contenttypes',
05      'django.contrib.sessions',
06      'django.contrib.messages',
07      'django.contrib.staticfiles',
08      'teacher',
09      'student',
10      'score',
11      'uploadfile'
12  ]
```

（2）配置时区，关键代码如下：

```
01  #LANGUAGE_CODE = 'en-us'
02  LANGUAGE_CODE = 'zh-Hans'
03
04  #TIME_ZONE = 'UTC'
05  TIME_ZONE = 'Asia/Shanghai'
06
07  USE_I18N = True
08
09  USE_L10N = True
10
11  USE_TZ = True
```

（3）配置 MySQL 数据库，关键代码如下：

```
01  DATABASES = {
02      'default': {
03          'ENGINE': 'django.db.backends.mysql',
04          'NAME': 'student_system',                    #数据库名称
05          'USER': 'root',                              #数据库用户名
06          'PASSWORD': '*****'                          #数据库密码
07      }
08  }
```

（4）自定义配置，关键代码如下：

```
01  #文件上传路径
02  MEDIA_ROOT = os.path.join(BASE_DIR, 'uploads')
03
04  #设置初始密码
05  TEACHRE_INIT_PASSWORD = 't123456'              #老师账号的初始密码
06  STUDENT_INIT_PASSWORD = '123456'               #学生账号的初始密码
07
08  #没有登录时跳转的 URL
09  LOGIN_URL = '/login/'
10
11  #兼容 Bootstrap Alert 样式
```

```
12    from django.contrib.messages import constants as message_constants
13    MESSAGE_TAGS = {message_constants.DEBUG: 'debug',
14                    message_constants.INFO: 'info',
15                    message_constants.SUCCESS: 'success',
16                    message_constants.WARNING: 'warning',
17                    message_constants.ERROR: 'danger',}
```

13.6　学生模块设计

学生可以通过学号和系统设定的初始密码登录网站前台。登录成功后，可以执行修改密码、退出系统、查看成绩等操作。

13.6.1　学生登录功能实现

学号是一个学生在学校的唯一身份认证，所以在前台登录页面，需要学生填写学号及密码进行登录。对于学生填写的学号和密码信息要分别进行验证。例如，学号是否为空、长度范围是否满足、该学号是否存在等，此外，还需要检测学号和密码是否匹配。

实现学生登录功能的步骤如下。

（1）创建登录表单。为了更加方便地验证表单，可以继承 form.Form 类来实现表单验证。在 student 目录下创建 forms.py 文件，forms.py 文件中创建 StudentLoginForm 类，并对学号和密码设置验证规则，关键代码如下：（**代码位置：资源包\Code\13\student_system\student\forms.py**）

```
01    from django import forms
02    from django.contrib.auth.models import User
03
04    class StudentLoginForm(forms.Form):
05        student_num = forms.CharField(
06            label='学号',
07            required=True,
08            max_length=11,
09            widget=forms.TextInput(attrs={
10                'class': 'form-control mb-0',
11                'placeholder': "请输入学号"
12            }),
13            error_messages={
14                'required': '学号不能为空',
15                'max_length': '长度不能超过 50 个字符',
16            }
17        )
18        password = forms.CharField(
19            label='密码',
20            required=True,
21            min_length = 6,
22            max_length = 50,
```

```
23            widget=forms.PasswordInput(attrs={
24                'class': 'form-control mb-0',
25                'placeholder':"请输入密码"
26            }),
27            error_messages={
28                'required': '用户名不能为空',
29                'min_length': '长度不能少于 6 个字符',
30                'max_length': '长度不能超过 50 个字符',
31            }
32        )
33
34        #二次验证函数的名字是固定写法，以 clean_开头，后面跟上字段的变量名
35        def clean_student_num(self):
36            #通过了 validators 的验证之后，再进行二次验证
37            student_num = self.cleaned_data['student_num']
38            try:
39                User.objects.get(username=student_num)   #使用 student_num 获取 Django 用户
40            except User.DoesNotExist:
41                raise forms.ValidationError('学号不存在', 'invalid')
42            else:
43                return student_num
```

上述代码中，定义了一个以“clean_”+属性名的方法 clean_student_num()，它是 Django Form 中的特殊方法，用于对该属性进行验证。clean_student_num()方法就是用于对 student_num 属性进行验证，如果不存在，则抛出 forms.ValidationError 异常。

（2）创建模板文件。在 templates 文件夹下创建 login.html 模板文件，关键代码如下：（**代码位置：资源包\Code\13\student_system\templates\login.html**）

```
01  {% extends "base.html" %}
02  {% block title %}登录页面{% endblock %}
03  {% block content %}
04  <div class="main-content container">
05      <div class="inner-content">
06          <div class="xxdj-report border zycs_text">
07              <div class="course-report">
08                  <h1>学生登录</h1>
09                  <div class="wid775 div-course">
10                  {% if messages %}
11                      {% for message in messages %}
12                          <div class="alert alert-{{ message.tags }} alert-dismissible
13                                      fade show" role="alert">
14                              <strong>{{ message }}</strong>
15                              <button type="button" class="close" data-dismiss="alert"
16                                      aria-label="Close">
17                                  <span aria-hidden="True">&times;</span>
18                              </button>
19                          </div>
20                      {% endfor %}
21                  {% endif %}
```

```
22                <form class="mt-4" action="" method="post">
23                    {% csrf_token %}
24                    <div class="form-group">
25                        <label>{{form.student_num.label}}</label>
26                        {{form.student_num}}
27                        {{form.student_num.errors}}
28                    </div>
29                    <div class="form-group">
30                        <label>{{form.password.label}}</label>
31                        {{form.password}}
32                        {{form.password.errors}}
33                    </div>
34                    <div class="d-inline-block w-100">
35                        <button type="submit" class="btn btn-primary float-right">
36                            登录</button>
37                    </div>
38                </form>
39                </div>
40            </div>
41        </div>
42    </div>
43 </div>
44 {% endblock %}
```

上述代码中，使用 extends 继承父模板，然后替换父模板中 block 标签中的内容。在 HTML 页面中，{{form.student_num}}是页面中的学号元素，{{form.student_num.errors}}是页面中检测学号的错误信息。

（3）创建视图。在 student/views.py 文件中创建一个基于类的视图 StudentLoginView()，并创建 get()和 post()请求，用于显示登录页面和提交登录表单。关键代码如下：（**代码位置：资源包\Code\13\student_system\student\views.py**）

```
01 class StudentLoginView(View):
02     """
03     学生登录页表单
04     """
05     def get(self,request):
06         """
07         显示登录页面
08         """
09         return render(request,'login.html',{'form':StudentLoginForm()})    #渲染模板
10 
11     def post(self,request):
12         """
13         提交登录页面表单
14         """
15         form = StudentLoginForm(request.POST)                             #接收 Form 表单
16         #验证表单
17         if form.is_valid():
18             student_num = request.POST['student_num']                     #获取学号
19             password = request.POST['password']                           #获取密码
```

```
20              #授权校验
21              user = authenticate(request, username=student_num, password=password)
22              if user is not None:                              #校验成功，获得返回用户信息
23                  login(request, user)                          #登录用户，设置登录 Session
24                  #设置 Session
25                  request.session['uid'] = user.id
26                  request.session['username'] = user.student.name
27                  request.session['student_num'] = user.student.student_num
28                  return HttpResponseRedirect('/')
29              else:
30                  #提示错误信息
31                  messages.add_message(request, messages.ERROR, '用户名和密码不匹配')
32          return render(request, 'login.html', {'form': form})      #渲染模板
```

上述代码中，get()方法比较简单，主要用于渲染登录页面。在 post()方法中，首先使用表单类接收表单数据，然后调用 is_valid()函数来验证用户提交的表单信息是否满足 StudentLoginForm 类中设置的验证规则。如果不满足验证规则，则在登录页面中输出设置的错误信息。如果满足验证规则，则使用 authenticate()函数判断学号和密码是否匹配。如果不匹配，提示错误信息；如果匹配，则将用户信息保存到 Session 中。

在浏览器中输入网址 127.0.0.1:8000/login 进入登录页面，当输入学号不存在时，运行效果如图 13.11 所示。当输入的密码不正确时，运行效果如图 13.12 所示。当输入的学号和密码正确时，页面跳转至前台首页，并在页面导航栏右上角显示学生姓名，如图 13.13 所示。

图 13.11　学号不存在

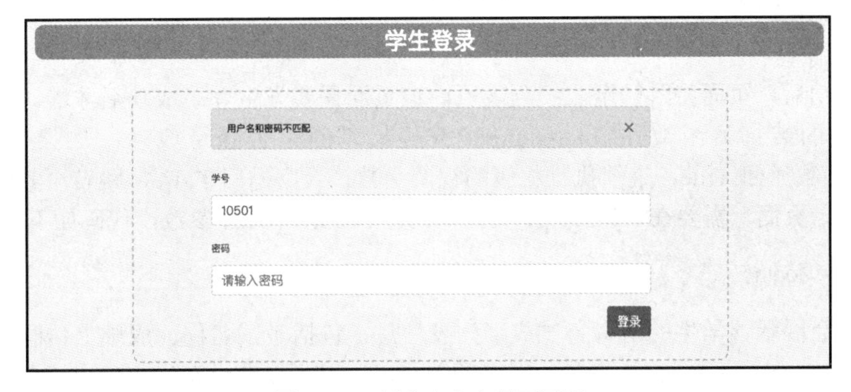

图 13.12　用户名和密码不匹配

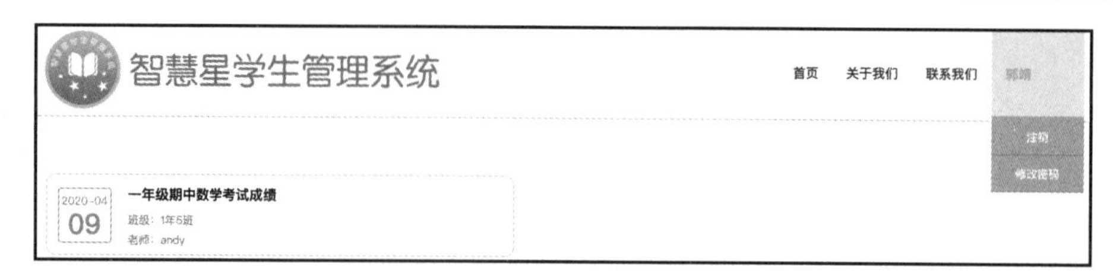

图 13.13　显示登录学生的姓名

13.6.2　退出登录功能实现

登录成功后，网站顶部导航栏将会显示该学生的姓名。滑动鼠标到姓名位置，将显示“注销”和“修改密码”菜单，单击“注销”菜单即可退出登录。使用 Django 内置的 logout()函数可以快速实现退出功能，退出成功后，页面默认跳转至 accounts/login。在 settings.py 文件中可以通过设置 LOGIN_URL 参数更改跳转路径。例如：

```
LOGIN_URL = '/login/'
```

在 student/views.py 文件中，定义 logout()函数来实现用户退出功能，关键代码如下：（**代码位置：资源包\Code\13\student_system\student\views.py**）

```
01  from django.contrib.auth import authenticate, login, logout as django_logout
02
03  def logout(request):
04      """
05      退出登录
06      """
07      django_logout(request) #清除 response 的 cookie 和 django_session 中的记录
08      return HttpResponseRedirect('/login')
```

上述代码中，由于视图函数 logout()与 django.contrib.auth 模块下的 logout()重名，所以在引入 django.contrib.auth 模块时，使用 as 关键字设置别名 django_logout。当调用 django_logout()函数时，会清除 response 对象 cookie 和 django_session 中的记录，从而实现退出登录的功能。

13.6.3　查询成绩功能实现

学生登录成功后，页面将跳转至成绩列表页。该页面需要学生登录成功后才能访问，此时可以使用 Django 提供的装饰器函数 login_required()来轻松判断是否登录成功。如果学生已经登录，login_required()函数返回 True，继续执行相应的视图函数；否则返回 False，跳转至其他页面。通常情况下，跳转至登录页面，需要在 settings.py 文件中设置 LOGIN_URL 参数，代码如下：

```
LOGIN_URL = '/login/'
```

成绩列表页会展示该学生的所有考试成绩列表信息，包括考试名称、成绩上传时间、所在班级以及老师名。由于 student 表和 score 表是一对多的关系，所以可以通过学生信息直接获取该学生的所有成绩信息，然后在模板中遍历每一个成绩信息即可。

在 student/views.py 目录中，创建 index()函数，关键代码如下：（**代码位置：资源包\Code\13\student_system\student\views.py**）

```
01  @login_required
02  def index(request):
03      """
04      首页
05      """
06      student_num = request.session.get('student_num','')              #获取当前登录学生的学号
07      student = Student.objects.get(student_num=student_num)       #根据学号查询学生信息
08      scores = student.score_set.all()                              #获取该学生的所有分数
09      return render(request,'index.html',{'scores':scores})          #渲染模板
```

在 templates 目录下创建 index.html 模板文件，关键代码如下：（**代码位置：资源包\Code\13\student_system\student\templates\index.html**）

```
01  {% if not scores %}
02      <div style="text-align:center">
03          暂无成绩信息！
04      </div>
05  {% else %}
06      {% for   score in scores %}
07      <li style="border: 1px solid #ccc;border-radius: 10px;margin:10px;">
08          <a href="{% url 'score' score_id=score.id %}">
09              <span class="start_time"><b>{{ score.created_at|date:"Y-m" }}</b>
10                                  <i>{{ score.created_at|date:"d" }}</i></span>
11              <h1 title="{{ score.title }}">
12                  {{ score.title }}
13              </h1>
14              <p>班级：{{score.student.teacher.class_name}}</p>
15              <p style="padding:5px 0">老师：{{score.student.teacher.name}}</p>
16          </a>
17      </li>
18      {% endfor %}
19  {% endif %}
```

上述代码中，首先使用 if 标签判断是否有该学生的成绩信息，然后使用 for 标签遍历每一门成绩信息。遍历成绩信息时，使用过滤器“|date”修饰日期格式；使用 score.student 来获取学生信息；使用 score.student.teacher 来获取老师信息。

学生成绩列表页运行效果如图 13.14 所示。

图 13.14　成绩列表页

单击每一科成绩信息，即可根据成绩 id 进入该科成绩的详情页。在详情页需要展示学生名、考试名称和学生成绩等内容。如果成绩id不存在，则进入404错误页面。在student/views.py目录中创建score()函数，关键代码如下：（**代码位置：资源包\Code\13\student_system\student\views.py**）

```
01  @login_required
02  def score(request,score_id):
03      """
04      成绩详情
05      """
06      try:
07          score = Score.objects.get(id=score_id)                    #根据 id 获取分数信息
08      except:
09          return render(request, '404.html', {'errmsg':'数据异常'})    #跳转至 404 页面
10      return render(request, 'score.html', {'score': score})        #渲染模板
```

成绩 id 存在情况下，运行结果如图 13.15 所示，否则跳转至 404 错误页面，运行结果如图 13.16 所示。

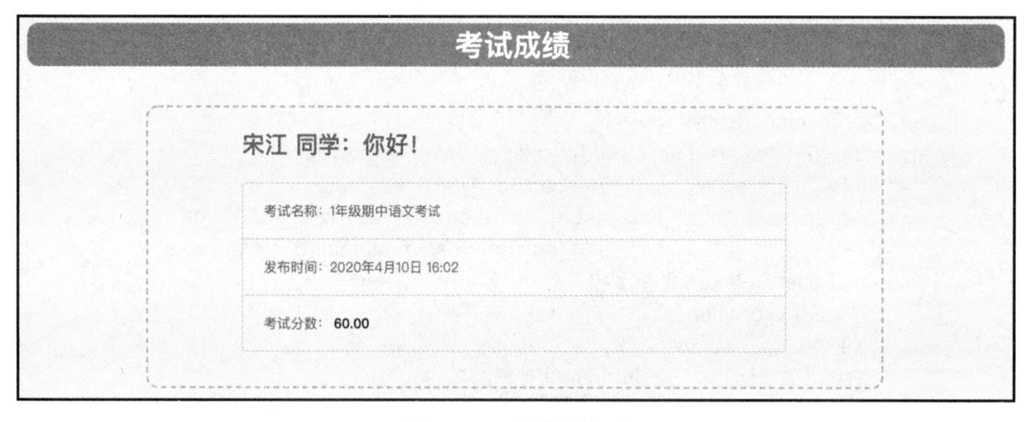

图 13.15　成绩详情页

图 13.16　404 页面

13.7　后台管理员模块设计

管理员具有网站的最高权限，在本项目中只为其设计管理老师信息和设置权限功能。创建管理员

的命令如下：

```
python manage.py createsuperuser
```

创建完成后，在浏览器中访问网址 http://127.0.0.1:8000/admin/，进入网站后台登录页面，如图 13.17 所示。输入创建的管理员用户名和密码后，即可进入管理员用户后台首页，如图 13.18 所示。

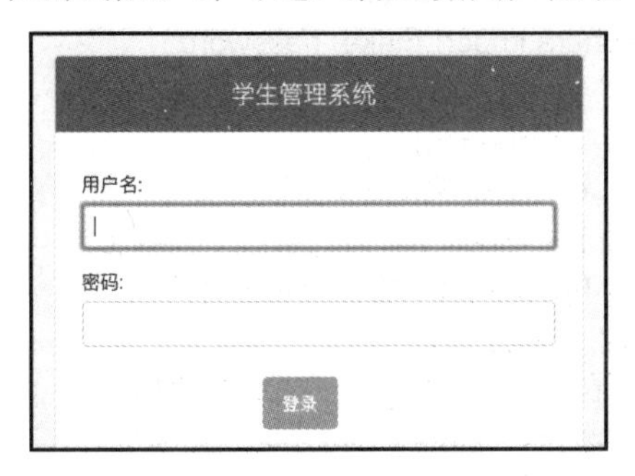

图 13.17　后台登录页面

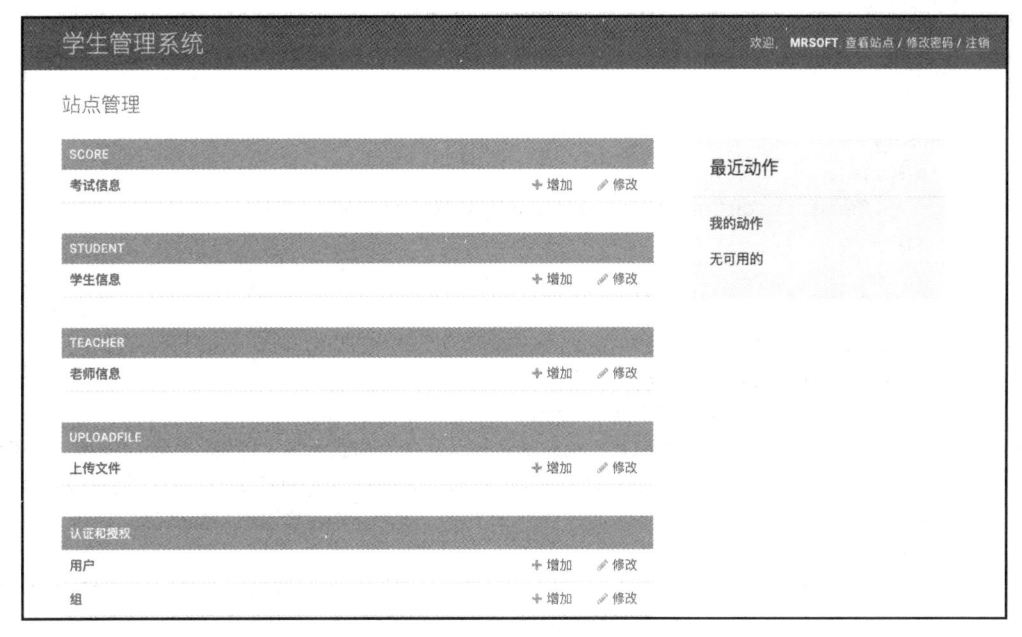

图 13.18　管理员用户后台首页

13.7.1　管理老师信息

为了实现管理员具有后台管理老师信息的功能，需要在 teacher 应用中编写 teacher/admin.py 文件对后台老师模块进行设置。创建 TeacherAdmin 类，继承 admin.ModelAdmin 父类。在 TeacherAdmin 类中定义相应的类属性，如 list_display 用于配置展示列表的字段；list_filter 用于配置过滤查询字段；seach_fields 用于配置搜索字段等。配置完成后，需要使用 admin.site.register(Teacher, TeacherAdmin)将 Teacher 模型类绑定到 TeacherAdmin 管理后台。关键代码如下：（**代码位置：资源包\Code\13\student_**

system\teacher\admin.py）

```
01  from django.contrib import admin
02  from teacher.models import Teacher
03  from django.conf import settings
04  from django.contrib.auth.models import User
05  from django.contrib.auth.hashers import make_password
06
07  class TeacherAdmin(admin.ModelAdmin):
08      #配置展示列表，在 Teacher 版块下方列表展示
09      list_display = ('name', 'email','class_name','gender','phone')
10      #配置过滤查询字段，在 Teacher 版块右侧显示过滤框
11      list_filter = ('class_name', 'name')
12      #配置可以搜索的字段，在 Teacher 版块下方显示搜索框
13      search_fields = (['class_name','name'])
14      #定义后台列表显示时每页显示的数量
15      list_per_page = 30
16      #定义列表显示的顺序，负号表示降序
17      ordering = ('-created_at',)
18      #显示字段
19      fieldsets = (
20          (None, {
21              'fields': ('name', 'email','class_name','gender','phone')
22          }),
23      )
24
25      def save_model(self, request, obj, form, change):
26          user = User.objects.create(
27              email = request.POST.get('email'),          #获取邮箱
28              username = request.POST.get('email'),       #为防止重名，使用 email 作为用户登录名
29              password = make_password(settings.TEACHRE_INIT_PASSWORD), #密码加密
30              is_staff = 1                                #允许作为管理员登录后台
31          )
32          obj.tid = obj.user_id = user.id                 #获取新增用户的 id，作为 tid 和 user_id
33          super().save_model(request, obj, form, change)
34          return
35
36      def delete_queryset(self, request, queryset):
37          """
38          删除多条记录
39          同时删除 user 表中数据
40          由于使用的是批量删除，所以需要遍历 delete_queryset 中的 queryset
41          """
42          for obj in queryset:
43              obj.user.delete()
44          super().delete_model(request, obj)
```

```
45         return
46 
47         def delete_model(self, request, obj):
48             """
49             删除单条记录
50             同时删除 user 表中数据
51             """
52             super().delete_model(request, obj)
53             if obj.user:
54                 obj.user.delete()
55         return
56 #设置后台页面头部显示内容和页面标题
57 admin.site.site_header = '智慧星学生管理系统'
58 admin.site.site_title = '智慧星学生管理系统'
59 #绑定 Teacher 模型到 TeacherAdmin 管理后台
60 admin.site.register(Teacher, TeacherAdmin)
```

上述代码中，定义 save_model()方法用来覆盖父类的 save_model()方法，实现保存老师信息的同时添加到 auth_user 表。定义 delete_queryset()方法用来覆盖父类的 delete_queryset()方法，实现批量删除老师信息的同时，删除 auth_user 表中的用户信息。定义 delete_model()方法覆盖父类的 delete_model()方法，实现删除单个用户信息的同时，删除 auth_user 表中的用户信息。

在网站后台首页，单击“老师信息”即可进入老师管理页面，如图 13.19 所示。在该页面可实现对老师信息的增、删、改、查等操作。例如，单击右侧的“增加老师信息”按钮，可添加老师信息，如图 13.20 所示。

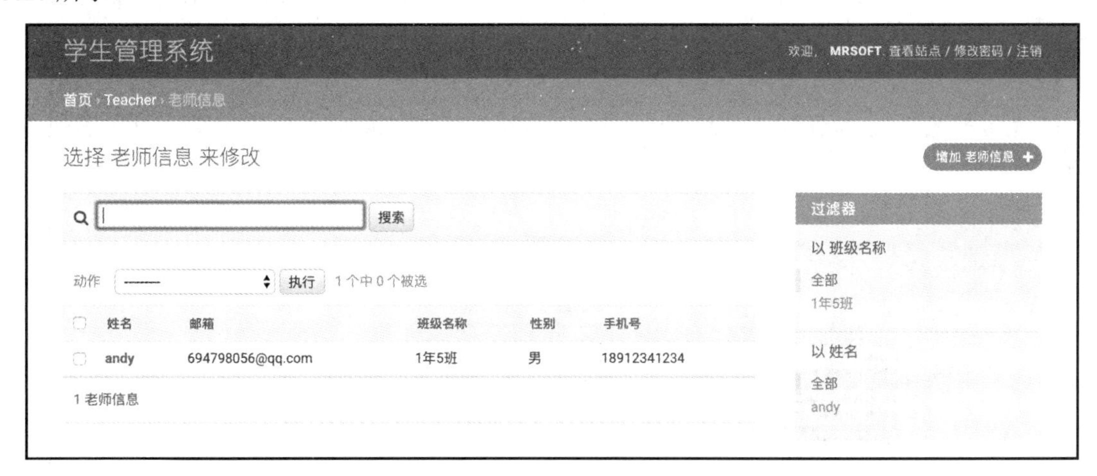

图 13.19　老师管理页面

由于 teacher 表和 auth_user 表是一对一的关系，添加老师后，也会在 auth_user 表中新增一条用户信息。为防止老师重名，将 teacher 表的邮箱作为 auth_user 表的用户名，并且设置初始密码为 settings.py 文件中 settings.TEACHRE_INIT_PASSWORD 的值。

此外，由于设置了级联删除，当删除 teacher 表的数据以后，auth_user 表中对应的记录也会一并删除，反之亦然。

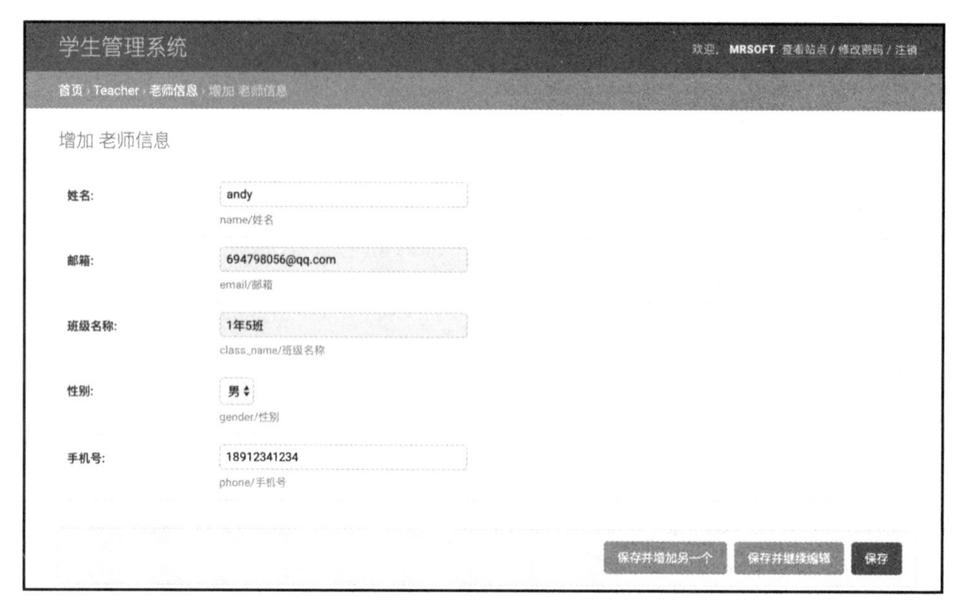

图 13.20　添加老师信息页面

13.7.2　设置权限组

添加完老师信息以后，需要为老师用户设置权限，该权限包括管理学生信息、管理考试成绩信息、批量导入学生信息和成绩信息等。

（1）单击后台首页中的“组”进入权限组管理，单击“增加组”按钮进入权限组设置，然后添加组名称，并选中该组所具备的权限，如图 13.21 所示。

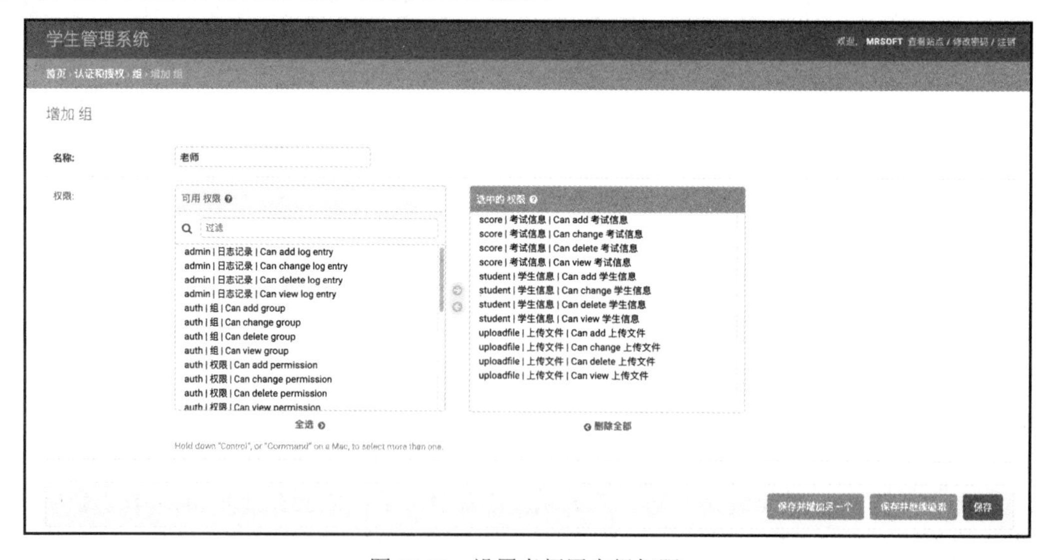

图 13.21　设置老师用户组权限

（2）单击“用户”进入用户列表，单击选择老师邮箱，进入该用户详情页面，在“可用组”列表中将“老师”添加到右侧的“选中的组”列表中，如图 13.22 所示。

图 13.22　选中老师组

通过以上设置后，该老师用户就具备了老师组所有的权限，可执行相关的操作了。

13.8　老师模块设计

在 auth_user 表中，老师用户的 is_staff 字段值为 1，所以老师用户可以通过用户名和密码登录后台。登录成功以后，该用户就具备老师用户组的权限，可以管理学生信息、管理成绩信息和批量上传以及修改密码，如图 13.23 所示。

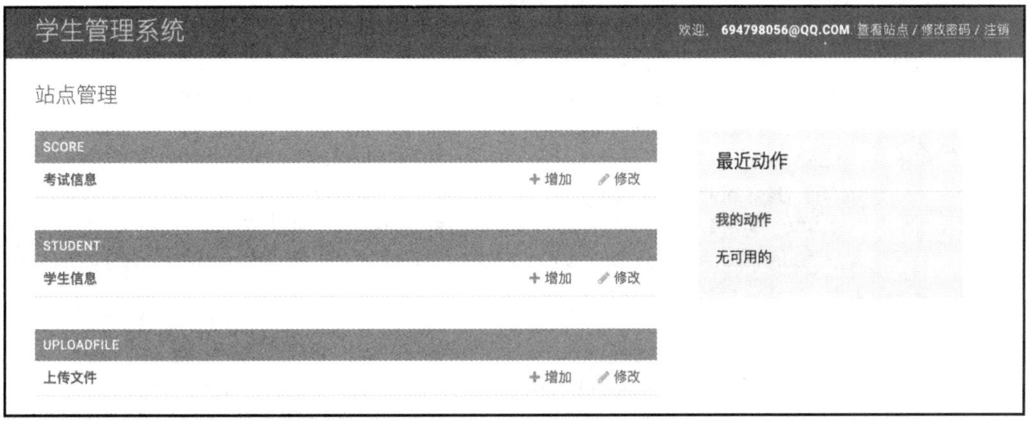

学生管理系统　欢迎，694798056@QQ.COM. 查看站点 / 修改密码 / 注销

站点管理

SCORE
考试信息　增加　修改

STUDENT
学生信息　增加　修改

UPLOADFILE
上传文件　增加　修改

最近动作
我的动作
无可用的

图 13.23　老师用户后台首页

13.8.1 管理学生信息

为了实现老师在后台管理学生信息的功能，需要在 student 应用中编写 student/admin.py 文件对后台学生模块进行设置。创建 StudentAdmin 类，继承 admin.ModelAdmin 父类。StudentAdmin 类的实现与 TeacherAdmin 类似，代码如下：（**代码位置：资源包\Code\13\student_system\student\admin.py**）

```
01  from django.contrib import admin
02  from student.models import Student
03  from django.conf import settings
04  from django.contrib.auth.models import User
05  from django.contrib.auth.hashers import make_password
06
07
08  class StudentAdmin(admin.ModelAdmin):
09      """
10      创建 StudentAdmin 类，继承于 admin.ModelAdmin
11      """
12      #配置展示列表，在 User 版块下方列表展示
13      list_display = ('student_num','name','class_name','teacher_name',
14                      'gender','birthday')
15      #配置过滤查询字段，在 User 版块右侧显示过滤框
16      list_filter = ('name', 'student_num')
17      #配置可以搜索的字段，在 User 版块下方显示搜索框
18      search_fields = (['name','student_num'])
19      readonly_fields = ('teacher',)                    #设置只读字段，不允许更改
20      ordering = ('-created_at',)                       #定义列表显示的顺序，负号表示降序
21      fieldsets = (
22          (None, {
23              'fields': ('student_num','name','gender','phone','birthday')
24          }),
25      )
26
27      def save_model(self, request, obj, form, change):
28          """
29          添加 student 表时，同时添加到 user 表
30          由于需要和 teacher 表级联，所以自动获取当前登录的老师 id 作为 teacher_id
31          """
32          if not change:
33              user = User.objects.create(
34                  username = request.POST.get('student_num'),     #使用学号登录
35                  password = make_password(settings.STUDENT_INIT_PASSWORD)
36              )
37          obj.user_id = user.id                         #获取新增用户的 id
38          obj.teacher_id = request.user.id              #获取当前老师的 id
39          super().save_model(request, obj, form, change)    #调用父类保存方法
40          return
41
```

```
42        def delete_queryset(self, request, queryset):
43            """
44            删除多条记录
45            同时删除 user 表中数据
46            由于使用的是批量删除，所以需要遍历 delete_queryset 中的 queryset
47            """
48            for obj in queryset:
49                obj.user.delete()
50            super().delete_model(request, obj)
51            return
52
53        def delete_model(self, request, obj):
54            """
55            删除单条记录
56            同时删除 user 表中数据
57            """
58            super().delete_model(request, obj)
59            if obj.user:
60                obj.user.delete()
61            return
62
63    #绑定 Teacher 模型到 TeacherAdmin 管理后台
64    admin.site.register(Student, StudentAdmin)
```

上述代码中，由于 teacher 表和 student 表是一对多关系，所以在 auth_user 表中设置了 teacher_id 字段，该字段的值即为当前登录的老师用户 id。

老师账号登录管理后台后，单击学生信息右侧的“增加”按钮，即可添加学生信息，如图 13.24 所示。

图 13.24　添加学生信息

单击“保存”按钮，页面会跳转到学生列表页，并显示学生所在的“班级名称”和“老师姓名”。因为 student 表中没有这两个字段，所以需要在 student/models.py 中编写如下代码。(**代码位置：资源包\Code\13\student_system\student\models.py**)

```
01  class Student(CreateUpdateMixin):
02      … 省略部分代码
03      def teacher_name(self):
04          """
05          获取老师姓名
06          """
07          self.verbose_name = '老师姓名'
08          return self.teacher.name
09      teacher_name.short_description = '老师姓名'
10
11      def class_name(self):
12          """
13          获取班级名称
14          """
15          return self.teacher.class_name
16      class_name.short_description = '班级名称'
```

学生信息列表页运行效果如图 13.25 所示。

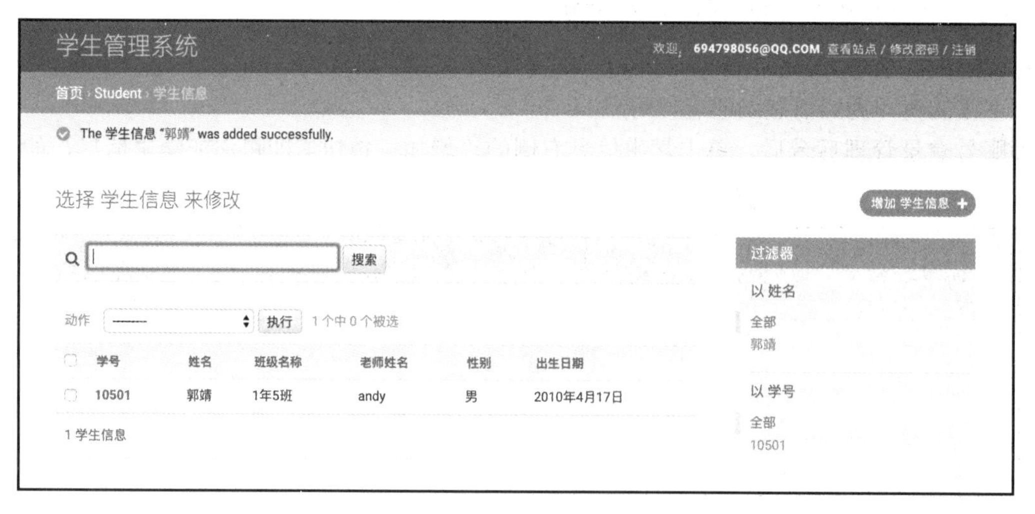

图 13.25　学生信息列表页

13.8.2　管理成绩信息

为了实现老师在后台管理成绩信息的功能，需要在 score 应用中编写 score/admin.py 文件对后台成绩模块进行设置。创建 ScoreAdmin 类，继承 admin.ModelAdmin 父类。score/admin.py 文件代码如下：(**代码位置：资源包\Code\13\student_system\score\admin.py**)

```
01  from django.contrib import admin
02  from score.models import Score
```

```
03
04  class ScoreAdmin(admin.ModelAdmin):
05      """
06      创建 ScoreAdmin 类，继承于 admin.ModelAdmin
07      """
08      #配置展示列表，在 Score 版块下方列表展示
09      list_display = ('title','student_num','student','score')
10      #配置过滤查询字段，在 Score 版块右侧显示过滤框
11      list_filter = ('title','student')
12      #配置可以搜索的字段，在 Score 版块下方显示搜索框
13      #student 是外键，管理 student 类，这里使用双下画线+属性名的方式搜索
14      search_fields = (['title','student__name','student__student_num'])
15      ordering = ('-created_at',)          #定义列表显示的顺序，负号表示降序
16      fieldsets = (
17          (None, {
18              'fields': ('title','student','score')
19          }),
20      )
21
22  #绑定 Score 模型到 ScoreAdmin 管理后台
23  admin.site.register(Score, ScoreAdmin)
```

student 表与 score 表是一对多的关系，所以在添加学生成绩时需要选择学生姓名，如图 13.26 所示。

图 13.26　添加学生成绩

添加完成绩信息后，页面跳转至成绩列表页。在该页面中可以根据考试名称、学生姓名以及学号进行查询。由于 score 表中没有学生姓名和学号字段，所以不能直接在 search_fields 属性中设置，但是可以通过 score 表中的 student 外键关联到 student 表，使用双下画线+属性名的方式设置，代码如下：

```
search_fields = (['title','student__name','student__student_num'])
```

成绩信息列表页运行效果如图 13.27 所示。

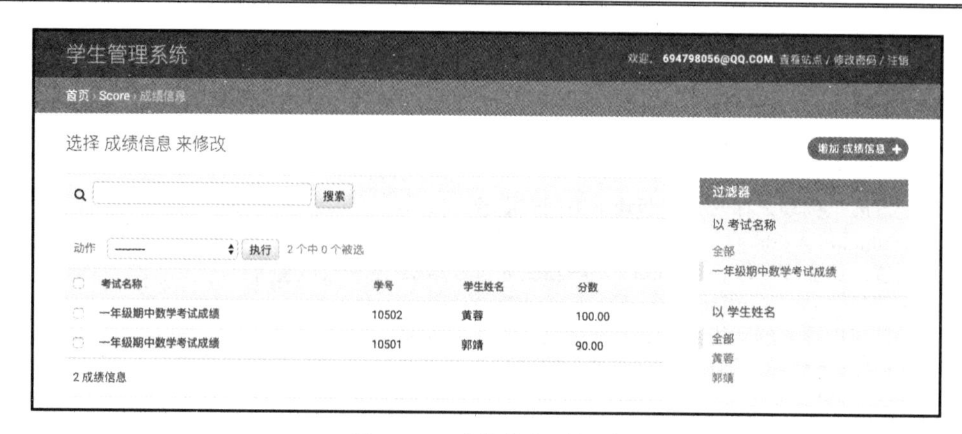

图 13.27　成绩信息列表页

13.8.3　批量上传学生信息和成绩信息

当学生信息和成绩信息较多时，使用手动上传的方式会非常烦琐，并且难以保证上传的准确率。此时，老师用户可以使用批量上传的方式来解决这个问题。那么数据从哪里获取呢？通常情况下，可可以将学生信息和成绩信息先保存到 Excel 文件中，然后在后台导入 Excel 文件，将 Excel 数据存储到 MySQL 数据库中，从而实现批量上传的目的。

学生信息 Excel 文件如图 13.28 所示，语文成绩信息 Excel 文件如图 13.29 所示。

学号	姓名	性别	出生日期	手机号
10503	宋江	男	1990/1/1	12345678911
10504	卢俊义	男	1990/1/2	12345678911
10505	公孙胜	男	1990/1/3	12345678911
10506	吴用	男	1990/1/4	12345678911
10507	关胜	男	1990/1/5	12345678911
10508	林冲	男	1990/1/6	12345678911

图 13.28　学生信息 Excel 文件

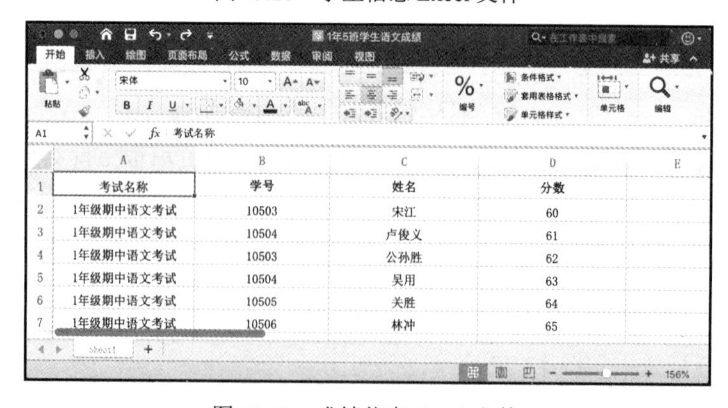

考试名称	学号	姓名	分数
1年级期中语文考试	10503	宋江	60
1年级期中语文考试	10504	卢俊义	61
1年级期中语文考试	10503	公孙胜	62
1年级期中语文考试	10504	吴用	63
1年级期中语文考试	10505	关胜	64
1年级期中语文考试	10506	林冲	65

图 13.29　成绩信息 Excel 文件

uploadfile 用于实现批量上传功能，具体步骤如下。

（1）编写 uploadfile/models.py 文件，设置允许上传的文件后缀为 xls 或 xlsx，并且定义上传的文件内容是学生信息或成绩信息，关键代码如下：（**代码位置：资源包\Code\13\student_system\uploadfile\models.py**）

```
01	from django.db import models
02	from utils.base_models import CreateUpdateMixin
03	from django.core import validators
04	from teacher.models import Teacher
05
06	TYPE_CHOICES = (
07		(1, '学生信息'),
08		(2, '成绩信息'),
09	)
10
11	class FileUpload(CreateUpdateMixin):
12		filename = models.FileField(validators=[validators.FileExtensionValidator(
13					['xls', 'xlsx'], message='必须为 xls 或 xlsx 文件')],
14					help_text='file_type/上传文件名',verbose_name='上传文件名')
15		file_type = models.IntegerField(choices=TYPE_CHOICES, default=1,
16					help_text='file_type/文件类型',verbose_name='文件类型')
17		teacher = models.ForeignKey(Teacher, on_delete=models.CASCADE)	#设置外键
18
19		class Meta:
20			db_table = "file"
21			verbose_name_plural = "上传文件"
22			verbose_name = "上传文件"
```

在上传文件页面，如果上传其他格式文件（如图片），单击“提交”按钮，将提示“必须为 xls 或 xlsx 文件”错误信息，如图 13.30 所示。

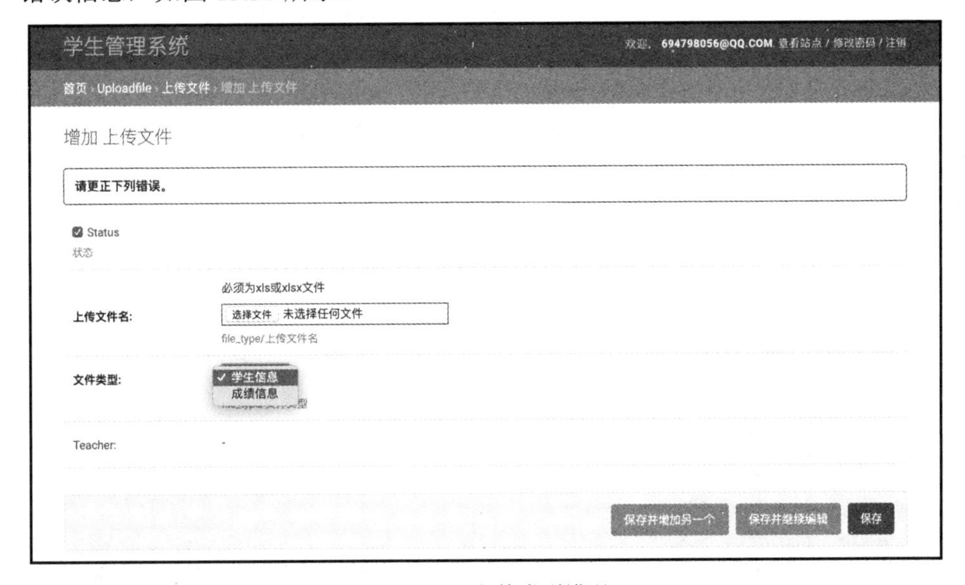

图 13.30　文件类型错误

（2）编写 uploadfile/admin.py 文件，接收上传的 Excel 文件，然后使用 openpyxl 库读取 Excel 数据，并写入数据库，关键代码如下：（**代码位置：资源包\Code\13\student_system\uploadfile\admin.py**）

```
01  class FileUploadAdmin(admin.ModelAdmin):
02      #配置展示列表，在 User 版块下方列表展示
03      list_display = ('file_name',)
04      #设置只读字段，不允许更改
05      readonly_fields = ('teacher',)
06
07      def save_model(self, request, obj, form, change):
08          obj.teacher_id = request.user.id                    #获取当前老师的 ID
09          #调用父类方法保存
10          super().save_model(request, obj, form, change)
11          #拼接目录
12          file_path = os.path.join(settings.MEDIA_ROOT,obj.file_name.name)
13          if request.POST['file_type'] == '1':               #上传学生信息
14              repetition = self.upload_student(file_path,request.user.id)
15          elif request.POST['file_type'] == '2':             #上传成绩信息
16              repetition = self.upload_score(file_path)
17          #提示重复数据条数
18          if repetition:
19              messages.add_message(request, messages.INFO, f'过滤{repetition}条重复数据')
20          return
```

上述代码中，如果选择上传的是学生信息内容，则调用 upload_student()方法。upload_student()方法中使用 openpyxl 模块读取 Excel 中的每一行学生信息。首先判断该学号的用户是否存在，如果已经存在，则不添加学生信息；如果不存在，则把该学生信息写入 auth_user 表，并且使用 bulk_create()方法批量添加到 student 表中。upload_student()方法的关键代码如下：（**代码位置：资源包\Code\13\student_system\uploadfile\admin.py**）

```
01  def upload_student(self,file_path,teacher_id):
02      wb = openpyxl.load_workbook(file_path)              #打开 Excel
03      ws = wb.active                                      #选中第一个 sheet
04      rows = ws.max_row                                   #获取行数
05      columns = ws.max_column                             #获取列数
06      user_list = []
07      student_list = []
08      repetition = 0
09      #从第 2 行开始遍历每行
10      for row in ws.iter_rows(min_row=2, min_col=1, max_row=rows, max_col=columns):
11          data = [i.value for i in row]                   #获取每一行数据
12          #去除重复数据
13          if Student.objects.filter(student_num=data[0]).exists():
14              repetition += 1
15              continue
16          #写入 auth_user 表
17          user = User(
18              username = data[0],                         #以学号作为用户名，防止重复
```

```
19                  password = make_password(settings.STUDENT_INIT_PASSWORD),
20              )
21              user.save()                                          #存入数据库
22              #写入 student 表
23              student = Student(
24                  student_num = data[0],
25                  name = data[1].strip(),                          #去除空格
26                  gender = 'male' if data[2] == "男" else "femal",
27                  phone = data[4],
28                  birthday = data[3],
29                  user_id = user.id,
30                  teacher_id = teacher_id
31              )
32              student_list.append(student)
33          Student.objects.bulk_create(student_list)                #批量加入 student 表
34          return repetition
```

批量添加学生信息的运行效果如图 13.31 所示，单击“保存”按钮，会将 Excel 文件上传至 uploads/目录下，与此同时，在学生信息列表页会显示所有批量上传的学生信息。

图 13.31　批量上传学生信息

如果选择上传的是成绩信息内容，则调用 upload_score()方法。upload_score()方法中使用 openpyxl 模块读取 Excel 中的每一行成绩信息。首先需要判断该学号的用户是否存在，如果不存在，则不添加学生成绩信息；如果存在，则获取该学生的用户 id，然后查找 score 表中是否含有该学生的成绩信息，并且使用 bulk_create()方法批量添加到 score 表中。upload_score()方法的关键代码如下：（**代码位置：资源包\Code\13\student_system\uploadfile\admin.py**）

```
01  def upload_score(self,file_path):
02      wb = openpyxl.load_workbook(file_path)                #打开 Excel
03      ws = wb.active                                        #选中第一个 sheet
04      rows = ws.max_row                                     #获取行数
05      columns = ws.max_column                               #获取列数
```

```
06        score_list = []
07        repetition = 0
08        #从第 2 行开始遍历每行
09        for row in ws.iter_rows(min_row=2, min_col=1, max_row=rows, max_col=columns):
10            data = [i.value for i in row]                          #获取每一行数据
11            #查找 student 表，获取 student_id
12            student = Student.objects.get(student_num=data[1])
13            if not student:
14                continue
15            #去除重复数据
16            if Score.objects.filter(title=data[0],student_id=student.id).exists():
17                repetition += 1
18                continue
19            #写入 student 表
20            score = Score(
21                title = data[0],                                   #标题
22                student_id = student.id,                           #学生 id
23                score = data[-1]                                   #学生分数
24            )
25            score_list.append(score)
26
27        Score.objects.bulk_create(score_list)                      #批量加入 score 表
28        return repetition
```

13.9 小　　结

本章使用 Django 框架开发了一个学生管理系统网站。在该项目中包括 3 个用户角色：后台管理员、老师和学生。首先介绍公共模块设计，然后再分别介绍学生模块、后台管理员模块和老师模块的设计与实现。本项目充分利用了 Django 框架的功能特性，包括登录认证、权限设置等，通过基本的配置，即可完成相应的功能。通过本章的学习，读者能够了解 Django 框架的开发流程，并掌握 Django 框架的常用配置信息。

第 14 章

Tornado 框架开发 BBS 社区系统

在全民编程的大环境下，学习编程的人与日俱增，而为开发者提供问答的社区也逐渐流行起来。例如，国外最著名的技术问答社区 StackOverflow 以及国内的 SegmentFault 等。本章将使用 Python 轻量级异步框架 Tornado 实现一个类似 StackOverflow 的问答社区网站。

14.1 需求分析

作为一个问答类型的社区，本项目应满足如下需求。

☑ 具备用户授权功能，包括用户注册、登录、注销等。

☑ 具备社区问答功能，包括用户发帖提问、显示问题列表、查看帖子详情、删除帖子等功能。

☑ 具备标签系统功能，包括用户发帖时创建标签，根据标签查看相关帖子等。

☑ 具备回复系统功能，包括用户回帖、显示回复列表、删除帖子、查看帖子状态等。

☑ 具备回复状态长轮询功能，用户回复的状态可以第一时间展示给提问者。

☑ 具备用户排名功能，可以根据用户的积分进行排名。

14.2 系统功能设计

14.2.1 系统功能结构

BBS 问答社区的系统功能结构图如图 14.1 所示，包括用户授权、问答系统、标签系统、回复系统、用户排名等功能。系统的回复状态采用长轮询设计，可以第一时间展示给提问者。

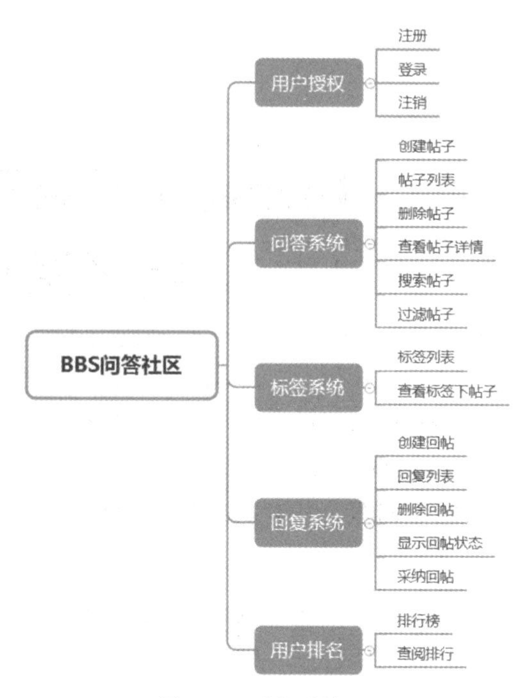

图 14.1　功能结构图

14.2.2　系统业务流程

BBS 问答社区的系统设计主要采用了类似于 StackOverflow 的提问和采纳实现。用户可以通过富文本编辑器对系统中其他用户提出一些专业问题，其他用户可以通过问题列表来读取最新提出的问题并进行回复，如果回复的答案被提问者采纳，那么该用户将获得一个积分的奖励，并且该答案将会呈现到回复列表的最上端。不论是否被采纳，回复者的回复都会实时地展示给提问者，以便于提问者及时查看。BBS 问答系统的业务流程如图 14.2 所示。

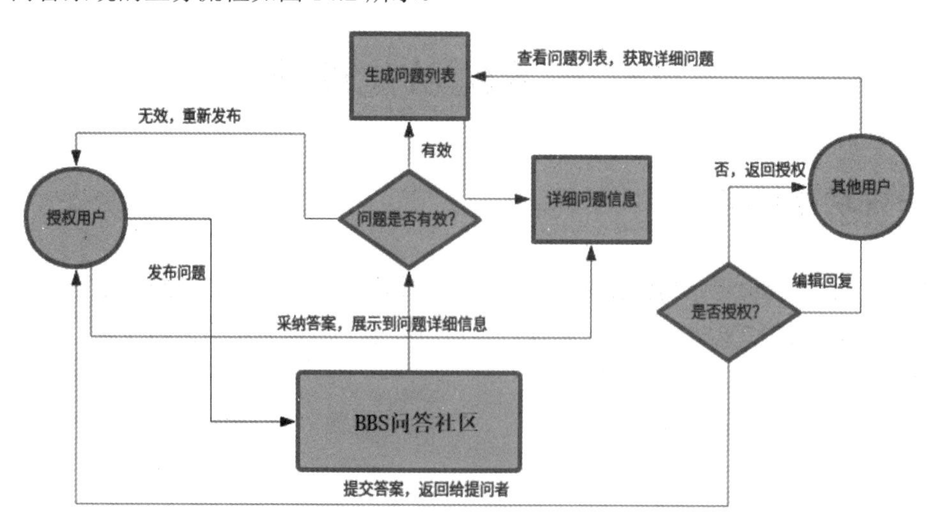

图 14.2　系统业务流程图

14.2.3　系统预览

BBS 社区系统有两个用户角色，分别是游客和登录用户。游客可以访问 BBS 社区的首页，运行效果如图 14.3 所示；也可以查看问题信息，如图 14.4 所示。

图 14.3　BBS 社区首页

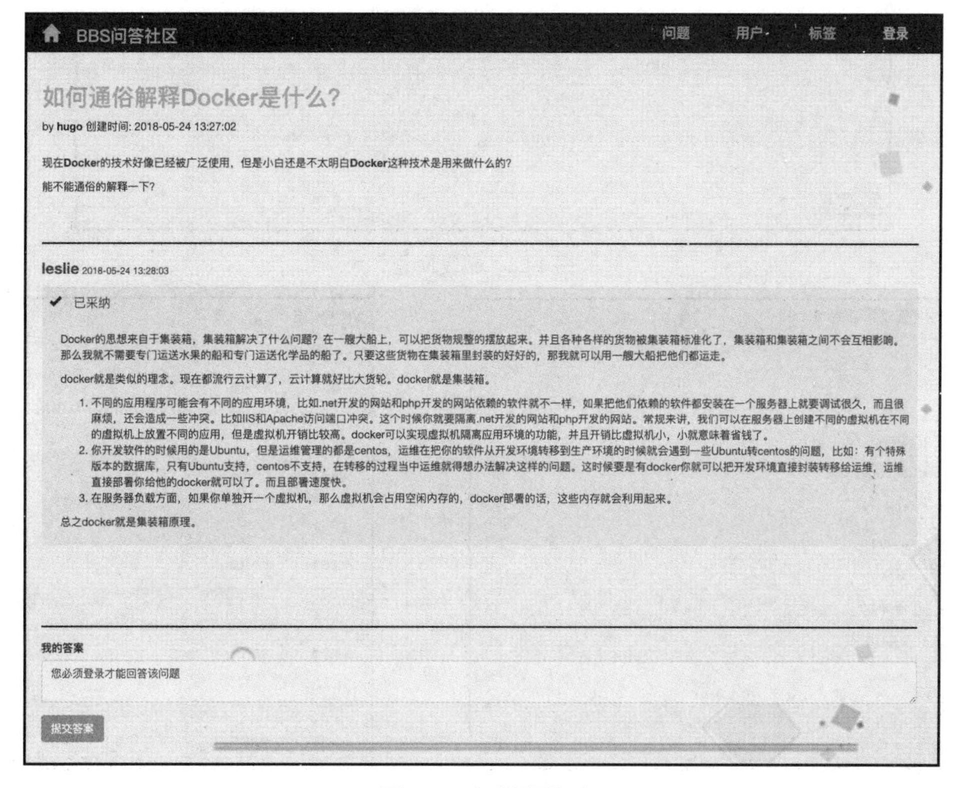

图 14.4　问题详情页

对于其他操作，游客必须注册为 BBS 社区会员，登录成功后才有权限执行相应操作。例如，用户创建问题的页面效果如图 14.5 所示，回复问题的页面效果如图 14.6 所示。查看用户赏金排名的页面效果如图 14.7 所示，查看热门标签的页面效果如图 14.8 所示。

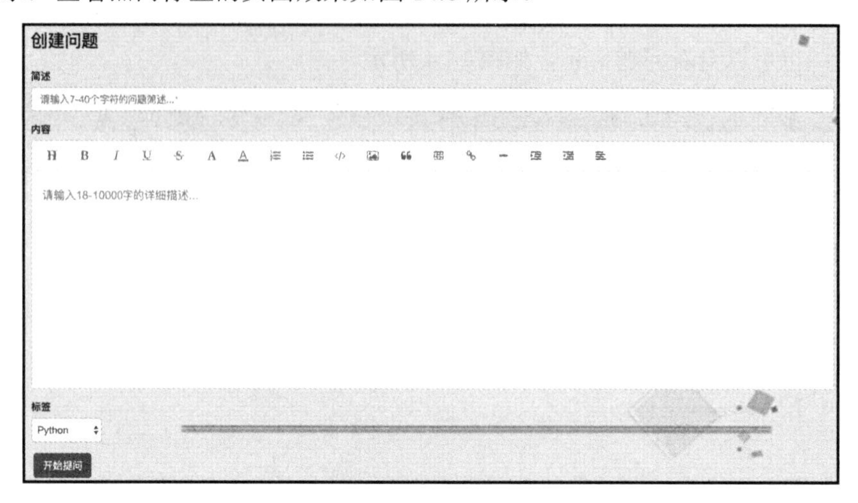

图 14.5　创建问题

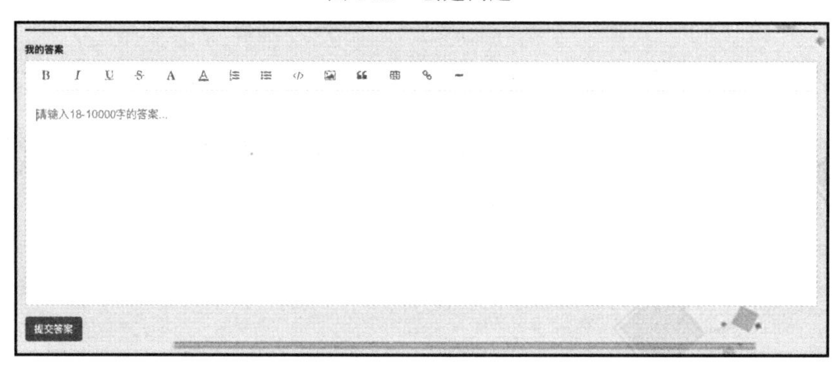

图 14.6　回复问题

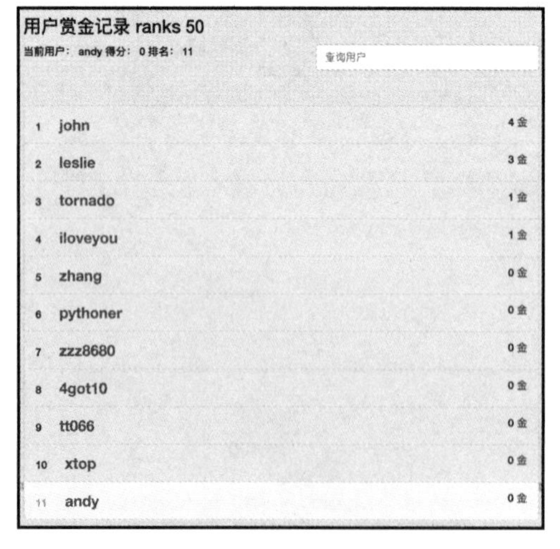

图 14.7　用户赏金排名

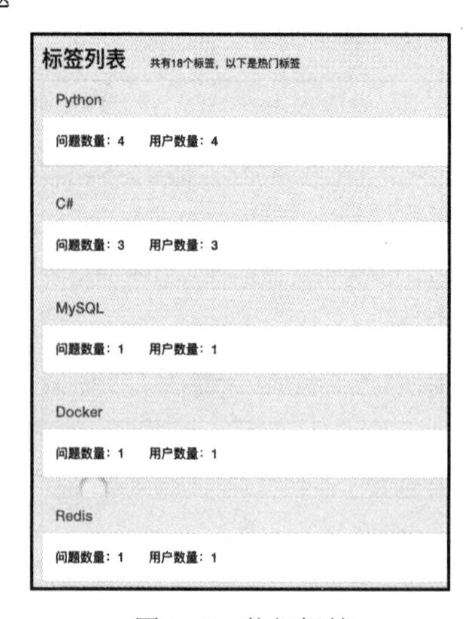

图 14.8　热门标签

14.3　系统开发必备

14.3.1　系统开发环境

本系统的软件开发及运行环境具体如下。

☑ 操作系统：Windows 7 及以上、Linux。

☑ 虚拟环境：VirtualEnv。

☑ 数据库：MySQL。

☑ MySQL 图形化管理软件：Navicat for MySQL。

☑ 开发工具：PyCharm。

☑ Tornado 版本: 5.0.2。

☑ 浏览器：谷歌浏览器。

14.3.2　文件夹组织结构

本项目主要使用的开发工具为 PyCharm，解释器使用基于 CPython 的 IPython，以便于调试。文件夹组织结构如图 14.9 所示。

图 14.9　文件夹组织结构

在本项目中定义了一个 manage.py 文件，所有的程序启动相关的类和方法都写进这个文件中。同时还定义了一些实用的命令，以方便项目的调试和初始化。相关命令及说明如下：

```
python  manage.py  run                  #启动项目
python  manage.py  migrate              #创建迁移脚本
python  manage.py  dbshell              #连接到数据库 cli
python  manage.py shell                 #打开 ipython 解释器
python  manage.py help                  #帮助文件
```

14.4 数据库设计

14.4.1 数据库概要说明

本项目采用 MySQL 数据库，数据库名为 bbs，共有 5 张表，表名及含义如表 14.1 所示。

表 14.1 数据库表结构

表　名	含　义	作　用
t_group	用户组表	用于存储用户组信息
t_user	用户表	用于存储用户信息
t_tag	标签	用于存储标签信息
t_question	问题表	用于存储问题信息
t_answer	答案表	用于存储答案回复信息

14.4.2 数据表关系

本项目中主要数据表的关系为：一个用户对应一个用户组，一个问题对应一个标签和多个答案。每个用户对应多个问题和答案，其 ER 图如图 14.10 所示。

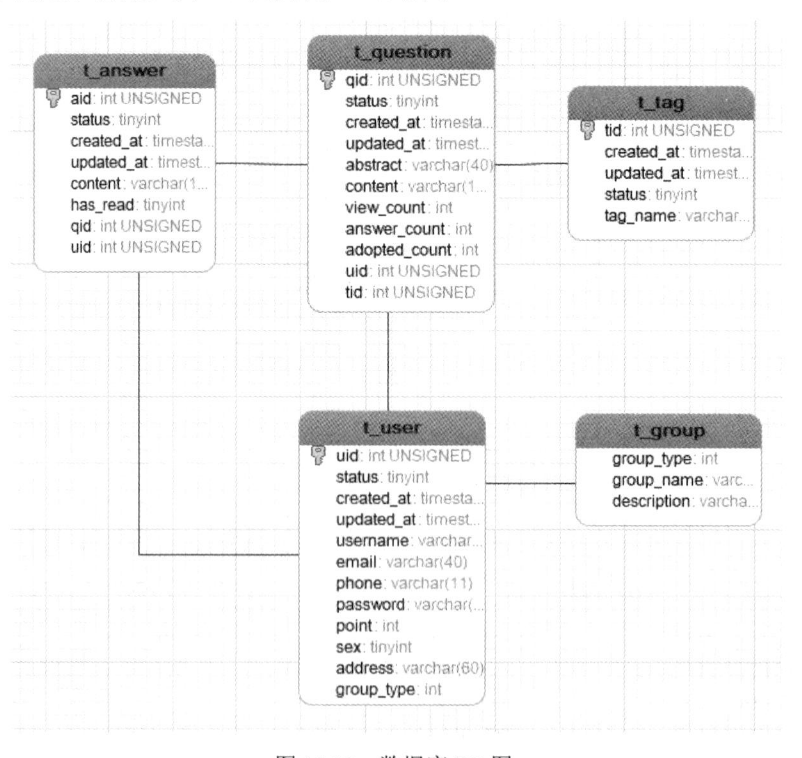

图 14.10 数据库 ER 图

14.5　用户系统设计

14.5.1　用户注册功能

用户（会员）注册功能在 handlers 模块 auth_handlers.py 文件中的 SignupHandler 类，只接收 GET 请求。

首先判断用户输入的图形验证码是否正确，图形验证码存储在 redis 中。如果验证码正确，则校验数据库中是否存在该用户，如果不存在，则将密码使用 md5 加密并将用户信息保存到数据库中。最后设置登录 cookie 的过期时间为 30 天。

如果上述过程出现错误或异常，则返回错误 JSON 数据信息。在前端代码中，使用 Ajax 请求来完成这个请求过程，并对用户填写的表单数据进行合法校验，对错误响应进行提示。

用户注册功能的流程如图 14.11 所示。

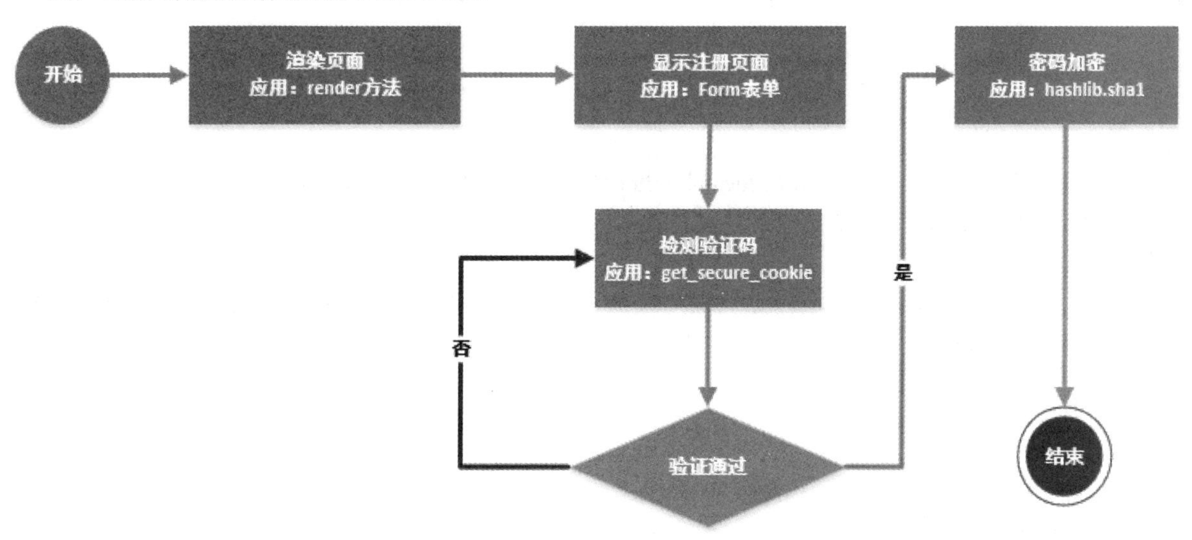

图 14.11　注册流程图

用户注册功能的关键实现代码如下：（**代码位置：资源包\Code\14\BBS\handlers\auth_handlers.py**）

```
01  class SignupHandler(BaseHandler):
02      """
03      注册控制器
04      """
05      @gen.coroutine
06      def get(self, *args, **kwargs):                                #渲染页面
07          self.render('login.html')
08
09      @gen.coroutine
10      def post(self, *args, **kwargs):                               #提交注册数据
```

```
11              username = self.get_argument('username', '')                    #接收用户名参数
12              password = self.get_argument('password', '')                    #接收密码参数
13              vcode = self.get_argument('vcode', '')                          #接收验证码参数
14              sign = self.get_argument('sign', '')                            #接收验证码标识参数
15              #检测验证码是否正确
16              if self.get_secure_cookie(sign).decode('utf-8') != vcode:
17                  self.json_response(*LOGIN_VCODE_ERR)
18                  raise gen.Return()
19
20              data = yield get_user_by_username(username)                     #根据用户名获取用户信息
21              if data:                                                        #如果用户已经存在
22                  self.json_response(*USER_EXISTS)                            #提示错误信息
23                  raise gen.Return()
24
25              password = hashlib.sha1(password.encode('utf-8')).hexdigest()  #加密密码
26              result = yield create_user(username, password)                 #将用户名和密码写入数据库
27              if not result:                                                  #如果结果不存在，提示错误信息
28                  self.json_response(*USER_CREATE_ERR)
29                  raise gen.Return()
30
31              self.set_secure_cookie('auth-user', username)                  #生成登录 cookie
32              self.set_cookie('username', username, expires_days=30)         #设置过期时间
33              self.json_response(200, 'OK', {})
```

注册页面是通过 Tornado.web.RequestHandler 的 render 函数来实现的。这个页面和登录功能通用，前端的校验过程在 Ajax 请求中完成，并对每次输入的数据进行合理性校验，对所有的错误码做出正确的响应和提示。

前端页面主要显现登录和注册的 Form 表单，关键代码如下：（**代码位置：资源包\Code\14\BBS\templates\login.html**）

```
01  {% extends 'base.html' %}
02  {% block title %}登录{% end %}
03  {% block body %}
04  {!-- 省略部分代码 --}
05  <form role="form" action="" method="post" class="registration-form">
06      <fieldset>
07          <div class="form-top">
08              <div class="form-top-left">
09                  <h3>登录/注册</h3>
10              </div>
11              <div class="form-top-right">
12                  <i class="fa fa-users"></i>
13              </div>
14          </div>
15          <div class="form-bottom">
16              <div class="form-group">
17                  <label class="sr-only" for="form-username">用户名</label>
18                  <input type="text" name="username" placeholder="用户名"
19                              class="form-control" id="form-username">
```

```
20                    </div>
21                    <div class="form-group">
22                        <label class="sr-only" for="form-password">密码</label>
23                        <input type="password" name="password" placeholder="密码"
24                                class="form-control"
25                             id="form-password">
26                    </div>
27                    <div class="form-group">
28                        <div class="row">
29                            <div class="col-md-8">
30                                <label class="sr-only" for="form-vcode">验证码</label>
31                                <input type="text" name="vcode" placeholder="验证码"
32                                        class="form-control"
33                                    id="form-vcode">
34                            </div>
35                            <div class="col-md-4">
36                                <img id="loginVcode" src="" alt="刷新失败" />
37                            </div>
38                        </div>
39                    </div>
40                    <button id="submitLogin" type="button" class="btn btn-info">登录</button>
41                    <button id="submitSignup" type="button" class="btn btn-success">注册</button>
42                </div>
43            </fieldset>
44        </form>
```

上述代码中，单击“登录”按钮，实现用户登录功能；单击“注册”按钮，实现用户注册功能。这两个功能都是通过 Ajax 异步提交方式来实现的。由于实现方式类似，下面以注册功能为例进行讲解。注册功能的 JavaScript 关键代码如下：（**代码位置：资源包\Code\14\BBS\static\js\login.js**）

```
01    $('#submitSignup').click(function () {
02        let username = $('#form-username').val();                    //获取用户名
03        let password = $('#form-password').val();                    //获取密码
04        let vcode = $('#form-vcode').val();                          //获取验证码
05        //使用正则表达式检测用户名是否在 4～12 位
06        if(!username.match('^\\w{4,12}$')) {                          //如果不是
07            $('#form-username').css('border', 'solid red');          //更改边框样式
08            $('#form-username').val('');                              //设置用户名为空
09            $('#form-username').attr('placeholder', '用户名长度应该在 4-12 位之间'); //显示提示信息
10            return False;
11        }else {                                                         //如果是
12            $('#form-username').css('border', '');                    //设置用户名边框样式为空白
13        }
14        //使用正则表达式检测密码是否在 6～20 位
15        if(!password.match('^\\w{6,20}$')) {
16            $('#form-password').css('border', 'solid red');
17            $('#form-password').val('');
18            $('#form-password').attr('placeholder', '密码长度应该在 6-20 位之间');
19            return False;
```

```
20        }else {
21            $('#form-password').css('border', '');
22        }
23        //使用正则表达式检测验证码是否为 4 位
24        if(!vcode.match('^\\w{4}$')) {
25            $('#form-vcode').css('border', 'solid red');
26            $('#form-vcode').val('');
27            $('#form-vcode').attr('placeholder', '验证码长度为 4 位');
28            return False;
29        }else {
30            $('#form-vcode').css('border', '');
31        }
32        //使用 Ajax 异步方式提交数据
33        $.ajax({
34            url: '/auth/signup',                                    //提交的 URL
35            type: 'post',                                           //类型为 Post
36            data: {                                                 //设置提交的数据
37                username: username,                                 //用户名
38                password: password,                                 //密码
39                vcode: vcode,                                       //验证码
40                sign: loginSign                                     //注册标识
41            },
42            dataType: 'json',                                       //数据类型
43            success: function (res) {                               //回调函数
44                if(res.status === 200 && res.data) {        //如果返回码是 200 并且包含返回数据
45                    window.location.href = getQueryString('next') || '/' +
46                      encodeURI('?m=登录成功&e=success');             //跳转到首页
47                }else if(res.status === 100001) {                   //验证码错误或超时
48                    $('#form-vcode').css('border', 'solid red');
49                    $('#form-vcode').val('');
50                    $('#form-vcode').attr('placeholder', res.message);
51                }else if(res.status === 100004) {                   //用户名已存在
52                    $('#form-username').css('border', 'solid red');
53                    $('#form-username').val('')
54                    $('#form-username').attr('placeholder', res.message);
55                }else if(res.status === 100005) {                   //用户创建失败
56                    $('.registration-form').prepend("<div id='regMessage'
57                      class='alert alert-danger'>注册失败</div>");
58                    setTimeout(function () {
59                        $('.registration-form').find('#regMessage').remove();    //移除错误信息
60                    }, 1500);
61                }
62            }
63        })
64    });
```

上述代码中，首先对 Form 表单中的用户名、密码和验证码进行验证。验证通过后，使用 Ajax 异步提交到/auth/signup 路由，该路由对应着 SignupHandler 类。前面已经介绍过 SignupHandler 类，这里不再赘述。注册功能效果如图 14.12 所示。

图 14.12　注册页面

14.5.2　登录功能实现

登录功能和注册功能共享一个页面，登录的 GET 请求用于渲染登录页面。而 POST 请求首先对用户提交的图形验证码进行校验，如果校验通过，则查询用户名是否存在。如果存在，则校验用户密码的 md5 值和数据库中是否相符。校验成功，则设置 cookie，否则返回错误信息。用户登录流程如图 14.13 所示。

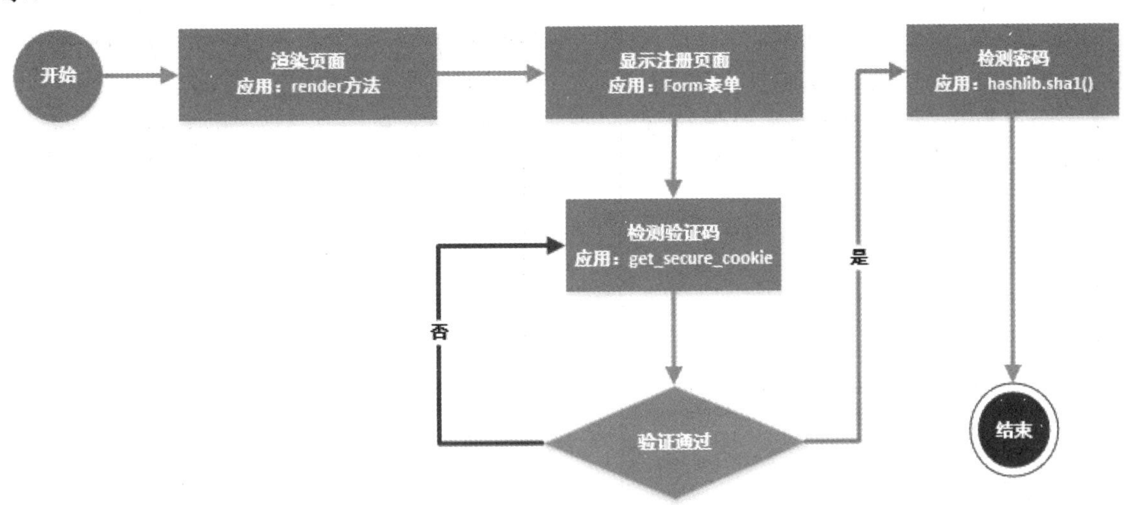

图 14.13　登录流程图

实现登录功能的关键代码如下：（**代码位置：资源包\Code\14\BBS\handlers\auth_handlers.py**）

```
01    class LoginHandler(BaseHandler):
02          """登录控制器"""
03          @gen.coroutine
04          def get(self, *args, **kwargs):                              #渲染页面
```

```
05            self.render('login.html')
06
07        @gen.coroutine
08        def post(self, *args, **kwargs):                          #登录数据提交
09            sign = self.get_argument('sign', '')                  #接收验证码标识参数
10            vcode = self.get_argument('vcode', '')                #接收验证码参数
11            username = self.get_argument('username', '')          #接收用户名参数
12            password = self.get_argument('password', '')          #接收密码参数
13            #检测验证码是否正确
14            if self.get_secure_cookie(sign).decode('utf-8') != vcode:    #如果验证码错误
15                self.json_response(*LOGIN_VCODE_ERR)              #返回 json 格式的错误提示
16                raise gen.Return()
17
18            data = yield get_user_by_username(username)           #根据用户名获取数据
19            if not data:                                          #如果用户名不存在
20                self.json_response(*USERNAME_ERR)                 #提示错误信息
21                raise gen.Return()
22            #检测密码是否正确
23            if data.get('password') != hashlib.sha1(password.encode('utf-8')).hexdigest():
24                self.json_response(*PASSWORD_ERR)                 #返回 json 格式错误信息
25                raise gen.Return()
26
27            self.set_secure_cookie('auth-user', data.get('username', '')) #设置 Cookie
28            #设置过期时间为 30 天
29            self.set_cookie('username', data.get('username', ''), expires_days=30)
30            self.json_response(200, 'OK', {})
```

当用户输入用户名、密码和验证码后，单击“登录”按钮。如果密码错误，运行结果如图 14.14 所示。如果验证码错误，运行效果如图 14.15 所示。如果填写信息全部正确，则进入首页。

图 14.14　密码错误

图 14.15　验证码错误

14.5.3　用户注销功能实现

用户注销功能十分简单，我们对设置的安全 cookie 进行清除，然后进行页面的重定向即可。重定

向的页面必须是用户当前所在的页面，这个实现方法是，让前端获取当前页面的 URL，然后作为注销功能的一个参数传进来。清除 Cookie 之后，再直接调用 tornado.web.RequestHandler 的 redirect 方法。注销功能的关键实现代码如下：（**代码位置：资源包\Code\14\BBS\handlers\auth_handlers.py**）

```
01  class LogoutHandler(BaseHandler):
02      """
03      登出控制器
04      """
05      @gen.coroutine
06      def get(self, *args, **kwargs):
07          next = self.get_argument('next', '')                                  #获取 next 参数
08          self.clear_cookie('auth-user')                                        #删除 auth_user 的 Cookie 值
09          self.clear_cookie('username')                                         #删除 username 的 Cookie 值
10          next = next + '?' + parse.urlencode({'m': '注销成功', 'e': 'success'}) #拼接 URL 参数
11          self.redirect(next)                                                   #跳转到注销页面
```

当用户单击底部导航的“用户名”时，将弹出一个注销账户的提示框，单击“注销”按钮，则注销账户并退出网站，运行效果如图 14.16 所示。

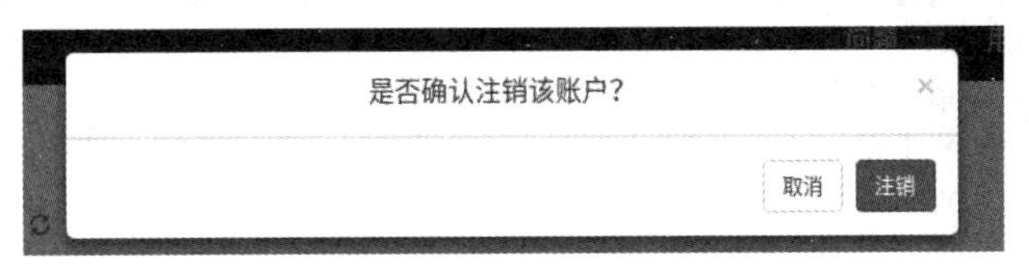

图 14.16　注销账户提示框

14.6　问题模块设计

14.6.1　问题列表实现

首页问题列表的实现是基于 Ajax 异步刷新的。首先，进入首页会渲染所有标签，默认会根据第一个标签去请求接口并获得问题数据。当用户单击某一个标签时，问题会随之刷新。每次刷新出来的列表会带有分页数据，关键代码如下：（**代码位置：资源包\Code\14\BBS\handlers\index_handlers.py**）

```
01  class IndexHandler(BaseHandler):
02      """
03      首页控制器
04      """
05      @gen.coroutine
06      def get(self, *args, **kwargs):                                       #渲染页面
07          tags = yield get_all_tags()                                       #获取所有 tag 信息
08          self.render('index.html', data={'tags': tags})
```

首页问题列表是通过 QuestionListHandler 来获取的，关键代码如下：（**代码位置：资源包\Code\14\BBS\handlers\question_handlers.py**）

```
01  class QuestionListHandler(BaseHandler):
02      """
03      问题列表控制器
04      """
05      @gen.coroutine
06      def get(self, *args, **kwargs):                                #渲染问题列表
07          last_qid = self.get_argument('lqid', None)                 #接收 lqid 参数，默认为 None
08          pre = self.get_argument('pre', 0)                          #接收 pre 参数，默认为 0
09          if last_qid:                                               #如果 last_qid 存在
10              try:
11                  last_qid = int(last_qid)                           #将其转换为整型
12              except Exception:                                      #异常处理，返回 json 数据
13                  self.json_response(200, 'OK', {
14                      'question_list': [],
15                      'last_qid': None
16                  })
17          pre = True if pre == '1' else False                        #将 pre 转换为布尔型
18          data = yield get_paged_questions(page_count=15, last_qid=last_qid, pre=pre)#获取问题列表
19          lqid = data[-1].get('qid') if data else None #判断 data 是否存在，并获取数据赋值给 lqid
20          #返回 json 数据
21          self.json_response(200, 'OK', {
22              'question_list': data,
23              'last_qid': lqid,
24          })
```

运行结果如图 14.17 所示。

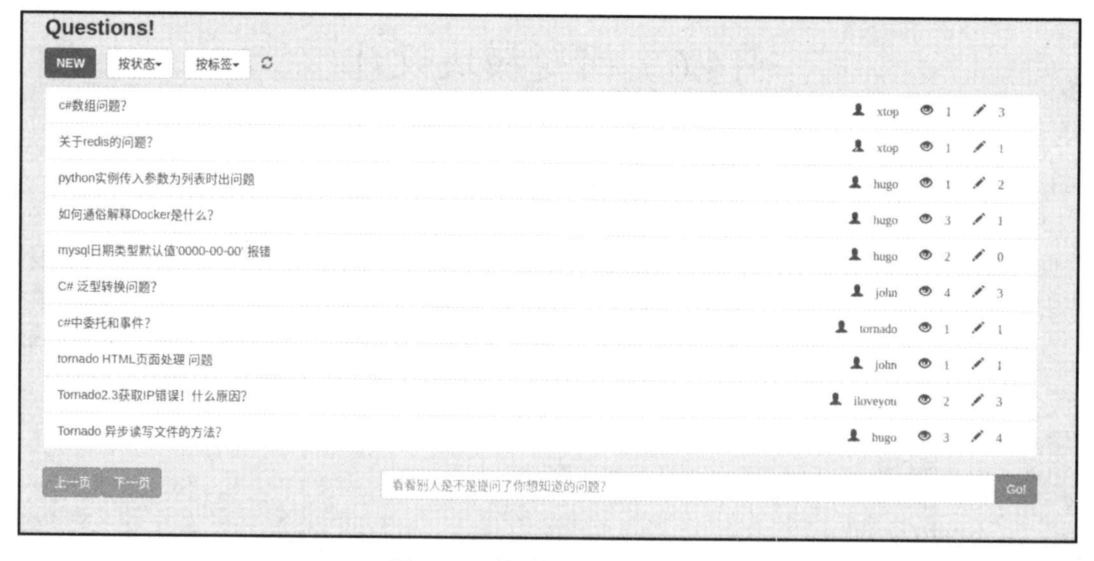

图 14.17　首页问题列表效果图

14.6.2　问题详情的功能实现

当用户单击某个问题时，会跳转到该问题的详情页面。问题详情页面包括问题的详细内容，在页

面下方会有该问题的所有回复，且同样是以 Ajax 无刷新的请求完成的，关键代码如下：（**代码位置：资源包\Code\14\BBS\handlers\question_handlers.py**）

```
01  class QuestionDetailHandler(BaseHandler):
02      """
03      问题详情控制器
04      """
05      @gen.coroutine
06      def get(self, qid, *args, **kwargs):                          #渲染数据
07          user = self.current_user                                  #获取当前用户信息
08          try:
09              qid = int(qid)                                        #将 qid 转换为整型
10          except Exception as e:                                    #异常处理并返回
11              self.json_response(*PARAMETER_ERR)
12              raise gen.Return()
13          if user:                                                  #如果用户信息存在
14              yield check_user_has_read(user, qid)                  #获取未读信息
15
16          data = yield get_question_by_qid(qid)                     #获取问题详情
17          self.render('question_detail.html', data={'question': data})   #渲染页面
```

单击问题列表中的某个问题，即可查看该问题的详情，运行效果如图 14.18 所示。

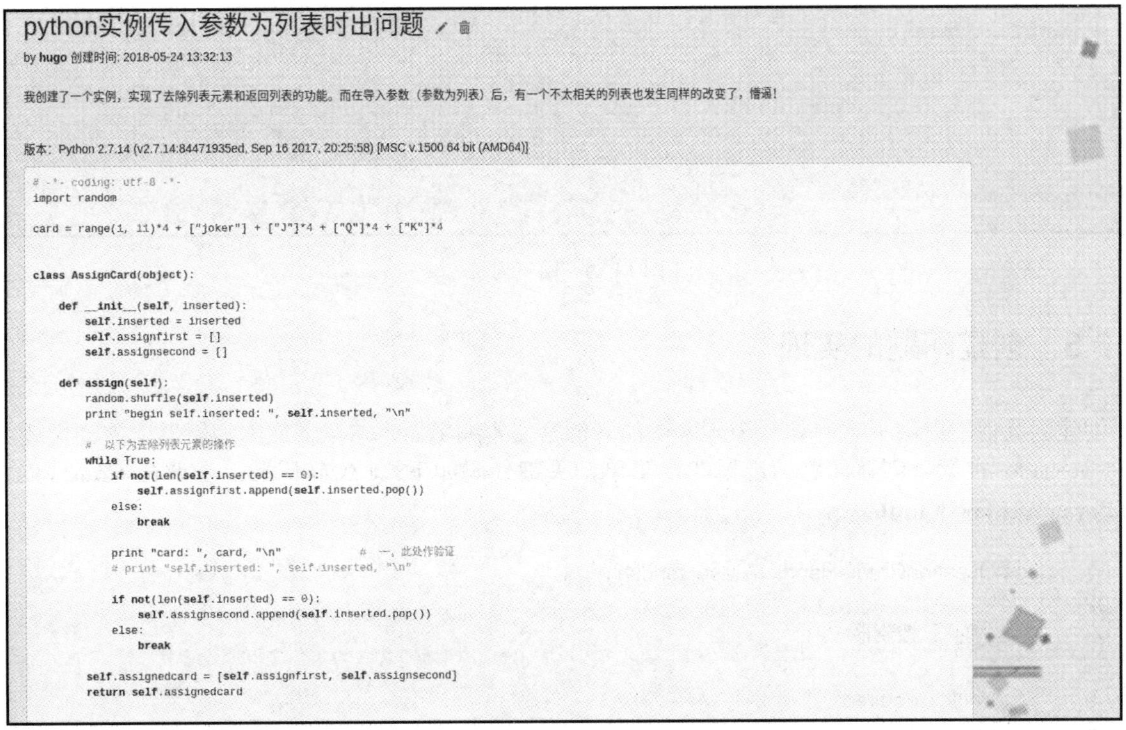

python实例传入参数为列表时出问题

by hugo 创建时间: 2018-05-24 13:32:13

我创建了一个实例，实现了去除列表元素和返回列表的功能。而在导入参数（参数为列表）后，有一个不太相关的列表也发生同样的改变了，懵逼！

版本：Python 2.7.14 (v2.7.14:84471935ed, Sep 16 2017, 20:25:58) [MSC v.1500 64 bit (AMD64)]

```
# -*- coding: utf-8 -*-
import random

card = range(1, 11)*4 + ["joker"] + ["J"]*4 + ["Q"]*4 + ["K"]*4


class AssignCard(object):

    def __init__(self, inserted):
        self.inserted = inserted
        self.assignfirst = []
        self.assignsecond = []

    def assign(self):
        random.shuffle(self.inserted)
        print "begin self.inserted: ", self.inserted, "\n"

        #  以下为去除列表元素的操作
        while True:
            if not(len(self.inserted) == 0):
                self.assignfirst.append(self.inserted.pop())
            else:
                break

            print "card: ", card, "\n"            #  一，此处作验证
            # print "self.inserted: ", self.inserted, "\n"

            if not(len(self.inserted) == 0):
                self.assignsecond.append(self.inserted.pop())
            else:
                break

        self.assignedcard = [self.assignfirst, self.assignsecond]
        return self.assignedcard
```

图 14.18 问题详情

问题详情下方是调用接口刷新出来的回复列表。实现代码如下：（**代码位置：资源包\Code\14\BBS\handlers\answer_handlers.py**）

```
01  class AnswerListHandler(BaseHandler):
02      """
03      答案列表控制器
04      """
05      @gen.coroutine
06      def get(self, qid, *args, **kwargs):                          #渲染数据
07          try:
08              qid = int(qid)                                         #将 qid 转换为整型
09          except Exception as e:                                     #异常处理
10              self.json_response(*PARAMETER_ERR)
11              raise gen.Return()
12          data = yield get_answers(qid)                              #获取答案列表
13          yield check_answers(qid)                                   #更新未读答案
14          #返回 Json 格式数据
15          self.json_response(200, 'OK', {
16              'answer_list': data,
17          })
```

运行效果如图 14.19 所示。

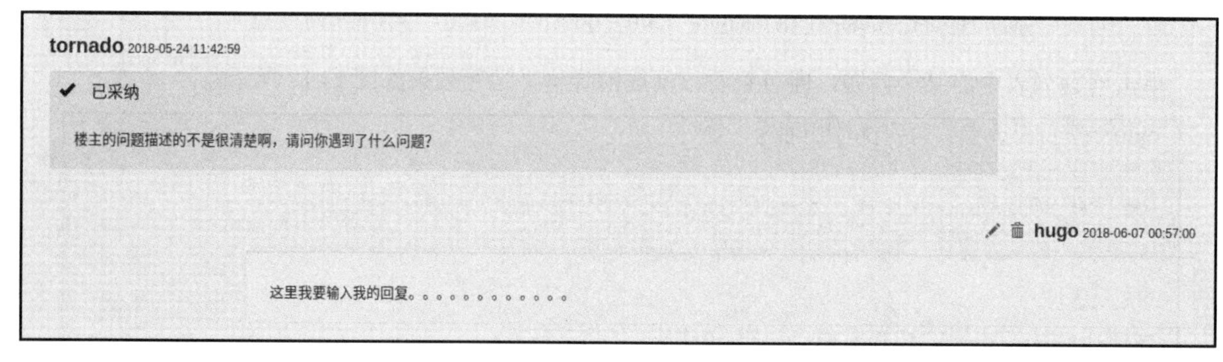

图 14.19　回复列表

14.6.3　创建问题的实现

创建问题前端提供了一个基于 Simditor 的开源富文本编辑器，这个富文本编辑器非常轻量级，适用于 Tornado 框架，创建问题的过程非常简单，关键代码如下：（**代码位置：资源包\Code\14\BBS\handlers\question_handlers.py**）

```
01  class QuestionCreateHandler(BaseHandler):
02      """
03      创建问题控制器
04      """
05      @login_required
06      @gen.coroutine
07      def get(self, *args, **kwargs):                                #渲染页面
08          tags = yield get_all_tags()                                #获取所有 tag 信息
09          self.render('question_create.html', data={'tags': tags})   #渲染模板
10
```

```
11        @login_required
12        @gen.coroutine
13        def post(self, *args, **kwargs):                                #提交数据
14            tag_id = self.get_argument('tag_id', '')                    #接收 tag 参数
15            abstract = self.get_argument('abstract', '')                #接收 abstract 参数
16            content = self.get_argument('content', '')                  #接收 content 参数
17            user = self.current_user                                    #获取当前用户信息
18
19            try:
20                tag_id = int(tag_id)                                    #将 tag_id 转换为整型
21            except Exception as e:                                      #异常处理并返回
22                self.json_response(*PARAMETER_ERR)
23                raise gen.Return()
24
25            data, qid = yield create_question(tag_id, user, abstract, content) #创建所有问题列表
26
27            if not data:                                                #如果问题列表不存在
28                self.json_response(*CREATE_ERR)                         #返回 Json 数据，并提示创建失败
29                raise gen.Return()
30            #返回 Json 数据
31            self.json_response(200, 'OK', {'qid': qid})
```

运行效果如图 14.20 所示。

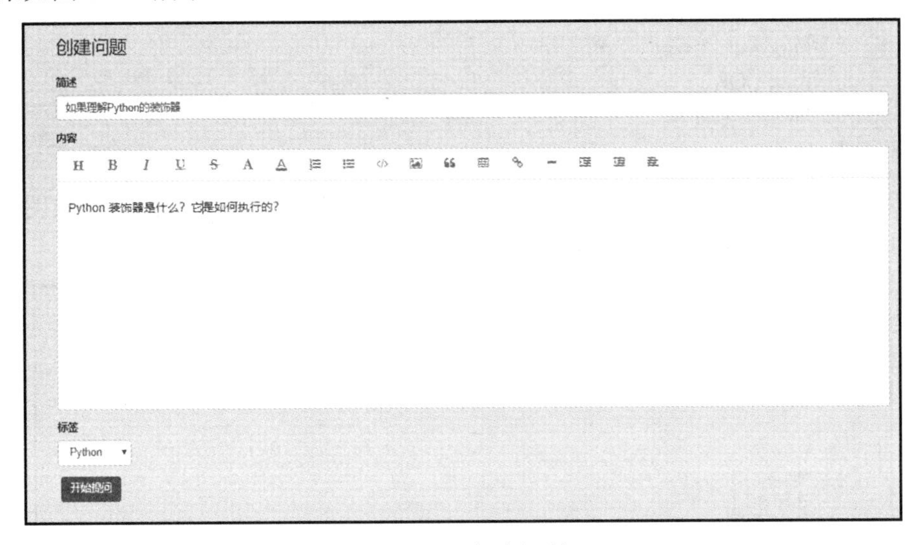

图 14.20　创建问题

用户创建问题时，也可以使用上传图片的功能。此时，需要将图片上传到后端服务器，关键代码如下：（**代码位置：资源包\Code\14\BBS\handlers\question_handlers.py**）

```
01    class QuestionUploadPicHandler(BaseHandler):
02        """
03        上传图片控制器
04        """
05        @login_required
```

```
06        @gen.coroutine
07        def get(self, *args, **kwargs):                                        #渲染页面
08            self.json_response(200, 'OK', {})
09
10        @login_required
11        @gen.coroutine
12        def post(self, *args, **kwargs):                                       #提交图片数据
13            pics = self.request.files.get('pic', None)                        #获取 pic 参数
14            urls = []
15            if not pics:                                       #如果 pic 参数不存在，提示错误信息并返回
16                self.json_response(*PARAMETER_ERR)
17                raise gen.Return()
18            folder_name = time.strftime('%Y%m%d', time.localtime())           #使用文件名
19            folder = os.path.join(DEFAULT_UPLOAD_PATH, folder_name)           #拼接文件目录
20            if not os.path.exists(folder):                                    #如果目录不存在
21                os.mkdir(folder)                                              #创建目录
22            for p in pics:                                                    #遍历图片
23                file_name = str(uuid.uuid4()) + p['filename']                 #拼接文件名
24                with open(os.path.join(folder, file_name), 'wb+') as f:       #以二进制方式打开文件
25                    f.write(p['body'])                                        #写入文件，即保存图片
26                web_pic_path = 'pics/' + folder_name + '/' + file_name        #拼接路径
27                urls.append(os.path.join(DOMAIN, web_pic_path))               #追加到列表
28            #返回 Json 格式数据
29            self.write(json.dumps({
30                'success': True,
31                'msg': 'OK',
32                'file_path': urls
33            }))
```

单击富文本编辑器的“上传图片”图标，选择“上传图片”，从计算机中选择一张图片上传，运行效果如图 14.21 所示。单击“开始提问”按钮，运行效果如图 14.22 所示。

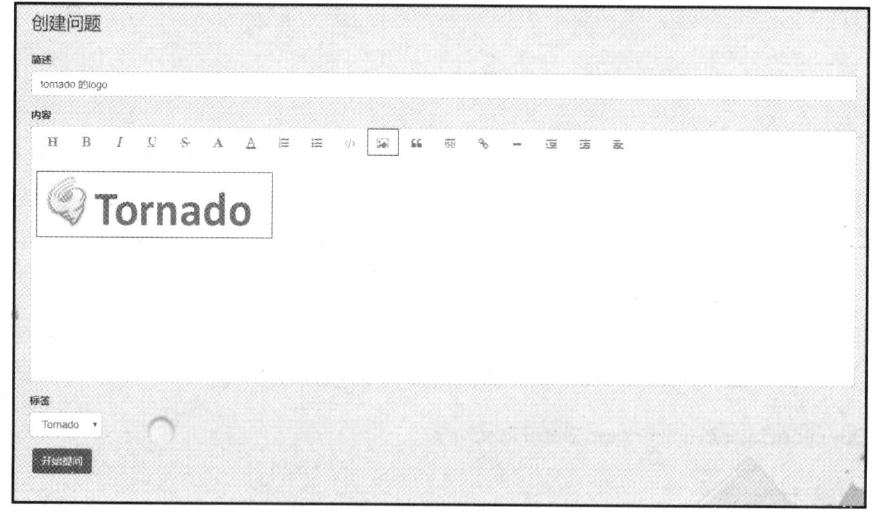

图 14.21　上传图片

图 14.22　提交问题

14.7　答案长轮询设计

创建答案的过程和创建问题大同小异，因此这里只重点介绍如何实现创建答案之后，提问者能立刻看到答案消息提示，关键代码如下：（**代码位置：资源包\Code\14\BBS\handlers\answer_handlers.py**）

```
01    class AnswerCreateHandler(BaseHandler):
02        """
03        创建答案控制器
04        """
05        def initialize(self):                                    #初始化 redis 数据库
06            self.redis = redis_connect()                         #配置 redis
07            self.redis.connect()                                 #连接 redis
08
09        @gen.coroutine
10        @login_required
11        def post(self, *args, **kwargs):                         #提交数据
12            qid = self.get_argument('qid', '')                   #获取 qid 参数，默认为空
13            content = self.get_argument('content', '')           #获取 content 参数，默认为空
14            user = self.current_user                             #将当前用户信息赋值给 user 变量
15
16            try:
17                qid = int(qid)                                   #将 qid 转换为整型
18            except Exception as e:                               #异常处理
19                self.json_response(*PARAMETER_ERR)
20                raise gen.Return()
21
22            if not user:                                         #如果用户不存在，返回错误信息
23                self.json_response(*USER_HAS_NOT_VALIDATE)
24                raise gen.Return()
25            data = yield create_answer(qid, user, content)       #创建答案
26            answer_status = yield get_answer_status(user)        #获取答案状态
27
28            if not data:                                         #如果创建答案不存在，提示创建失败
29                self.json_response(*CREATE_ERR)
30                raise gen.Return()
31            yield gen.Task(self.redis.publish, ANSWER_STATUS_CHANNEL,
```

```
32                              json.dumps(answer_status, cls=JsonEncoder))   #更新到 channel
33              self.json_response(200, 'OK', {})                             #返回 Json 数据
```

上述代码中调用了 gen_Task()方法，代码如下：

```
yield gen.Task(self.redis.publish, ANSWER_STATUS_CHANNEL, json.dumps(
answer_status, cls=JsonEncoder))
```

该方法会利用 Tornado-Redis（Redis 异步客户端）写入一个 CHANEL，并将答案的状态写入 Redis。提问者的客户端会做一个长轮询，来监测是否有人回答了问题，并在接收到 Redis 中的回调之后立刻在客户端做出响应。关键代码如下：（**代码位置：资源包\Code\14\BBS\handlers\answer_handlers.py**）

```
01  class AnswerStatusHandler(BaseHandler):
02      """
03      答案状态长轮询控制器
04      """
05      def initialize(self):                                   #初始化 redis 数据库
06          self.redis = redis_connect()
07          self.redis.connect()
08
09      @web.asynchronous
10      def get(self, *args, **kwargs):                         #请求到来订阅到 redis
11          if self.request.connection.stream.closed():
12              raise gen.Return()
13          self.register()                                     #注册回调函数
14
15      @gen.engine
16      def register(self):                                     #订阅消息
17          yield gen.Task(self.redis.subscribe, ANSWER_STATUS_CHANNEL)
18          self.redis.listen(self.on_response)
19
20      def on_response(self, data):                            #响应到来返回数据
21          if data.kind == 'message':                          #类型为消息
22              try:
23                  self.write(data.body)
24                  self.finish()
25              except Exception as e:
26                  pass
27          elif data.kind == 'unsubscribe':                    #类型为取消订阅
28              self.redis.disconnect()
29
30      def on_connection_close(self):                          #关闭连接
31          self.finish()
```

上述代码中编写了一个注册函数，订阅了一个 Redis 通道，并在服务器与客户端建立了一个较长时间的连接。这个通道用来接收上一段代码中创建问题之后写入通道的数据，如果数据写入了通道，服务器根据绑定的回调函数立即做出响应。这个响应的回调函数就是 on_response，这样就已经完成了一个长轮询的机制。

当用户的提问得到回复时，在顶部导航栏用户名右侧会出现一个数字图标，运行效果如图 14.23 所示。

图 14.23　用户立刻得到其他用户编写的回复

14.8　小　　结

本项目使用 Python 的 Tornado 框架主要实现了一个 BBS 问答社区的用户注册、用户提问、用户回复、用户排行等功能。Tornado 的多进程加协程可以完美地应对大多数场合的高并发问题。而且 Tornado 对高 IO 环境的场景具有得天独厚的优势，所以应用越来越广泛。读者通过本章的学习，可以掌握 Tornado 框架的基本使用方法，了解 Tornado 的精髓，以便于后续深入学习该框架。

第 15 章

FastAPI 框架开发看图猜成语微信小程序

微信小程序，简称小程序，是微信团队开发的一种不需要下载、安装即可使用的应用。它实现了应用“触手可及”的梦想，开发者可以快速地开发出一个小程序，用户扫一扫或搜一下即可打开应用。小程序可以在微信内被便捷地获取和传播，同时具有出色的使用体验，因此越来越多的产品选择以小程序的方式展示给用户。其中，以学习、教育为主的小程序备受青睐。本章将使用 Python Flask 框架为小程序提供 API 接口，开发一款寓教于乐的小程序——看图猜成语。

15.1 需求分析

为了满足用户看图来猜成语的需求，本系统应该具备以下功能。

☑ 具备小程序授权登录功能，用户通过授权后才能参与游戏。
☑ 具备显示当前关卡功能。
☑ 具备显示用户信息功能，包括用户头像等。
☑ 具备答题功能，用户可从备选信息中选择 4 个字作为答案。
☑ 具备判卷功能，用户填写答案后，提示正确或错误信息。
☑ 具备自动下一题功能，用户通过本题后，自动进入下一题。如果全部通过，则显示通关信息。
☑ 具备排行榜功能，用户通关后可以查看比赛排名。
☑ 具备分享好友功能，用户可以将小程序分享至朋友圈或分享给好友。

15.2 系统功能设计

15.2.1 系统功能结构

首先，用户需要在微信中授权登录看图猜成语小程序，然后进入开始页面。在开始页面中，用户单击“开始挑战”按钮，可进入答题界面。在答题页面，用户需要根据图片从 18 个字的备选项中选出 4 个字组成成语。如果答案正确，则进入下一关。如果答案错误，则提示错误信息。此外，用户还可以查看排行榜和分享给好友等功能。其详细功能结构如图 15.1 所示。

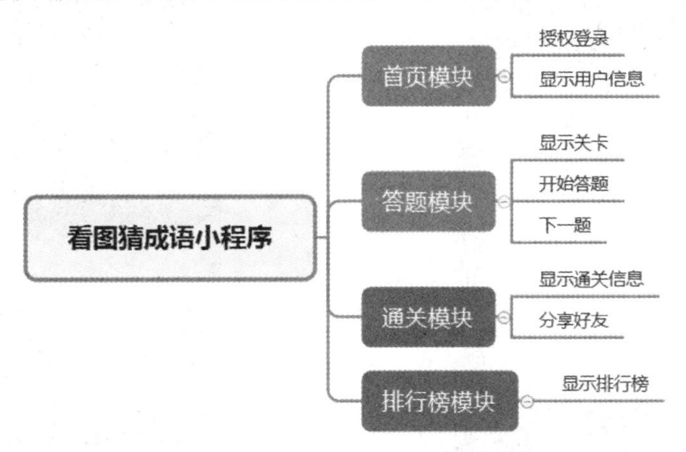

图 15.1　系统功能结构

15.2.2　系统业务流程

看图猜成语小程序的主要功能就是用户参与猜成语游戏。游戏开始之前，需要用户先授权登录小程序。授权以后，开始答题。如果答案正确，则进入下一题，否则提示错误信息。系统会自动记录用户已经通过的关卡，如果用户通过全部关卡，则显示通关信息。系统的业务流程如图 15.2 所示。

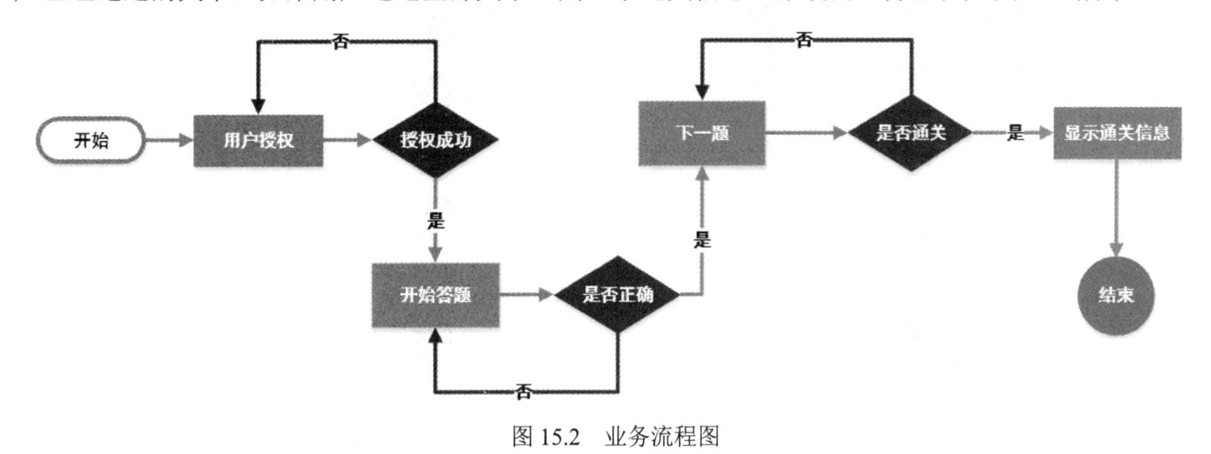

图 15.2　业务流程图

15.2.3　系统预览

用户首次访问看图猜成语小程序时，小程序会提示用户授权，页面效果如图 15.3 所示。授权成功后，进入看图猜成语小程序首页，页面效果如图 15.4 所示。

用户单击“开始挑战”按钮，进入答题页面，运行效果如图 15.5 所示。用户在游戏首页单击“排行榜”按钮，运行效果如图 15.6 所示。

图 15.3　微信授权

图 15.4　游戏首页

图 15.5　答题页面

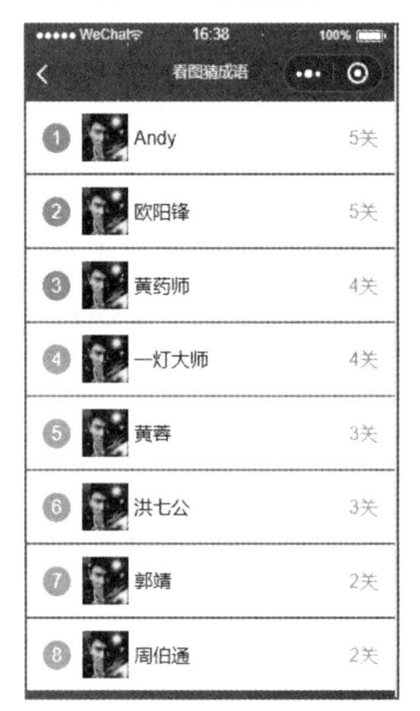

图 15.6　排行榜页面

15.3　系统开发必备

15.3.1　系统开发环境

本系统的软件开发及运行环境具体如下。

☑　操作系统：Windows 7 及以上。
☑　虚拟环境：VirtualEnv。
☑　数据库：PyMySQL 驱动+ MySQL。
☑　开发工具：微信开发者工具+PyCharm 等。
☑　Python Web 框架：FastAPI。
☑　接口调试工具：Postman。

15.3.2　文件夹组织结构

本项目采用 FastAPI 框架进行开发。由于 FastAPI 框架的灵活性，我们可任意组织项目的目录结构。本项目使用包和模块方式组织程序，文件夹组织结构如图 15.7 所示。

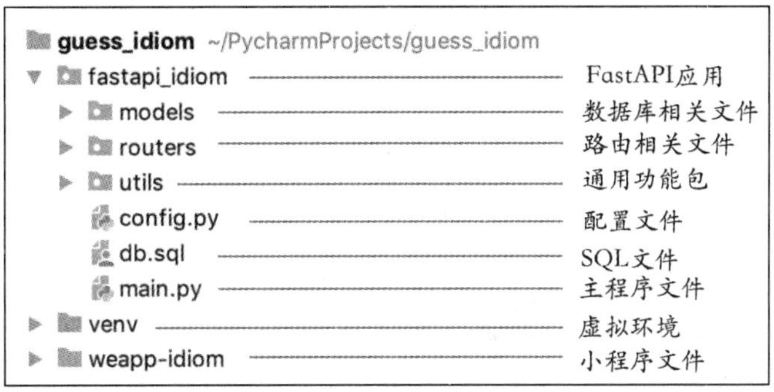

```
guess_idiom ~/PycharmProjects/guess_idiom
▼ fastapi_idiom ------------------ FastAPI应用
    ▶ models --------------------- 数据库相关文件
    ▶ routers -------------------- 路由相关文件
    ▶ utils ---------------------- 通用功能包
      config.py ------------------ 配置文件
      db.sql --------------------- SQL文件
      main.py -------------------- 主程序文件
▶ venv --------------------------- 虚拟环境
▶ weapp-idiom -------------------- 小程序文件
```

图 15.7　文件夹组织结构

在图 15.7 所示的文件夹组织结构中，有两个顶级文件夹。
☑　fastapi_idiom：FastAPI 应用文件。
☑　weapp-idiom：小程序文件。

这两个顶级文件夹之间没有关系，只是小程序的运行依赖于 FastAPI 提供的接口。所以，需要先启动 FastAPI 程序，然后再运行小程序。

15.4　数据库设计

15.4.1　数据库概要说明

本项目采用 MySQL 数据库，数据库名称为 idiom。在小程序中涉及用户信息和题目信息，所以在 idiom 数据库下包含 user 和 game 两张数据表。
☑　user 表：存储用户信息，包括用户昵称、头像和排名等。
☑　game 表：存储题目信息，包括图片、答案和备选项等。

15.4.2 数据表模型

本项目使用 SQLAlchemy 进行数据库操作，将所有的模型放置到一个单独的 models 模块中，程序的结构更加明晰。SQLAlchemy 是一个常用的数据库抽象层和数据库关系映射包（ORM），其具体设置如下：（**代码位置：资源包\Code\guess_idom\fastapi_idiom\models\database.py**）

```
01  from sqlalchemy import create_engine
02  from sqlalchemy.ext.declarative import declarative_base
03  from sqlalchemy.orm import sessionmaker
04
05  from fastapi_idiom.config import Config
06
07
08  engine = create_engine(Config.SQLALCHEMY_DATABASE_URL)
09  SessionLocal = sessionmaker(autocommit=False, autoflush=False, bind=engine)
10  Base = declarative_base()
```

接下来创建模型文件，代码如下：（**代码位置：资源包\Code\guess_idom\fastapi_idiom\models\models.py**）

```
01  from sqlalchemy import Column, Integer, String, DateTime
02  from fastapi_idiom.models.database import Base
03  from datetime import datetime
04
05  #会员数据模型
06  class User(Base):
07      __tablename__ = "user"
08      id = Column(Integer, primary_key=True, index=True)                #编号
09      openid = Column(String(80))                                       #微信用户 id
10      nickname = Column(String(100))                                    #用户名
11      avatar = Column(String(255))                                      #头像
12      level = Column(Integer)                                           #通过关卡
13      addtime = Column(DateTime, index=True, default=datetime.now)      #注册时间
14
15      def __repr__(self):
16          return '<User %r>' % self.nickname
17
18  #考题数据模型
19  class Game(Base):
20      __tablename__ = "game"
21      id = Column(Integer, primary_key=True)                            #编号
22      picture_url = Column(String(255))                                 #图片 url
23      answer = Column(String(20))                                       #答案
24      options = Column(String(100))                                     #备选项
25
26      def __repr__(self):
27          return '<Game %r>' % self.answer
```

15.4.3　模型对象方法

为了实现代码重用，需要将模型对象用到的方法写入 crud.py 文件中，具体代码如下：（**代码位置：资源包\Code\guess_idom\fastapi_idiom\models\crud.py**）

```
01  from datetime import datetime
02
03  import sqlalchemy
04  from fastapi_idiom.models.database import SessionLocal
05
06  from .models import User,Game
07
08  db = SessionLocal() #数据库会话
09
10
11  def get_user(openid: str):
12      """
13      根据 openid 获取用户信息
14      :param openid: 用户 openid
15      :return: 用户信息
16      """
17      return db.query(User).filter(User.openid == openid).first()
18
19  def create_user(openid , nickname, avatar):
20      """
21      创建用户
22      :param openid: 用户 openid
23      :param nickname: 用户昵称
24      :param avatar: 用户头像
25      :return: User 类对象
26      """
27      db_user = User(
28          openid=openid,
29          nickname=nickname,
30          avatar=avatar,
31          level=0,
32          addtime=datetime.now()
33      )
34      db.add(db_user)
35      db.commit()
36      db.refresh(db_user)
37      return db_user
38
39  def get_total_level():
40      """
41      所有关卡
42      :return:
43      """
```

```
44          return db.query(sqlalchemy.func.count(Game.id)).scalar()
45
46      def get_game_info(level: str):
47          """
48          获取本关游戏信息
49          :param level: 关卡名
50          :return: 本关游戏信息
51          """
52          return db.query(Game).filter_by(id=level).first()
53
54      def get_rank():
55          """
56          获取用户排名
57          :return: 排名用户信息
58          """
59          return db.query(User).order_by(User.level.desc()).limit(10).all()
60
61      def update_level(openid,level):
62          """
63          更新用户通过的关卡
64          :param openid: 用户 openid
65          :param level: 关卡
66          :return: 用户信息
67          """
68          user = get_user(openid)
69          user.level = level
70          db.commit()
71          return user
```

15.5 小程序开发必备

15.5.1 注册小程序

在微信公众平台官网（mp.weixin.qq.com）首页单击右上角的“立即注册”超链接，如图 15.8 所示，即可打开注册页面。

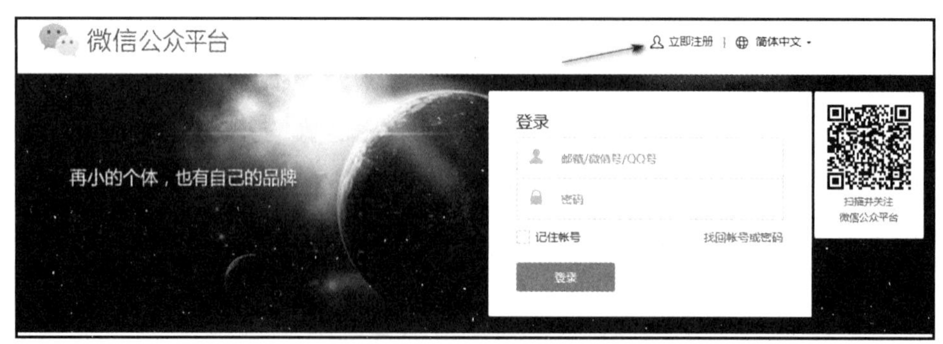

图 15.8 注册小程序

1．选择注册的账号类型

选择“小程序”选项，如图 15.9 所示，将进入小程序注册页面。如果不了解订阅号、服务号、小程序和企业微信之间的区别，也可以先单击下方的“账号类型区别”超链接，查看不同类型账号的功能介绍。

图 15.9　选择小程序

2．填写邮箱和密码

在小程序注册页面中填写个人邮箱及密码，如图 15.10 所示。注意，邮箱必须是从未注册过微信公众平台、开放平台、企业号且未绑定过个人号的邮箱。

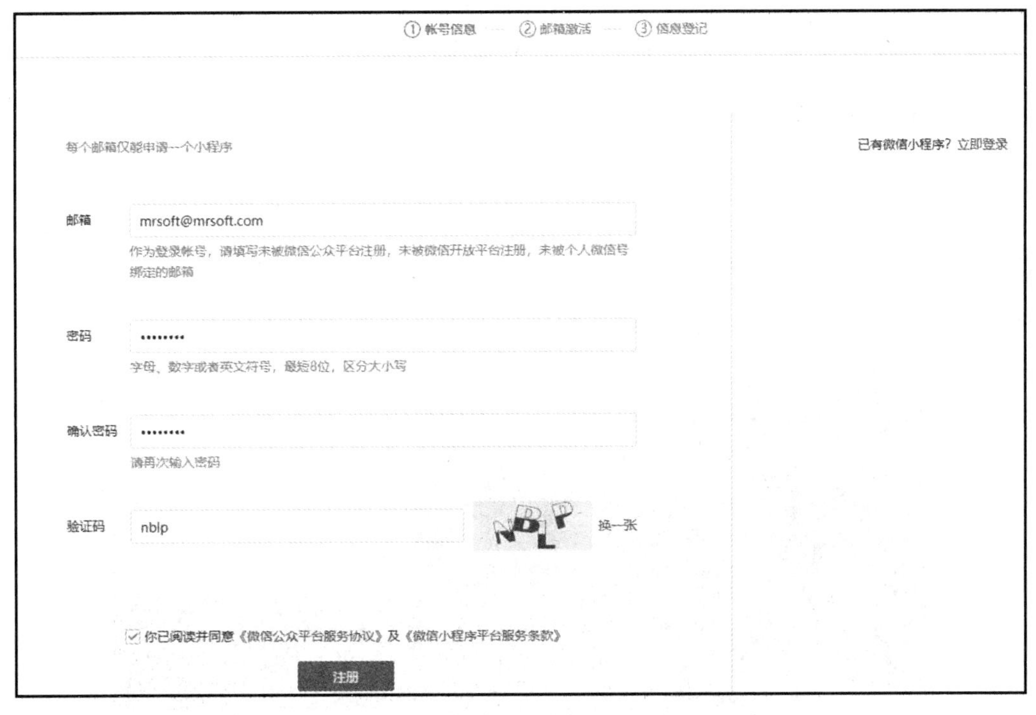

图 15.10　注册小程序

3. 激活验证邮件

登录邮箱，查收激活邮件，单击激活链接。

4. 填写主体信息

单击激活链接后，将返回用户信息登记页面，进行“主体类型”选择，并完善主体信息和管理员信息。由于大多数读者只是个人类型用户，所以这里主体类型选择“个人”，如图 15.11 所示。

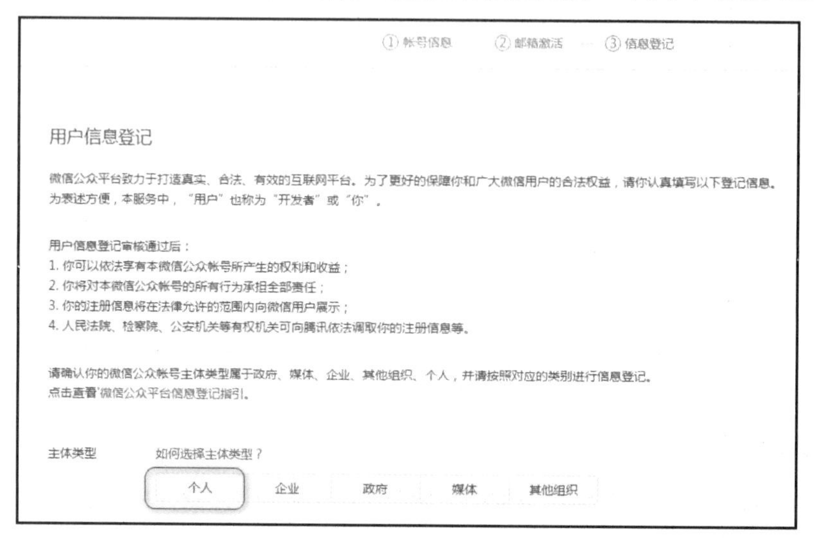

图 15.11　填写主体信息

完成以上步骤后，我们就成功地注册了一个小程序账号。

15.5.2 小程序信息完善及开发前准备

1. 登录小程序管理平台

完成注册后，通过微信公众平台首页（mp.weixin.qq.com）的登录入口可直接登录，如图 15.12 所示。

图 15.12　登录小程序管理平台

2. 完善小程序信息

选择通过微信认证验证主体身份的用户，需要先完成微信认证后，才可以补充小程序名称信息，上传小程序头像，填写小程序介绍并选择服务类目。这里的“服务类目”选择“教育”和“教育信息服务”选项，如图 15.13 所示。

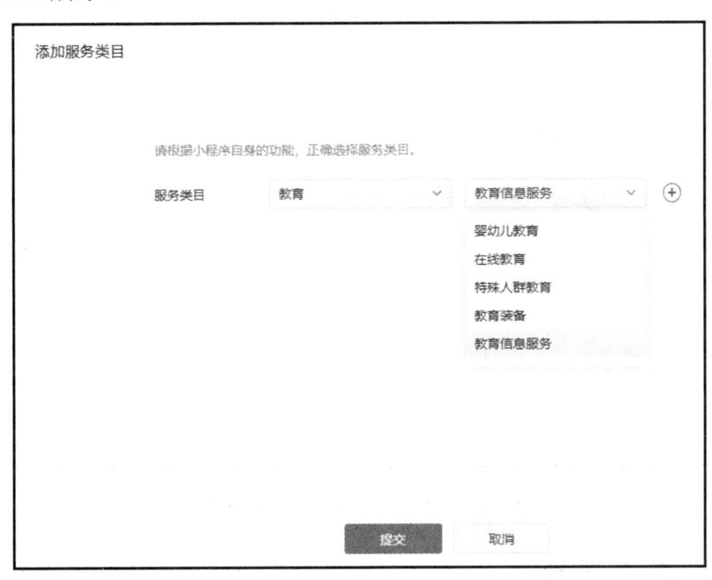

图 15.13　添加服务类目

3. 开发前准备

登录微信公众平台小程序，左侧选择“用户身份”选项卡，选择开发者，新增绑定开发者。个人主体小程序可以绑定多个开发者和体验者。未认证的组织类型小程序最多可绑定 10 个开发者，20 个体验者。已认证的小程序最多可绑定 20 个开发者，40 个体验者。绑定开发者的设置页面如图 15.14 所示。

图 15.14　绑定开发者

接下来，需要获取 AppID。依次选择“设置”→“开发设置”选项卡，获取 AppID 信息。在“AppSecret(小程序密钥)”右侧单击“生成”按钮，获取 AppSecret，如图 15.15 所示。出于安全考虑，不要向他人透漏 AppID 和 AppSecret 信息。

图 15.15　获取 AppID 和 AppSecret

15.5.3　下载微信开发工具

微信团队为小程序开发者提供了一个非常方便的微信开发工具，其下载地址为 https://developers.weixin.qq.com/miniprogram/dev/devtools/download.html。根据实际情况选择相应的版本。例如，Windows 系统推荐选择“Windows 64 位”开发者工具进行下载，如图 15.16 所示。

微信开发者工具安装非常简单，根据提示进行安装即可。安装完成后，打开开发者工具，单击“小程序项目”，如图 15.17 所示。

图 15.16　下载微信开发者工具

图 15.17　选择微信小程序

接下来，设置小程序的项目路径，填写小程序的 AppID 和项目名称。最后单击“确定”按钮，打开开发者工具。其工具面板中主要包括 3 个部分：模拟器、代码编辑器和调试器，如图 15.18 所示。

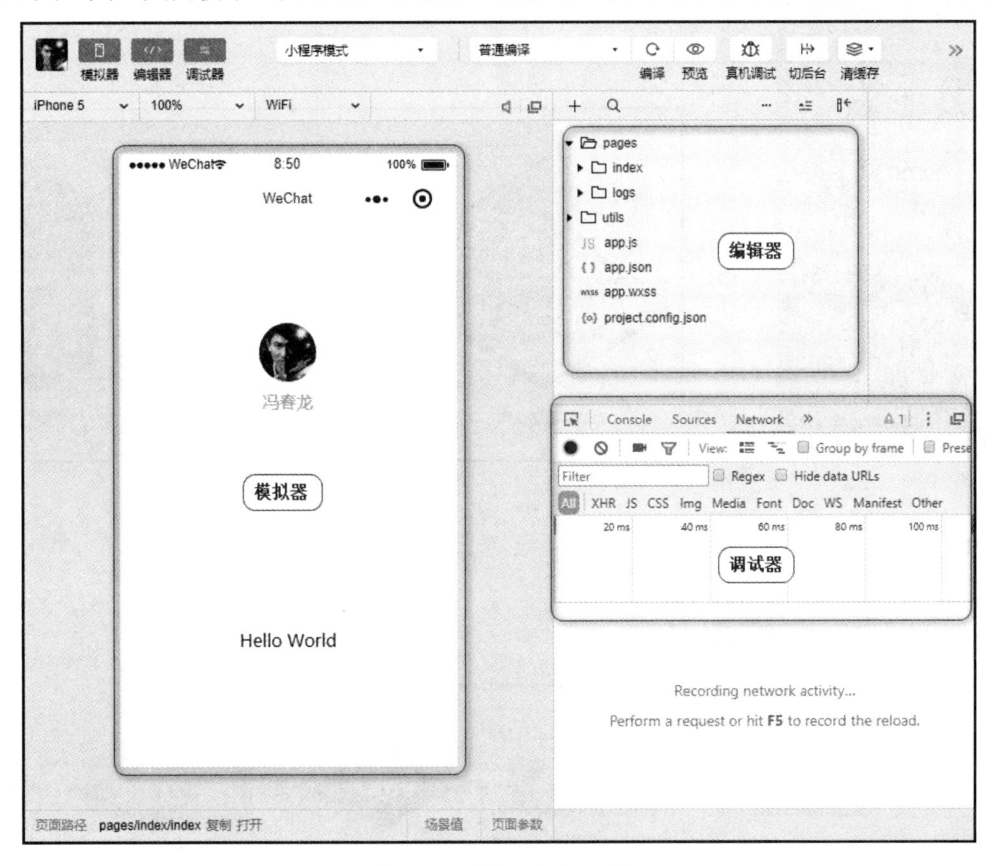

图 15.18　开发者工具面板

15.6　首页登录授权模块设计

15.6.1　首页登录授权模块概述

打开看图猜成语小程序，首先进入的页面是小程序的首页，如图 15.19 所示。首页的作用不仅仅是对小程序的总体概述，更重要的是获取用户信息。我们需要判断该用户是否登录过看图猜成语小程序，如果是首次登录，那么需要用户授权用户信息。因为微信小程序要求只有经过用户授权后，才能获取该用户的个人信息（包括微信昵称、头像等）。用户同意授权后，通过 API 接口将用户信息存入数据库中。

同时，为确保小程序的接口安全，服务器还需要给访问接口的客户端（这里是用户的小程序）返回一个 Token（令牌）。客户端在后续访问服务器时需要携带该 Token，服务器会对该 Token 进行验证。验证通过后，允许访问 API 接口。客户端访问服务器 API 接口的验证流程如图 15.20 所示。

图 15.19　小程序首页

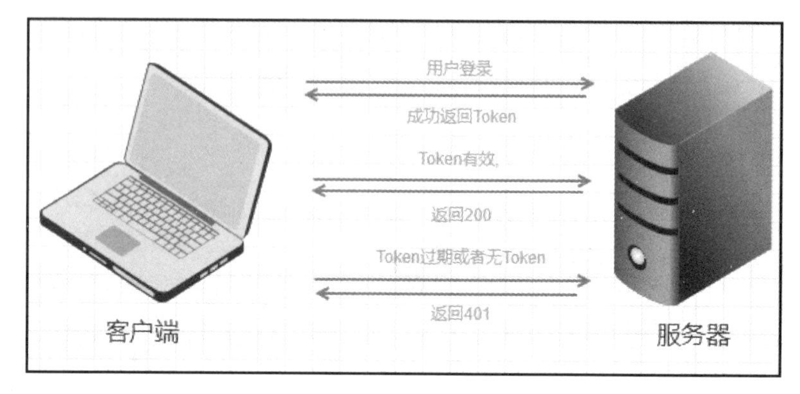

图 15.20　Token 验证流程

首页模块的业务流程如图 15.21 所示。

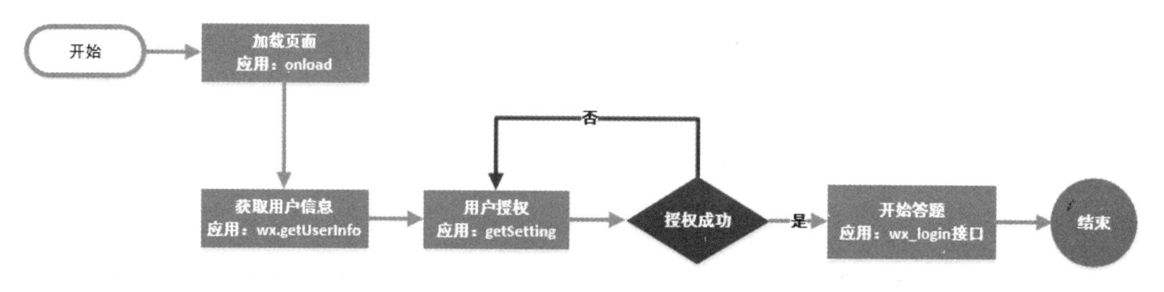

图 15.21　首页模块流程图

15.6.2　首页页面设计

看图猜成语首页的相关文件路径是 pages\index\，该路径下的 4 个文件说明如下。

☑　index.js：首页逻辑文件。

☑　index.json：页面配置文件。

☑　index.wxml：页面结构文件。

☑　index.wxss：页面样式表。

下面主要介绍 index.js 文件的逻辑实现和 index.wxml 文件的结构实现。

1. index.js 首页逻辑实现

index.js 逻辑文件用于实现小程序授权的功能。首先在页面加载时调用自定义方法 bindLogin()，判断用户是否授权。如果用户已经授权，获取用户个人信息，否则提示用户授权。关键代码如下：（**代码位置：资源包\Code\15\guess_idiom\weapp-idiom\pages\index\index.js**）

```
01  Page({
02    data: {
03      userInfo: {},
04      hasUserInfo: False
05    },
06    onLoad: function () {
07      if (app.globalData.userInfo == null) {
08        this.bindLogin();
09      }
10    },
11    //用户登录
12    bindLogin: function (e) {
13      var that = this;
14      //微信登录
15      wx.login({
16        success: function (loginRes) {
17          if (loginRes.code) {
18            //查看是否授权
19            wx.getSetting({
20              success: function (res) {
21                if (res.authSetting['scope.userInfo']) {
22                  //微信获取用户信息
23                  wx.getUserInfo({
24                    success: function (result) {
25                      console.log("已获取到用户信息");
26                      //执行登录
27                  that.wxlogin(loginRes.code,
28                          result.userInfo.nickname,result.userInfo.avatar)
29                    }
30                  });
31                } else {
32                  wx.showToast({
33                    title: '请先授权用户信息',
34                    icon: "none"
35                  });
36                }
37              }
38            });
39          }
40        }
41      });
42    },
43  })
```

上述代码中，Page()对象的 onLoad 参数用来设置页面加载过程中执行的函数。由于是首次登录，app.globalData.userInfo 的值为 null，所以调用 bindLogin()方法。该方法使用小程序提供的 wx.login()方法判断用户是否登录过。如果登录过，则调用小程序的 wx.getSetting()方法判断用户是否授权，如果没有授权，通过 success 回调函数接收 res 参数，此时 res.authSetting['scope.userInfo']的值为 False，并使用

wx.showToast()方法提示用户授权。运行结果如图 15.22 所示。

页面加载完成后，用户单击“微信登录”按钮时，将弹出微信授权提示框，如图 15.23 所示。

图 15.22　提示授权登录

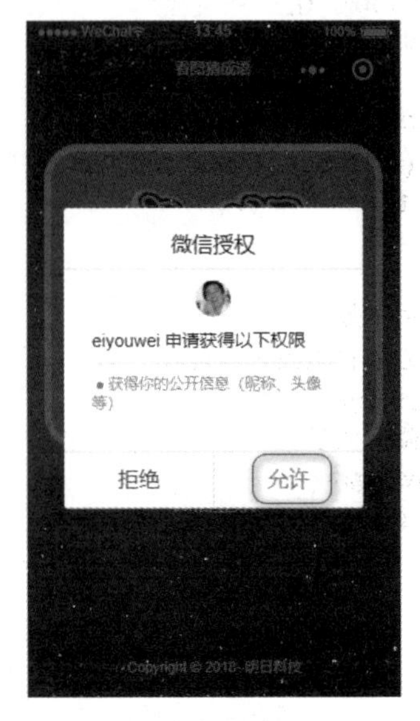

图 15.23　微信授权提示框

单击“允许”按钮，完成授权。再次调用 bindLogin()方法，此时 res.authSetting['scope.userInfo']为 True。接下来，使用小程序提供的 wx.getUserInfo()来获取用户信息。最后，调用自定义方法 wxlogin()，并且传递用户登录凭证、用户昵称和头像 3 个参数。

wxlogin()方法用于将用户信息写入数据库的 user 表中，并将服务器端返回的 Token 写入缓存，关键代码如下：（**代码位置：资源包\Code\15\guess_idiom\weapp-idiom\pages\index\index.js**）

```
01  Page({
02    data: {
03      userInfo: {},
04      hasUserInfo: False
05    },
06    onLoad: function () {
07      if (app.globalData.userInfo == null) {
08        this.bindLogin();
09      }
10    },
11    onShow: function(){
12      this.setData({
13        userInfo: app.globalData.userInfo
14      });
15    },
16    //开始游戏
17    bindBegin: function () {
18      var that = this;
19      if (this.data.userInfo.level >= app.globalData.levelTotal) {
20        wx.navigateTo({
```

```
21              url: '../success/success'
22            });
23          } else {
24            wx.navigateTo({
25              url: '../guess/guess'
26            });
27          }
28        },
29        //用户登录
30        bindLogin: function (e) {
31          var that = this;
32          //微信登录
33          wx.login({
34            success: function (loginRes) {
35              if (loginRes.code) {
36                //查看是否授权
37                wx.getSetting({
38                  success: function (res) {
39                    if (res.authSetting['scope.userInfo']) {
40                      //微信获取用户信息
41                      wx.getUserInfo({
42                        success: function (result) {
43                          //执行登录
44              that.wxlogin(loginRes.code,result.userInfo.nickName,result.userInfo.avatarUrl)
45                        }
46                      });
47                    } else {
48                      wx.showToast({
49                        title: '请先授权用户信息',
50                        icon: "none"
51                      });
52                    }
53                  }
54                });
55              }
56            }
57          });
58        },
59        //服务器登录
60        wxlogin: function (code,nickname,avatar) {
61          var that = this;
62          wx.showLoading({
63            title: '正在登录中',
64            mask: True
65          });
66          wx.request({
67            url: app.globalData.URL + '/api/users/wx_login',
68            data: {
69              code: code,
```

```
70                  nickname:nickname,
71                  avatar:avatar,
72              },
73              method: 'POST',
74              header: {
75                  'Content-Type': 'application/x-www-form-urlencoded'
76              },
77              success: function (res) {
78                  console.log(res)
79                  var data = res.data.result.data
80                  //将 token 写入缓存
81                  try {
82                      wx.setStorageSync('token', data.token)
83                  } catch (e) {
84                      console.log('storage token error')
85                  }
86                  app.globalData.levelTotal = data.total_level;
87                  app.globalData.userInfo = data.user_info;
88                  that.setData({
89                          userInfo: data.user_info,
90                          hasUserInfo: True
91                  });
92              },
93              fail: function () {
94                  console.log("wxlogin fail");
95                  wx.showToast({
96                      title: '登录失败',
97                      icon: 'none'
98                  });
99              },
100             complete: function () {
101                 wx.hideLoading();
102             }
103         });
104     },
```

上述代码中，调用 wx.request()方法向服务器发起请求，并且传递 data 参数。接口 URL 地址是 http://127.0.0.1:8000/api/users/wx_login，该接口用于获取用户的 openid（微信用户的唯一标识），并将用户信息写入 user 表。此外，在调用接口后，使用 wx.setStorageSync()方法将 Token 写入小程序缓存，方便后续使用。

2. index.wxml 首页结构实现

在设计首页时，我们需要考虑用户已经授权和没有授权两种情况。如果已经授权，则 hasUserInfo 变量为 True，页面显示用户头像、用户昵称以及“排行榜”“开始挑战”按钮。否则为 False，页面显示“微信登录”按钮。index.wxml 文件的关键代码如下：（**代码位置：资源包\Code\15\guess_idiom\weapp-idiom\pages\index\index.wxml**）

```
01  <view class="text-center">
02    <block wx:if="{{!hasUserInfo}}">
03      <image class="logo" src="/images/logo.png"></image>
04      <button class="weui-btn" type="warn" open-type="getUserInfo"
05               bindgetuserinfo="bindLogin">微信登录</button>
06    </block>
07    <block wx:else>
08      <view class='userinfo-sesion'>已通过关卡：{{userInfo.level}}</view>
09      <image class="userinfo-avatar" src="{{userInfo.avatar}}"
10              background-size="cover"></image>
11      <text class="userinfo-nickname">{{userInfo.nickname}}</text>
12      <button class="weui-btn" type="default" bindtap='bindRank'>排行榜</button>
13      <button class="weui-btn" type="warn" bindtap='bindBegin'>开始挑战</button>
14    </block>
15  </view>
```

上述代码中，使用小程序模板的<wx:if>和<wx:else>属性来判断 hasUserInfo 是否存在，并显示对应的页面。授权后的页面效果如图 15.24 所示。

图 15.24　授权后的游戏首页效果

15.6.3　登录授权接口实现

1．路由分组

本项目中，使用 FastAPI 为小程序提供接口支持。为统一接口路径，均以 api 为开头，与用户相关的 API 接口路径以/api/users/为前缀，与游戏相关的接口路径以/api/games 为前缀。关键代码如下：（**代码位置：资源包\Code\15\guess_idiom\fastapi-idiom\main.py**）

```
01  #用户相关路由
02  app.include_router(
```

```
03        users.router,
04        prefix="/api/users",
05    )
06
07    #游戏相关路由
08    app.include_router(
09        games.router,
10        prefix="/api/games",
11        dependencies=[Depends(get_token_header)],
12        responses={404: {"description": "Not found"}},
13    )
```

上述代码中，使用 app.include_route()方法设置路由，第一个参数是路由文件路径，prefix 参数是为路由添加的前缀。例如，访问路由/api/users/wx_login，则会执行 routers/users.py 文件中的 wx_login()方法。

2. 创建 Token

开发 API 接口时一定要考虑接口安全问题，通常情况下只允许授权用户访问我们提供的接口服务。由于小程序属于微信产品，可以使用微信授权的唯一 openid 作为用户身份认证信息，本项目使用 JSON Web Token（缩写 JWT）跨域认证来实现用户身份认证。

JWT 的原理是：服务器认证以后，生成一个 JSON 对象返回给用户。例如：

```
{
  "姓名": "andy",
  "到期时间": "2020 年 12 月 1 日 0 点 0 分"
}
```

这之后，用户与服务端通信时都要发回这个 JSON 对象，服务器完全靠它认定用户身份。为了防止用户篡改数据，服务器在生成 JSON 对象时会加上签名。

JWT 的 3 个部分分别为 Header（头部）、Payload（负载）和 Signature（签名）。

写成一行如下：

```
Header.Payload.Signature
```

JWT Token 示例如图 15.25 所示。

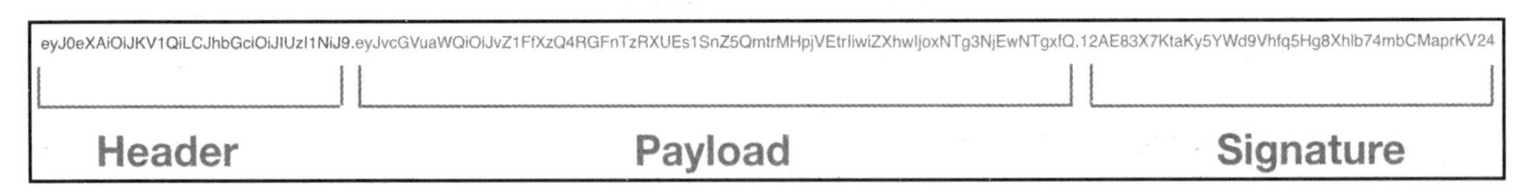

图 15.25　JWT Token 数据

本项目中定义 create_access_token()函数来创建 Token。create_access_token()函数中主要使用 jwt 模块来创建 Token，关键代码如下：（**代码位置：资源包\Code\15\guess_idiom\fastapi-idiom\utils\user_auth.py**）

```
01    def create_access_token(*, data: dict, expires_delta: timedelta = None):
02        """
03        创建 Token
```

```
04          :param data: 字典类型数据
05          :param expires_delta: 过期时间
06          :return: 包含 access_token 和 token_type 的字典
07          """
08          to_encode = data.copy()                                    #复制 data 副本
09          #设置过期时间
10          if expires_delta:
11              expire = datetime.utcnow() + expires_delta
12          else:
13              expire = datetime.utcnow() + timedelta(minutes=15)
14          to_encode.update({"exp": expire})                          #更新过期时间
15          #Token 编码
16          encoded_jwt = jwt.encode(to_encode, SECRET_KEY, algorithm=ALGORITHM)
17          return encoded_jwt
```

上述代码中，设置了生成 Token 的密钥、签名算法和过期时间。

3．登录授权接口

接下来，可以使用@router.post 装饰器来设置接口路径，然后定义 wx_login()视图函数。在该函数中，我们需要先接收小程序传递过来的 3 个参数。其中，code 参数主要用于获取 openid。然后，判断 user 表中是否已经存在该 openid。如果存在，表示该用户已经注册过。否则，需要将用户信息写入 user 表中。关键代码如下：（**代码位置：资源包\Code\15\guess_idiom\fastapi-idiom\routers\users.py**）

```
01  @router.post('/wx_login/')
02  def wx_login(code: str = Form(...),nickname: str = Form(...),avatar: str = Form(...)):
03      if not code or len( code ) < 1:
04          result = {
05              "code": -1,
06              "msg": "需要微信授权 code",
07              "data": {}
08          }
09          return {'result': result}
10      #获取 openid
11      openid = get_wechat_openid(code)
12      if openid is None:
13          result = {
14              "code": -1,
15              "msg": "调用微信出错",
16              "data": {}
17          }
18          return {'result': result}
19
20      user = get_user(openid)                                  #根据 openid 查找 user 表信息
21      #如果 user 信息不存在，写入 user 表
22      if not user:
23          create_user(openid,nickname,avatar)
24          level = 0                                            #用户等级设置为 0
25      else:
```

```
26              level = user.level                              #获取当前用户等级
27          #创建 Token
28          access_token_expires = timedelta(minutes=ACCESS_TOKEN_EXPIRE_MINUTES)
29          access_token = create_access_token(
30              data={"openid": openid}, expires_delta=access_token_expires
31          )
32          #拼接 result
33          result = {
34              "code":1,
35              "msg":"登录成功",
36              "data":
37                  {"user_info":
38                      {
39                          "nickName": nickname,
40                          "avatar": avatar,
41                          "level": level,
42                      },
43                  "total_level": get_total_level(),
44                  "token": access_token,
45                  }
46          }
47          return {'result': result}
```

上述代码中，调用 get_wechat_openid()函数并传递 code 参数来获取用户的 openid。小程序提供了一个获取 openid 的接口 code2Session，请求地址如下：

```
https://api.weixin.qq.com/sns/jscode2session?appid=APPID&secret=SECRET&js_code=JSCODE&grant_type=
authorization_code
```

参数说明如下。

☑ string appid：小程序 appId。

☑ string secret：小程序 appSecret。

☑ string js_code：登录时获取的 code。

☑ string grant_type：授权类型，此处只需填写 authorization_code。

在 get_wechat_openid()函数中，根据该接口获取 openid，关键代码如下：（**代码位置：资源包\Code\15\guess_idiom\fastapi-idiom\utils\user_auth.py**）

```
01  def get_wechat_openid(code):
02      url  =  "https://api.weixin.qq.com/sns/jscode2session?appid={0}&secret={1}&js_code={2}&grant_type=
authorization_code".format(
03          Config.AppID, Config.AppSecret, code)
04      r = requests.get(url)
05      result = json.loads(r.text)
06      openid = None
07      if 'openid' in result:
08          openid = result['openid']
09      return openid
```

获取 openid 以后，根据该 openid 查找 user 表中是否有该 openid 用户。如果不存在，则调用 create_user()函数把 openid、avatar 和 nickname 写入 user 表。

接下来，把 openid 和 Token 过期时间作为 payload 数据，调用 create_access_token()函数生成 Token。最后返回一个用户信息的 JSON 数据，返回给小程序客户端。

15.7 答题模块设计

15.7.1 答题模块概述

用户在首页授权后，单击“开始挑战”按钮将进入答题页面，如图 15.26 所示。答题页面主要有如下 4 个部分。

☑ 关卡：显示用户当前正在挑战的关卡。

☑ 图片：显示成语题目图片。

☑ 答案：显示 4 字成语输入框。

☑ 备选项：显示 18 个字的备选项，其中包括 4 个字的正确答案选项。

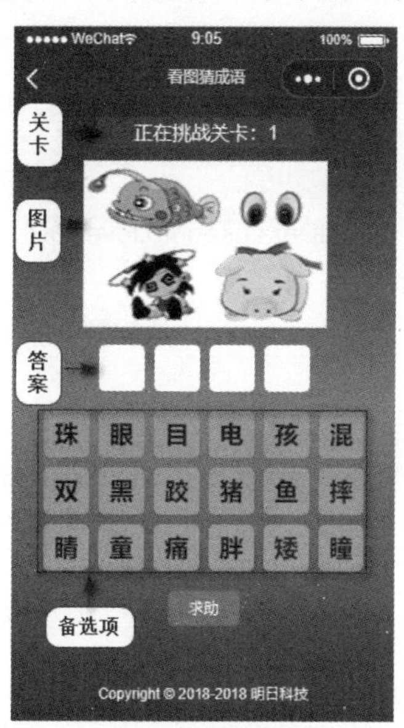

图 15.26 答题页面

用户需要从 18 个字的备选项中依次选择 4 个作为答案。如果答案正确，则进入下一题。如果答案错误，提示错误信息，允许用户重新选择。如果用户答题中途退出，再次登录时直接进入上次答题位置。如果全部通过所有题目，则进入通关页面。

答题模块的流程图如图 15.27 所示。

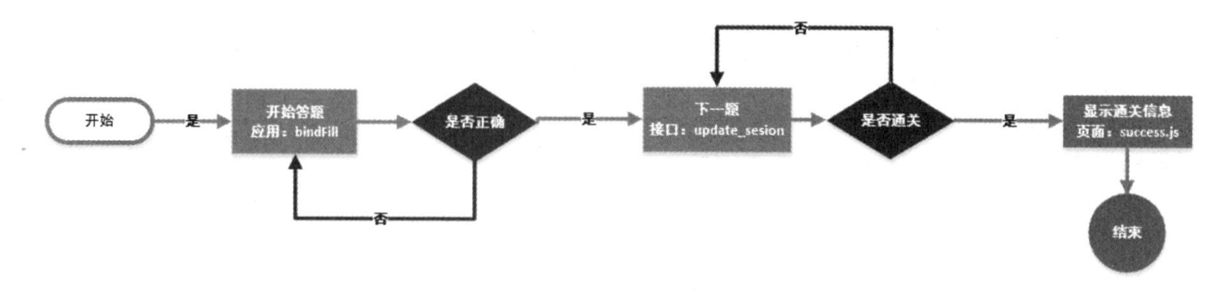

图 15.27　答题模块

15.7.2　答题页面设计

答题页面的相关文件路径是 pages\guess\，该页面逻辑相对复杂，下面将从 4 个方面进行介绍。

1．初始化准备

页面加载时，需要判断当前关卡是否大于总关卡。如果大于总关卡，表示用户已经通关，程序跳转至通关页面；否则，需要从 API 接口获取当前关卡的题目图片、答案和被选项等信息。关键代码如下：（**代码位置：资源包\Code\15\guess_idiom\weapp-idiom\pages\guess\guess.js**）

```
01  onLoad: function (option) {
02      var that = this;
03      wx.showLoading({
04          title: '题目加载中',
05          mask: True
06      });
07      var nowSesion = Number(app.globalData.userInfo.level) + 1;              //关卡加 1
08      this.initData(nowLevel);                                                 //调用初始化方法
09  },
10  //初始化数据
11  initData: function (nowLevel) {
12      var that = this;
13      if (param > app.globalData.levelTotal) {                                 //已经通关
14          wx.hideLoading();
15          wx.navigateTo({
16              url: '../success/success',
17          });
18      } else {
19          that.setData({
20              level: nowLevel                                                  //设置关卡
21          });
22          console.log('token is:'+wx.getStorageSync('token'))
23          //请求关卡数据
24          wx.request({
25              url:   app.globalData.URL + "/api/games/guess",
26              data: {
27                  'level': nowLevel
28              },
```

```
29              header: {
30                 "Content-type": "application/x-www-form-urlencoded",
31                 "Authorization": "Bearer " + wx.getStorageSync('token')
32              },
33              method: 'POST',
34              success: function (res) {
35                 var code = res.data.code;
36                 if (code != 1) {
37                    wx.showToast({
38                       title: '数据初始化失败',
39                       icon: 'none'
40                    });
41                 } else {
42                    var image = res.data.result.data.image;
43                    var answer = res.data.result.data.answer;
44                    var options = res.data.result.data.options;
45                    that.setData({
46                       image: image,
47                       answer: answer,
48                       candidates: options,
49                       candiCopys: JSON.parse(JSON.stringify(options))
50                       word1: "",
51                       word2: "",
52                       word3: "",
53                       word4: ""
54                    });
55                 }
56              },
57              fail: function(){
58                 wx.showToast({
59                    title: '网络有点小卡',
60                    icon: 'none'
61                 });
62              },
63              complete: function () {
64                 wx.hideLoading();
65              }
66           });
67        }
68     },
```

上述代码中，需要注意的是在向接口发送请求时，设置了 header 参数，代码如下：

```
"Authorization": "Bearer " + wx.getStorageSync('token')
```

Bearer Token 用于 OAuth 2.0 授权访问资源，这里使用 wx.getStorageSync()来获取缓存中 Token 的值，该值在授权登录时通过 wx.setStorageSync()方法进行设置。

注意

字符串"Bearer"和 Token 之间有一个空格。

2．填写答案

填写答案时，玩家需要从备选项中选择 4 个，依次填写到答案输入框。每选择一个备选项，调用一次 bindFill()方法。该方法需要判断答案区第一个输入框是否为空，如果为空，选中的备选项填写到第一个输入框，同时，备选区选中的字为空。然后判断第二个输入框是否为空，以此类推。当全部填写完成后，调用 bindNext()方法判断答案是否正确。bindFill()关键代码如下：（**代码位置：资源包\Code\15\guess_idiom\weapp-idiom\pages\guess\guess.js**）

```
01  bindFill: function (event) {
02      var that = this;
03      var loc = event.currentTarget.dataset.loc;                //获取属性中 data-loc 的值，也就是汉字的下标
04      var candidates = "candidates[" + loc + "]";
05      //依次填写汉字
06      if (this.data.word1 == "") {
07          this.setData({
08              word1: this.data.candidates[loc],
09              [candidates]: "",
10              candiIndex1: loc
11          });
12      } else if (this.data.word2 == "") {
13          this.setData({
14              word2: this.data.candidates[loc],
15              [candidates]: "",
16              candiIndex2: loc
17          });
18      } else if (this.data.word3 == "") {
19          this.setData({
20              word3: this.data.candidates[loc],
21              [candidates]: "",
22              candiIndex3: loc
23          });
24      } else if (this.data.word4 == "") {
25          this.setData({
26              word4: this.data.candidates[loc],
27              [candidates]: "",
28              candiIndex4: loc
29          });
30      }
31      //填写完成，自动下一个
32      if (this.data.word1 != "" && this.data.word2 != ""
33              && this.data.word3 != "" && this.data.word4 != "") {
34          this.bindNext();
35      }
36  },
```

上述代码中，通过 event.currentTarget.dataset.loc 来获取当前选中的汉字下标，那么 this.data.candidates[loc]就是选中的汉字值。运行效果如图 15.28 所示。

图 15.28　选择选项

3．删除选项

玩家填写错误时，需要删除错误选项。此时，只需要从答案区中选择特定位置的汉字即可。每选择一个汉字，都会调用 bindClear()方法。bindClear()方法首先判断用户单击的是答案区的第几个汉字，然后将该位置的汉字清空，同时将该汉字还原到备选区。关键代码如下：（**代码位置：资源包\Code\15\guess_idiom\weapp-idiom\pages\guess\guess.js**）

```
01  bindClear: function (event) {
02    var that = this;
03    var pos = event.currentTarget.dataset.pos;                    //获取当前单击的 data-pos 属性的值
04    if (pos == 1) {
05      var candidates = "candidates[" + this.data.candiIndex1 + "]";
06      that.setData({
07        word1: "",                                                //清空第一个字
08        [candidates]: this.data.candiCopys[this.data.candiIndex1]  //还原第一个字
09      });
10    } else if (pos == 2) {
11      var candidates = "candidates[" + this.data.candiIndex2 + "]";
12      that.setData({
13        word2: "",                                                //清空第二个字
14        [candidates]: this.data.candiCopys[this.data.candiIndex2]  //还原第二个字
15      });
16    } else if (pos == 3) {
17      var candidates = "candidates[" + this.data.candiIndex3 + "]";
18      that.setData({
19        word3: "",                                                //清空第三个字
20        [candidates]: this.data.candiCopys[this.data.candiIndex3]  //还原第三个字
21      });
22    } else if (pos == 4) {
```

```
23          var candidates = "candidates[" + this.data.candiIndex4 + "]";
24          that.setData({
25            word4: "",                                                  //清空第四个字
26            [candidates]: this.data.candiCopys[this.data.candiIndex4]     //还原第四个字
27          });
28        }
29      },
```

运行效果如图 15.29 所示。

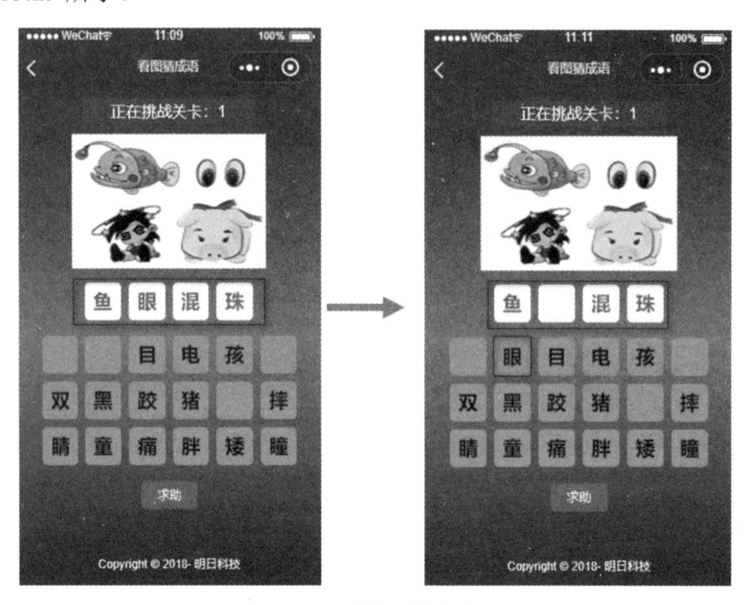

图 15.29　删除错误选项

4．判断答案

当答案区全部填写完 4 个选项后，需要判断答案是否正确。程序调用 bindNext()方法来判断答案是否正确。如果答案正确，则进入下一题，否则提示“再想想”。bindNext()方法的关键代码如下：（**代码位置：资源包\Code\15\guess_idiom\weapp-idiom\pages\guess\guess.js**）

```
01    bindNext: function() {
02      var that = this;
03      //拼接字符串
04      var mAnswer = this.data.word1 + this.data.word2 + this.data.word3 + this.data.word4;
05      //判断答案是否正确
06      if (mAnswer == this.data.answer) {
07        wx.vibrateShort({});                                          //震动效果
08        //正确
09        wx.showToast({
10          title: '太棒了',
11          mask: True
12        });
13        //上传用户关卡
```

```
14          wx.request({
15            url: app.globalData.URL + '/api/games/update_level',
16            data: {
17              'level': that.data.level                                  //传递关卡
18            },
19            header: {
20              "Content-type": "application/x-www-form-urlencoded",
21              "Authorization": "Bearer " + wx.getStorageSync('token'),
22            },
23            method: 'POST',
24            success: function (res) {
25              if (res.data.code == 1) {
26                //下一关卡
27                setTimeout(function(){
28                  app.globalData.userInfo.sesion = app.globalData.userInfo.level + 1;
29                  that.initData(Number(that.data.level) + 1);
30                }, 200);
31              } else {
32                wx.showToast({
33                  title: res.data.result.msg,
34                  icon: 'none'
35                });
36              }
37            },
38            fail: function(){
39              wx.showToast({
40                title: '网络有点小卡',
41                icon: 'none'
42              });
43            }
44          });
45        } else {
46          //错误
47          wx.vibrateLong({});                                             //震动效果
48          wx.showToast({
49            title: '再想想...',
50            icon: 'none'
51          });
52        }
53      },
```

上述代码中，如果答案正确，使用 wx.request()访问/api/games/update_level 更新关卡接口。如果更新成功，则再次调用 initData()初始化方法，开始挑战下一关卡。答案错误运行效果如图 15.30 所示，答案正确运行效果如图 15.31 所示。

图 15.30　答案错误效果

图 15.31　答案正确效果

15.7.3　答题接口实现

在答题模块中，我们调用了两个接口，接口路径和说明如下。

☑　/api/games/guess：题目信息接口，用于获取当前关卡的题目信息。

☑　api/games/update_level：更新关卡接口，用于更改用户通过的关卡数目。

这两个 API 接口的前缀都是/api/games/，是通过 app.include_router(games.router)引入的。此外，game/router 目录下的接口需要验证用户请求资源的 Token 是否正确。所以在 app.include_route()函数中设置了 dependencies 参数，引入依赖 get_token_header，用于验证小程序提交的 Token 是否正确。

下面分别介绍验证 Token 和答题接口的实现过程。

1．验证 Token

在 get_token_header()函数中，需要接收小程序提交的 Header 中的参数 Authorization，然后解析出 JWT Token 值，最后再来验证 Token 是否正确。get_token_header()函数的关键代码如下：（**代码位置：资源包\ Code\15\guess_idiom\fastapi_idiom\main.py**）

```
01    async def get_token_header(authorization: str = Header(...)):
02        """
03        获取 Token 并验证
04        :param authorization:
05        :return: openid
06        """
07        token = authorization.split(' ')[-1]                    #获取 Token
08        openid = auth_token(token)                              #验证 Token
09        if not openid:
10            raise HTTPException(status_code=400, detail="无效 Token")
```

上述代码中，从 Hearder 参数中获取到 Authorization，格式如下：

```
Bearer token 字符串
```

使用 split()方法拆分获取 Token，然后调用 auth_token()函数验证 Token。auth_token()函数的代码如下：（**代码位置：资源包\Code\15\guess_idiom\fastapi_idiom\utils\user_auth.py**）

```
01  def auth_token(token: str ):
02          """
03          验证 Token
04          :param token: 提交的 Token
05          :return: openid
06          """
07          credentials_exception = HTTPException(
08              status_code=status.HTTP_401_UNAUTHORIZED,
09              detail="Could not validate credentials",
10              headers={"WWW-Authenticate": "Bearer"},
11          )
12          try:
13              #Token 解码
14              payload = jwt.decode(token, SECRET_KEY, algorithms=[ALGORITHM])
15              openid: str = payload.get("openid")
16              if openid is None:
17                  raise credentials_exception
18          except PyJWTError:
19              raise credentials_exception
20          return {"openid": openid}
```

上述代码中，通过使用 jwt 模块的 decode()方法来解析 Token，获取的 payload 对象中包含前面使用 jwt.encode()方法设置的 data 参数，即 openid 和 Token 过期时间。

可以使用接口调试工具 Postman 来检测一下 Token 验证过程。打开微信开发者工具，选择 NetWork→guess 选项卡，查看 Headers 中的 Request Headers 选项，如图 15.32 所示。打开 Postman 工具，设置 Headers，填写 Content-Type 和 Authorization，如图 15.33 所示。

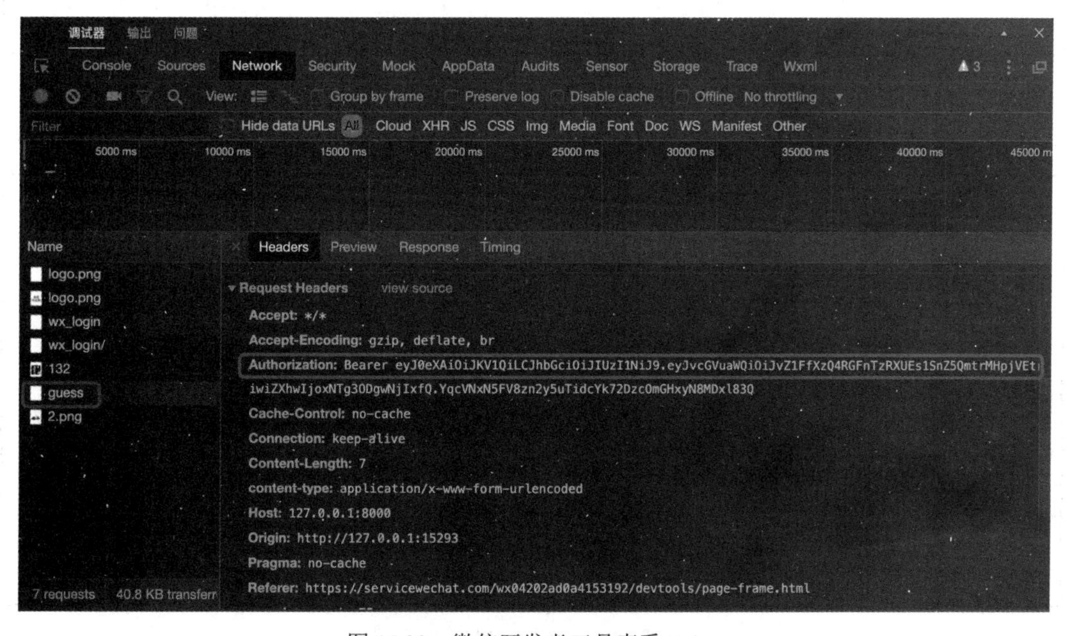

图 15.32　微信开发者工具查看 Token

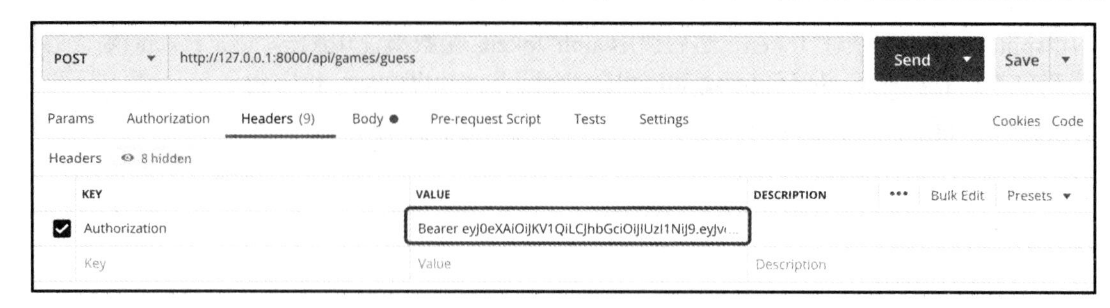

图 15.33　设置 Headers

设置 Body，填写 level 的值，然后单击 Send 按钮发送请求，如图 15.34 所示。

图 15.34　发送请求信息

如果填写一个错误的 Token，再次单击 Send 按钮发送请求，则返回错误信息，如图 15.35 所示。

图 15.35　Token 错误提示

2．获取题目信息接口

获取题目信息接口需要根据小程序客户端传递的 level 值来获取对应关卡的内容。在小程序中，使用 application/x-www-form-urlencoded 方式来提交 level，所以 FastAPI 使用 Form()类接收参数，然后调用 get_game_info()函数来获取关卡信息，关键代码如下：（**代码位置：资源包\Code\15\guess_idiom\fastapi_idiom\routers\games.py**）

```
01  @router.post('/guess')
02  def guess(level:str = Form(...)):
03      try:
04          game_info = get_game_info(level)
05          result = {
06              "code": 1,
07              "data": {
08                      "answer": game_info.answer,
09                      "options": game_info.options.split(","),
10                      "image": game_info.picture_url
11                  },
12              "message": "请求成功"
13          }
14      except:
15          result = {
16              "code": 0,
17              "data": {},
18              "message": "请求失败"
19          }
20      return {'result': result}
```

上述代码中，使用 get_game_info()函数来获取请求的关卡信息，然后从数据库的 game 表中获取相应的题目信息。在 game 表中 options 字段是逗号分隔的字符串，在返回 JSON 对象前需要将其转换为列表，这里使用 game_info.options.split(",")方法将字符串转换为列表。接口请求成功后，返回信息如图 15.34 所示。

3．获取下一题接口

当用户填写完 4 个选项后，程序会对比正确答案。如果答题正确，则调用/games/update_level 接口，执行 update()函数，关键代码如下：（**代码位置：资源包\Code\15\guess_idiom\fastapi_idiom\routers\games.py**）

```
01  @router.post('/update_level')
02  def update(level:str = Form(...),authorization: str = Header(...)):
03      try:
04          token = authorization.split(' ')[-1]
05          openid = auth_token(token)['openid']
06          print(f'openid is {openid}')
07          update_level(openid,level)
08          result = {
```

```
09                  "code": 1,
10                  "msg": "请求成功",
11                  "data": {
12                      "level": level
13                  }
14              }
15          except:
16              result = {
17                      "code": 0,
18                      "msg": "更新失败",
19                      "data": {}
20                  }
21          return {'result': result}
```

上述代码中，首先接收小程序传递过来的 level，然后调用 auth_token()函数获取当前用户的 openid，接下来调用 update_level()函数根据 openid 更新 user 表中 level 字段的值。

15.8 通关模块设计

15.8.1 通关模块概述

当用户通过关卡数大于游戏总关卡数时，表示用户已经通关，页面会跳转至通关页面。通关模块相对简单，只包括“告诉朋友”和“返回主页”两个按钮，如图 15.36 所示。单击“告诉朋友”按钮，可以分享给好友；单击“返回主页”按钮，则跳转至本游戏首页。

图 15.36　通关页面效果

15.8.2　通关页面设计

通关页面的相关文件路径是 pages\success\，在通关页面只有“告诉朋友”和“返回主页”功能，并不涉及页面逻辑，所以不需要访问 API 接口。对于分享好友功能，我们可以直接使用微信小程序的 onShareAppMessage()方法来实现。通关模块流程如图 15.37 所示。

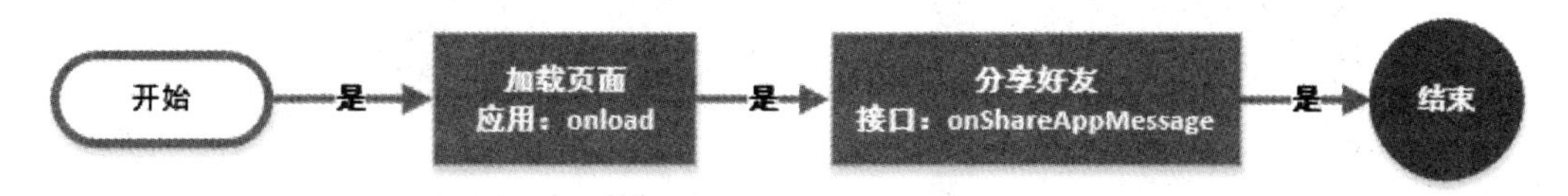

图 15.37　通关模块流程图

通关模块的关键代码如下：（**代码位置：资源包\Code\15\guess_idiom\weapp-idiom\pages\success\success.js**）

```
01  Page({
02      //分享回调
03      onShareAppMessage: function (res) {
04          if (res.from === 'button') {
05              //来自页面内转发按钮
06              console.log(res.target)
07          }
08          return {
09              title: '通关毫无压力，看你了！',
10              path: '/pages/index/index',
11              success: function (res) {
12                  //转发成功
13                  wx.showToast({
14                      title: '分享成功',
15                      icon: 'success'
16                  });
17              },
18              fail: function (res) {
19                  //转发失败
20                  wx.showToast({
21                      title: '分享失败',
22                      icon: 'none'
23                  });
24              }
25          }
26      },
27  });
```

单击“告诉朋友”按钮并选择微信好友后，弹出分享提示框，运行效果如图 15.38 所示。单击“发送”按钮，分享成功后，运行效果如图 15.39 所示。

图 15.38　分享提示框效果

图 15.39　分享成功效果

15.9　排行榜模块设计

15.9.1　排行榜模块概述

用户可以在首页单击“排行榜”按钮，查看游戏的总排行榜。该模块主要显示通过关卡数排名前 10 的用户信息，包括用户排名、用户头像、用户昵称以及通关关卡数。我们可以通过查找 user 表，并根据 user 表的 sesion 字段进行排名，然后筛选 10 条数据。排行榜模块的流程图如图 15.40 所示，页面效果如图 15.41 所示。

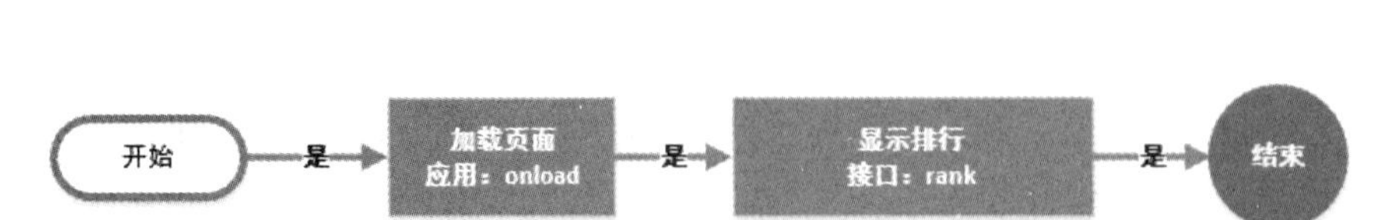

图 15.40　排行榜模块

图 15.41　排行榜模块页面效果

15.9.2　排行榜页面设计

排行榜页面的相关文件路径是 pages\rank\，与答题页面类似，同样使用 POST 访问接口方式，并在 header 参数中设置 Authorization。关键代码如下：（**代码位置：资源包\Code\15\guess_idiom\weapp-idiom\pages\rank\rank.js**）

```
01      bindRank: function () {
02        var that = this;
03        wx.showLoading({
04          title: '数据加载中',
05          mask: True
06        });
07        wx.request({
08          url: app.globalData.URL + '/api/games/rank',
09          method: 'POST',
10          header: {
11            'content-type': 'application/x-www-form-urlencoded',
12            "Authorization": "Bearer " + wx.getStorageSync('token'),
13          },
14          success: function (res) {
15            console.log("bindRank res:" + res.data);
16            if (res.data.code == 1) {
17              that.setData({
18                rankData: res.data.result.data
19              });
20            } else {
21              wx.showToast({
22                title: res.data.msg,
23                mask: True
24              });
25            }
26          },
27          fail: function () {
28            console.log("post index/rank fail");
29          },
30          complete: function () {
31            wx.hideLoading();
32          }
33        });
34      }
```

上述代码中，需要注意的是 res.data.result.data 是一个列表，列表中的元素是用户信息对象。所以在 bank.wxml 文件中需要遍历该列表。bank.wxml 文件的关键代码如下：（**代码位置：资源包\Code\15\guess_idiom\weapp-idiom\pages\rank\rank.wxml**）

```
01    <block wx:for="{{rankData}}" wx:key="{{index}}">
02      <view class="rank-items">
```

```
03          <view class="weui-cell">
04             <block wx:if="{{index < 3}}">
05                <view class="rank-num bg-top">{{index+1}}</view>
06             </block>
07             <block wx:else>
08                <view class="rank-num bg-bottom">{{index+1}}</view>
09             </block>
10             <view class="weui-cell__hd">
11                <image src="{{item.avatar}}" style="margin-right: 5px;vertical-align: middle;
12                         width:40px; height: 40px;"></image>
13             </view>
14             <view class="weui-cell__bd">
15             {{item.nickname}}
16             </view>
17             <view class="weui-cell__ft">{{item.sesion}}关</view>
18          </view>
19       </view>
20    </block>
```

上述代码中，使用了小程序模板的<wx:for>属性遍历列表。对于前 3 名用户，排名样式与其他排名不同，所以设置了{{index}}属性用于获取排名下标，然后使用{{item}}对象获取每一个用户的相应信息。

15.9.3 排行榜接口实现

单击“排行榜”按钮，小程序客户端会调用/games/rank 接口，执行 rank()函数。rank()函数主要用于获取排名前 10 的用户信息，关键代码如下：（**代码位置：资源包\Code\15\guess_idiom\fastapi_idiom\routers\games.py**）

```
01    @router.post('/rank')
02    def rank():
03          users = get_rank()
04          data = []
05          for item in users:
06                userInfo = {
07                      "userId": item.id,
08                      "nickname": item.nickname,
09                      "avatar": item.avatar,
10                      "level": item.level,
11                }
12                data.append(userInfo)
13          #返回结果
14          result = {
15                "code":1,
16                "msg":"请求成功",
17                "data": data
18          }
19          return {'result': result}
```

上述代码中，调用 get_rank()函数从 user 表中查找 10 条记录，并且根据 level 的值由高到低进行排序。接下来组织数据结构，将每一个 userInfo 用户信息对象作为元素使用 append()方法追加到列表中，最后返回用户列表的 JSON 格式数据。

15.10　小　　结

本章主要介绍如何使用 FastAPI 框架开发看图猜成语的微信小程序项目。在本项目中，我们重点讲解了小程序的页面布局和业务逻辑，包括微信授权、开始答题、进入下一题、查看排行榜、分享好友等功能。在实现这些功能时，使用了 FastAPI 作为后台为小程序提供接口支持。此外，重点介绍了如何使用 HTTPTokenAuth 进行 Token 验证以及相关接口的功能实现。通过本章的学习，读者能够了解小程序开发流程，并掌握 Flask 接口开发，为今后项目开发积累经验。